住房城乡建设部土建类学科专业“十三五”规划教材
高校城乡规划专业规划推荐教材

中国城市规划史

武廷海　郭 璐　张 悦　孙诗萌　著

中国建筑工业出版社

审图号：GS（2020）7221 号
图书在版编目（CIP）数据

中国城市规划史 / 武廷海等著 .—北京：中国建筑工业出版社，2019.12
住房城乡建设部土建类学科专业“十三五”规划教材
高校城乡规划专业规划推荐教材
ISBN 978-7-112-23918-4

Ⅰ . ①中… Ⅱ . ①武… Ⅲ . ①城市规划—城市史—中国—高等学校—教材 Ⅳ . ① TU984.2

中国版本图书馆 CIP 数据核字（2019）第 286272 号

本教材为住房城乡建设部土建类学科专业“十三五”规划教材，主要内容包括城市规划与中华文明、城市规划起源、王国之城与规划知识传统奠基、大一统规划思想与实践、民族融合与规划创新、统一多民族国家与规划变革、现代城市规划之形成等。本教材可作为高校城乡规划、城市管理、建筑、园林及相关专业教学用书，也可供相关从业人员参考。

为更好地支持本课程的教学，我们向使用本教材的教师免费提供教学课件，有需要者请与出版社联系，邮箱：jgcabpbeijing@163.com。

责任编辑：杨　虹　周　觅
责任校对：赵听雨

住房城乡建设部土建类学科专业“十三五”规划教材
高校城乡规划专业规划推荐教材
中国城市规划史
武廷海　郭　璐　张　悦　孙诗萌　著
*
中国建筑工业出版社出版、发行（北京海淀三里河路 9 号）
各地新华书店、建筑书店经销
北京雅盈中佳图文设计公司制版
北京建筑工业印刷厂印刷
*
开本：787 毫米 ×1092 毫米　1/16　印张：$16\frac{1}{2}$　字数：320 千字
2019 年 12 月第一版　2019 年 12 月第一次印刷
定价：58.00 元（赠课件）
ISBN 978-7-112-23918-4
（35258）

前言

中国城市规划历史悠久，内涵丰富，城市规划历史与理论是城乡规划学专业教育的基础内容。《中国城市规划史》基于多年来清华大学关于中国城市规划历史与理论教学积累编著而成。

本书旨在梳理中国城市规划之发生发展的历程，揭示中国城市规划发展的基本历史规律；从中华民族、中华文明及中国文化的视角，系统考察中国城市规划史，包括古国时期规划之起源、王国时期城市规划知识传统之奠基、帝国前期大一统思想下城市规划之实践、帝国中期民族融合背景下规划之创新、帝国后期统一多民族国家规划之变革，以及近现代民族复兴进程中现代城市规划学之形成。全书共分七章，其中第一章为中国城市规划史纲要及课程鸟瞰，接着六章分期论述中国城市规划历史进程，并从规划史角度展望中国城市规划之未来。

武廷海负责全书著述，郭璐、孙诗萌分别参与有关都城与地方城市规划案例。张悦曾经开设中国古代城市营建史，积累了经验和素材。王学荣审阅书稿并提出修改意见。叶亚乐、李诗卉、万雍曼协助部分文字整理或图表制作。

本书主要面向城乡规划专业本科生与普通高校本科通识教育，亦可供人居史、城市史、科技史等研究工作者参考。

目录

第一章

城市规划与中华文明

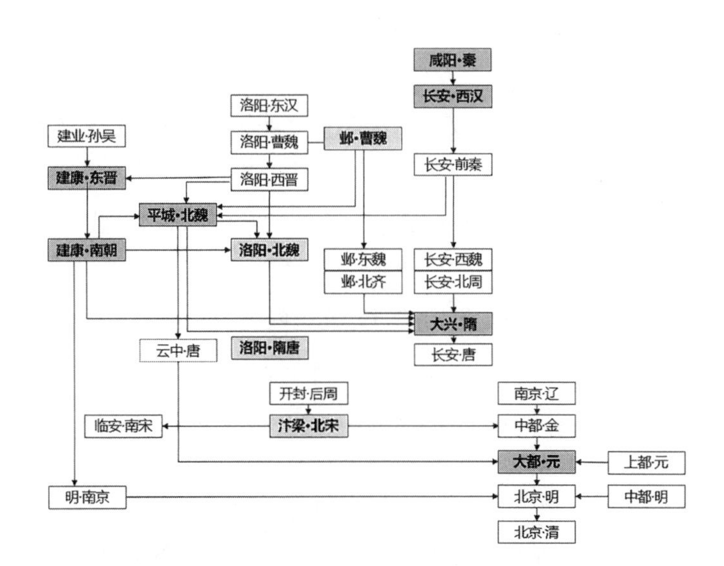

第一章
城市规划与中华文明

本章是关于中国城市规划史的导论，着重说明中国城市规划史的研究对象、基本线索、阶段性特征，并介绍学习中国城市规划史的方法和中国城市规划史研究进展等。

第一节　中国城市规划史研究对象

中国城市规划史属于城乡规划学科分支领域——城市规划历史与理论，研究中国城市规划实质及其过程，以及城市规划实践和学科发展的历史。中国建筑史以及历史学、考古学、历史地理学等学科都对城市规划史研究有贡献。

一、与相关研究的关系

数千年来，我国建造了大量规划严整的城市，形成了等级森严的城市体系、规模宏大的建筑群和美轮美奂的各类建筑物。中国建筑史中一般都有关于中国古代城市规划史的研究，建筑史视野中的城市规划史，通常研究城市的平面结构与形态，为城市规划史研究提供了基础。如果说建筑史对于城市结构与形态的研究关注的是城市的“竣工图”，那么，规划史研究则更加关注城市的“规划图”。

中国城市规划史研究中国城市规划知识发生发展的规律，关心中国的城市是如何“规划”出来的。例如，城市的规划是从“相地”开始的，城市规划视野中的城市有一个从“地”到“城”的过程，“地”是城市得以生成的“底”（ground），城市是基于“底”而规划出来的“图”（figure）。

目前，国内不少规划院校的课程设置中采用“城市建设史”。城市建设史是在规划研究、教育、教学中城市规划史方向还未完备时的过渡产物，国际上“城市建设史”分类较少见。城市建设史的编纂体例是按照由背景分析（社会、文化、科技等）到主题展开（城市发展、城市建设）的模式进行的，遵循了建筑史的研究手法，更注重物质技术层面的发展变化。城市建设史发展方向是努力研究经济和文化因素等对城市的影响，找出城市发展的规律，对照、验证、推断不同的文献资料并与实证材料对比等[1]。城市规划史的边界有相当部分与城市建设史的边界是重叠和交叉的，但是规划史研究中却有相当的部分无法被城市建设史所覆盖，这就是规划史研究的特殊性所在，而这种特殊性源于对“城市规划实践”理论研究规定性的理解[2]。

历史学、考古学、历史地理学等学科对城市规划的相关方面进行专门研究，为认识中国城市规划提供了丰富而扎实的基础材料与实证，中国城市规划史研究毋庸置疑要借助相关学科的方法论。但是，城市规划史是城市规划学的分支，并非史学或地学的分支。

二、城市规划史的核心与焦点

城市规划史依托城乡规划学科，在内容上紧紧围绕“城市规划”这一核心，聚焦人类有意识地规划建设城市以及更新利用的活动，特别关注规划者（planner）、规划过程（planning）及其规划成果（plan）。

规划者（规划师）是从事规划活动的主体。由于城市在国家发展与社会生活中的核心地位，中国古代规划师的地位并不同于一般的“匠人”。传说中早期的规划活动都是圣人的行为。据文献记载，担任都城规划建设的主事官员通常是位居百官之首的朝廷重臣，甚至是首席行政官员，例如西周成王营雒邑，由摄政的周公主其事；秦孝公规画咸阳，由倡行变革的商鞅负总责；西汉建都长安，刘邦在娄敬、张良的劝说下作出决定，并任命萧何开展规划建设；对于隋大兴规画工作，隋文帝任命尚书左仆射高颎、将作大匠刘龙等为之；隋炀帝营建东都洛阳，任命尚书令杨素、纳言杨达、将作大匠宇文恺等进行落实；主持元大都营建的是元世祖忽必烈与太保刘秉忠。至于其他城市的设置与建设，通常由驻城的行政机关长官进行统筹（如县令之于县城），然后报经中央政府批准而实行。《考工记》记载匠人营国，匠人属于百工，《周礼·考工记》序言称：“知者创物，巧者述之守之，世谓之工。百工之事，皆圣人之作也。”可见，作为规划师的匠人与

---

[1] 董鉴泓.对研究中国城市建设史的一些思考[J].规划师，2002，16（2）：73-74.

[2] 张兵.我国近现代城市规划史研究的方向[J].城市与区域规划研究，2013，6（1）：1-12.

建筑史上从事土木工程的默默无闻的一般匠人，其社会地位是不同的。汉唐以降，地方城市规划设计的参与者众多，地方官员、地理先生、民间工匠等是主要力量。

规划过程是规划活动本身，这方面的知识十分丰富，既包括单个城市的物质性规划与建设，也有指导建设活动的规划体系、思想、理论、技术、方法，以及影响这些“上层建筑”的社会文化思潮。中国古代城市规划，多用“规画”的概念，形成了从国土空间城邑体系规划到城乡空间物质环境规划的技术方法体系。揭示城市结构形态所蕴含的规划过程，探索中国古代城市空间格局的生成过程与内在逻辑，是本教材的一个重要着力点。

规划的成果，即规划出来的城市，是规划者的主观活动与客观的自然社会条件相结合的产物。中国古代的城市是安民之所，《说文解字》：“城，以盛民也，从土从成”；《释名·释州国》：“邑，人聚会之称也”。作为中国城市规划对象的城市具有双重功能：一是作为群体，城市是空间治理的工具，城市是在国土空间中进行布点、联系并形成体系的结果；二是作为个体，城市空间是规划者进行选址、布局与营建的结果，中国古代地方志或地理志记载了古代城市的规划建设，卷首通常有境域图与城池图，境域图描绘的就是一定地域范围中的城邑体系与山川体系，城池图描绘单个城市的空间要素与结构形态特征（图 1–1、图 1–2）。

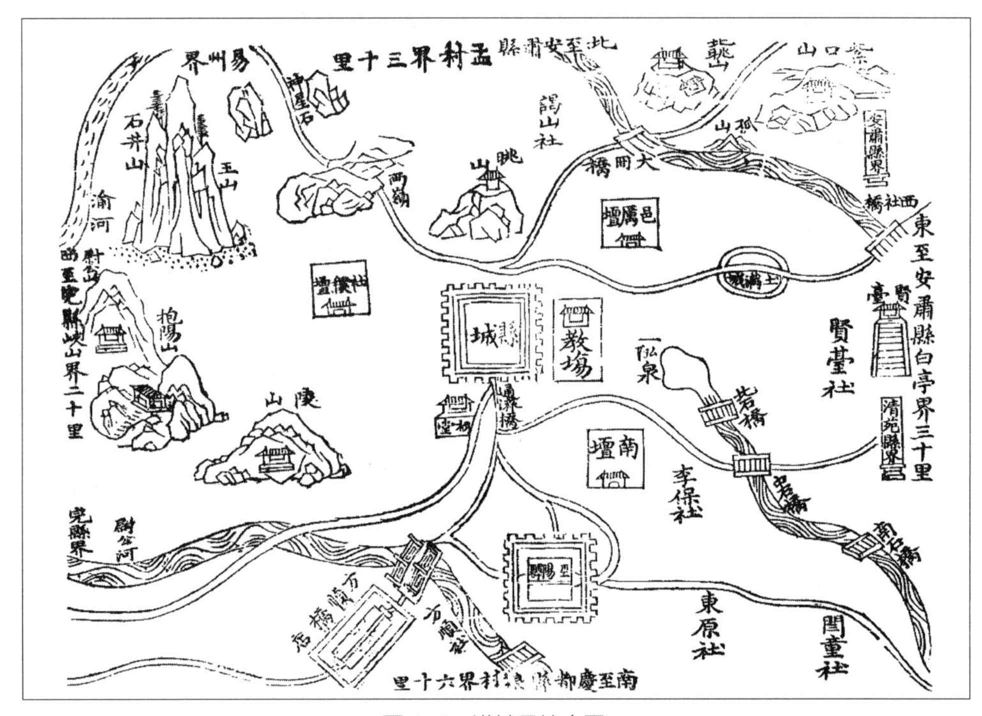

图 1–1　满城县境全图

资料来源：（清）张焕 纂修 .（康熙）满城县志 [M]// 故宫博物院编 . 故宫珍本丛刊：第 70 册　地理 都会郡县 河北 . 海口：海南出版社，2001.

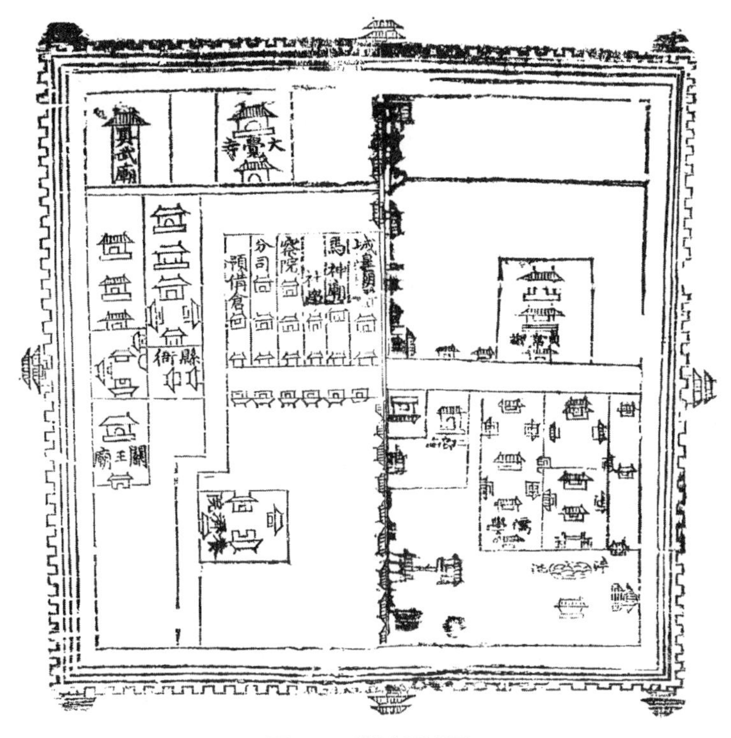

图 1-2 满城县城图

资料来源：（清）张焕 纂修 .（康熙）满城县志 [M]// 故宫博物院编 . 故宫珍本丛刊：第 70 册 地理 都会郡县 河北 . 海口：海南出版社，2001.

三、研究中国城市规划史的目的

研究中国城市规划史的任务是总结过去的思想与实践，其目的主要有三点：一是发掘并继承遗产。中国城市规划历史悠久，内涵丰富，成就卓著。研究中国城市规划史，首先要努力发掘并整理几千年来中国城市规划的光辉成就，较为系统全面地展现其原有面目，并将它作为人类不朽的历史文化遗产（规划遗产），奉献给包括中华民族在内的世界各族人民，激励和教育我们与子孙万代。二是总结历史与理论。中国文明进程是人类史上最宏大最持久的实践，中国城市规划具有体系性，自古以来一以贯之，自觉地开展中国城市规划史研究，从内容丰富与水平高湛的规划遗产中，总结并发扬基于规划历史的规划理论，用中国理论阐释中国实践，用中国实践升华中国理论，突出规划历史与理论关联，不仅是中国城市规划知识体系的一个特色，而且是建设有中国特色的城市规划理论的一个可能出路。三是资政当代规划实践。历史地看，中国城市规划的一个重要特征就是从属于国家的治理体系，是治理能力的组成部分。“治理国家和社会，今天遇到的很多事情都可以在历史中找到影子，历史上发生过的很多事情都可以作为今天的镜鉴。中国的今天是从中国的昨天和前天发展而来的。要治理好今天的中国，需要对我国历史和传统文化有深入了解，也需要对我国古代治国理政的探索和智慧进行积极总结。”“一个国家的治理体系和治理能力是与这个国家的历史传承和文化传统密切相关的。解决中国的问题只能在中国大地上探寻适合自己的道路和办法。”[1] 不忘本来，研究中国城市规划的基本规律、指导原则和具体方法，不仅可以供今后从事城市规划实践借鉴，而且可以为国家的治理体系与治理能力现代化提供服务。

第二节　中国城市规划史的基本线索

长期以来，中国城市及其规划的地位和作用并没有得到应有的认识和重视，城市被视为单纯的技术性土木工程。事实上，在中华文明传承中城市特别是都城发挥了核心作用，具有举足轻重的地位，抓住“城市规划与国家空间发展”这根主线，可以连贯而简明地勾勒出中国城市规划知识积累的基本脉络。

一、城市规划与治国

众所周知，在人类文明史上中国社会发展最特殊的现象，一是中国幅员广袤，纵横上千万平方公里，圣哲立言常以国与天下对举；二是中国开化甚早，历久犹存，上下五千年；三是人口众多，长期占到世界人口的五分之一至三分之一，是多民族统一国家。古代中国究竟采用什么思想、方法与技术，开拓、抟结此天下，巩固、发展此天下？在这样一个宏阔的命题中，中国城市规划具有特别重要的意义。从中国城市规划史的角度看：

第一，城市是地域的中心，区域交流之枢纽。中国幅员辽阔，农耕、草原、海洋、绿洲等不同的生态—地理环境哺育了不同类型的城市，如北京、大同、宣府（张家口）等属于农耕与草原生态过渡地带的城市；那些珍珠般散落在沙漠中的绿洲，构成欧亚大陆一个个贸易和信息的中转站。西汉《史记·货殖列传》记载了城市与交通、地域经济的关系，北魏《水经注》记载了城邑体系与水系的关联，清代《读史方舆纪要》记载了城市与地缘政治的关系。中国城市及其体系或网络的形成为统一多民族国家的抟成提供了基本的空间骨架，并在广域国土空间控制与社会治理中发挥了关节与枢纽作用。

第二，城市规划是统治者建立空间秩序进而借以实现国家统治的技术工具，服从于“治国”这个大目标，规划活动必须满足国家对大规模的空间与社会的组织与管理需要，这是中国古代城市规划最基本的也是最核心的功能。正如徐苹芳所指出的，“中国古代城市从一开始便紧密地与当时的政治相结合，奠定了中国古代城市是政治性城市的特质。因此，中国古代城市的建设和规划始终是以统治者的意志为主

---

[1] 2014 年 10 月 13 日习近平在中共中央政治局第十八次集体学习时的讲话。

导的。”❶因此，中国古代城市规划与以医治“城市病”为指向的现代西方城市规划明显不同，西方现代城市规划出现于19世纪后期，主要是为了应对在工业革命过程中，迅速发展的西欧城市面临的混乱和污染等方面的“城市病”。

第三，都城地区是国家与城市网络的心脏区。都城是国家政治文化的象征，在一次次划时代的变化进程中，都城如秦咸阳—汉长安、隋大兴—唐长安、元大都—明清北京等，都成为每一个时代文明水平最为综合的体现，也是最高的表现形式。都城规划包括两个基本的尺度：一是国家/区域尺度上都城选址与都城地区的经营，这是宏观的经济地理条件决定的，二是地方尺度上结合具体条件的规划设计，天—地—人—城的整体创造。都城规划及其演进脉络是中国城市规划史的缩影（图1–3）。

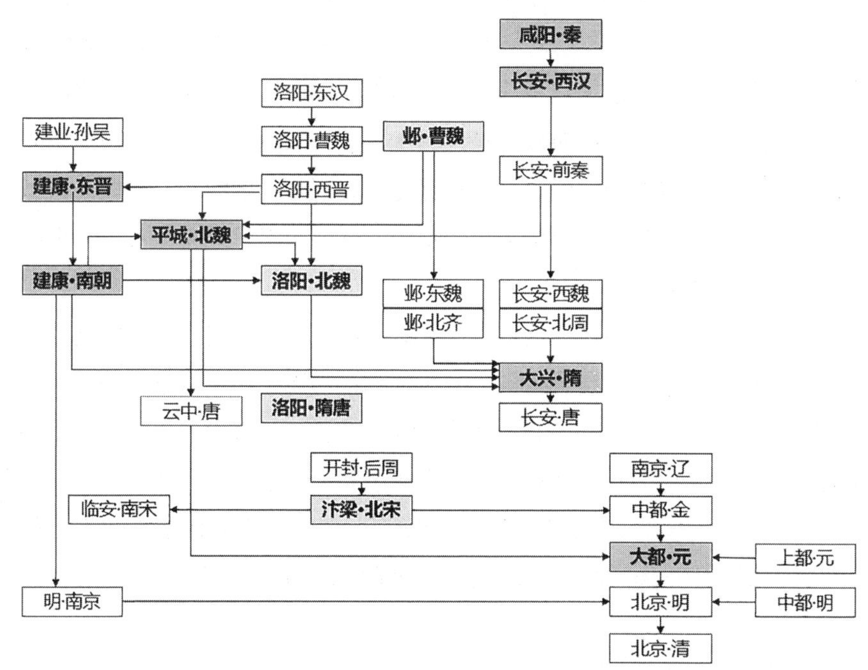

图1-3　帝国时期中国都城演进脉络

资料来源：作者自绘

二、城市是中华文明的重要标识

从语言传说和文字记载看，目前对中国历史的基本认识是“上下五千年”，起点是传说中的黄帝。二千多年前西汉司马迁著《史记》，开篇为“五帝本纪”，认为黄帝是中华民族的人文初祖，黄帝时代约相当于公元前3500年左右，从黄帝到汉武帝的时间距离已经达到3000年。在中国人心目中，5000年中国史实际上等同于中华文明发展史，自古以来中国、中华民族乃至中华文明就是同义语。中国人的认同是其文明

❶ 徐苹芳．论历史文化名城北京的古代城市规划及其保护[J]．北京联合大学学报，2001，15（1）：9.

史的产物（这与西方人显著不同，现代西方人的认同源于民族国家的历史），万物孕育并发展于中华文明之中，城市及其规划也不例外。

值得注意的是，五千多年来中华文明经历了波澜壮阔的发展过程，城市与政治紧密关联，在国家治理体系中城市具有根本的据点作用，并成为中华文明重要的显著的标识。[1]宏阔的地理规模与悠久的历史文化，赋予中国城市特别的政治功能，中国城市是一个体系性的存在，基于治所体系的城邑体系构成中华文明标识体系的基本骨架。在中国城市网络与政治体系中，控制点都是非常重要的关键环节，城市既是区域控制的中心，也是交通控制的节点。城邑之间存在功能结构、等级结构关系以及空间联系。作为地方统治中心的郡县城市，其规模、布局与形态都有一定之规。

都城是国家的政治中心，是集中物化的国家政权形式，一般而言都城的兴废与国家政权的建立、灭亡同步。都城及其相关设施构成的都城系统，是国家城邑体系建设中的最高层级，在国家建设中居于举足轻重的地位。都城规划注重完整而严肃的礼制系统建设，宫殿与宗庙布置、经天纬地或象天法地等都是都城规划中要考虑的重要因素，古代都城规划轴线表面上看是建筑规划与技术问题，实质上是国家政治理念在都城建设上的反映。历史上诸多京都大赋以文学形式充分表现了中国古代都城规划建设的独特地位。

国家城市体系与山川界限、交通与文化线路相关联。山川界限（特别是领土边界）及其空间结构形态特征蕴含着国土开拓的轨迹与历史文化信息，交通与文化线路是国家治理、供给、流通和控制的保障系统，城邑和关隘为代表的部分山川界限要素则是交通动脉上的节点。长期以来，中华民族劳作生活于中华大地上，人文胜迹附丽镶嵌于山川、城市及其联系网络；近现代以来，中华儿女浴血奋战，自强不息，革命圣地等见证了中华民族站起来、富起来到强起来的伟大复兴历程。

三、中国城市规划史分期

通常，中国城市规划史分为古代（1840年鸦片战争以前，ancient）与近现代（自1840年至今，modern）两大部分，其中，近现代又分为近代（1840~1949年，early-modern）、现代（自1949年至今，modern）。如果将中国城市及其规划与中国文明史结合起来，则可以在文明史进程中深刻认识不同时代城市规划的特色、表现及其影响。参照中国文明分期，以多民族统一国家形成发展进程中城市的作用及其规划要求为标准，现将中国城市规划史划分为古国时期、王国时期、帝国前期、帝国中期、帝国后期、近现代六个时期（表1–1）。

---

[1] 2018年10月中共中央办公厅、国务院办公厅印发《关于加强文物保护利用改革的若干意见》提出16项主要任务，其中第一项就是“构建中华文明标识体系”。中华文明标识是集中体现中华文明、中国革命、中华地理的重要自然遗产、物质遗产和精神遗产。中华文明标识体系是中华文明的地理标识、文化标识和精神标识组成的综合体系。

中国城市规划发展历史分期　　表 1–1

分期	年代	城市规划发展特征	时间跨度（年）	社会历史特征
古国时期	约 7000 B.C.~ 约 2500 B.C.（远古至仰韶时代晚期）	城市规划起源	约 4500	文明起源与发展。 定居与聚居。 从混沌到秩序
王国时期	约 2500 B.C.~771 B.C.（龙山时代至西周）	王国之城与规划知识传统奠基	约 1700	国家起源与发展。 封土建邦，体国经野，礼制社会。 两都制或多都制滥觞。 青铜—文字垄断，祭祀分封，控制社会与空间秩序。城邑—据点
帝国前期	771 B.C.~220（春秋战国秦汉）	大一统规划思想与实践	990	帝国形成与早期发展。 郡县制。 城市保障系统构建—运河和驰道。 铁器牛耕，竹简应用—文字 / 文书体系成为支撑官僚制度的工具。 百家争鸣“务为治”,官僚治国依凭“法”
帝国中期	220~907（三国至晚唐）	民族融合与规划创新	587	帝国巅峰时期。 佛教本土化，民族融合，豪族社会，城市经济繁荣。 印刷术应用。 城邑—生活
帝国后期	907~1840（五代十国至清）	统一多民族国家与规划变革	933	唐宋之变。 古代平民社会。 城市经济功能
近现代	1840~（晚清以来）	现代城市规划之形成	180	卷入全球化。 西方现代经济与知识进入。 现代平民社会。 中华民族伟大复兴

整个中国城市规划史历时约 9000 年，大致以公元前 2500 年为界，分为前后两大段，前段古国时期约 4500 年，这是早期城市与城市规划的起源期；后段为王国时期约 4500 年，这是中国城市规划的发展阶段，其中王国时期约 1700 年，此后是约 2800 年的统一的多民族国家形成发展时期，包括帝国时期 990 年、帝国中期 587 年、帝国后期 933 年，以及已经经历了 180 年的中华民族伟大复兴的近现代。

尽管每个时期的时间跨度不一，从 500 多年到 4500 多年，但是都有一个共同的特征，即每个阶段社会发展都经历了从大乱到大治（从动乱或战乱到统一或大治）的过程，空间上国家发展亦由弱而强，由小而大。经过一次又一次由乱而治的循环演进，中国不断走向统一的多民族国家，相应地，城市规划知识积累与进步也呈现出运动、变化、转变和发展的时代特征。

第三节　中国城市规划史的阶段性特征

辨识不同时期中国城市规划实践及思想的典型特征，可以揭示城市规划因应时代需要而变化的发展规律，把握中国城市规划发生发展的总体状况。兹依据上述分期，提纲挈领，概略说明万年来城市规划变迁的大意。

一、古国时期：城市规划起源

中国城市规划的起源是一个长期的过程，从逻辑上讲，包括城市规划的对象“城”的出现，以及规划意识和行为的形成。从规划知识的形成看，“规划”的知识事实上是伴随着人类聚落发展而产生的，从一种生存的常识到自觉的行动。规划最早是被用来塑造人类住区，建立空间秩序的，规划意识和行为的出现早于“城”的起源。

从考古发掘的原始聚落遗址看，我国原始的聚落可以溯源至距今7000~8000年前，河姆渡遗址（距今约7000年）、西安半坡村落遗址（属新石器时代仰韶文化遗址，距今6000年左右），以及蒙城尉迟寺遗址（以大汶口文化遗存为主，距今5000年左右）都是典型的例子。这些聚落的空间形塑并非随意而为之，从聚落选址和聚落形态可以窥见，先民通过集体努力，组织构建起与自身的环境、经济和政治结构最相匹配的人居空间，反映出朴素的规划意识。

聚落是人们定居生活后形成的早期聚居形态，其归宿是分化为城邑和村落。“邑”是具有一定的规模、统治阶级集中居住和从事活动的聚落，是一定地域范围内的政治、经济和文化中心。在考古学上，仰韶文化时期已经有“城/邑”，龙山时期几乎遍地有“城/邑”。湖南城头山遗址，始建于大溪文化早期（距今约6000年），是中国目前所见最早的城址之一，城外有壕沟，城内有祭坛、房屋、制陶作坊以及墓葬等，城墙结构至今仍然清晰可见。壕沟或城池的形态、房屋布局的形式，特别是祭坛设置等，可能与聚落等级及其所反映的社会复杂程度与组织方式有直接的关系。浙江余杭良渚文化古城遗址（距今6000~4000年），是目前中国所发现的同时代古城中最大的一座（图1-4）。

基于考古成果，大致可以认为：约12000年前，新石器时代来临，人类开始从山林走向山麓、河谷与平地定居，活动空间大增，精神为之大振，心智大开。约距今9000年至7000年，先民开始形成一定规模的聚居，从事规模化农业、养殖业和手工业。约距今7000至5500年，部分聚落内开始出现等级分化，聚落空间复杂性也随之提升。约距今5500年至4500年（仰韶文化晚期，公元前3500~前2900年），社会发展进入“古国”（区域性国家文明）时期（如东北地区牛河梁、东南地区良渚、江汉地区石家河、山东日照尧王城、中原北阳平等文化遗址），随着“城”（walled-city）这种特殊的聚落形态出现，推测中国早期城市规划也开始起源，此前约有500年序

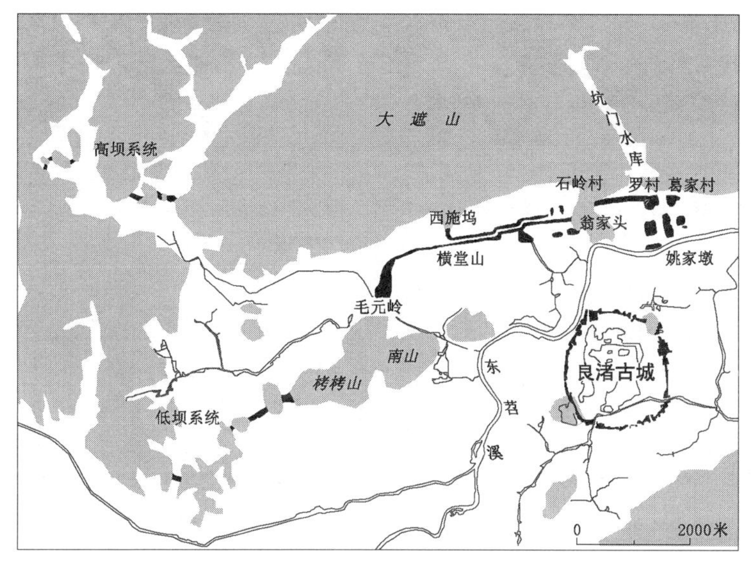

图 1-4 良渚遗址及其水坝系统

资料来源：王宁远，刘斌．杭州市良渚古城外围水利导流的考古调查 [J]. 考古，2015（1）：3-13+2.

曲，此后约有 500 年英雄时代。长期以来，依赖汗牛充栋的文献资料，我们对距今约 5000 年来的历史包括城市规划史有了一定的或初步的认识。实际上，龙山时代及其以前约 5000 年的史前时代（中国历史文献称“洪荒”之世），孕育着中国城市与规划的起源，具有难以估量的潜力和挑战性，有待我们借助不断出土的考古资料与传说的重新审视，进行补写或重申。

二、王国时期：王国之城与规划知识传统奠基

约公元前 2500 年至前 770 年，是中国城市规划史上的王国时期。约距今 4500 年至 4000 年的 500 年间，考古学上称为龙山时代，这是社会大变革时期，随着对财富获取及积累的需求进一步增加，“古国”矛盾激化，区域开始分化，“城”作为地域中心遍地开花，城邦林立，都市区或城址群已经有苗头。不同地区间城市发展差距很大，有的是都邑，如襄汾陶寺遗址和杭州良渚遗址；有的是具有都市区概念意义上的多层级城址聚集区，如荆州石家河遗址群、日照尧王城城址群和神木石卯城址群；有的是性质比较单纯的祭祀中心，如建平牛河梁遗址。龙山时代可能相当于古史传说的五帝时期，是“英雄时代”，城邦规划可谓五帝的“圣迹”（图 1-5）。

经过龙山时代激烈的权力争斗和财富再分配，中国社会发展跃入“王国”阶段，以中原为中心的广域性王国的出现，与方国并立。“探源工程”表明，到了距今 3800 年左右，中原地区在继续持久的接受周围先进文化的同时，自身的一些文化因素也开始对外辐射，而且幅度很大，范围很广。从此，中国文明的发展进入到一个新的阶段，即历史上的夏商周时期。夏商周都是较大规模的王国，城市发展的重要

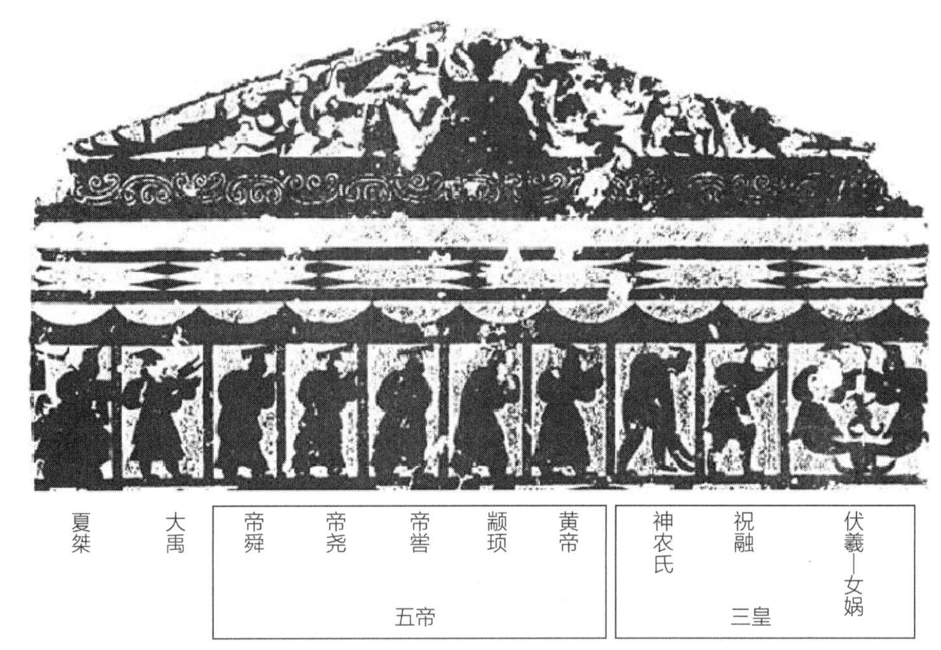

图 1-5 古帝王图（东汉画像石）

中国古代有所谓“三皇五帝”的传说，汉代已经成形。在西汉司马迁《史记》中就有“五帝本纪”，及其他一些典籍言及时代更早的“三皇”故事。《古帝王图》描绘了十一位古代君王，分别为：伏羲、女娲、祝融、神农氏、黄帝、颛顼、帝喾、帝尧、帝舜、大禹、夏桀。这十一位君王，通常被分为三组。第一组包括伏羲（及其配偶女娲）、祝融和神农，一般称为“三皇”。第二组包括黄帝、颛顼、帝喾、帝尧和帝舜，一般称为“五帝”，这与《史记・五帝本纪》所记载的五帝一致。第三组包括大禹和夏桀，分别是中国历史上第一个朝代夏代的创立者与末代君王。

改绘自：巫鸿．武梁祠：中国古代画像艺术的思想性 [M]. 柳扬，岑河，译．北京：生活・读书・新知三联书店，2015.

特征是形成了以政治性为主要特征的金字塔式等级体系。至晚从商代早期开始，城市的层级已经有比较严格的规范。西周时期，利用“封邦建国”分权模式，中国第一次实现了统一，文献记载周公制礼作乐，表明国家意识形态建设奠定了中国古代规划的制度属性。夏商周时期的城市是统治的据点，一般高而大，城内基本上是贵族和平民的二元结构，贵族空间包括官署和府库，市民空间包括聚落、作坊和农田。西周实行分封制，周王倡导“大聚”（《逸周书・大聚》），王都及诸侯国都纷纷兴筑大城。

三、帝国前期：大一统规划思想与实践

西周封建具有两面性，其巧妙之处在于，城市布局就像在“天下”这个大棋盘上进行战略性布子，可以迅速控制大局，但同时也存在先天的弊病，那就是分封越多，则宗周越弱；时间越久，则亲情越疏。从公元前 770 年到前 256 年，周天子共传 25 王，历时 515 年，名存实亡，史称东周。这个时期，差不多是历史上的春秋战国时期。春秋时期从公元前 770 年至前 476 年，诸侯争霸，封建解纽，共 295 年；战国时期

从前 475 年至前 221 年，列国相互征伐，纷纷战国，漠漠衰周，共 225 年。在中国历史上，春秋战国时代属于先秦的尾声，诸子百家“务为治”的大一统思想为秦汉统一帝国时代来临的先声，或者说在思想上实现了大一统的准备工作；城市规模与数量的剧烈增加，来源于秦、楚、周等多样性文化以及独特的创新，也为秦汉帝国时代城邑体系新格局奠定了物质基础。

从公元前 221 年秦始皇统一六国到公元 220 年曹魏代汉，共 440 年，是秦汉帝国时期。秦灭六国，建立中央集权式的郡县行政制统一，中国迈入一个全新的统一时代。新帝国的城市规划，遇到了两个前所未有的问题。一是如何统治广袤的帝国。秦统一六国后实行郡县制，这是大一统思想下的理性制度设计，通过城市体系实现空间化与固化，为大一统奠定基础，这是最大的，并且事实证明也是影响最为深远的空间规划。秦并天下不过十余年，继之而起的汉王朝从西汉到东汉 420 余年，把中央集权统一的制度深入实践，使之高度稳定，并且形成以儒家文化主导的影响深远的国家统一文化传统。汉高祖六年（公元前 201 年），“令天下县、邑城”，由此而引发新的筑城浪潮，各地城邑数量大增，分布范围大为拓展，丝绸之路、长城沿线、东北地区、东南沿海及岭南等地均有此时期的城址发现。西汉全国总人口约 5000 多万，《汉书·地理志》中记载的大中小城市却有 1578 座，可见汉代“城市化”的程度之高。大大小小的郡县城市分布于帝国疆域之内，这些城市无论距汉都有多遥远，都使用着类似的砖和瓦，连砖瓦上的纹饰都遵循相似的构图模式，城市也遵守着一定的规制。发达的“城市化”承载着时代的繁荣，“大汉”曾经是世界文明之强国、东方文化之中心。

二是帝国都城如何规划。秦都咸阳经历了从战国秦国都城到秦帝国都城的变迁，秦始皇采取象天设都，城市规划发生结构性变化；并且设都于苑，山川定位，宫苑结合，形成都城规画的“秦制”。西汉长安在萧何的深谋远虑下，汉承秦制又因地制宜，包括利用山川形胜，壮丽以重威；举九州之势，以立城郭室舍；以宫为主体（图 1–6），立“面朝后市”之制。王莽新政，托古改制，形成“左祖右社”格局。从宫与都的关系看，从西汉长安城到东汉洛阳城，完成了中国都城制度的重大变革，西汉长安城中各个宫城占据三分之二的空间，而东汉洛阳则主要是南宫和北宫位居城之中部，为后来三国时期的单一宫城制开启了先河。

中华帝国前期城市文化与规划的繁荣是汉文化恢宏体系的标征。一个统一、凝聚、宏大的“汉文化”出现在全球多文明共生的舞台上，它不仅构建了一个地理空间上的统一中国，而且创造了一个真正的具有统一文化特质的中国。后来中华民族与中华文明发展的事实表明，这个文化共同体一旦形成，无论遇到多么剧烈的冲击和挑战，它都能够在抗争、拼搏中实现复兴，并且具有强大的文化开放和吸纳能力。

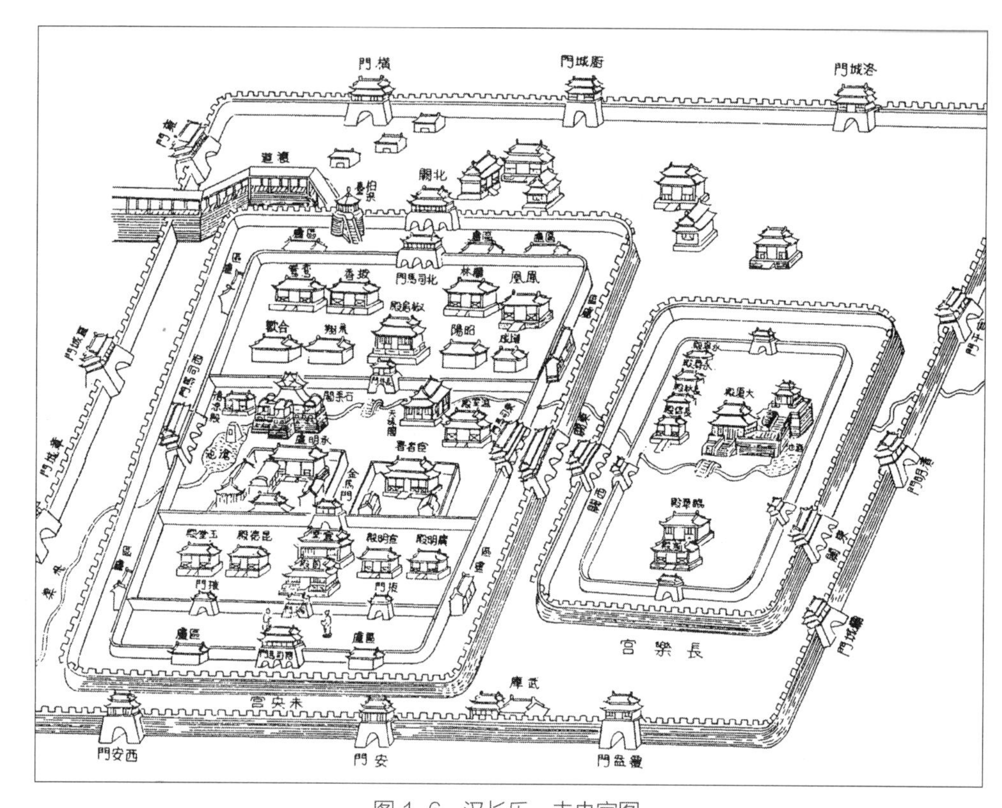

图 1-6　汉长乐、未央宫图

资料来源：（清）毕沅．关中胜迹图志 [M]. 西安：西京日报社，1934：7.

四、帝国中期：民族融合与规划创新

从曹魏代东汉的公元 220 年起，到公元 907 年唐王朝覆灭，期间长达 680 余年。这个时期以隋灭陈的公元 587 年为界，分为前后两个阶段。前段从曹魏代东汉到隋灭陈，共 369 年，期间虽然有西晋 36 年的短暂统一（公元 280 年灭东吴至公元 316 年西晋亡），但总的形势是南北分裂。后段从隋统一到唐灭亡，共 318 年，比起秦汉，隋唐是一个更为深入而广阔的统一阶段。总体看来，前段是分裂时期，后段是统一时期，时间长度差不多都是 300 余年。两段在政治状况方面的差异，在城市规划上的反映也十分明显。将魏晋南北朝与隋唐两段合为一个大的历史时期，就可以发现魏晋南北朝时期是特色鲜明的隋唐城市规划的前奏。

魏晋南北朝分裂阶段社会发展与城市规划具有三个明显特征：一是这个时期的分裂不同于秦始皇统一以前的各地区的单独发展。经过了秦汉 400 多年的统一，汉文明已经巩固下来，因此虽然再度分裂，各地区也分别发展了自己的特点，但是仍然有一个共同的因素在起作用，即在秦汉一统意识的强烈影响下，争取政治上的再度统一，形成统一的国家，成为南北方人民普遍的愿望与要求，这是隋唐一统得以实现的根本原因。表现在城市规划上，汉代都城长安与洛阳规划对分裂时期的都城布局建设都产生重要影响。魏晋南北朝时期有许多都城兴建，因儒风盛行，六朝建康、邺北城以及邺南城、北魏洛阳城，无论择新址营建还是沿用旧址改扩建，均力求遵循传统礼制。二是随着佛教的传入和本土化，寺院或宗教空间成为城市空间的重要组成部分，城市主流物质文化发生重大变化。在佛教传布开来之前，中国城市的标志性建筑和景观是统治者的宫殿、衙署、宗庙、神祠，人们崇奉的是祖先以及社稷、山川、天地诸神祇，并且这些神祇不采用造像的形式来表现；而在佛教流行中国后，中国城市标志性建筑和人文景观除了宫殿和衙署外，佛教寺院（以及仿效佛寺而建的道教宫观）成为最引人注目的标志性建筑和人文景观，大量佛教造像和少许道教造像占据了人们精神世界，成为最广泛的崇奉对象[1]（图 1–7）。三是北朝找到整合中原、草原的多元治理办法。游牧者主导军事秩序，定居者主导财富秩序。这种秩序一经出现，就迅速外扩，终成为恢宏磅礴、气象万千的隋唐世界帝国。

隋唐的一统是基于汉族与各少数民族融合而出现的，不是秦汉统一的简单重复。这是中国历史上一次民族大融合，持续时间很长，在政治经济文化等方面注入新的血液，从而孕育形成了隋唐的新面貌。统一之后，政治、经济、文化诸方面都出现了崭新的面貌，城市规划也出现新的特色。如果说魏晋南北朝的城市规划都还带有某些汉代文明的色彩的话，那么隋唐城市规划则以一个全新的模式出现在中国城市规划舞台上了，新的城市布局出现了。以隋大兴—唐长安、东都洛

图 1–7　麦积山石窟西魏时期壁画所绘宫殿

资料来源：傅熹年 . 中国古代建筑史：第二卷　三国、两晋、南北朝、隋唐、五代建筑 [M]. 北京：中国建筑工业出版社，2001.

[1] 孙华 . 总序・中国历史和文化的物质标征 [M]// 易晴 . 中国古代物质文化史：绘画 墓室壁画（宋元明清）. 北京：开明出版社，2014.

阳等为代表的隋唐规划大大不同于秦汉时期：一是规整的城市出现。战乱时期原建于高地的一些城市遭到毁坏，和平时期于平地新建的都城和地方城市都有了一套布局制度，城市体系的等级制度明显。二是子城防卫加强。三是里坊制。自曹魏邺城里坊制以来，一直到隋唐，都城里开始考虑到了市民空间。隋唐时期郭城的作用得到显著增强，郭城空间的生产和生活活力成为引领城市发展和影响力的重要支撑。城市可以容纳较多的居民，对他们加以严格管理。

五、帝国后期：统一多民族国家与规划变革

从唐朝灭亡的 907 年至清代灭亡的 1911 年（或晚清 1840 年），期间约 1000 年，这是中国城市规划史上的帝国后期。从唐朝灭亡到宋朝建立之间的五代十国时期（907~960 年），在中原地区出现了五个疆域比较大的政权（后梁、后唐、后晋、后汉与后周），此外有十个称制立国（称王或称帝）的割据政权（前蜀、后蜀、吴、南唐、吴越、闽、楚、南汉、南平、北汉）。实际上，全部割据政权不止这 15 个，历史似乎又回到了春秋战国时代。与宋大体同时有辽、金，虽然与宋有不少相似之处，但是又有其自身的特点，宋、辽、金 300 年实际上是南北分裂时期，同时也是一次民族大融合，这次融合的规模和范围都超过了上个阶段。过去和中原不太密切的东北地区、漠北地区、青藏地区和云南地区，都逐步和中原连成一体，形成多民族统一国家。这样大范围在政治上统一，随之而来的是在东方再一次繁荣，出现了与唐文化有别的另一个新时代。元代虽然时间不长，但是自己的特点很显著，可以说开辟了东方历史上的又一个新时代，同时对西方历史也有很大的影响。元代开了个头，在明清时期，得到比较充分的表现。

城市规划作为国家空间治理手段，其基本模式在帝国后期出现大的转型。一是中原王朝的都城规划与规制转型。后周定都开封，正式名称为“东京开封府”，又称汴京，商人出身的周世宗柴荣治理运河、黄河和汴河，开封作为水路交通枢纽的地位得到恢复，成为当时全国规模最大、设施最完备、经济最繁荣的城市，为北宋继续定都于此并进一步走向辉煌奠定坚实基础。为了适应皇帝出行仪卫所需，改造地方旧城原有道路和桥梁，形成庄严伟大的州桥（天汉桥）、华表、御廊杈子、宫门双阙建筑序列，对金、元、明都城规划建设产生了深远的影响。更重要的是，周世宗对东京开封府的规划营建，直接促进了长期以来封闭式的市制和坊制的瓦解，以及新的开放式街市的形成，开启了中国走向商业文明和市民文化的先声。二是征服型王朝都城区域选址与规划布局。五代以来的民族大融合，表面上是外民族占统治地位，其实是汉文化同化，表现得最明显的是都城规划的“多京制”。少数民族本身有京，在汉地则有新的京，两者之间存在生产方式和生活方式的差异。外民族统治时期，通过多京控制关键地区，整合了时代的军事力、政治力和文化力。辽、金采用“多都制”，元的都城在上都和大

都之间进行季节性移动并形成国家发展的合力。从都城规划的角度看，从秦汉到隋唐（公元前 221~ 公元 907 年），以汉族为主体的中华民族形成并初步发展，“长安—洛阳”是都城规划的代表；辽金元明清时期（916~1911 年）以汉族为主体，包括汉族、蒙古族、满族、藏族、回族、维吾尔族等多民族统一的中华民族全面形成，“北京”是征服型王朝都城的代表。忽必烈时代“大都”是草原帝国与汉文化交汇的象征，元大都通过河运、海运网络，与传统中国南方地区乃至海外关联，这是千年大业，也成为元代以来的遗产和治国的基本经验。都城、海港等一个个镶嵌于运输网络上的节点城市，成为国家发展的精华乃至枢纽。元大都规划建设的目标，不仅在于都城本身，更是一个区域体系。山—海—城、陆路—海路—都城的区域性功能与要求，融汇到“北京湾”，为大都城的空间特色创新提供了可能性。基于元大都规划建设的明清北京城，成为中国城市规划史上的“无比杰作”。三是多民族统一国家的空间治理。元代建立起一个世界体系，带来中国内部经济社会动能的大规模释放。如何在维持繁荣的前提下，把广阔的地域都纳入自己的版图中，维持稳定的政治局面？明代采取的根本措施就是加强控制。自明代以来，中央集权逐步强化，国家对于城市的管理也不例外，城市与国家行政体制的关系变得日益紧凑，采取“环列兵戎，纲维布置”的城市布局理念，进行系统化的城市重建与国家制度重建。明代还通过修建长城、实施海禁等措施加强城防建设等，维持国家和地方的安全（图 1–8）。

六、近现代：现代城市规划之形成

自清朝初期到鸦片战争前夕，清朝仍然是一个独立的国家，但是国势从乾隆末年就开始江河日下了。西方资本主义国家携工业革命的雄风，蒸蒸日上，欧美列强为了扩大商品市场，争夺原料产地，加紧了征服殖民地的活动，中国的周边国家和邻近地区，陆续成为它们的殖民地或势力范围。19 世纪中叶以来，中国由于实力的差距不得不加入西方霸权主导的世界体系，从闭关锁国到门户开放，通商口岸、租界城市都是中国开始进入世界体系的最显著的标志。李鸿章说这是“三千年未有之变局”，陈寅恪说这是“数千年未有之钜劫奇变”，事实证明，中国发展的又一个大转型开始出现。随着开埠城市出现与西方城市建设技术传入（1843~1895 年），中国既有城市开始向半殖民地半封建城市转化，西方现代城市规划学导入，中国传统的城市规划形态与制度开始分化瓦解。

1912 年 2 月 12 日（宣统三年十二月二十五日）大清帝国最后一位皇帝爱新觉罗·溥仪颁布《清帝逊位诏书》，这是清帝国的结束，也是自秦始皇以来延续 2000 多年的帝制终结。近现代以来中国城市规划实践表明，中国现代城市规划的形成是一个从对外来事物的接受到自主融合并有所发展，探索有中国特色的城市规划的过程。从最初的直接引入，到不断认识与理解，在反思中探求延续自身文化，传统的规划被重构，

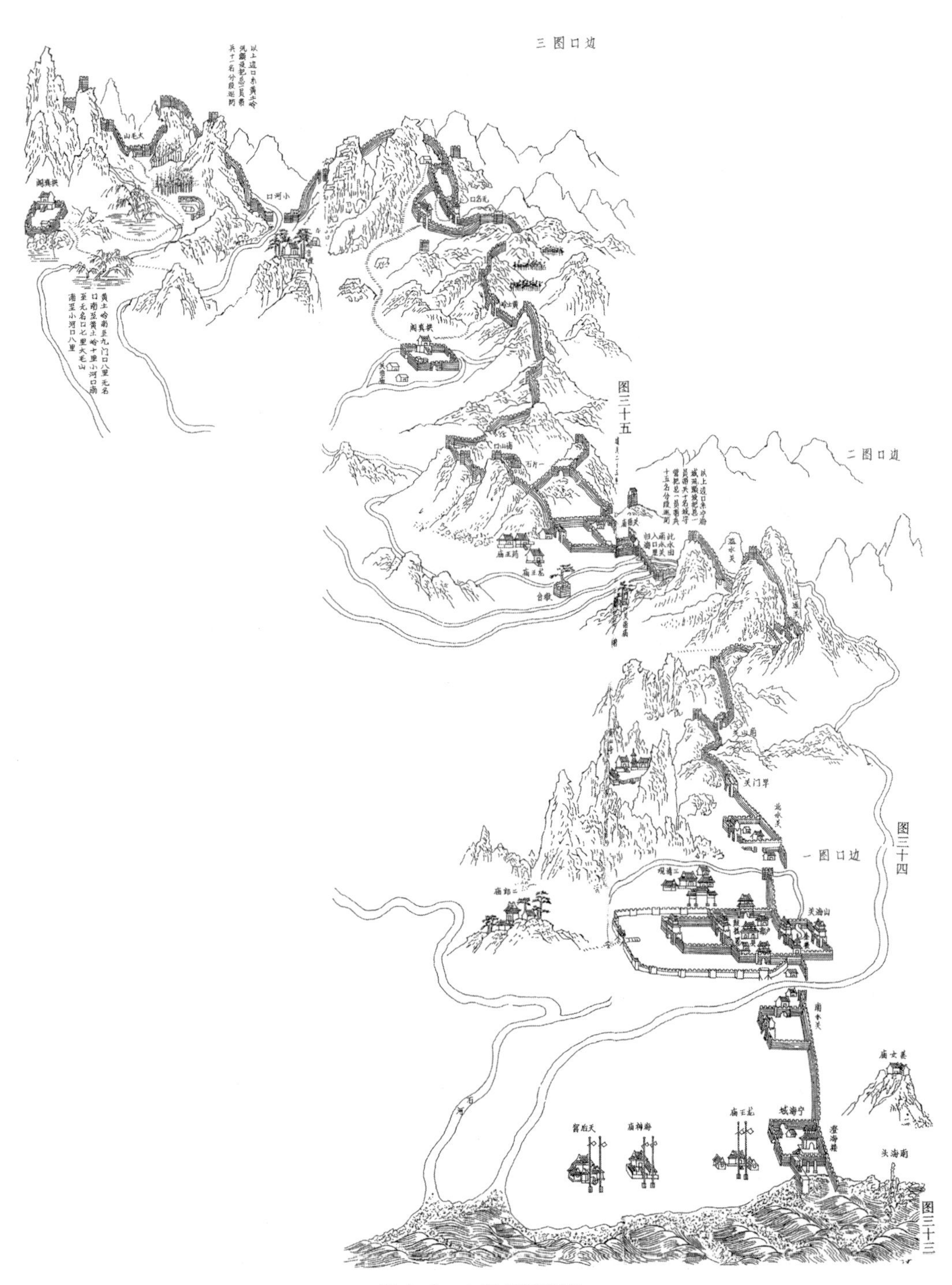

图 1-8　山海关形势图

改绘自：（清）游智开 修，史梦兰 纂 .（光绪）永平府志 [M]. 刻本 . 敬胜书院，1879（清光绪五年）.
见：董耀会 . 秦皇岛历代志书校注 [M]. 北京：中国审计出版社，2001.

新的规划概念在形成之中。[1]中国城市规划不能够简单照搬或模仿欧洲、苏联或美国，中国城市规划要基于国情，面对现实问题，发展有中国特色的城市规划。

综观中国城市规划史，自古国时期中国城市规划起源以降，五个历史时期包含了五次社会大变革，每次大变革的时长都有几百年，其中龙山时代、春秋战国皆500年，接着三国两晋南北朝、五代宋辽西夏金等皆300年，最近的一次，从鸦片战争算起还不足200年。每次大变革，其前和其后都是中国历史的辉煌时期。从清末以来的大变革中，中国人民经历了战乱频仍、山河破碎、民不聊生的深重苦难，尽管如此，自强不息的中华民族却从未放弃对美好梦想的向往和追求，特别是近百年来经历了从站起来、富起来到强起来的伟大飞跃。

中国城市规划史实践表明，这种强烈的时代节奏感，在中国城市及其规划演进上具有显著的反映。可以说，目前我们正处在新时代中国特色社会主义现代化建设的门槛上，我们有机会目睹城市规划史这个全新的知识主体，与约占人类1/5人口国度的城市及其规划的历史密切关联。一部完整的中国城市规划史，是中华文明演进、兴起和复兴的重要组成部分，并成为世界上最为壮观、一脉相承的文明的集中体现。

第四节　学习方法与基本要求

在学习中国城市规划史的过程中，要注意宏观与微观相结合、文献与实物相结合、空间分析与规画实作相结合。

一、宏观与微观相结合

认识城市有两个基本的尺度：一是宏观的国家/区域尺度，突出城市作为一定地域的统治中心及其在国家治理中的作用；二是微观的地方尺度，突出城市作为一定范围的人居环境及其与地理环境的关系。相应地，城市规划实际上也包括两个基本的尺度：一是国家/区域尺度上城邑体系之构建，特别值得注意的是都城之选址，这是宏观的经济地理条件决定的，要满足一定历史时期国家政治、经济、军事等综合要求；二是地方尺度，具体体现社会文化与管理制度要求，以及结合地方环境条件的具体的规画技术方法。一座城市往往既有在一定历史时期国家或地区的发展要求，同时又有城市及其周边的地理环境条件的限制，城市规划要统筹这两个基本的方面，在学习中国城市规划史过程中，要自觉注意宏观与微观的统一。

---

[1] 李百浩．中国近现代城市规划概念演变．首届国际城市规划历史与理论论坛．南京：2019年11月9日．

二、文献与实物相结合

至迟殷墟甲骨文时期，中国已经形成成熟的文字系统，从此对于中国社会与城市发展有了三千余年传承不绝的文献记录，这是中国城市规划史研究的重要基础。特别是秦汉以来，历史典籍对于城市及其规划的记载愈来愈多，对于秦汉以降的城市规划史研究要特别注意文献与实物相结合，通过实物与文献的相互印证，加深对中国古代城市规划规律的认识与理解。例如，历代关于都城宫阙的兴建、重大建筑物的计划、主管官员或大匠的传记等，在二十四史中都有相关的记载。大量以城市或建筑为主题的文学作品，如汉代兴起以城市或建筑为题材的“赋”，在一定程度上描绘出那个时代城市和建筑的面貌。发端于秦汉之际的郡书、地理书、都邑簿等地方志，图文并茂地展示不同地方的城乡规划经验和建设智慧，如《三辅黄图》记录秦咸阳、汉长安城的规划建设，《洛阳伽蓝记》记述北魏时期洛阳佛寺的兴衰，等等。此外《汉书·艺文志》记载《宫宅地形》二十卷，《隋书》记载宇文恺（555 ~ 612 年）著《东都图记》二十卷，都是关于城市与宫室规划设计之书，可惜已经遗佚不存。相比之下，秦汉以前文献相对较少，史前文献资料几乎空白，对这一时期城市规划史的研究依赖考古学资料与成果，可以说通过城市考古工作所获得的第一手科学的考古材料，是包括考古学在内的一切学科研究古代城市的基础。

毋庸讳言，与古代辉煌的城市规划建设成就相比，关于中国古代城市规划的研究显得明显不足。自 17 世纪以来，清代学者对于古代城市规划的研究逐渐增多，研究多集中于文献考证，对于具体规划的内容、成就限于当时的知识水平，无力涉及。20 世纪以来，西方的建筑和城市规划学说传入我国，城市规划成为一门现代专门学科，但研究者往往在与古典文献和历史学的结合上有所未逮。[1] 在学习中国城市规划史过程中，要自觉运用现代文献检索的技术优势，发掘富有中国特色的城市规划及其相关的文献宝藏，并结合现代考古学成果，发挥综合优势，不断积累并努力取得新的突破。

三、空间分析与规画实作相结合

城市有体有形，空间分析是城市规划研究的基本方法。在城市规划史学习与研究过程中，要注重运用并发挥城市规划的空间分析优势，充分认识城市选址（包括宏观的区位与微观的相地）、布局的结构与形态特征。同时要加强对古代城市由地而城的规画实作（规划复原实践）的理解，通过文献记载（特别是地方志）、现代空间

[1] 傅熹年 . 介绍贺业钜先生撰《中国古代城市规划史》(1997 年 4 月 1 日)[M]// 傅熹年 . 傅熹年建筑史论文选 . 天津：百花文艺出版社，2009：480-481.

图像识别等，结合课程中所习得的中国古代城市规划知识，开展古代城市复原研究，探讨城市形态的形成原因——规划的原因，理论联系实际，加深对中国城市规划技术与方法的理解和认识。

第五节　中国城市规划史文献简介

城市及其规划研究具有鲜明的综合性与复杂性特征，长期以来，建筑、历史、地理等不同学科对于中国城市规划史研究积累了丰富的研究成果。

一、建筑史研究

中国建筑史中一般都有关于中国古代城市规划史的研究，中国建筑史关注城市的空间结构与形态，为中国城市规划史研究提供了坚实的基础。我国技术史中的建筑部分开始于1930年代，主要是中国营造学社的工作[1]。梁思成所著《中国建筑史》[2]、建筑工程部建筑科学研究院建筑理论及历史研究室中国建筑史编辑委员会编的《中国建筑简史：第一册　中国古代建筑简史》[3]都涉及中国古代都城规划，"有规划的城市"是中国传统建筑的一个突出特征，这也成为后来中国古代建筑史著作的基本内容。英国建筑师博伊德（Andrew Boyd）出版《公元前1500年至公元1911年的中国建筑与城市规划》，其中第三章"中国的都市景观与其设计原理"，简略介绍了长安、苏州、杭州、北京等城市[4]。英国李约瑟著《中国科学技术史》第四卷土木及水利工程学部分对中国城市规划作了颇有见地的解释[5]。李允鉌著《华夏意匠：中国古典建筑设计原理分析》用现代建筑的观点和理论分析中国古典建筑设计问题，专列第十一章"城市规划"，论述古代的城市和规划、都城的盛衰和兴亡、城市形状的产生和变迁、城市的内容和组织、道路网和城市的布局等[6]。萧默主编的《中国建筑艺术史》[7]、潘谷西等主编的《中国古代建筑史》多卷集[8]，都包含城市规划设计的内容。郭湖生指导萧红颜完成博士论文《东周以前城市史研究》，着重探索东周以前等级制度的基本特点[9]。张驭寰著《中国古代县城规划图详

[1] 宿白．中国古建筑考古 [M]. 北京：文物出版社，2009.

[2] 梁思成．中国建筑史 [M]. 北京：清华大学建筑系编印，1954.

[3] 建筑工程部建筑科学研究院建筑理论及历史研究室中国建筑史编辑委员会．中国建筑简史：第一册　中国古代建筑简史 [M]. 北京：中国工业出版社，1962.

[4] BOYD A. Chinese architecture and town planning：1500B.C.–A.D.1911 [M]. London：Alec Tiranti，1962.

[5] 李约瑟．中国科学技术史 [M].《中国科学技术史》翻译小组，译．香港：中华书局香港分局，1978.

[6] 李允鉌．华夏意匠：中国古典建筑设计原理分析 [M]. 天津：天津大学出版社，2005.

[7] 中国艺术研究院《中国建筑艺术史》编写组，等．中国建筑艺术史 [M]. 北京：文物出版社，1999.

[8] 潘谷西．中国古代建筑史：第四卷　元明建筑 [M]. 北京：中国建筑工业出版社，2001.

[9] 萧红颜．东周以前城市史研究 [D]. 南京：东南大学，2003.

解》，通过方志地图解析古代县城选址、城墙城门建设、道路交通，以及庙宇、府署、军事防御建筑的安排等[1]。傅熹年著《中国科学技术史·建筑卷》系统总结不同朝代城市及重点建筑群规划布局方法[2]。孟建民著《城市中间结构形态研究》对南京城市建构过程进行系统阐述和分析，归纳总结南京结构形态演变的动因和规律[3]。赖德霖、伍江、徐苏斌主编《中国近代建筑史》对世界影响下的近代中国城市及其规划现代化进行梳理[4]。

二、考古学、历史学、历史地理学研究

考古学与历史学、历史地理学等领域对特定城市的专门研究（相当部分属于城市史性质），为认识中国古代城市规划提供了丰富而扎实的基础材料与实证。中华人民共和国成立后，考古工作者开始对古代的城市遗址进行科学的勘探与发掘，基本勘察清楚汉长安城遗址、汉魏洛阳城遗址、隋大兴唐长安城遗址、隋唐洛阳城遗址、辽中京遗址、金中都遗址、元大都遗址的布局，并对邺城遗址、南宋临安城、三国时代孙吴的武昌城、六朝的建康城、北宋的汴梁等城址作过考察，弄清了中国都城建制的演变轮廓，其中包括平面布局、宫城位置、主干大道和里坊制度等，揭示了古代城市发展起源与演进、发展的规律。这些发掘成果以及传世史料是科学地研究中国古代城市的基础。许宏著《先秦城市考古学研究》[5]《先秦城邑考古》[6]系统整理先秦1000余座城邑考古发掘的成果，对先秦城邑7000年的演变脉络进行了全景式大扫描。刘庆柱与李毓芳对汉长安及古代都城规划进行考古学研究[7][8]。徐龙国著《秦汉城邑考古学研究》对秦汉时期城邑与社会政治构架、军事活动、民族融合、社会经济等方面的关系进行研究[9]。宿白著《汉唐宋元考古》述及自秦汉至宋元不同时期城址的历史文献和综合研究成果等[10]。徐苹芳探讨中国古代都城特别是元大都与明清北京城的规划设计[11]。苏秉琦主编的《中国远古时代》对中国史前时期从猿到人、从氏族到国家的历程作了全面而系统的梳理[12]。刘莉、陈星灿对旧石器时代晚期到早期青铜时代社会复杂化进程中农业发展和国家的作用进行系统展示，为我们认识定

---

[1] 张驭寰．中国古代县城规划图详解 [M]. 北京：科学出版社，2007.
[2] 傅熹年．中国科学技术史：建筑卷 [M]. 北京：科学出版社，2008.
[3] 孟建民．城市中间结构形态研究 [M]. 南京：东南大学出版社，2015.
[4] 赖德霖，伍江，徐苏斌．中国近代建筑史 [M]. 北京：中国建筑工业出版社，2018.
[5] 许宏．先秦城市考古学研究 [M]. 北京：北京燕山出版社，2000.
[6] 许宏．先秦城邑考古 [M]. 北京：金城出版社，2017.
[7] 刘庆柱，李毓芳．汉长安城 [M]. 北京：文物出版社，2003.
[8] 刘庆柱．古代都城与帝陵考古学研究 [M]. 北京：科学出版社，2000.
[9] 徐龙国．秦汉城邑考古学研究 [M]. 北京：社会科学文献出版社，2013.
[10] 宿白．汉唐宋元考古：中国考古学 [M]. 北京：文物出版社，2010.
[11] 徐苹芳．中国历史考古学论丛 [M]. 台北：允晨文化实业股份有限公司，1995.
[12] 苏秉琦．中国远古时代 [M]. 上海：上海人民出版社，2014.

居的形成以及早期的规划思想提供了广阔背景[1]。

英国李约瑟著《中国科学技术史》，第四卷土木及水利工程学部分论述了中国古代国土治理[2]。侯仁之著《历史上的北京城》揭示北京城市起源、城址转移、城市发展的特点及其客观规律等问题[3]。美国施坚雅（G. William Skinner）主编《中华帝国晚期的城市》，探讨在中华帝国晚期城市的建立与发展、城市与周边区域的关系，城市内部的社会结构[4]。张光直著《美术、神话与祭祀》论述三代城邑规划简史，描绘三代城邑图景，考察具有强烈政治色彩的古代中国文明[5]。曲英杰著《先秦都城复原研究》，收集先秦时期重要都城的资料并进行复原研究[6]。杨宽著《中国古代都城制度史研究》，系统地研究论证了中国古代都城及其制度的发展演变[7]。史念海著《中国古都和文化》，研究中国古都特别是唐长安与洛阳的建立及其对自然环境的利用、改造和影响[8]。马正林编著《中国城市历史地理》述及古代城市的规划思想、规划原则、规划地图[9]。周长山著《汉代城市研究》从城市的数量变化、地域分布、城郭结构、城市人口或市场活动等方面探讨汉代城市发展状况[10]。日本学者池田雄一研究中国古代的聚落与地方行政[11]。程存洁研究唐代东都及唐王朝边城[12]。成一农探索古代城市形态研究方法[13]。陈力著《东周秦汉时期城市发展研究》探讨该时期城市居民、都城周围的社会以及城市规划理论问题[14]。包伟民著《宋代城市研究》，对宋代城市的规模、类型、管理制度、市场、税制、市政建设、人口和文化方面进行探讨[15]。牛润珍著《古都邺城研究——中世纪东亚都城制度探源》，重点研究邺城城制的发展变化及其特点，探讨邺城影响下中世纪东亚都城制度的形成[16]。薛凤旋著《中国城市及其文明的演变》，从中国的历史和文明演进的角度探讨中国城市发展在世界文明之林中所透露出来的独特个性[17]。

---

[1] 刘莉，陈星灿．中国考古学：旧石器时代晚期到早期青铜时代 [M]. 北京：生活·读书·新知三联书店，2017.
[2] 李约瑟．中国科学技术史 [M].《中国科学技术史》翻译小组，译．香港：中华书局香港分局，1978.
[3] 侯仁之．历史上的北京城 [M]. 北京：中国青年出版社，1962.
[4] 施坚雅．中华帝国晚期的城市 [M]. 叶光庭，等译．陈桥驿，校．北京：中华书局，2000.
[5] 张光直．美术、神话与祭祀 [M]. 郭净，译．沈阳：辽宁教育出版社，2002.
[6] 曲英杰．先秦都城复原研究 [M]. 哈尔滨：黑龙江人民出版社，1991.
[7] 杨宽．中国古代都城制度史研究 [M]. 上海：上海古籍出版社，1993.
[8] 史念海．中国古都和文化 [M]. 北京：中华书局，1998.
[9] 马正林．中国城市历史地理 [M]. 济南：山东教育出版社，1998.
[10] 周长山．汉代城市研究 [M]. 北京：人民出版社，2001.
[11] 池田雄一．中国古代的聚落与地方行政 [M]. 上海：复旦大学出版社，2017.
[12] 程存洁．唐代城市史研究初篇 [M]. 北京：中华书局，2002.
[13] 成一农．古代城市形态研究方法新探 [M]. 北京：社会科学文献出版社，2009.
[14] 陈力．东周秦汉时期城市发展研究 [M]. 西安：陕西出版社集团三秦出版社，2010.
[15] 包伟民．宋代城市研究 [M]. 北京：中华书局，2014.
[16] 牛润珍．古都邺城研究——中世纪东亚都城制度探源 [M]. 北京：中华书局，2015.
[17] 薛凤旋．中国城市及其文明的演变 [M]. 北京：世界图书出版公司，2015.

三、城市规划学研究

在城市规划教科书中，有专门关于中国古代城市规划史的内容。例如，“城乡规划”教材选编小组选编《城乡规划》，第一章“城市的产生和发展”包括历史时期中国都城规划的内容[1]。同济大学等编《城市规划原理》第一章第一节也是“城市的产生与发展”,简略叙述中国古代城市规划[2]。同济大学城市规划教研室编《中国城市建设史》系统阐述了中国古代城市发展简史[3]。由于不是专门的城市规划史著作,因此关于城市规划史的内容涉及较少。

1980年代以来,关于古代城市规划史的专题和综合研究日益丰富。贺业钜著《考工记营国制度研究》[4]《中国古代城市规划史论丛》[5]《中国古代城市规划史》[6],通过分析《考工记》所记述的西周初期城邑建设制度，系统揭示我国古代城市规划体系的全貌。吴良镛著《中国古代城市史纲》(英文)，梳理中国古代城市特别是都城规划脉络[7]。夏南悉（Nancy Shatzman Steinhardt）介绍中国历史上不同时期的都城规划[8]。吴庆洲著《中国古代城市防洪研究》[9]《中国古城防洪研究》[10],专门探讨中国古代城市布局中的防洪科学与技术。德国阿尔弗雷德·申茨（Alfred Schinz）著《幻方：中国古代的城市》描绘古代城市形制和代表性建筑背后隐藏的传统文化和文明演进，揭示中国“建筑之道”同整个思想体系的深层次关联[11]。郭湖生著《中华古都》探索古代都城的规划制度，提出“骈列制”“郦城体系”“子城制度”等[12]。汪德华著《中国古代城市规划文化思想》[13]《中国山水文化与城市规划》[14]《中国城市规划史纲》[15]《中国城市规划史》[16],从工程技术与文化思想相结合的角度,评述中国城市规划发展的历史。傅熹年著《中国古代城市规划、建筑群布局及建筑设计方法研究》，对中国古代城市规划、建筑群布局及建筑设计方法进行系统研究，展示出中国城市规划设计原则、方法和艺术构图规律[17]。庄林德等编著《中国城市

---

[1] “城乡规划”教材选编小组 . 城乡规划 [M]. 北京：中国工业出版社，1961.
[2] 同济大学 . 城市规划原理 [M]. 北京：中国建筑工业出版社，1981.
[3] 同济大学城市规划教研室 . 中国城市建设史 [M]. 北京：中国建筑工业出版社，1982.
[4] 贺业钜 . 考工记营国制度研究 [M]. 北京：中国建筑工业出版社，1985.
[5] 贺业钜 . 中国古代城市规划史论丛 [M]. 北京：中国建筑工业出版社，1986.
[6] 贺业钜 . 中国古代城市规划史 [M]. 北京：中国建筑工业出版社，1996.
[7] WU L. A brief history of ancient Chinese city planning [M]. Kassel：Urbs et Regio，1986.
[8] STEINHARDT N S. Chinese imperial city planning [M]. Honolulu：University of Hawaii Press，1990.
[9] 吴庆洲 . 中国古代城市防洪研究 [M]. 北京：中国建筑工业出版社，1995.
[10] 吴庆洲 . 中国古城防洪研究 [M]. 北京：中国建筑工业出版社，2009.
[11] 阿尔弗雷德·申茨 . 幻方：中国古代的城市 [M]. 梅青，译 . 北京：中国建筑工业出版社，2009.
[12] 郭湖生 . 中华古都——中国古代城市史论文集 [M]. 台北：空间出版社，1997.
[13] 汪德华 . 中国古代城市规划文化思想 [M]. 北京：中国城市出版社，1997.
[14] 汪德华 . 中国山水文化与城市规划 [M]. 南京：东南大学出版社，2002.
[15] 汪德华 . 中国城市规划史纲 [M]. 南京：东南大学出版社，2005.
[16] 汪德华 . 中国城市规划史 [M]. 南京：东南大学出版社，2014.
[17] 傅熹年 . 中国古代城市规划、建筑群布局及建筑设计方法研究 [M]. 北京：中国建筑工业出版社，2001.

发展与建设史》,归纳与揭示各历史时期中国典型城市的建设布局[1]。张驭寰著《中国城池史》,系统梳理中国古代城池的选址与建设[2]。黄建军著《中国古都选址与规划布局的本土思想研究》,整理在中国历史上实际发生过的古都选址与规划布局的本土思想[3]。吴良镛著《中国人居史》,对城乡古代人居环境建设的历史进程与规划设计方法进行系统梳理与总结,城市是重要的人居类型[4];指导陈宇琳[5]、孙诗萌[6]、袁琳[7]、周政旭[8]、郭璐[9]完成的五篇博士论文,分别从山水城市、地方府县城市、城市自然治理、城市社会治理、地区设计等视角展开专题研究。王贵祥著《中国古代人居理念与建筑原则》,阐述中国古代有"营邑立城,制里割宅"的规划理念[10]。王树声编著《中国城市人居环境历史图典》系统展现相关城市的空间结构与形态。[11]杨宇振著《历史与空间:晚清重庆城及其转变》,从人与空间的关联角度对清末民初重庆城发展演变进行历史研究[12]。

值得注意的是,2011 年 3 月 8 日国务院学位委员会、教育部公布了新版《学位授予和人才培养学科目录》,正式将"城乡规划学"升格为一级学科(学科代码为 0833),城乡规划学与建筑学、风景园林学、土木工程等平行列于工学门类下。2012 年 11 月中国城市规划学会"城市规划历史与理论学术委员会"正式成立,凝聚了一批关注规划历史与理论研究的规划工作者,出版《城市规划历史与理论》系列丛书[13]。2018 年中国城市规划学会编著《中国城乡规划学学科史》出版[14]。

阅读材料

[1] 张光直 . 考古学专题六讲・中国古代史在世界史上的重要性 [M]. 北京:生活・读书・新知三联书店,2013:1-24.

[2] 吴良镛 . 城市与城市规划学 [M]// 吴良镛 . 城市规划设计论文集 . 北京:燕山出版社,1988:216-267.

[3] 刘庆柱 . 中国古代都城考古研究的几个问题 [J]. 考古 . 2000(7):60-69.

---

[1] 庄林德,张京祥 . 中国城市发展与建设史 [M]. 南京:东南大学出版社,2002.

[2] 张驭寰 . 中国城池史 [M]. 天津:百花文艺出版社,2003.

[3] 黄建军 . 中国古都选址与规划布局的本土思想研究 [M]. 厦门:厦门大学出版社,2005.

[4] 吴良镛 . 中国人居史 [M]. 北京:中国建筑工业出版社,2014.

[5] 陈宇琳 . 传统"山—水—城"格局研究——以京津冀北地区为例 [D]. 北京:清华大学,2009.

[6] 孙诗萌 . 传统地方人居环境规划设计研究:以永州地区为例 [D]. 北京:清华大学,2013.

[7] 袁琳 . 从都江堰灌区发展论成都平原人居环境的生态文明 [D]. 北京:清华大学,2013.

[8] 周政旭 . 贵州贫困地区县域人居环境建设研究 [D]. 北京:清华大学,2013.

[9] 郭璐 . 中国都城人居建设的地区设计传统:从长安地区到当代 [D]. 北京:清华大学,2014.

[10] 王贵祥 . 中国古代人居理念与建筑原则 [M]. 北京:中国建筑工业出版社,2015.

[11] 王树声 . 中国城市人居环境历史图典 [M]. 北京:科学出版社,龙门书局,2015.

[12] 杨宇振 . 历史与空间:晚清重庆城及其转变 [M]. 重庆:重庆大学出版社,2018.

[13] 董卫,李百浩,王兴平 . 城市规划历史与理论 [M]. 南京:东南大学出版社,2014,2016,2018.

[14] 中国城市规划学会 . 中国城乡规划学学科史 [M]. 北京:中国科学技术出版社,2018.

第二章

城市规划起源

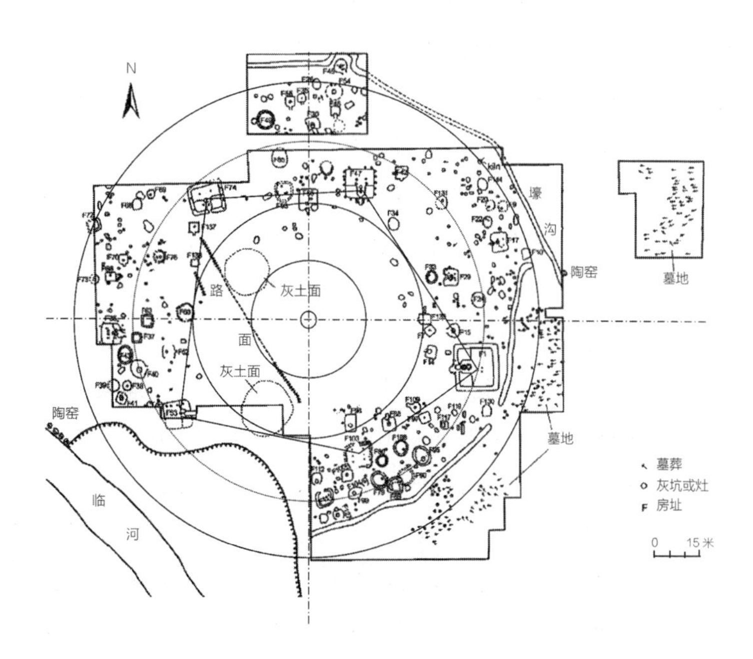

第二章
城市规划起源

中国城市规划的起源是一个过程，从逻辑上讲，包括城市规划的对象“城”的出现，以及规划意识和行为的形成。从规划知识的形成看，“规划”的知识是伴随着人类聚落发展而产生的，从一种生存的常识到自觉的行动。规划最早是被用来塑造人类住区、建立空间秩序的，规划意识和行为的出现早于“城”的起源。

关于中国城市规划起源的认识建基于考古学成果的积累。公元前2000年以前，是考古学上的“远古”时代，苏秉琦主编的《中国远古时代》将中国远古时代分为旧石器时代（约180万年前至1万多年前）、新石器时代（约公元前1万年前至前3500年）和铜石并用时代（约公元前3500年至前2000年）。其中，旧石器时代以人类使用打制石器为标志，在地质史上属于上新世晚期至更新世，有一百多万年的时间，中国历史文献称这个时期为“洪荒”之世。新石器时代以人类使用磨制石器为标志，人类掌握了农业生产技术，食物有所保障，可以开始较为安定的生活，形成较为稳固的社会，从此人类从山林走向山麓、河谷与平地，建造居室，心智大开，活动空间大增，精神为之大振。经过旧石器时期和新石器时期早期的发展，在公元前7000年左右，黄河中游、黄河下游、西辽河流域、长江中游和长江下游五大区域，陆续进入文明阶段。中国早期的城及其规划起源发生于中国文明起源过程之中，公元前7000年至前2500年可谓中国城市规划起源的时期。

第一节 聚落、规划与中国文明

一、早期聚落对于认知中国文明起源的重要价值

西方学者依据对埃及和两河流域史前文明的研究成果，曾将城市、文字和金属的并存作为文明起源的标准。如果以此作为文明尺度来丈量中国文明，似乎中国文明起源很晚：中国早期青铜器与铁器运用比较晚，大突破要到二里头时期（约公元前 1735 ~ 前 1530 年）；中国文字的出现更晚，真正的文字体系甲骨文见于商代晚期。忽视对早期中国文明特征的深入探讨，而简单地套用西方早期文明的标准来衡量中国文明起源，显然有悖事实与常识。

关于这个问题，张光直提出了“西方一般法则不适用于中国”的论断。他认为，“中国提供了将根据西方历史研究所拟定出来的若干社会科学的理论假说加以测试的重要资料，而我们已发现若干有关文明起源的重要假说是通不过这个测试的。同时，中国又提出足够的资料从本身来拟定新的社会科学法则……，在文明起源上若干西方一般法则不适用于中国，同时在这方面，中国提供自己的一般规律。”此外，张光直认为中国早期文明现象有面向政治统治和社会治理的特征，“在古代中国青铜技术系以礼器和武器的形式用于政治目的，而非施之于食物生产，从新石器时代到青铜时代，农业生产工具一直都是石器；中国现存最早的文字，即晚商的甲骨刻辞，主要与占卜有关；最早的城市都是政治中心，而非经济中心。这些特点与古代美索不达米亚文明判然有别，后者的显著特点是经济和技术的发展”[1]。自此众多学者开始从中国的具体材料出发，试图探讨中国文明起源的具体路径。

1986 年，苏秉琦在对辽西地区的早期文明进行考察后，认为“中华文化、中华民族、中华国家，原有自己的特色，自成一系”，将古文化同已有的“古城、古国”概念联系起来，指出“古文化、古城、古国”是中国文明起源的三个历程。其中，古文化主要指原始文化，古城主要指城乡最初分化意义上的城和镇，古国指高于氏族部落的、稳定的、独立的政治实体。苏秉琦明确提出要重点研究原始文化同古城、古国紧密联系的部分，认为公元前 3000 年至前 2000 年之间的、与社会分工和社会关系分化相适应的中心聚落和墓地是其中的关键，在研究中华文化、中华民族方面具有独特价值[2]。1991 年，苏秉琦阐述重建中国史前史的内容和框架时指出，“新石器时代的研究有两大主线，一根主线是技术、经济的发展，特别是社会本身的发展，另一部分内容则要研究具体中华民族的形成，中国的形成及其特征，

---

[1] 张光直. 中国青铜时代 [M]. 上海：生活·读书·新知三联书店，1990：133-134.

[2] 苏秉琦. 辽西古文化古城古国——兼谈当前田野考古工作的重点或大课题 [J]. 文物，1986（8）：41-44.

中国文化传统的组合与重组的史实"❶。这一表述揭示了早期聚落在认知中国文明起源中的普遍价值。

二、规划作为中国文明特征的一个侧面

长期以来，城市被认为是文明产生的重要标志之一，如恩格斯在《家庭、私有制和国家的起源》一文中指出，"在新的设防城市周围屹立着高峻的围墙并非无故，它们的壕沟深陷为氏族制度的墓穴，而它们的城楼已经耸入文明时代"；1936 年澳大利亚考古学家戈登·柴尔德（Vere Gordon Childe）提出"城市革命"的概念❷，并于 1950 年发表论文《城市革命》(The Urban Revolution)，归纳城市所体现的经济结构和社会组织方式的变化，将城市文明定义为人类社会发展历史上最根本、意义最深远的社会转型。❸在此观点影响下，长期以来聚落研究侧重于对物质空间形态的探讨，以识别其中的"城市性特征"；并且，关于聚落发展过程的研究偏重于对技术发展的关注。

鉴于中国早期文明的特征以及早期聚落对于认知中国文明起源的重要价值，聚落研究应自觉探讨物质形态背后的观念体系和价值取向。徐良高认为："我们必须换一个角度，以一种新思想、新眼光、新方法去重新认识中国古代文化的特征和中国古代文明和国家的形成机制。其实，一切人类社会都是由人组成的，社会发展史就是人的发展历史，是人的思想观念自我发展、自我完善的历史，是人对物质世界和技术的开发利用史，是人创造、完善各种艺术、制度、文化的历史。我们应从作为生产力中起主观能动作用的因素——人及指导人的一切活动的思想观念、价值取向、文化心理及其沉淀文化传统来解释这些现象，看看他们是如何影响当时社会的方方面面的，是如何形成中华民族这一独特的东方文化的。"❹

规划作为一种意识形态，是人的主观能动性在城市物质与社会空间营建上产生具体指导作用的表现。以早期宫室建筑的特征为例，密闭式院落布局反映了政治决策的隐秘和排他性，以及宗教祭祀的垄断性，中轴对称格局反映了权力中心的秩序性和威仪感，不同规模和结构的建筑共存，反映了统治机构和管理流程的复杂化。宫室建筑的封闭性、独占性和秩序性特征，是早期国家政治组织形式的物化反映，构成中国早期文明若干特质的一个侧面。

因此早期聚落的研究要以人居为对象，梳理中国早期聚落发展的整个过程，关注聚落形态的演进，和社会组织结构的相应发展，以及规划意识和行为的出现。一

---

❶ 苏秉琦. 关于重建中国史前史的思考 [J]. 考古，1991（12）：1109-1118.

❷ 戈登·柴尔德. 人类创造了自身 [M]. 安家瑗，余敬东，译. 上海：上海三联书店，2008.

❸ CHILDE G. The urban revolution[J]. The Town Planning Review，1950（1）：3-17.

❹ 徐良高. 中国民族文化源新探 [M]. 北京：社会科学文献出版社，1999：50.

方面，只有抓住人居这一关键，才能厘清中国城市规划起源的过程，进而认识中国古代城市规划的本质特征；另一方面，只有抓住人居这一关键，才能辨识早期人类有意识的营造行为，了解与早期聚落规划相关的观念体系与价值取向，揭示中国文明特征的这个重要侧面。

第二节　中国早期文明格局与聚落分布

一、中国的文化生态格局

从宏观地形上看，中国被一系列自然屏障所环绕：其北部、西部和西南分布着北方林地、沙漠和高山，东部和东南为大海。这是欧亚大陆东部、太平洋西岸相对独立的地理单元，中华民族在此生存发展，建立了璀璨的中华文明。中国地势西高东低，根据自然条件、农业发展条件和目前的省界，可以分为七个有着独特地貌特征的生态区域：一是位于黄河中、下游的华北地区；二是温带的东北地区；三是干旱的西北地区，包括内蒙古的大部分；四是位于长江中、下游的华中地区；五是潮湿的亚热带、热带的华南地区；六是潮湿的亚热带、热带的西南地区；七是中国最西边的青藏高原地区。

此外，总体的地理形势将中国分为两个主要的文化—生态区：一个是中国内地，以稠密的人口和适宜农耕的肥沃土地为特征；另一个是中国边疆，即北部和西部的边疆地区，那里人口稀少，以沙漠、高山和草原为主。长期以来，这两个文化—生态区造就了农业和牧业两种不同生态适应类型。这种划分早在新石器时代和青铜时代就已经逐渐出现了，并贯穿整个中国历史时期[1]。由于主要受气候变化的影响，其边界在不同时期有所变动。这两个地区发展出的文化传统以不同的、甚至是对立的方式互动：入侵掠夺与贸易交换、民族冲突与通婚和亲、政治合作与独立自治，上演了一幕幕惊心动魄、荡气回肠的话剧。1930 年代初，胡焕庸在地图上从东北黑龙江省的瑷珲（现名黑河），向西南到云南省的腾冲划一条直线，发现西北半壁约占全国总面积的 64%，全国总人口的 4%；东南半壁约占全国总面积的 36%，全国总人口的 96%[2]。实际上，这条“胡焕庸线”就是中国内地与边疆规律的一种反映，至今仍然影响着中国的城镇化进程。

宏观地看，淮河和秦岭山脉是华中与华北的分界线，南岭山脉是华中与华南的分界线，通常秦岭—淮河东西轴线又被认为是中国南方和北方的分界线。中国境内发育了三大河流系统，北部黄河、中部长江、南部珠江，三大河流系统形成了大片

---

[1] 刘莉，陈星灿．中国考古学：旧石器时代晚期到早期青铜时代 [M]. 北京：生活·读书·新知三联书店，2017.

[2] 胡焕庸当时的研究范围包括今天的蒙古国，但缺少我国台湾地区数据。

的冲积平原，适宜农业，便于水运，早期中国文明的主要中心正是在这些河谷和冲积平原上形成的。三条河流都是从西向东流，形成了促进东西文化交流的主要运输线路。

值得注意的是，中国北部边境是开放的，从东北部到西北部群山之间有很大空隙，形成了自古以来中国和周邻地区联络的通道。在2000多年前连接古代中国都城与罗马帝国的洲际贸易线路（19世纪以来被称为“丝绸之路”）开通之前，中国与周边地区的交流就已经发生了。

二、从满天星斗到多元一体的文明格局

1970年代，苏秉琦提出了“考古学文化区系”的概念，并在1980年代初提出了划分考古学文化“区、系、类型”的方法，其中区是块块，系是条条，类型是分支。关于块块划分，苏秉琦将全国的考古学文化分为六大区系：①陕豫晋邻近地区，是历史进入文明时代以来我国的腹心地区，也是仰韶文化的主要分布区；②山东及邻省一部分地区，这里大汶口文化和龙山文化的遗存比较密集；③湖北和邻近地区，这里的考古学文化以它们的特征和变化情况及分布地域可进一步分为汉水中游地区、鄂西地区和鄂东地区三块；④长江下游地区，可进一步分为宁镇地区、太湖地区、宁绍地区三个区域；⑤以鄱阳湖—珠江三角洲为中轴的南方地区，可进一步分为赣北地区、北江流域和珠江三角洲三块；⑥以长城地带为重心的北方地区，可进一步分为以昭盟为中心的地区、河套地区和以陇东为中心的甘青宁地区[1]。

以区、系、类型为时空框架，苏秉琦主编《中国远古时代》系统、全面地介绍了中国早期文明格局与发展情况。从公元前180万年至前10万年为旧石器时代早期，早期猿人遗址包括西候度人、元谋人和阳原人，早期直立人遗址包括蓝田人、北京人、和县人、沂源人、南召人、郧县人和郧西人等。公元前10万年到前5万年为旧石器时代中期，早期智人开始出现，主要遗址包括金牛山人、大荔人、许家窑人、马坝人和长阳人等。公元前5万年至前1万年为新石器时代晚期，原始蒙古人种开始形成，主要遗址包括山顶洞人、柳江人、资阳人、河套人、安图人、新泰人、丽江人、下草湾人、穿洞人、左镇人等。约公元前10000至前7000年为新石器时代早期，主要遗址有江西万年仙人洞、广东莫德青塘洞穴群、广西桂林甑皮岩和灵山滑岩洞等洞穴遗址，以及广泛分布于广东、广西沿海和西江两岸的贝丘遗址。约公元前7000至前5000年为新石器时代中期，包括中原的磁山文化、老官台文化、山东的北辛文化、辽河流域的兴隆洼文化、辽东半岛的小珠山下层

---

[1] 苏秉琦，殷玮璋．关于考古学文化的区系类型问题[J]. 文物，1981（5）：10-17.

文化、长江中游地区的城背溪文化、浙江北部的河姆渡文化等。约公元前5000至前3500年为新石器时代晚期，主要考古学文化有黄河流域的仰韶文化前期或大汶口文化前期、长江流域的大溪文化前期和马家浜文化，辽河流域的红山文化前期等。约公元前3500至前2600年为铜石并用时代早期，考古学文化包括黄河流域的仰韶文化后期、甘脊地区的马家窑文化、内蒙古东南部和辽宁西部的红山文化后期、山东和苏北的大汶口文化后期、长江中游的大溪文化后期和屈家岭文化、长江下游的薛家岗文化和崧泽文化等。公元前2600至前2000年为铜石并用时代晚期，约当我国第一个有历史记载的王朝夏的前夕，考古学文化包括中原龙山文化、山东和苏北的龙山文化、辽宁小珠山下层文化、青海甘肃一带的齐家文化、长江中游的石家河文化、长江下游的良渚文化等。[1]

各个文化区有各自独立于中原地区的文化发展序列，均达到过相对较高的社会发展程度，周边地区经常领先于中原地区，整个中国文明起源呈“满天星斗”之势；各地区在发展过程中除了自己的“裂变”外，相互间也有密切互动，表现为“撞击”和“熔合”，即区系间的相互学习和某些区系对其他区系因素的兼容并蓄，并在铜石并用时代后期形成了“多元一体”的格局（表2–1）。这一模式与费孝通于1988年正式提出的中华民族“多元一体”格局正相呼应，开启了以“多元一体”模式建立中国史前基础的新时代。全国史前聚落遗址空间分布的数据，也印证了多区域文明共同发展这种宏观分布特征。

第三节　聚落形态与社会结构的演进

芒福德《城市发展史——起源、演变和前景》指出：“要详细考察城市的起源……那就必须追溯其发展历史，从已经充分了解了的那些城市建筑和城市功能开始，一直回溯到其最早的形态，不论这些形态在时间、空间和文化上距业已被发现的第一批人类文化丘有多么遥远。”[2]聚落形态指聚落中大规模的、静态的、永久的物质实体所反映的特定时空下人的活动及其物质形态内涵，以及与时空布局最直接相关的社会结构与思想态度[3]。基于考古资料的早期聚落形态是史前人居过程的物质遗存和文化遗存，是了解史前人类生活面貌、社会结构和文明进程的重要依据。总的来看，在中华文明从“满天星斗”到“多元一体”的过程中，各文化区之间的聚落发展并不同步，同一文化区内的聚落发展也不均衡。但是，正如中华文明探源工程所指出的，各个地区的中华文明并不是孤立的，而是经历了相互作用、汇聚成流的过程，“各地

---

[1] 张忠培，严文明．中国远古时代[M]．上海：上海人民出版社，2014.

[2] 刘易斯·芒福德．城市发展史——起源、演变和前景[M]．宋俊岭，倪文彦，译．北京：中国建筑工业出版社，2005：3.

[3] 凯文·林奇．城市形态[M]．林庆怡，陈朝晖，邓华，译．北京：华夏出版社，2001：33.

中国新石器时代主要考古文化年代简表　　　　表 2-1

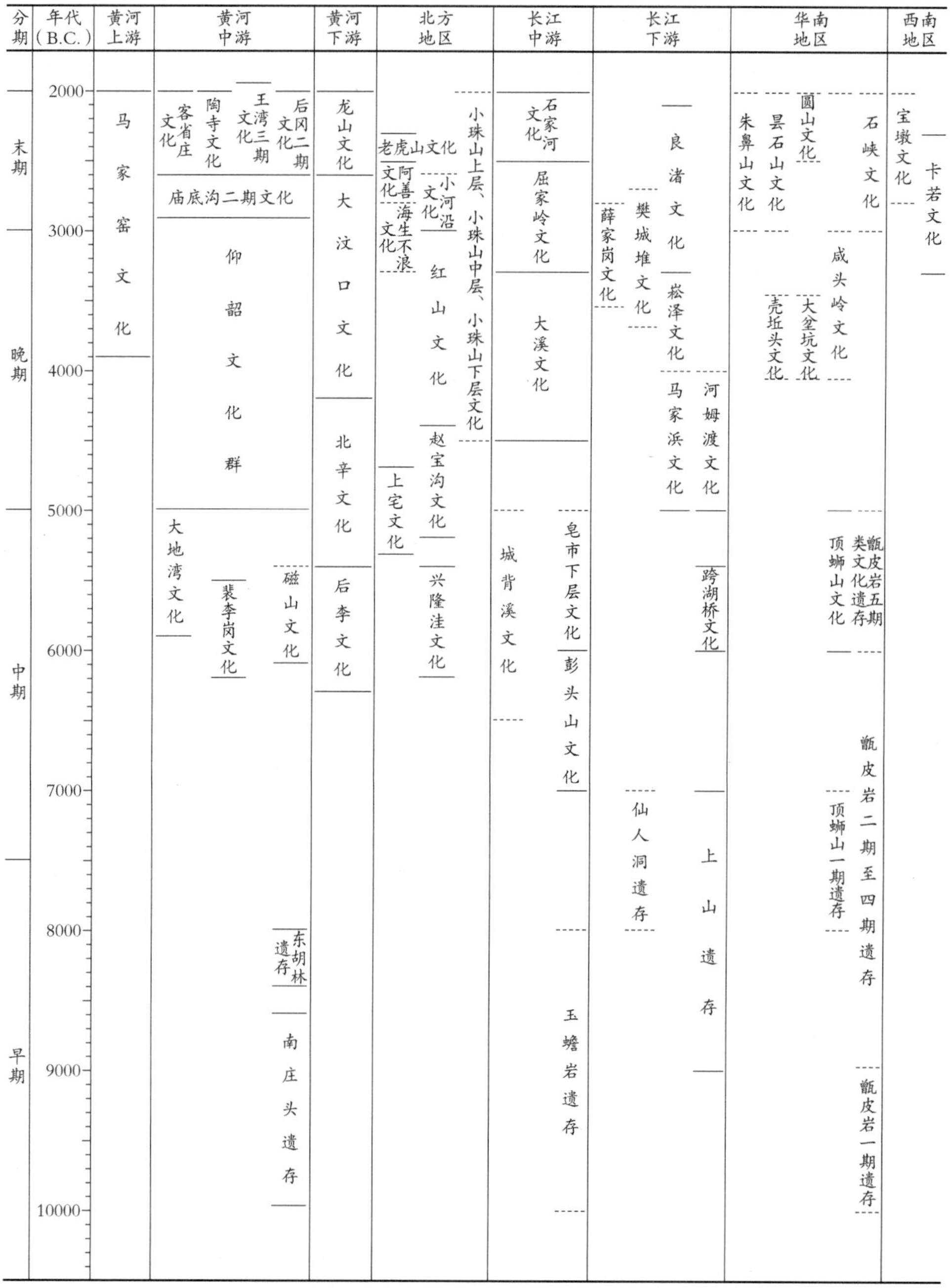

分期	年代(B.C.)	黄河上游	黄河中游	黄河下游	北方地区	长江中游	长江下游	华南地区	西南地区
末期 晚期 中期 早期	2000 3000 4000 5000 6000 7000 8000 9000 10000	马家窑文化	客省庄文化 陶寺文化 王湾三期文化 后冈二期文化 庙底沟二期文化 仰韶文化群 大地湾文化 裴李岗文化 磁山文化 东胡林遗存 南庄头遗存	龙山文化 大汶口文化 北辛文化 后李文化	老虎山文化 阿善文化 海生不浪文化 小河沿文化 小珠山上层、小珠山中层、小珠山下层文化 红山文化 赵宝沟文化 上宅文化 兴隆洼文化	石家河文化 屈家岭文化 大溪文化 城背溪文化 皂市下层文化 彭头山文化 玉蟾岩遗存	良渚文化 薛家岗文化 樊城堆文化 崧泽文化 马家浜文化 河姆渡文化 跨湖桥文化 仙人洞遗存 上山遗存	朱鼻山文化 昙石山文化 圆山文化 石峡文化 咸头岭文化 壳坵头文化 大坌坑文化 顶蛳山文化 甑皮岩五期类文化遗存 顶蛳山一期遗存 甑皮岩二期至四期遗存 甑皮岩一期遗存	宝墩文化 卡若文化

资料来源：中国社会科学院考古研究所．中国考古学：新石器时代卷 [M]. 北京：中国社会科学出版社，2010：802.

区在以社会上层交流网为核心的密切而深入的交流中共享着相似的文化精粹，逐渐形成着相似的宇宙观、相似的礼仪制度、相似的权力表达方式，踊跃参与着区域间交流的社会精英们应该从思想观念上和地理上均认识到了交互作用圈的存在，形成了共同的‘天下观’。所有这些共同观念在夏商周三代文明中均可以找到发展传承的线索。从这个意义上说，‘多元一体’格局的形成，在很大程度上也可以表述为‘最初的中国’的形成。这为中国后来的发展奠定了史前基础。”中国早期聚落及城的起源，就孕育于中华文明“多元一体”的发展过程之中。

一、定居村落的出现

人类最初的栖居活动，与动物掘洞营巢并没有显著的差异。在旧石器时代，早期的人类过着群居的生活，已能引用天然火，以群婚的方式进行种族繁衍，依靠集体的力量抵御季侯变化、自然灾害、猛兽侵袭、疾病困扰。大约和现代的灵长类动物类似，猿人在相当长的一段时期内仍旧生活在茂密的森林中，居住在树上。此后，古人开始利用天然的洞穴，稍加人工开凿，作为聚居之所。考古工作发现了大量旧石器时代中晚期的人类洞穴，即为证明。

在距今 5 万年左右，人类开始掌握人工取火的技术，具备了脱离自然岩洞、自由选择适宜环境的基本条件。社会进入母系氏族公社阶段，氏族内的近亲通婚逐渐被排除，人口快速增长，聚落数量和规模随之增加。从公元前 1 万年左右，人类进入了地质史上的全新世时期，地球上最后一次冰期结束，气候逐渐变暖，社会生产由采集、渔猎等攫取经济过渡到原始的农业和畜牧业，人类需要更加灵活地安排居住场所。以上社会结构和生产方式的变化，使得天然洞窟已无法适应新的居住需求。人类利用在树上和天然洞穴中栖居所积累的经验，结合对动物栖居方式的观察和思考，开始自觉地建造人工巢穴。一方面，在地面潮湿的地区，人类使用自制的工具采伐竹、木，依托树干构筑架空的巢或就地的窝，以避开野兽的伤害和潮气的侵袭；另一方面，人类开始模仿天然山洞的形式，用木棍、石器等挖掘类似的人工洞穴，包括横穴、竖穴、半地穴等多种形式。

在新石器时代中期（公元前 7000 ~ 前 5000 年），狩猎、采集、捕捞活动已经逐步退居次要地位，人类逐步开始磨光石器，烧制陶器，经营原始种植农业并饲养家畜；在人居形态上，先民告别山林穴居，转向适宜耕种的广阔田野，以聚居的方式在一起生产、生活，开始出现一些相当规模的定居村落。考古发现的定居村落，在北方以武安磁山、新郑裴李岗、舞阳贾湖、敖汉兴隆洼等遗址为代表，多采用半地穴式建筑；在南方以余姚河姆渡遗址为代表，多采用架于木桩之上、远离地面的干栏式建筑。总的来看，新石器时代中期的定居村落内部建筑类型单一，尚未发现明显的公共建筑；建筑成组或成排分布，显示出以亲族为单位的聚居方式；布局没有明显的向心性，部分聚落中设有环壕，以抵御自然灾害和野兽侵袭；区域内的聚落之间也不存在明显差异，说明聚落内的社会关系较为平等，处在以血缘关系为组织的氏族社会。

二、聚落复杂性的提升

到了新石器时代晚期（公元前5000~前3500年），母系氏族公社解体，氏族内部按照血缘亲疏分化为很多血缘亲近的小集体，构成生产与生活的单位，也就是母系家庭公社。此后随着农业犁耕和制陶业的兴起，社会中心逐渐从母系向父系转化。在这一时期，除了较为简单的小聚落外，部分聚落复杂性明显提升。典型遗址有黄河流域仰韶文化前期的西安半坡、宝鸡北首岭、临潼姜寨等，东北地区赵宝沟文化的敖汉赵宝沟遗址、新乐文化的沈阳新乐遗址等。这些聚落的复杂性主要体现在以下三个方面。

第一，聚落的规模扩大，开始出现功能分区。如在保存、发掘较完整的姜寨遗址第一期文化遗存中，先后发现完整的房址100多座，远远超过了已发现的新石器时代中期聚落。除了居住区外，还有集中分布的窑场和公共墓地，居住区位于壕沟内，墓地位于壕沟外，窑场多靠近居住区分布。各个聚落在功能区划上表现出的一致性反映出，一个聚落便是一个相对独立的生产生活单元（图2-1）。

第二，居住区内的建筑产生分化，出现公共建筑——“大房子”。根据建筑面积、建筑结构和内部遗存，这一时期遗址中的建筑开始同时出现大、中、小三种类型的房屋。小型房屋面积在15~20平方米之间，内有火塘和日常生活用具，进门一侧有一片空地，有时设有一个低矮的土床，可能是个体家庭或对偶家庭的居住建

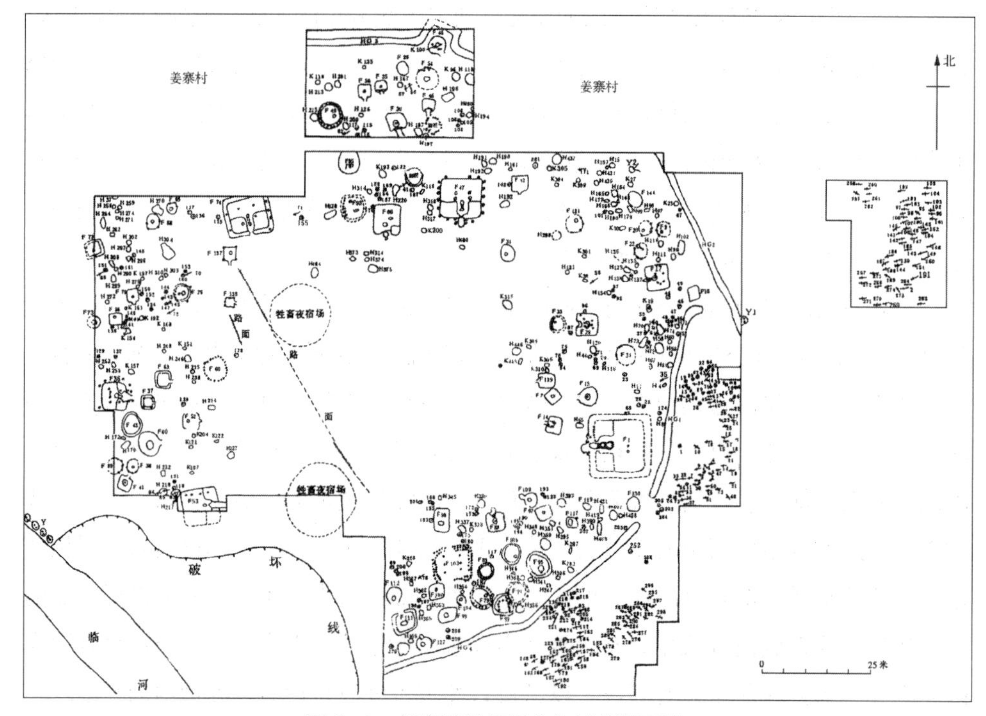

图2-1　姜寨遗址仰韶文化村落平面图

资料来源：半坡博物馆，陕西省考古研究所，临潼县博物馆．姜寨：新石器时代遗址发掘报告[M].北京：文物出版社，1988.

筑。中型房屋面积约 20~60 平方米，有火塘和日常生活工具，进门两侧均有空地，或者设有多个低矮的土床，这类房子可能是一种合居的居住建筑。大型房屋在考古学上俗称“大房子”，一般在 60 平方米以上，有火塘，有两个对称的土床，室内中部常发现大型柱洞，房屋内部很少见到中小型房屋内常常出土的生产或生活工具[1]。比如半坡大房子 F1，面积约 160 平方米，室内有厚 5~8 厘米的红烧土居住面，后部原有隔坪将室内分成三个小房间[2]（图 2-2）。姜寨的每组建筑中心有一座大房子，以 F1 为例，平面呈方形，面积约 124 平方米，进门先后有方形小坑、内凹平台和圆形灶坑，两侧有两个高出地面的平台[3]。这些房子明显具有公共性质，可能是公众或者氏族部落首领集会议事或举行宗教活动的场所。赵宝沟遗址的 F9 面积约 100 平方米，新乐遗址的 F2 面积约 95 平方米，室内的建筑结构

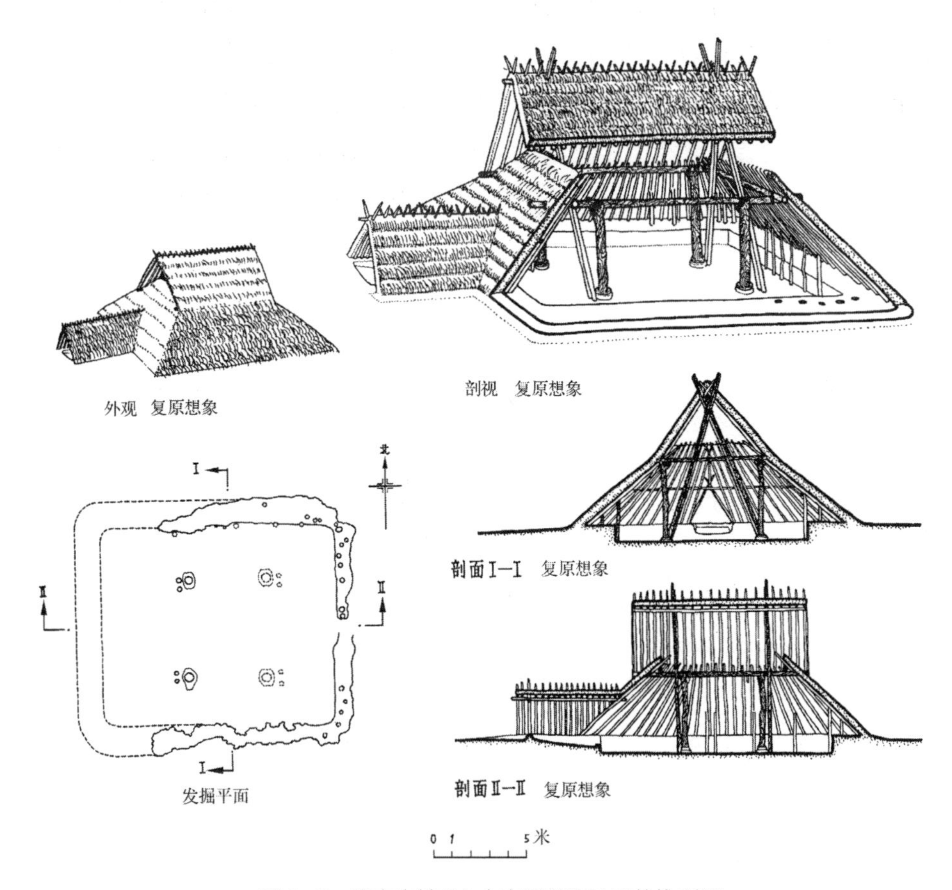

图 2-2 西安半坡 F1 大房子平面及原状推测图

资料来源：傅熹年. 中国科学技术史：建筑卷 [M]. 北京：科学出版社，2008：37.

---

❶ 巩启明，严文明. 从姜寨早期村落布局探讨其居民的社会组织结构 [J]. 考古与文物，1981（1）：63-72.

❷ 西安半坡博物馆. 西安半坡 [M]. 北京：文物出版社，1982.

❸ 西安半坡博物馆. 陕西临潼姜寨遗址第二、三次发掘的主要收获 [J]. 考古，1975（5）：280-284+263+321-322.

和出土遗物表明，同一时期东北地区一些聚落的建筑也进入分化阶段。这些公共建筑可能是集中氏族或部落力量建成的，是氏族或部落的集体活动场所，是权威的表现。

第三，居住区呈现以公共建筑或公共广场为中心的多层次空间布局形态。在半坡遗址中，大房子 F1 位于村落的中间，与它差不多同期的 27 座方形或圆形房子皆面向这座大房子，呈现以大房子为中心的布局模式（图 2–3）。从宝鸡北首岭遗址已发掘的部分看，居住区中央是 6000 平方米的广场，房屋分三组环绕广场布置，门均朝向广场，呈现以广场为中心的布局模式。在姜寨遗址中，每座中型房子的周围都有一些小型房子，构成居住单元，多个居住单元随机环绕在大房子的周围形成 5 个居住组团，5 个组团围成环形，建筑皆面向中央约 4000 平方米的广场，呈现以大房子为中心的布局模式与以广场为中心的布局模式的空间组合，也被称为“周边集团”的布局模式[1]；在 5 座大房子中，F1 明显大于其余 4 座，可能是居住区最重要的建筑，但并未置于聚落的中心位置（图 2–4）。此外，敖汉赵宝沟遗址和巴林左旗富河遗址，中小型建筑的组合与兴隆洼文化类似，成排分布，这种布局方式主要出现在东部地区和东北地区的聚落遗址中。每个居住单元可能对应一个亲族，每个组团可能对应一个氏族，多个氏族构成部落。

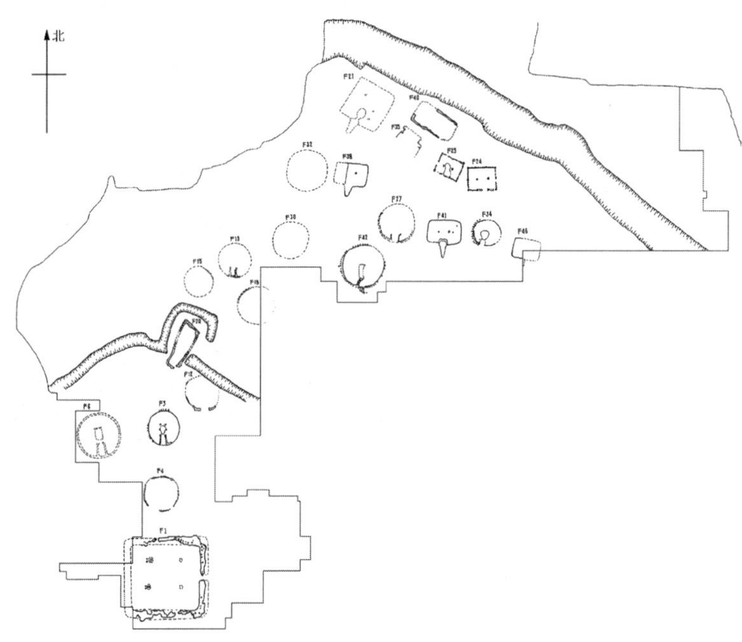

图 2–3　陕西西安半坡遗址总平面示意图

资料来源：西安半坡博物馆 . 西安半坡 [M]. 北京：文物出版社，1982.

[1] 巩启明，严文明 . 从姜寨早期村落布局探讨其居民的社会组织结构 [J]. 考古与文物，1981（1）：63–72.

半坡遗址布局模式

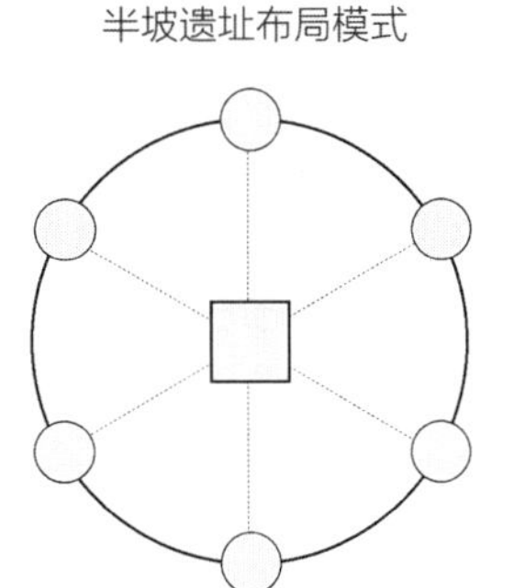

北首岭遗址布局模式

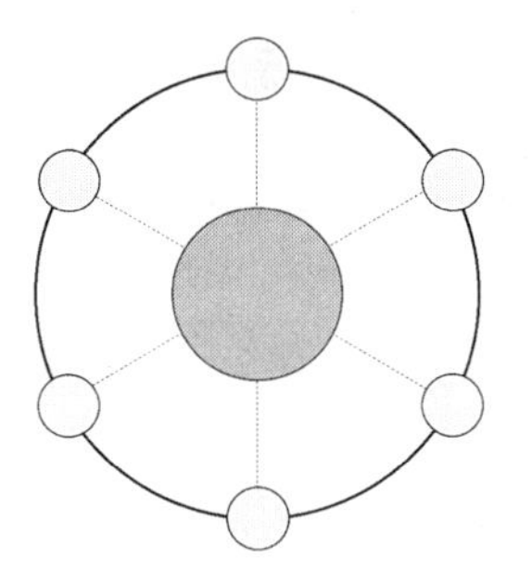

姜寨遗址布局模式

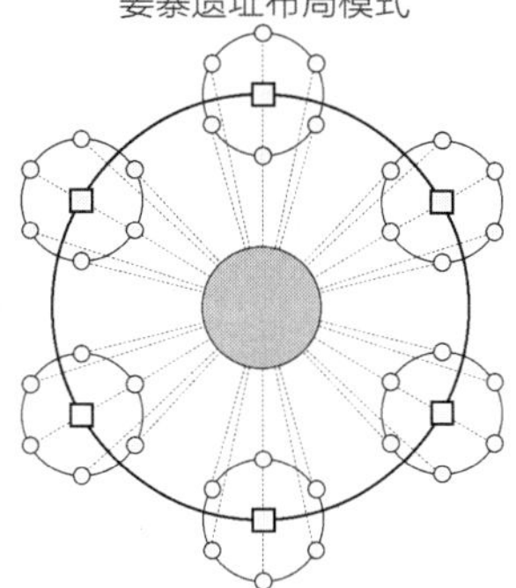

○ 居住单元　● 公共广场　一 组团
□ 大房子　…… 建筑朝向　一 聚落

图 2-4　三种聚落布局模式比较

资料来源：作者自绘

需要注意的是，各文化区的复杂聚落发展并不同步。以赵宝沟聚落为例，虽然相比兴隆洼文化聚落，已经出现了“大房子”，但居住单元的布置与兴隆洼文化聚落相比没有显著的差异，并未体现出向心性。这可能与不同文化区内社会组织结构不同有关（图 2–5）。

这些复杂聚落的形态特征和出土器物表明聚落内开始出现等级分化。虽然血缘是当时组织社会结构的主要基础，一定规模的血缘组织构成一个共同生产、共同消费、自给自足的经济实体，但聚落内开始出现等级组织，通过威权实现村落内更有效的协作，人与人之间不再完全平等。以墓葬为例，除姜寨 W12、北首领 M131 等极少数墓主人享用葬具外，绝大多数死者均无葬具，也体现了这种不平等现象。然而没有迹象表明这个时期的大小聚落之间存在从属关系，权力中心尚未形成。

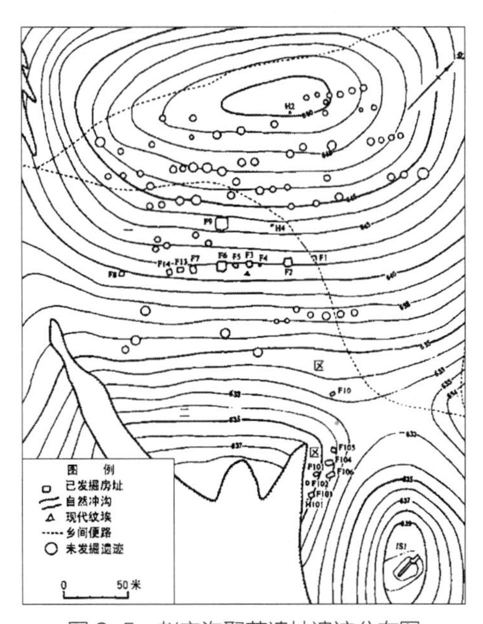

图 2–5　赵宝沟聚落遗址遗迹分布图

资料来源：刘国祥．赵宝沟文化聚落形态及相关问题研究 [J]. 文物，2001（9）：52–63+1.

在云南沧源岩画中的“村落图”上，中间是一个由多间大小不等的房屋围绕中心建筑形成的、环以壕沟的村落，村落左侧疑似村民在河流两侧捕猎鱼虾、野兽的场面，村落右侧疑似村民带领动物耕作的场面，村落上方疑似村民制陶的场面，村落下方有一个比例夸大的人物好像在带领部众进行祭祀活动，其旁边的人物横向构图而疑似公共墓地，这幅画堪称新石器时代晚期聚落形态与生产生活的写照（图 2–6）。

图 2-6　云南沧源岩画中的“村落图”
资料来源：郑锡煌 . 中国古代地图集：城市地图 [M]. 西安：西安地图出版社，2005.

三、中心聚落的形成

公元前 3500 年至前 3300 年期间，各地区均出现社会的加速发展，区域间交流加强，“多元一体”格局或“中国交互作用圈”初步形成。公元前 3300 年至前 2600 年期间，这一格局经历了动荡整合，辽河流域的红山文化出现衰落；黄河中上游地区庙底沟类型的范围内出现文化面貌的巨大转变，可能还有大规模的人群移动；黄河下游的大汶口文化和长江下游的良渚文化继续发展，尤其是良渚文化，达到了惊人的发展程度，两个文化间的交流也异常紧密和频繁。

这一时期，从前分散的部落逐渐结成联盟，中心聚落开始形成。典型的聚落遗址包括黄河流域仰韶文化后期的大河村遗址、淅川下王岗遗址和秦安大地湾遗址[1]，辽河流域红山文化后段时期的喀左东山嘴遗址和凌源牛河梁遗址，长江下游良渚文化时期的良渚遗址和长江中游大溪文化的城头山遗址等。

中心聚落的形成首先体现在聚落中出现了与宗教有关的大型公共建筑。大地湾仰韶文化后期的村落遗址（大地湾乙址）中心建筑 F901，面积约 290 平方米，是一座由前堂、后室和东西两个厢房构成的多间式大型建筑。前堂宽 16 米，深 8 米，面积将近 130 平方米，正门有门垛，左右有两个对称的侧门，东西墙上还各有一门通向厢房。正门向里是一个大火塘，直径超过 2.5 米，残高约 0.5 米。火塘后侧有两根对称的顶梁柱，柱径约 90 厘米。地面经过精心处理，以水泥渗陶质骨料铺垫，表面用水泥打磨光滑，抗压强度相当于现代的 100 号水泥砂浆[2]。房子前面还有一个约

[1] 大地湾遗址包含两个部分，甲址在五营河岸边，是仰韶文化前期半坡类型的村落遗址；乙址在甲址以南的小山坡山，是仰韶文化后期的大型村落遗址。

[2] 郎树德 . 甘肃秦安大地湾 901 号房址发掘简报 [J]. 文物，1986（2）：1–12+97–99.

130平方米的地坪，有两排柱洞，每排6个；柱洞前有一排青石板，也是6个，与柱洞相对应；西边后排柱洞旁边还有一个露天火塘。房内出土的器物颇为特殊，其中直径46厘米的四足鼎、畚箕形陶器、平底釜等都是在一般遗址中未见的。这座房子的规模、建造水平和出土器物，远远超过一般的居室，可能是一所召开领头人会议或举行盛大宗教仪式的公共建筑；其中的大火塘显然不是为一般的炊事之用，很可能是燃烧宗教圣火的处所。鉴于大地湾乙址是方圆数公里内规模最大、结构最复杂的聚落遗址，它很有可能是一个部落的首脑驻地，室外的柱子很可能是代表各氏族部落的图腾柱，柱边的青石板和火塘很可能是准备牺牲献祭的设施，堪称仰韶后期的原始殿堂（图2–7）[1]。

辽河流域龙山文化晚期的阜新胡头沟遗址、凌源城子山遗址、喀左东山嘴遗址、凌源牛河梁遗址中则出现了大型的宗教建筑群。胡头沟遗址和城子山遗址规模最小，墓坑外围有石围圈，形成类似“坛”的祭祀建筑。东山嘴遗址的规模居中，主体建筑为一方形和一圆形的坛状基址，而且有一批泥塑人像，有的学者认为这些塑像即是人们在该遗址进行祭祀的主要对象——“地母之神”[2]。规模最大的是牛河梁“庙、坛、冢”建筑群。建筑群的中心是“女神庙”，围绕它分布着许多处“积石冢群”，

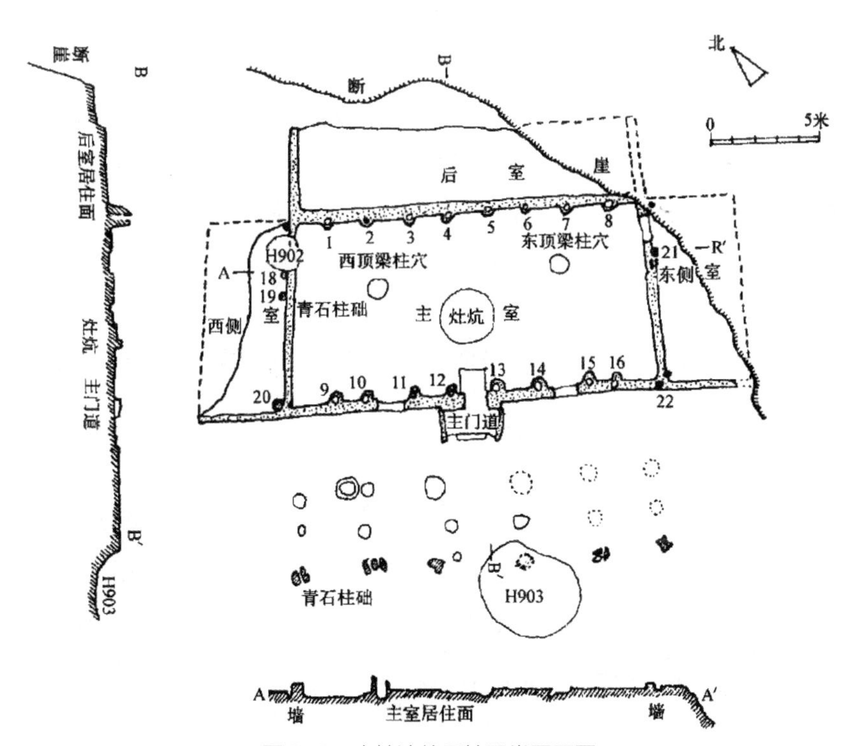

图2–7　大地湾的原始殿堂平面图

资料来源：郎树德.甘肃秦安大地湾901号房址发掘简报[J].文物，1986（2）：1–12+97–99.

[1] 张忠培，严文明.中国远古时代[M].上海：上海人民出版社，2014：174.

[2] 俞伟超，等.座谈东山嘴遗址[J].文物，1984（11）：12–21.

大约广布在5公里见方的范围内。女神庙位于一个缓坡的顶部，其北侧有一块一百多米见方的平台，地表散布陶片等遗物。女神庙的主体为一长18.4米的多室半地穴建筑，墙壁上画有彩绘。内出大小不一的人体和动物泥塑，还有祭祀专用的特殊陶器。一处经过较大规模的发掘的积石冢群内含呈东西向一字排开的四个“积石冢”，其范围长约110余米。西数第二个积石冢（Z2）为一边长18米左右的砌石方形围墙，中心处是一个边长3.6米的方形石椁；其东面的积石冢（Z3）主体系呈同心圆布局的三圈石桩，内圈和外圈的直径分别为11米和22米，内圈位置最高，中圈次之，外圈最矮，恰似一座三层递收的圆坛，坛上有积石和彩陶筒形器碎片；最西面的积石冢（Z1）状如内外两道石墙的方形或长方形结构，墙内存有积石和彩陶筒形器或其残片，内墙以南现已发掘出十五座用石板或石块堆砌成的石椁墓，有的石椁内尚见玉猪龙等玉器。处在积石冢群中间的是Z2、Z3这两个方形和圆形的坛状积石建筑，与东山嘴遗址的情况有着某种共性（图2–8）。

三种不同规模祭祀遗址的存在，以及猪龙在人们观念中的支配地位，都反映出该文化原始居民的宗教信仰已发展到了一个很高的阶段。像胡头沟那样只有一个石围圈的祭祀址，很可能是属于一个村落或村落群的祭祀遗迹；东山嘴祭祀遗址不仅规模更大，且存在女神塑像，故规格比胡头沟要高些，应该是统一若干个村落群的组织中心的祭祀场所；而牛河梁遗址的规模和高大的女神像，应是红山文化相当部分居民的聚集处，女神庙中的女神可能是统治着这些居民意识观念的神权代表。

无论是大地湾遗址的原始殿堂，还是红山文化后期的祭祀遗址，都需要多层次的组织机构来组织建设，并保证在相当广的地区内得到一致维护和崇奉。因此，这些大型公共建筑和祭祀建筑不仅是所在村落的中心，也是区域多个村落的中心，表明中心聚落已经形成。

其次，中心聚落的形成体现在平面布局的中心性进一步加强。以大地湾乙址为

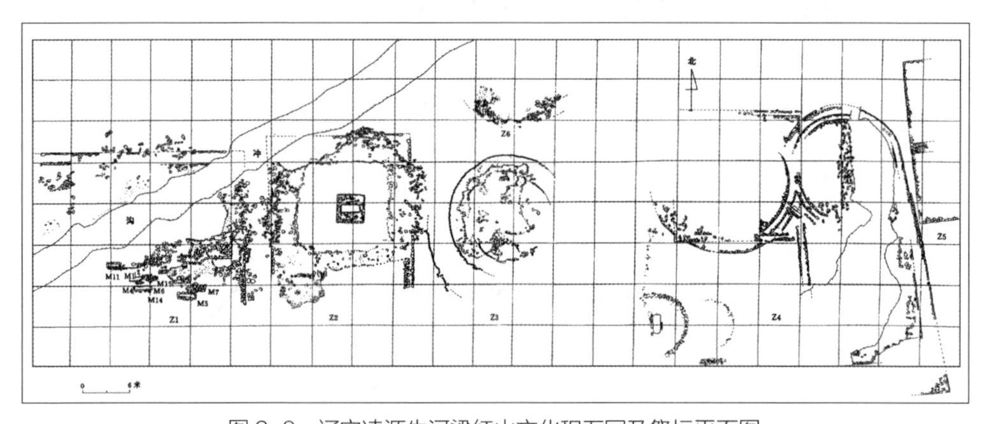

图2–8　辽宁凌源牛河梁红山文化积石冢及祭坛平面图

资料来源：方殿春，魏凡.辽宁牛河梁红山文化“女神庙”与积石冢群发掘简报[J].文物，1986（8）：1–17+97–101.

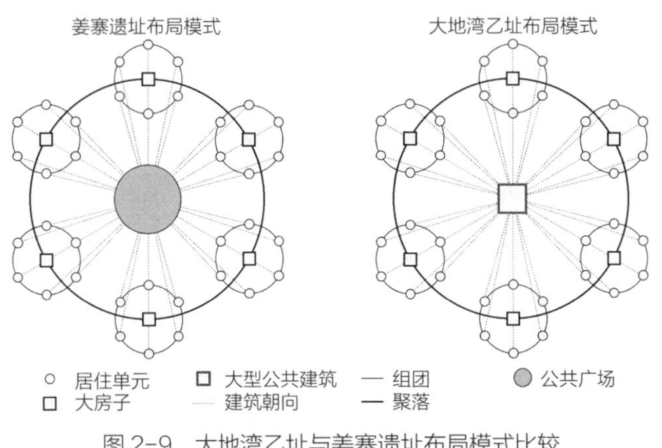

图 2-9 大地湾乙址与姜寨遗址布局模式比较

资料来源：作者自绘

例，多个以大房子为中心的居住组团，环绕大型公共建筑 F901 呈扇面形展开。这种大型公共建筑居于聚落的中心位置的布局方式，比姜寨遗址的平面布局中心性更强（图 2-9）。

再次，中心聚落的墓葬也呈现高度等级化的特征。以鲁中南和苏北的泰安大汶口、曲阜西夏侯、邹城野店、滕州岗上村和邳州大墩子等处发现的大汶口文化墓葬为例，大汶口遗址的 10 号墓葬不仅具有较大的木棺和木椁等葬具，而且具有异常珍贵的随葬品，这些随葬品需要高超的工艺和大量的劳动时间才能完成，可能只能通过交换和掠夺手段才能得到，这种情况在周边其他遗址则没有出现；而且区域内的较高等级墓葬相对集中在大汶口。由此可见，大汶口可能是鲁中南地区的某个中心部落的驻地，拥有特殊身份和地位的人集中于此，死后埋葬于此。

最后，中心聚落的形成还体现在一定区域内诸多聚落在规模和结构等方面的等级差异。考古学家在今郑州附近西山地区发现了仰韶文化晚期的聚落群址，以西山城址为中心，外围聚落可以分为两层，第一层聚落的遗址面积都超过 5 万平方米，第二层聚落的面积都小于 5 万平方米，出土器物的丰富程度也有明显差异（图 2-10）。但与 17 公里外的大河村遗址相比，无论在遗址规模方面，还是在出土器物的精美程度方面，西山遗址还是稍逊一等。因此有学者认为，西山城址可能是西山聚落群的中心聚落，是郑州一带以大河村为中心的更大尺度聚落群的外围次中心聚落之一。[1]

在居住建筑方面，这一时期出现了套房。在郑州大河村遗址，已发现两间的房屋 2 座，4 间的房屋 2 座。以保存较好的 F19 和 F20 为例，此房坐南朝北，F19 面积约 15 平方米，南边开门，室内中间偏东有一灶台；F20 面积 7.6 平方米，东墙北端开门，门外设门垛，室内西北角有灶台。这座房屋的格局连同室外地坪和窖穴应是一并设计和建造的。4 间的房子是从两间房子扩大而来。这种套房在仰韶文化后期和屈家岭

[1] 钱耀鹏 . 中国史前城址与文明起源研究 [M]. 西安：西北大学出版社，2001：100–101.

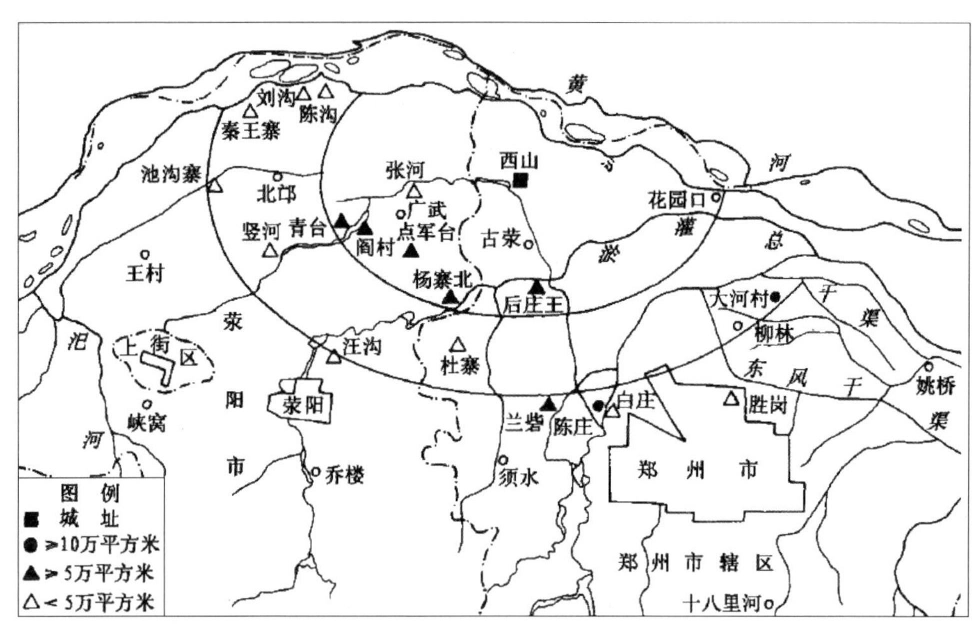

图 2-10　西山遗址群分布示意图

资料来源：钱耀鹏．中国史前城址与文明起源研究 [M]．西安：西北大学出版社，2001：102.

文化的多个遗址中都有出现。在相应遗址的墓葬中也发现了少量的男女双人合葬墓葬或者成人与小孩的合葬墓，可见在铜石并用时代早期，家庭形态已是一种比较普遍的现象，房屋的扩建可能是家庭人口数量增加或人口结构变化的结果（图 2-11）。

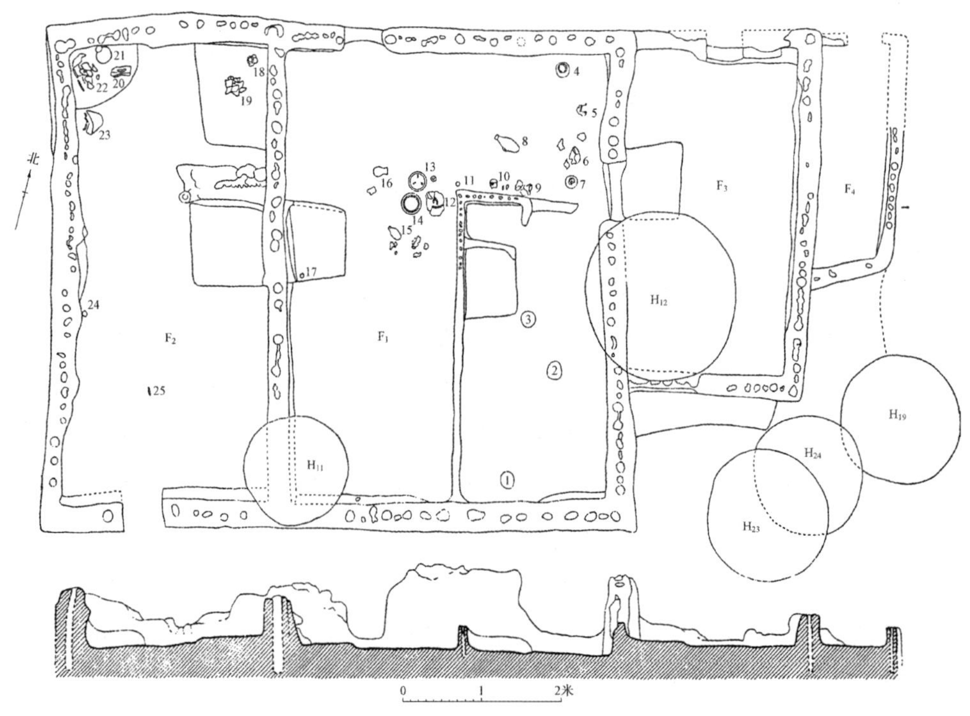

图 2-11　郑州大河村居住建筑遗址平面图

资料来源：郭德维．郑州大河村仰韶文化的房基遗址 [J]. 考古，1973（6）：330-336+397-399.

在居住单元方面，排房开始较为普遍。在蒙城尉迟寺遗址，房子呈长方形有序排列，从出土器物看，既有居室，也有储藏室[1]（图 2-12）；在山东长岛北庄遗址，已发掘的房屋分为两排，且每排房子中各有一座较大的房子[2]。这种排房形式在东部很多地区都有出现，每组排房中居住的可能是一个血缘组织。在淅川下王岗仰韶三期遗址出现的长屋则体现了套房与排房形式的结合。该房屋坐北朝南，全长约 85 米，进深 6.3 米至 8 米不等。面阔 29 间，东头向南伸出 3 间，共有 32 间居室。正房都有门厅，形成 17 个套房，其中 12 个双间套房和 5 个单间套房；东头伸出的 3 间没有门厅是单间房（图 2-13）。从房间内的遗存看，每一套房间都是一个基本独立的生活单位，其中的居民可能是一个在消费上基本独立的家庭[3]。

图 2-12　蒙城尉迟寺遗址探方分布及建筑遗迹平面位置图

资料来源：张莉，张卫东，王吉怀 . 安徽蒙城县尉迟寺遗址 2003 年发掘简报 [J]. 考古，2005（10）：3-24+98-99+102-103.

四、“城”的出现

在铜石并用时代早期（公元前 3500~ 前 2600 年），个别中心聚落的外围出现了堆筑或者夯筑的城墙，城内出现高台，标志着城壕聚落—“城”—这一特殊形态的聚落开始出现。代表性的遗址有澧县城头山城址、郑州西山城址和余杭良渚遗址。“城”的出现，是人居环境演变过程中的一次飞跃，也是社会发生剧烈变革的反映。

---

❶ 张莉，张卫东，王吉怀 . 安徽蒙城县尉迟寺遗址 2003 年发掘简报 [J]. 考古，2005（10）：3-24+98-99+102-103+2.

❷ 严文明，张江凯 . 山东长岛北庄遗址发掘简报 [J]. 考古，1987（5）：385-394+428+481.

❸ 河南省文物研究所 . 淅川下王岗 [M]. 北京：文物出版社，1989.

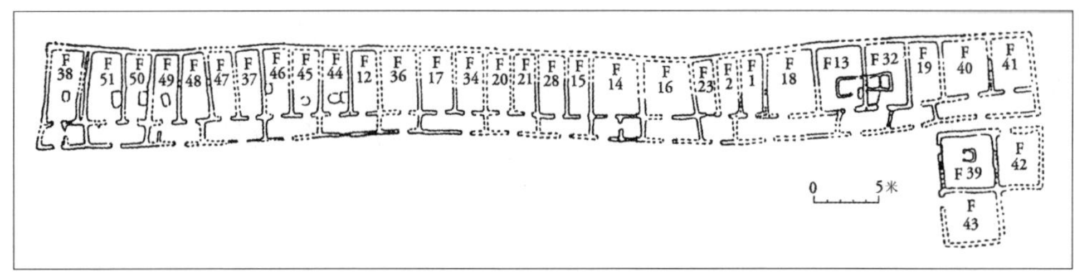

图 2-13　河南淅川下王岗长条形多间房屋平面

资料来源：河南省文物研究所 . 淅川下王岗 [M]. 北京：文物出版社，1989.

（一）城头山城址

城头山城址在湖南省澧县，位于洞庭湖西北岸澄阳平原中部的徐家岗南端的东头，是长江中游地区大溪文化和屈家岭文化的代表性遗址，也是我国目前发现的年代最早的史前城址。城址位于一处高地上，城内地势比城外高约 4 米。城垣平面呈圆形，遗址面积约 7.6 万平方米。遗址外围堆筑起墙，城墙周长约 1000 米，遗存基宽 11 米，高出地面 4~5 米，分析发现从约公元前 4000 年的大溪文化早期到约公元前 2800 年的屈家岭文化中期城墙经过数次改造[1]。城墙在四个方向各开一门，基本对称。城外环绕有护城河，部分为人工开凿，部分利用自然河道，最宽处达 35 米，深约 4 米，建造时间约在公元前 4500 年。在城内中部，有成片的夯土台基，高达 1 米，是城内的制高点；在台基上建有房屋，显示出较高的规格。在城内还有集中的制陶区和墓葬区，聚落东部有一座祭坛（图 2-14）[2]。以城头山遗址为中心，在 5 千米半径的范围内，分布有数十处同时期的聚落遗址，他们规模较小，均未发现城墙，且已发掘墓葬中的随葬品数量和规格明显逊于城头山遗址的墓葬。从屈家岭文化城址的空间分布看，城头山城址是一处区域中心聚落，但还不是一方的政治中心。

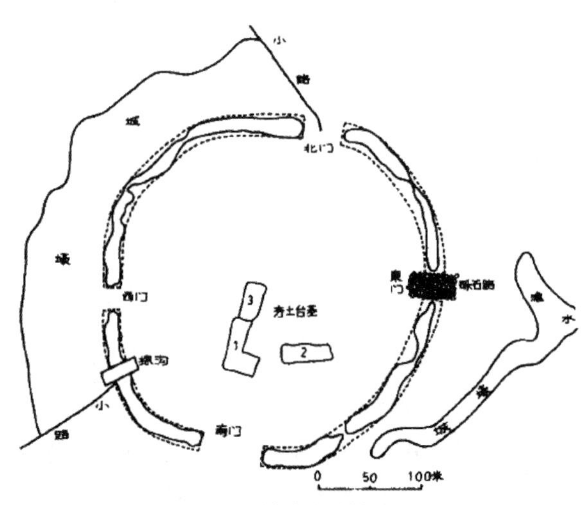

图 2-14　城头山遗址平面图

资料来源：单先进，曹传松，何介钧 . 澧县城头山屈家岭文化城址调查与试掘 [J]. 文物，1993（12）：19-30.

（二）西山城址

西山城址位于郑州市北郊，属于仰韶文化晚期聚落，始建和使用年代约在公元前 3300~

[1] 郭伟民 . 城头山城墙、壕沟的营造及其所反映的聚落变迁 [J]. 南方文物，2007（2）：70-82.

[2] 单先进，曹传松，何介钧 . 澧县城头山屈家岭文化城址调查与试掘 [J]. 文物，1993（12）：19-30.

前 2800 年间，是黄河中游地区目前发现的年代最早的城址。遗址北半部城墙尚存，呈圆弧形，南半部城墙被河水冲毁，原始形态估计略近于圆形。如果按照东、西城墙间约 200 米的最长距离估算，原城内总面积约 3 万平方米左右。城墙遗存总长约 300 米，墙宽约 5~6 米，存高约 3 米，北墙东端有一城门，城门外有护门墙。外侧有沟壕，最宽处约宽 5~7.5 米，深 4 米左右。城内发现大量房址，面积多数在 30~40 平方米，最大的一座达 100 平方米左右，还发现有夯土建筑的基址。西山城址中首次发现运用方块版筑来大规模建造城垣，代表了一种较为成熟的夯筑方法，是西山城址的一个创举（图 2-15）❶。

关于西山城址的性质，存在诸多争议。有学者认为西山城址是一个地区的政治、经济、文化中心，已跻身于“雏形城市”之列❷。有学者认为西山城址是一处具有一定号召力的中心聚落，但还不是统治一方的政治中心，只是城乡初步分化意义上的城和镇，城墙的修筑是为了保护本社会集团成员的利益和财富，是军事民主制的产物❸❹。也有学者指出，西山聚落可能是以大河村为中心的聚落群的经济交换中心，因为财富积聚能力优越于其他聚落，所以才有能力修建起这座夯土城墙❺。

（三）良渚遗址

良渚遗址位于浙江省杭州市北部的余杭区，地处中国长江流域天目山东麓河网纵横的平原地带。2007 年，考古学家发现以莫角山宫殿为中心的四周还有一圈环绕的城墙，揭开了良渚古城的大致面貌。城址为正南北方向，东西长 1500~1700 米，南北长 1800~1900 米，总面积达 290 多万平方米。东墙和北墙呈矩形，西墙和南墙为弧形，城墙内外均有壕沟，城周共发现六座水门，遗址内宫殿区、手工作坊、祭坛、墓地等规划有序，出土了具有信仰与制度象征的系列玉器❻。良渚古城遗址的宫殿区、内城与外城展现出的向心式三重结构，成为中国古代城市规划中进行社会等级“秩序”建设、凸显权力中心象征的典型手法（图 2-16）。在古城外围，还有功能复杂的水利系统，是迄今所知中国最早的大型水利工程，也是世界最早的水坝系统（并不是最早的水坝），距今已经有 4700~5100 年，展现了 5000 年前中华文明，乃至东亚地区史前稻作文明发展的极高成就，反映了惊人的管理和社会组织能力（图 2-17）。

2019 年 7 月 6 日，中国良渚古城遗址获准列入世界遗产名录，遴选依据中

---

❶ 张玉石，赵新平，乔梁 . 郑州西山仰韶时代城址的发掘 [J]. 文物，1999（7）：4-15+97+1-2+1.

❷ 马世之 . 郑州西山仰韶文化城址浅析 [J]. 中州学刊，1997（4）：135-139.

❸ 杨肇清 . 试论郑州西山仰韶文化晚期古城址的性质 [J]. 华夏考古，1997（1）：55-59+92-113.

❹ 钱耀鹏 . 关于西山城址的特点和历史地位 [J]. 文物，1999（7）：41-45.

❺ 李鑫 . 西山古城与中原地区早期城市的起源 [J]. 考古，2008（1）：72-80.

❻ 浙江省文物考古研究所 . 良渚遗址群 [M]. 北京：文物出版社，2005.

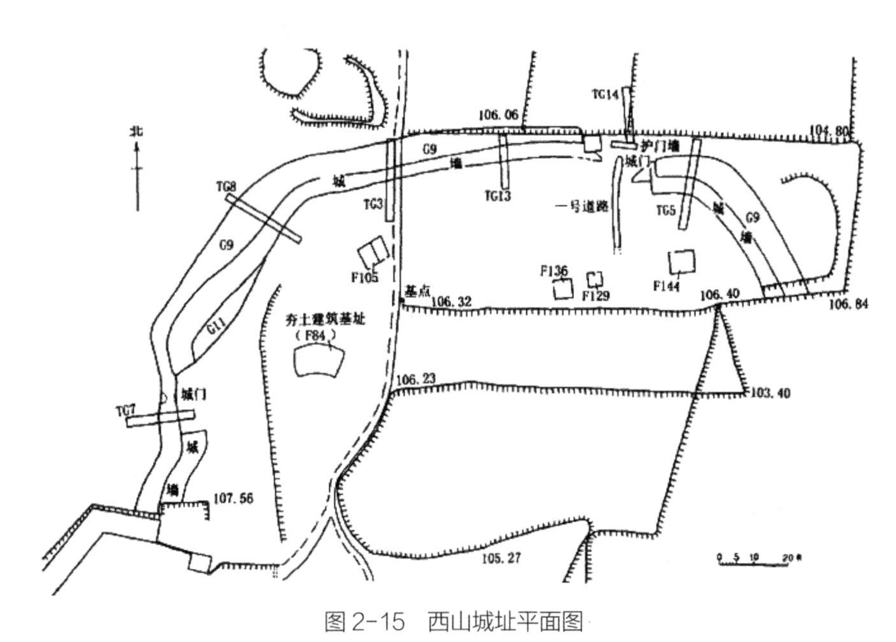

图 2-15　西山城址平面图

资料来源：张玉石，赵新平，乔梁．郑州西山仰韶时代城址的发掘 [J]. 文物，1999（7）：4-15+97+1-2+1.

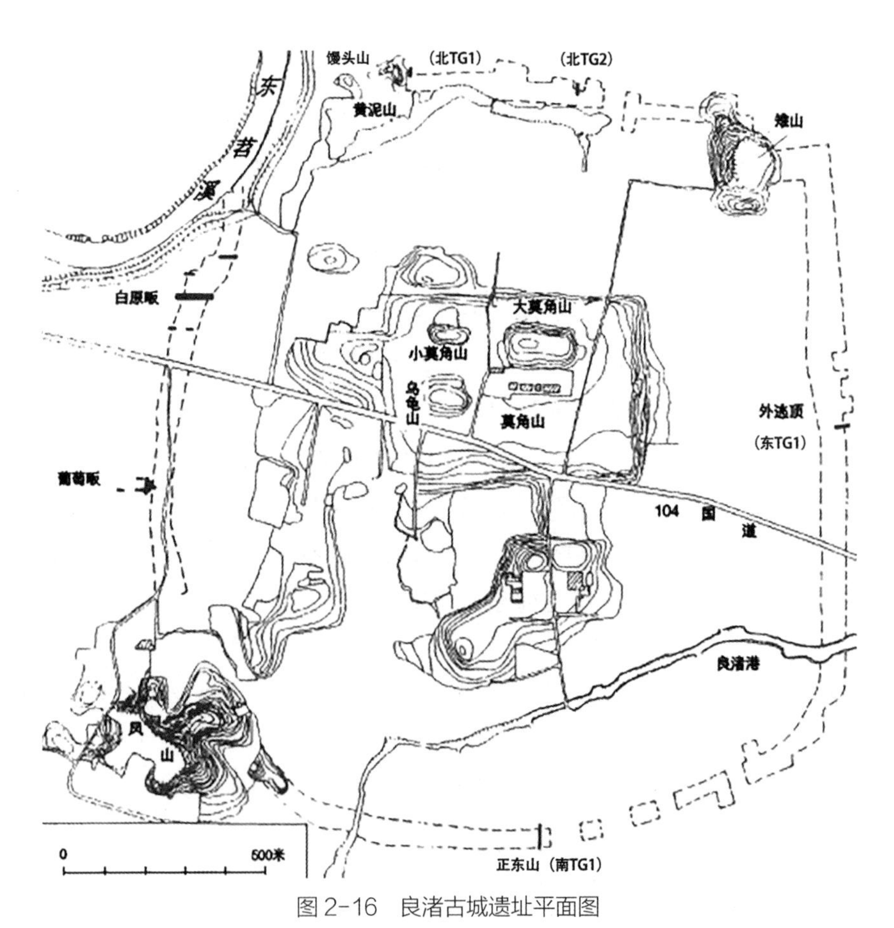

图 2-16　良渚古城遗址平面图

资料来源：浙江省文物考古研究所．良渚遗址群 [M]. 北京：文物出版社，2005.

指出，“良渚古城遗址是中国长江下游环太湖地区一个区域性早期国家的权力与信仰中心所在，……揭示了中国新石器时代晚期在长江下游环太湖地区曾经存在过一个以稻作农业为经济支撑的、出现明显社会分化和具有统一信仰的区域性早期国家。”❶

“城”的出现是早期聚落发展过程中划时代的变化，标志着人类进入文明社会城市的历史阶段。城墙、高台建筑（宫殿区）和大型水利设施等规模宏大的设施，标志着一种全新的聚落形态的出现。严格的等级秩序、大量的祭祀遗存以及城市空间的分化表明一种等级分明、组织严密、信仰统一的复杂社会已经产生。此外，这种大规模的工程建设，需要高超的技术水平和强大的组织能力，离不开事先有意识的规划。当然，这一时期城址的出现并不多见，直到约公元前 2500 年后的龙山文化时期，城墙的聚落的规划建造才广泛流行。

中国早期“城”具有以下几个主要特征：①作为一定地域内的权力中心而出现，具有一定地域内的政治、经济和文化中心的职能；王者作为权力的象征产生于其中，在考古学上表现为大型夯土建筑工程遗迹（包括宫庙基址、祭坛等礼仪性建筑和城垣、

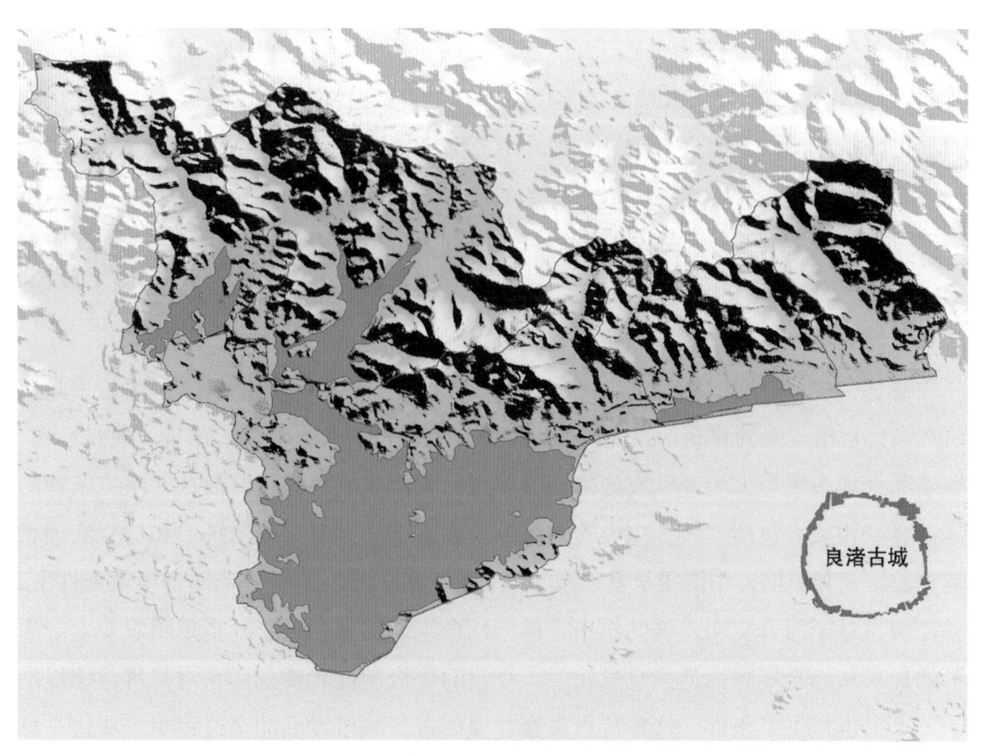

图 2-17　良渚古城外围水利工程分布图

资料来源：刘建国，王辉．空间分析技术支持的良渚古城外围水利工程研究 [J]. 江汉考古，2018（4）：111-116.

❶ 见联合国教科文组织世界遗产中心，网址 https：//whc.unesco.org/en/list/1592.

壕）的存在；②因社会阶层分化和产业分工而具有居民构成复杂化的特征，非农业生产活动的展开使城市成为人类历史上第一个非自给自足的社会；政治性城市的特点和商业贸易欠发达，又使城市作为权力中心而派生出经济中心的职能，主要地表现为社会物质财富的聚敛中心和消费中心；③人口相对集中，但处于城乡分化不甚鲜明的初始阶段的城市，其人口的密集程度不构成判别城市与否的绝对指标。

此外,这一时期的“城”在形态上继承了环壕聚落的一些特征。在城墙出现之前，环壕是中心聚落的主要防御设施。从工程量角度考虑，在长度一定的条件下，环形的壕沟能围合更大的面积,因而更为经济。但在修筑城墙时,尤其是采用版筑方法时，环形的城墙却需要更大的工程量；比如随着夯土版筑技术的普及，大部分龙山时代的城址都呈方形。然而，在城头山城址、西山城址和良渚遗址中，城墙整体或部分为环形（弧形），延续了环壕聚落的一般特征，表明这些早期圆形城壕聚落继承了环壕聚落营建的经验，是从仰韶文化早中期的环壕聚落到龙山时代方形城制的过渡形态[1]。

从后世文字形态看，从环壕聚落发展为城壕聚落的过程也就是从“邑”到“城”的过程。甲骨文和金文中，“邑”的字形相同，均写作“[illegible]”“[illegible]”或“[illegible]”，为上下结构，上有一“□”，下有一跪坐的“人”，强调邑为有人居住的地方或区域。因此,《释名·释州国》谓：“邑,人聚会之称也。”关于邑字之上的“口”,宜乎释为沟树之封，而不是城墙。《周礼·地官》记载，大司徒之职“制其畿疆而沟封之，设其社稷之壝，而树之田主”。郑玄注：“沟，穿地为阻固也；封，起土界也。”邑字之上的“口”不一定是方形，后期符号化才成为方形，相应的人形也发生了符号化。因此，环壕聚落就是“邑”。甲骨文中有“[illegible]”或“[illegible]”,即“城”字之形,强调的是军事防卫,“城”是有城墙的聚落。

总之，中国早期聚落营建与社会治理密切相关。无论是“大房子”、大型宗教建筑和高台宫殿等新的建筑形式的发端，聚落中心性的强化，套房的出现，还是环壕、城墙和水利系统等大型基础设施的相继出现，聚落复杂性的提升与社会组织结构的演进息息相关，包括“城”在内的中国早期聚落空间营造与政治统治和社会治理相辅相成。究其原因，中国很早就形成了比较发达的农业社会，在当时的生产条件下，就像贸易对于西方文明发展的作用一样，社会组织的强化对于社会集团农业生产水平的提高和综合实力的加强息息相关，社会的等级制度和威权体系对聚落营建提出了要求，也提供了条件。这种特点贯穿在中国古代城市发展的全过程中。从这一意义上讲，铜石并用时代早期的“城”不仅表现出了最初的城乡分化，具备了后世城市的基本形态特征，而且已经是区域政治与宗教治理的中心，可以看作是中国古代

---

[1] 马世之. 郑州西山仰韶文化城址浅析 [J]. 中州学刊，1997（4）：135-139.

城市的起源。而将从欧洲城市总结出来的"城市是在商业交换的中心起源的"之类的说法，用到早期中国城市起源上，并不妥当[1]。

第四节　人居活动与规划行为

一、人类具有选择宜居之所的本能

芒福德《城市发展史》指出，"须知，远在城市产生之前就已经有了小村落、圣祠和村镇，而在村庄之前则早已有了宿营地、贮物厂、洞穴及石冢，而在所有这些形式产生之前则早已有了某些社会生活倾向——这显然是人类同许多其他动物物种所共有的倾向。"[2]动物有要求定居、休息，而又要求回归到安全而又能提供丰富食料的有利地点的倾向，人类有类似的贮藏和定居的本能。动物在领地群居，以便交配繁衍养育后代的经验，人类则有建造聚落、聚族而居的本能。在远古时代以前，人类由于生产力水平的限制，只能被动地选择天然洞穴聚居，所居住的穴居并不稳定，要经常更换。在认知自然的过程中，人类在水文、地形、光照、保暖、通风等方面积累了基本的经验，具备了基本的择居本能。早期穴居的选址一般符合 4 个特征：①近水，方便生活渔猎，多在湖滨、河谷、海岸；②居丘（高原高地），防止洪水淹浸冲刷，洞穴口部一般距水面 10~100 米（多为 20~60 米）不等；③避风，洞口一般避开冬季主要风向，少有朝北或偏北方向者；④通风，洞穴较浅（深洞多潮湿及空气稀薄）或生活区在洞前部（洞深处多埋葬）。以北京周口店的山顶洞遗址为例，洞穴北面高山重叠，西面和西南缓山环绕，东南方是大平原；东临小河，小河可以提供充足的水源，两岸可以作为猎场，河滩中的砾石可以作为石器的原料；在洞里遮风避雨，燃火御寒。

这种本能使得不同区域的人居活动呈现不同的特征。我国黄河流域的原始居民点，多在靠近河流的较高台地上，长江中下游地势低下、水道纵横，居民点多在靠近水的墩上。浙江吴兴钱山漾由于多水潮湿，还发现高于地面的桩上建筑；遗址中有许多木桩排列成长方形，中间架设横梁，上面铺几层竹席和芦席。

随着制陶、挖井、建造等适宜技术的发展，聚落的选址和形态发生了较大的变化，但人类的栖居本能并未发生大的改变。石兴邦曾经指出，黄河流域旧石器时代向新石器时代过渡，从人与自然的关系上讲，大体可以分为 3 个发展阶段：①山林时期。旧石器时代末期，人们靠山林以采集和狩猎为生，人类群体是以较小的氏族为单位进行活动的；②山麓时期（或称山前时期）。旧石器向新石器时代的过渡阶段，从高

---

[1] 唐晓峰．原始社会聚落内部分化与文明起源 [M]//《徐苹芳先生纪念文集》编辑委员会．徐苹芳先生纪念文集．上海：上海古籍出版社，2012.

[2] 刘易斯·芒福德．城市发展史：起源、演变和前景 [M]. 宋俊岭，倪文彦，译．北京：中国建筑工业出版社，2005：3.

级采集经济向农业文化迈进的萌发时期；③河谷阶地时期。发达的新石器时代，农业和家畜饲养业并行发展时期，形成大的氏族部落组织，氏族公社的繁盛阶段。其中，后两个阶段是人类学会靠自己的活动来增加天然物生产的方法时期，是人类走向文明的阶梯[❶]。

随着聚落复杂性的提升和复杂社会的形成，人居活动愈发超出了个体本能和自组织的极限，对规划提出了越来越高的需求。

二、关于早期规划行为的文献记载

（一）仰观俯察的相地择居方法

在新石器时代，由于文字还没有出现，关于聚落选址布局的具体情形还缺乏直接的描述。《周易·系辞下》云："古者包牺氏之王天下也，仰则观象于天，俯则观法于地，观鸟兽之文与地之宜。近取诸身，远取诸物。于是始作八卦，以通神明之德，以类万物之情。"透过这段后世的文献追述，可以从哲学上把握先民仰观俯察的相地择居方法。

人居天地间，"仰则观象于天，俯则观法于地"，在天地的关联中，考虑自身的生存，仰观俯察也是规划活动的起始点。"观鸟兽之文与地之宜"[❷]，这是天文学的原始，也是相地术的原始。"近取诸身，远取诸物。于是始作八卦，以通神明之德，以类万物之情"，伏羲氏作"八卦"的具体情形不得而知，可以肯定的是，伏羲氏时代，虽然农业还不发达，但是已经开始通过建立符号体系，来表达人类对天地万物的系统认识，沟通天地内外，伏羲氏豁然开启了悟识的人类，在天—地—人—物的宏阔框架中进行整体思辨，于自然，于天地，于物我，于生死。从这个角度看，中国先民人居实践中的规划行为，是具体的物质建设活动，同时也是意识形态的表现，具有鲜明的哲学思辨色彩。伏羲氏的思想已经上升到哲学的高度，可谓中国文明、中华文化的开创者，也可以视为中国城市规划思想的源头。

（二）规天矩地的规画方法

关于伏羲的传说，与人居规划营建有关的，还有与女娲一起，共同造就了规天矩地的伟业。传说中的伏羲与女娲，汉代以来被赋予半人半蛇的奇异形象，蛇尾交缠，结合而生出初始人。值得注意的是，伏羲与女娲所执的工具，伏羲举矩，女娲举规，象征他们具有规天矩地的能力，他们是人类社会的创造者，赋予社会以秩序。从城市规划史的角度看，规矩是造就后世中国独特的"规画"方法与技术的重要工具。

---

❶ 石兴邦. 中国新石器时代文化体系及其有关问题 [M]// 黄盛章. 亚洲文明论丛（一）. 成都：四川人民出版社，1986.

❷ 此句原意可能是"观鸟兽之文，舆地之宜"。

伏羲女娲执规矩画天地的题材，在东汉至唐代，屡见不鲜。在四川崇州市出土的东汉画像砖中，伏羲左手执规，右手擎日；女娲右手执矩，左手擎月。在新疆出土的唐代帛画中，伏羲执矩而女娲执规，四周布满星辰。可见，规矩赋予伏羲、女娲驾驭宇宙时空的力量，成为人类始祖崇高地位的表现（图 2-18~ 图 2-20）。

图 2-18 山东嘉祥武梁祠画像石上的伏羲女娲画像

资料来源：山东武氏祠前石室屋顶 .

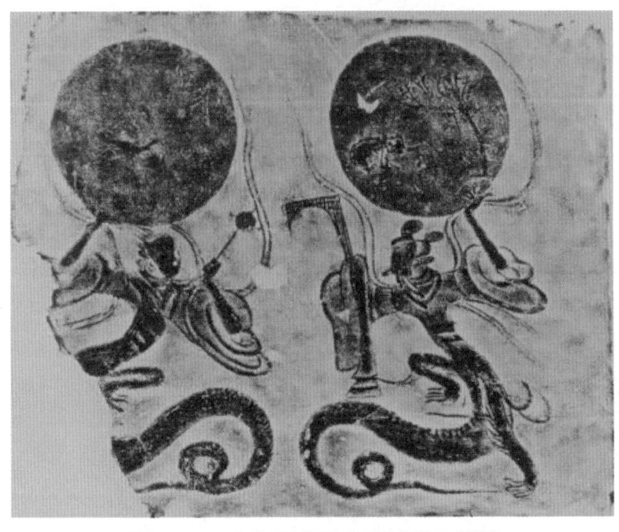

图 2-19 东汉画像砖中的伏羲女娲图

资料来源：原画像砖拓片，长 39.2 厘米，宽 47.9 厘米，藏于四川省成都市博物馆 .

图 2-20 唐代帛画中伏羲女娲图

资料来源：原画为绢本，纵长 220 厘米，藏于新疆维吾尔自治区博物馆 .

三、遗址所见空间秩序与规划意识

虽然不同学者对于“规划”的定义有所不同，但存在一个共识，即规划是一种有意识的、建立在知识基础上的主观能动行为，是文明的体现。这种行为早在人居营建活动开始时就出现了。一系列聚落遗址考古发现表明，住区的选址与布局都有一定的空间秩序，并非随意而为之。先民通过集体努力，组织构建起与自身的经济政治环境条件相匹配的人居空间，反映出朴素的规划意识。

新石器时代晚期复杂聚落的居住区布局已经有明显的空间秩序。无论采用以大房子为中心的布局模式，还是采用以公共广场为中心的布局模式，这些聚落的建筑组合都呈现出“建筑—居住单元—居住组团—聚落”四个清晰的空间层次。这种空间秩序是社会秩序的空间投射，超越了人类聚居的本能，也无关于人类对自然的基本认识，只能是人类有意规划的产物。从此时起，规划就成为落实意识形态以实现社会治理的工具。

在仰韶时代晚期大地湾遗址，这种秩序表现得更为突出。大地湾乙址的所有房屋都面向大型的公共建筑 F901，呈扇形展开，由于 F901 在整个遗址的北部，所以其他房子的门都朝向北开。这种空间布局不仅不利于建筑采光，而且容易受到冬天强劲北风的恶劣影响，完全不符合人类原始的栖居本能；如果不是由于社会组织或宗教信仰上的特殊要求，这样的聚落布局形态是无法理解的。

这种秩序还普遍体现在多个文化区系的墓葬遗址中。在裴李岗文化时期的裴李岗墓葬中，头的朝向就呈现出一致性，这应是一群体内部人们信仰、习俗具有共同性的直接反映。新石器时代晚期，在黄河流域的姜寨遗址、长江中游的大溪遗址、长江下游的马家浜遗址等的墓葬区中，墓葬按一定的形式或秩序编排，空间秩序更加严整。

此外，个别居住区、墓地和祭坛遗址中，这种空间秩序呈现定量的“规画”特征。在姜寨遗址的村落平面图上，以 5 座大房子中心为顶点连接成五边形，求内接圆 O，以其圆心定为广场的中心；假定该内接圆的半径为 $2R$，以广场中心为圆心再作两个半径分别为 $3R$ 和 $4R$ 的同心圆 O' 和圆 O''，则壕沟基本分布在圆 O' 附近，大房子分布在圆 O'' 附近，聚落建筑分布在圆 O 和圆 O'' 之间。可见该聚落的形态与该平面图式较为符合，可能经过了统一的规划；规划中包含了形数结合的思想，采用了定量控制的方法（图 2–21）。

在仰韶文化早期的濮阳西水坡 45 号墓，墓主人骨架的左右两侧发现用蚌壳摆成的龙虎图案，冯时通过天文学的分析发现，墓的整体构图与最原始的盖图完全一致[1]。（图 2–22、图 2–23）相似地，冯时认为，牛河梁积石冢群中三环石坛的构图也符合盖天家的宇宙图解，古人有意识地采用这一天文模式建立了祭祀天神的圜丘[2]。（图 2–8）可见人类早期认识宇宙所形成“天圆地方”的宇宙观念，已经开始融入人居活动之中。

以上三个案例印证了文献中关于规天矩地的规画方法的记载，表明仰韶文化时期的部分村落、墓地和祭坛已经开始将人们对于宇宙的相关观念与知识融合到规划之中。这些观念和知识是宇宙运行的法则，先民运用相关的图式指导规划的空间构图，开展聚落的建设，以合乎天道、顺应自然。在技术方法层面，规和矩作为基本工具，同时也是人类认识客观世界的象征。《墨子·天志》云：“我有天志，譬若轮人之有规，匠人之有矩，轮匠执其规矩，以度天下之方圜，曰：‘中者是也，不中者非也。’……我得天下之明法以度之。”“置立天之以为仪法，若轮人之有规，匠人之有矩也。”《管子 · 轻重己》云：

---

❶ 冯时 . 河南濮阳西水坡 45 号墓的天文学研究 [J]. 文物，1990（3）：52–60+69.

❷ 冯时 . 红山文化三环石坛的天文学研究——兼论中国最早的圜丘与方丘 [J]. 北方文物，1993（1）：9–17.

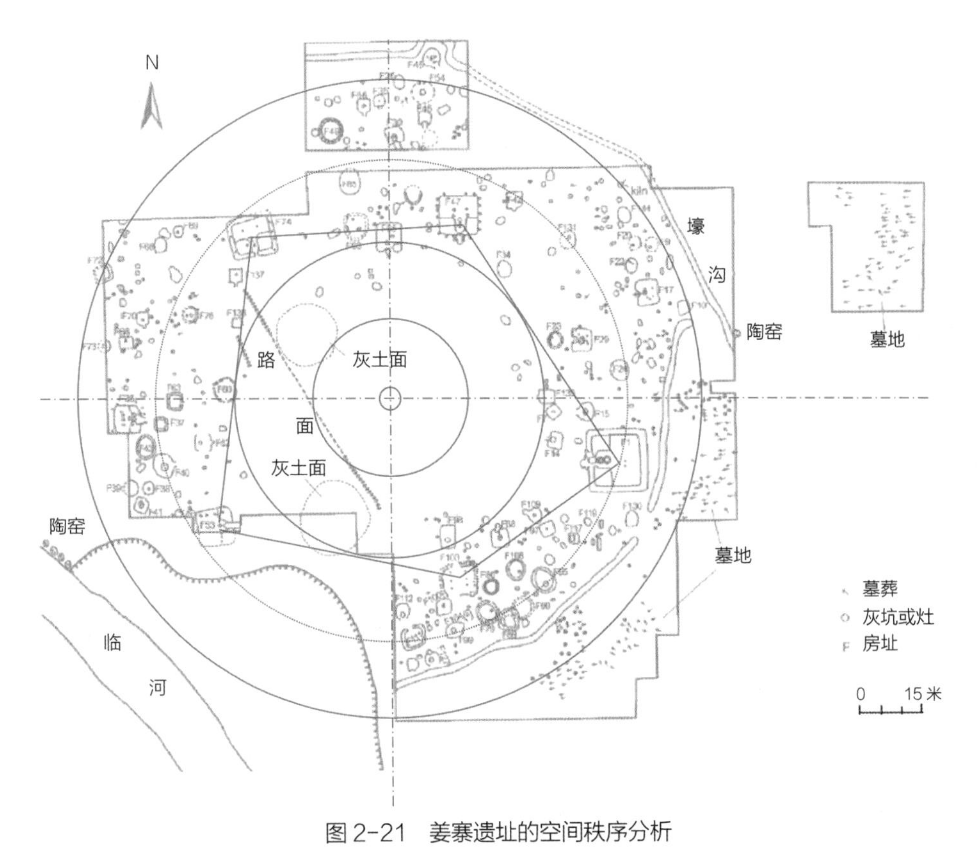

图 2-21 姜寨遗址的空间秩序分析

资料来源：作者自绘 . 底图引自：半坡博物馆，陕西省考古研究所，临潼县博物馆 . 姜寨：新石器时代遗址发掘报告 [M]. 北京：文物出版社，1988.

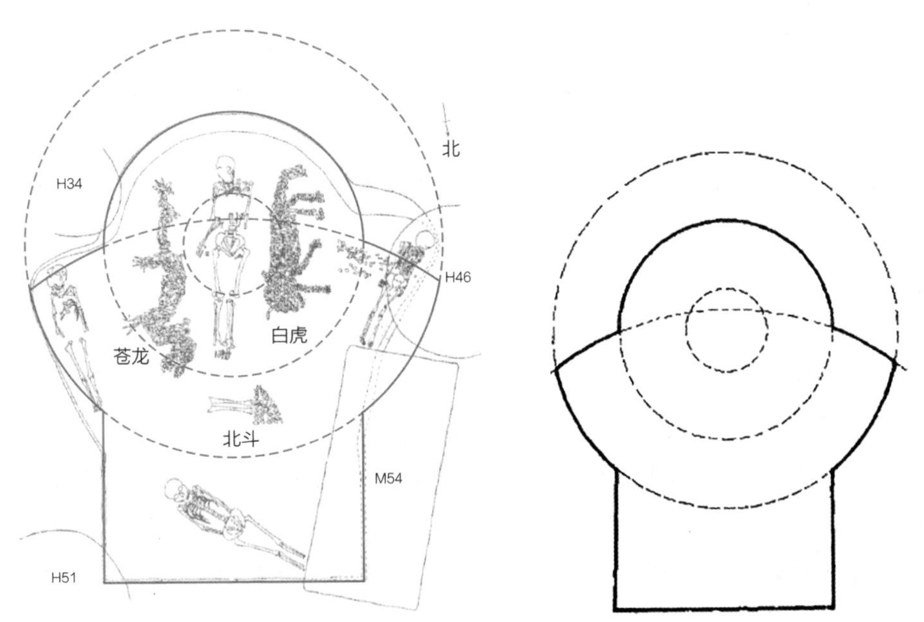

图 2-22 河南濮阳西水坡 45 号墓平面图（左）与冯时所绘盖天宇宙论图解（右）

资料来源：冯时 . 河南濮阳西水坡 45 号墓的天文学研究 [J]. 文物，1990（3）：52-60+69.

“规生矩，矩生方，方生正，正生历，历生四时,四时生万物。圣人因而理之,道遍矣。”以上记载都表明，规矩是以天地之道对世界万物运行规律的宏观性总体规范。

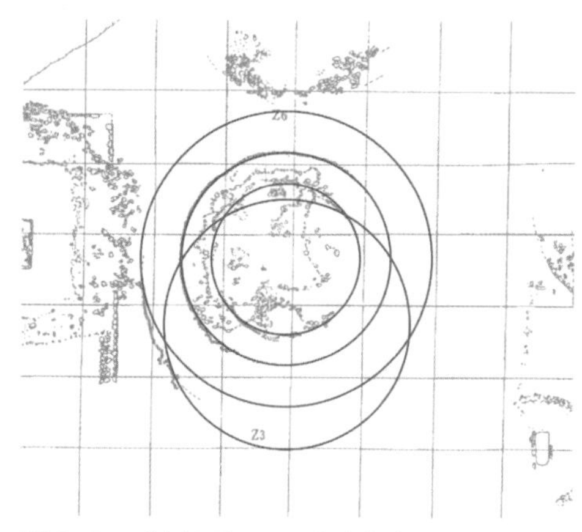

图 2-23　以牛河梁三环遗迹为底图复原的盖图

资料来源：冯时 . 红山文化三环石坛的天文学研究——兼论中国最早的圜丘与方丘 [J]. 北方文物，1993（1）：9-17.

第五节　中国城市规划起源及其基本特征

中国的自然地形特征为人居活动的发生、发展限定了基本的框架，中国城市规划的起源，就像一条河流，不是从一个点产生，然后循着一定的路径流淌，而是在散漫中凝聚成流，在混沌中涌现，城市规划的起源是多元的，多区域文明共同发展，丰富多彩。不同地区的先进人居观念通过上层交流网络，在区域内继承和传播，在地区之间交流和发展，逐步汇聚为中国人居的思想观念与价值体系。在聚落形态上，聚落复杂性提升和复杂社会形成为规划提出了越来越高的要求，聚落中超越本能的空间秩序，及其与相关文献所记载的远古时代思想观念的一致性，标志着在新石器时代，原始规划意识作为人类意识形态的一部分，就已经开始萌发；到铜石并用时代早期，“城”（walled city）这种特殊的聚落形态，作为规划的对象开始出现，可以说中国早期的城市规划已经产生。中国早期规划起源的时代，是从聚落到城的时代。

中国的早期规划具有意识形态的特征，是社会治理的工具。从人居的过程来看，居住形态的每一次重大变革都伴随着社会结构的相应调整，复杂社会的形成是聚落复杂化的原动力。聚落成为早期国家进行地域管理与政治统治的工具，而经济功能居于从属地位。从仰韶文化时期开始，人们就将宇宙的相关观念与知识融合到规划之中，以合乎天道、顺应自然，并以规和矩为基本工具，将相关的宇宙图式落实在聚落规划的空间构图中，萌生了早期的“规画”技术方法。

阅读材料

[1] 夏鼐 . 中国文明的起源 [J]. 文物，1985（8）：1-8.

[2] 苏秉琦 . 中国文明起源新探·三部曲与三模式 [M]. 沈阳：辽宁人民出版社，2009：109-144.

[3] 吴良镛 . 聚居论 [M]// 吴良镛 . 广义建筑学 . 北京：清华大学出版社，1989：7-25.

[4] 唐晓峰 . 原始社会聚落内部分化与文明起源 [M]//《徐苹芳先生纪念文集》编辑委员会 . 徐苹芳先生纪念文集 . 上海：上海古籍出版社，2012.

第三章

王国之城与规划
知识传统奠基

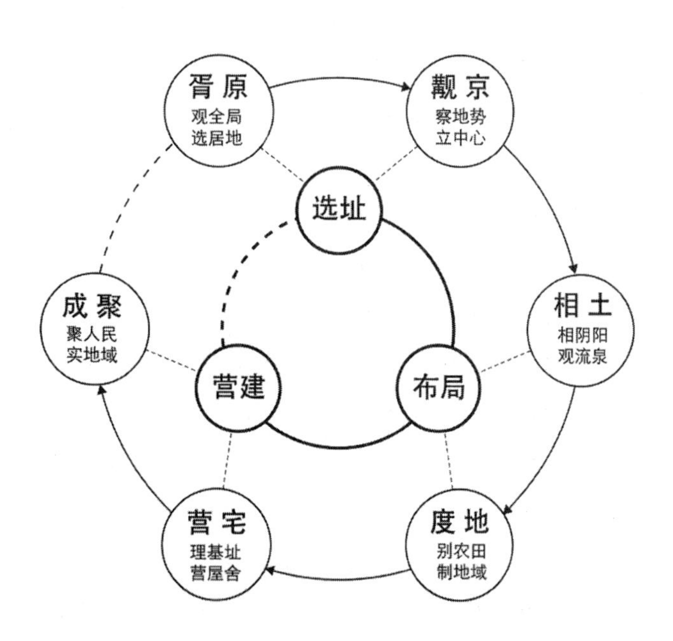

第三章
王国之城与规划知识传统奠基

中国城市规划史上的王国时期，是指公元前 2500 年至前 771 年，属于考古学上的铜石并用时代和青铜时代，中国古代文献中称“五帝三代”，五帝指黄帝、颛顼、帝喾、尧、舜，三代指夏、商、西周。

开始的 500 年是龙山时代，约从公元前 2500 年到前 2000 年，考古学上属于铜石并用时代晚期，相当于古史传说中的尧舜时代。传说五帝时代尧舜禅让，事实上华夏大地并不太平。随着古国发展对财富获取及积累的需求进一步增加，社会发展进入权力争斗和财富再分配的时期，城邦之间关系紧张，冲突剧烈，社会发展速度和竞争激烈强度颇有新石器时代“战国”的味道。龙山文化时代的战争反映了一定王权之下，各部族之间为扩大势力、争取更多的生产和生活资源而进行的战争，实际上已经开始了家天下的前奏。接着这 500 年战乱而来的是夏商西周王国时代，根据《夏商周断代工程 1996~2000 年阶段成果报告（简本）》，夏代纪年为公元前 2070~ 前 1600 年，商代纪年为公元前 1600~ 前 1046 年，西周纪年为公元前 1046~ 前 771 年，三代合计 1300 年[1]。这一时期也被考古学家称为“青铜时代”。

总体而言，中国城市规划史上的王国时期共历时 1800 年，城市规划演进有五个方面的特征：一是城市成为控制一定地域范围的中心；二是王都地区规划兴起；三是战略性城邑布点控制国土空间；四是以水土治理为核心的国土规划萌芽；五是城邑选址与布局讲究相其阴阳。这一时期，史前的治理经验得到了明晰与发展，以

---

[1] 夏商周断代工程专家组 . 夏商周断代工程 1996 ~ 2000 年阶段成果报告 [M]. 北京：世界图书出版公司北京分公司，2000.

中原为中心的历史趋势基本形成，以血缘为基础的地域组织和管理能力达到了极限，为帝国的发展做好了准备。

第一节 城邦林立的龙山时代

龙山时代是天下万邦的时期，天下无主而万邦各有其主，所谓尧、舜只是相当于两个地区性的以尧、舜为代表的族邦联盟，虽有尧、舜，也没有改变万邦分立的局面。从考古遗址看，龙山时期中国大地上城址星罗棋布，遍地皆是坚固的城垣与深陷的壕沟，城址的忽兴忽废，反映出了这个时期存在激烈的矛盾和战争（图 3-1）。

一、黄河流域城址

公元前 2500 年至前 2000 年间，中原地区以陶寺文化大型城址和河南龙山文化城址的出现为标志，恢复了社会加速发展的活力，并达到了很高的发展程度；黄河下游的龙山文化以大型城址和大型墓葬的发现为标志，社会也继续发展。整个史前中国范围内，形成了黄河中游和黄河下游两个发展中心。

（一）济南章丘城子崖遗址

龙山时期，城子崖、丁公、桐林、边线王四个城址，等距离分布在泰沂山北部的冲积平原上。城子崖遗址是龙山文化的代表遗址和命名地，位于今章丘市龙山镇

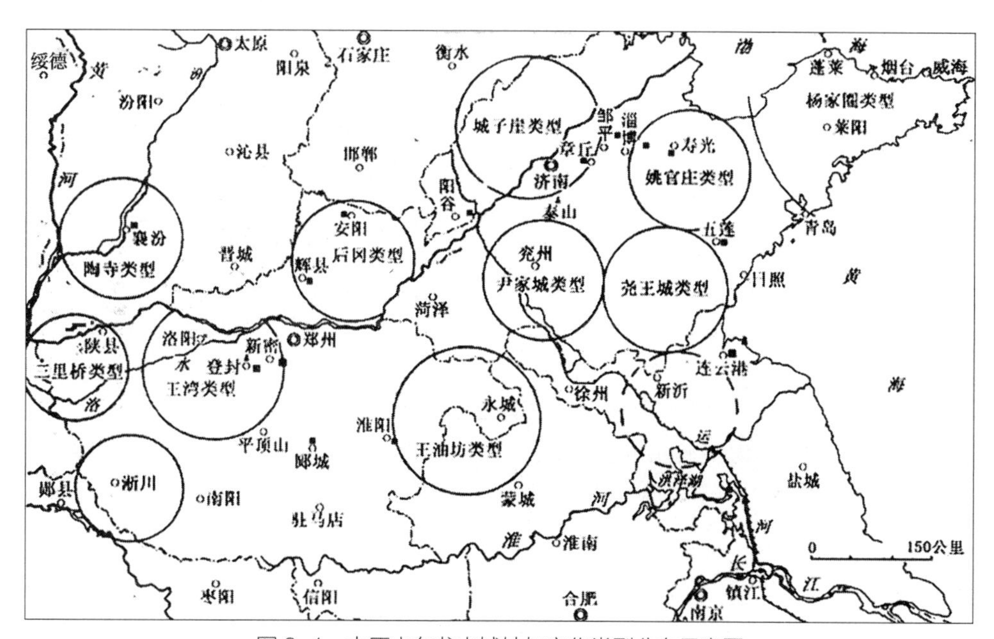

图 3-1　中原山东龙山城址与文化类型分布示意图

资料来源：钱耀鹏．中国史前城址与文明起源研究 [M]. 西安：西北大学出版社，2001：95.

武原河东岸。遗址总面积逾22万平方米，其中龙山文化城址，东西宽约430米，南北最长约530米，面积约20万平方米（图3–2）。

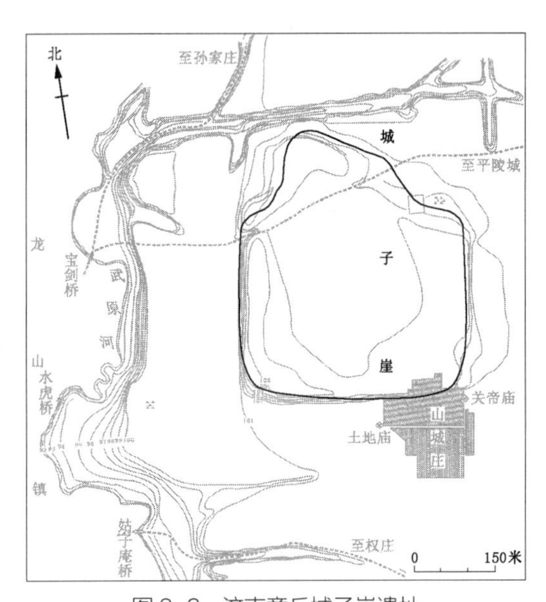

图3–2 济南章丘城子崖遗址

资料来源：山东省文物局.山东文化遗产：重点文物保护单位卷[M].北京：科学出版社，2013：36.

（二）尧王城遗址

尧王城遗址位于今山东日照，处在丘陵向滨海平地的过渡地带上，核心区面积近56万平方米，外有环壕，城垣以内的城址面积近15万平方米，是一个相当大的“原始城市”，也是尧王城龙山古国的“都城”，出土遗物体现出厚重的远古太阳崇拜和太阳文化。时间大约是从大汶口晚期到龙山时期（图3–3）。[1]

（三）王城岗遗址

王城岗遗址位于河南省登封市告成镇西部，是河南地区众多由城墙环绕的聚落的代表。1977年发现遗址，2002年以来，又在遗址中部发现一座面积约34.8万平方米的大型城址。大城城址平面近方形，根据残存城墙复原推测，东、西城墙

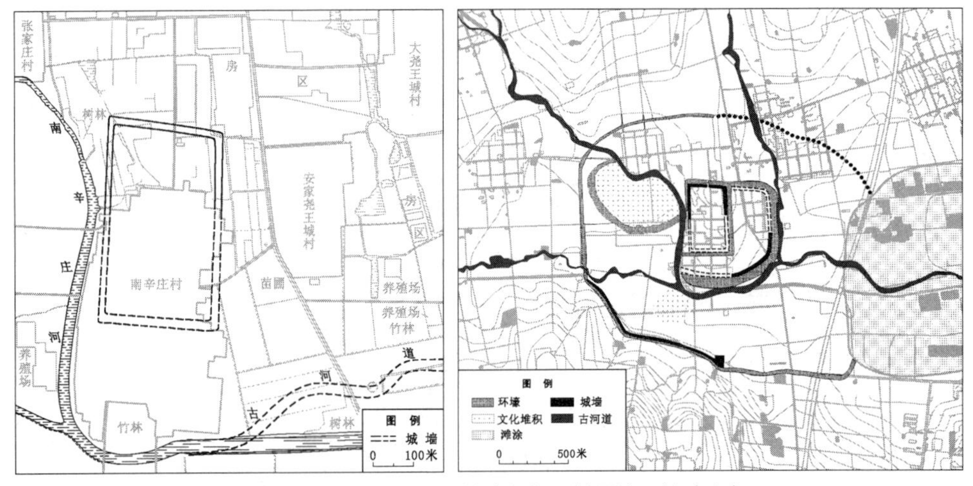

图3–3 山东日照尧王城（左）及其周边环境（右）

资料来源：梁中合.日照尧王城遗址的新发现、新收获与新认识[J].中国社会科学院古代文明研究中心通讯，2016（30）.

[1] 鲁东南地区在大汶口文化至龙山文化阶段曾经非常发达，迄今比较重要的考古发现有莒县陵阳河遗址、五莲丹土遗址，日照的两城镇遗址和尧王城遗址，其中尧王城遗址是该地区的典型代表。见：梁中合，张东，刘红军.山东日照市尧王城遗址2012年的调查与发掘[J].考古，2015（9）：7–24+2；梁中合，贾笑冰.尧王城遗址与尧王城类型再探讨[J].北方文物，2017（3）：29–34.

各长 580 米，南、北城墙各长 600 米。北城墙和西城墙之外置城壕，大城南面和东面分别利用了颍河与五渡河作为城壕。城内分布有大面积夯土建筑遗址，发现龙山文化晚期祭祀坑和白陶器、玉石琮等重要遗物。此城址时代上限不早于龙山文化晚期，下限不晚于二里头文化时期。这是目前河南省境内发现的最大的龙山文化城址（图 3-4）。王城岗小城位于大城东北部，大城的年代晚于小城。有学者提出，"王城岗的小城有可能为'鲧作城'，而王城岗大城有可能即是'禹都阳城'"[1]，因此推断王城岗城址可能是夏王朝的最早都邑。

（四）禹州瓦店遗址

禹州瓦店遗址是全国面积最大的龙山文化晚期人类聚落遗址之一。遗址内最重要的发现是大型夯土建筑基址，还在夯土中发现用于奠基的人牲遗骸数具。以大型建筑基址和奠基坑为代表的遗迹，以及以精美陶酒器、玉鸟、玉璧、玉铲和大卜骨为代表的遗物，都表明此遗址在河南龙山文化晚期的规格是很高的。传说"禹居阳城"，登封王城岗遗址和禹州瓦店遗址年代主体为河南龙山文化，都属于夏人早期活动的核心区域（图 3-5）。

（五）陶寺古城遗址

陶寺城址位于山西临汾，面积 280 万平方米，大城之中有小城。陶寺小城建立于距今大约 4300 年至 4000 年之间，在夏王朝前或夏王朝之初。公元前 2500 至前

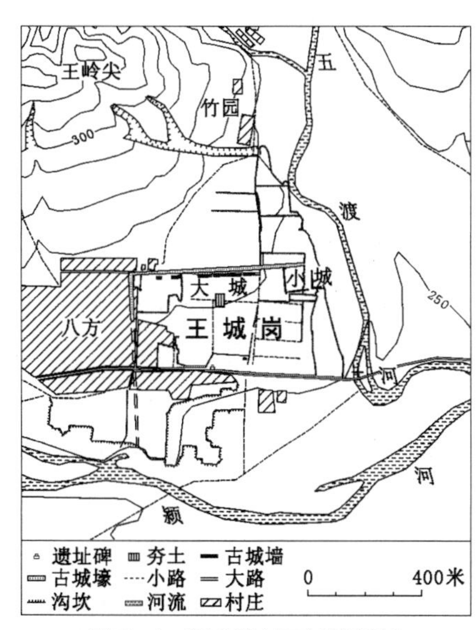

图 3-4　河南登封王城岗遗址

资料来源：北京大学考古文博学院，河南省文物考古研究所. 登封王城岗考古发现与研究（2002—2005）[M]. 郑州：大象出版社，2007.

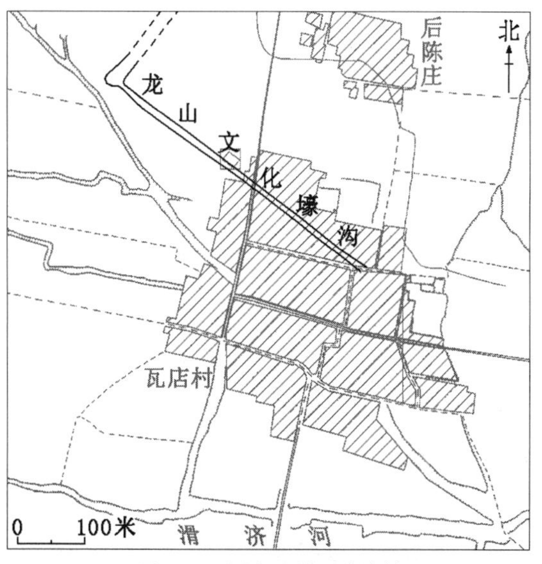

图 3-5　河南禹州瓦店遗址

资料来源：张海，庄奕杰，方燕明，王辉. 河南禹州瓦店遗址龙山文化壕沟的土壤微形态分析 [J]. 华夏考古，2016（4）：86-95.

[1] 马世之. 登封王城岗城址与禹都阳城 [J]. 中原文物，2008（2）：22-26.

1900年，陶寺古城已经划分了宫殿区、仓储区、祭祀区等，具备了城邑规划、设计、功能分区等方面的意识。陶寺遗址不仅有“王墓”、陶礼器、铜器、朱书文字，而且有城垣、宫殿、祭祀区、仓储区等，更重要的是还有中国最早的“观象台”。陶寺古城被认为可能是“五帝时代”的“尧都平阳”，是已知最早具有宫城和外郭城两重城墙、“观天授时”的“礼制建筑”和大规模、高等级墓地的中国古代都城遗址（图3–6、图3–7）。

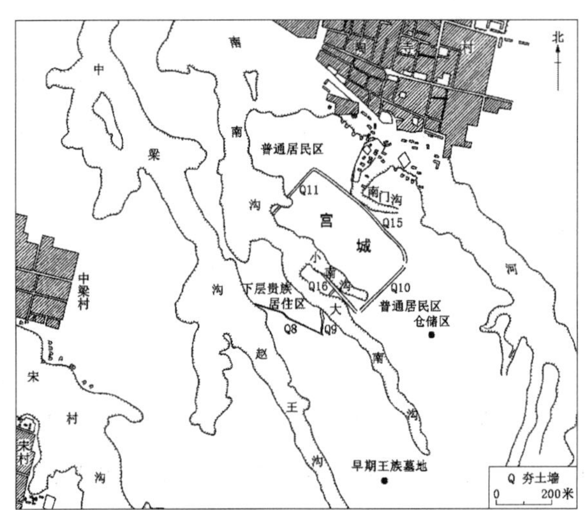

图3–6　襄汾陶寺（早期）古城遗址

资料来源：中华文明探源工程项目执行专家组．中华文明探源工程成果集萃[M]. 2016：27.

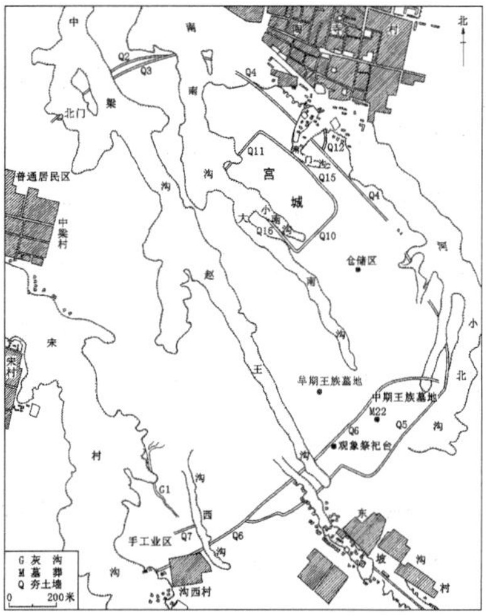

图3–7　襄汾陶寺（中期）古城遗址

资料来源：中华文明探源工程项目执行专家组．中华文明探源工程成果集萃[M]. 2016：28.

（六）神木石卯城址群

以石峁遗址为代表的陕西北部、内蒙古中南部、晋西地区的石城遗址，目前受到学术界的广泛关注。[1]石峁遗址位于今陕西神木县，黄河支流秃尾河畔的黄土梁峁和剥蚀山丘上，遗址由外城、内城和其内的“皇城台”组成，总面积超过400万平方米，城墙内有多处集中分布的居住区、陶窑和墓葬区，“皇城台”和内外城的城墙上均发现了城门、墩台、瓮城等附属建筑，外城城墙上还发现类似“马面”、角楼等设施，体现出建城时对防御功能的高度重视（图3–8、图3–9）。

二、长江流域城址

湖北天门石家河遗址群是长江中游地区已知的，分布面积最大、保存最完整、延续时间最长、等级最高的新石器时代聚落遗址，在距今6500年即开始有人类居住

[1] 邵晶．试论石峁城址的年代及修建过程[J]. 考古与文物，2016（4）：102–108.

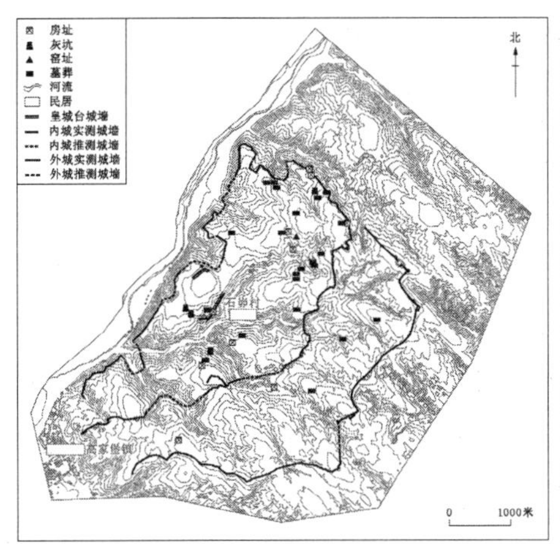

图 3-8　神木石峁遗址

资料来源：陕西省考古研究院，榆林市文物考古勘探工作队，神木县文体局. 陕西神木县石峁遗址 [J]. 考古，2013（7）：15-24.

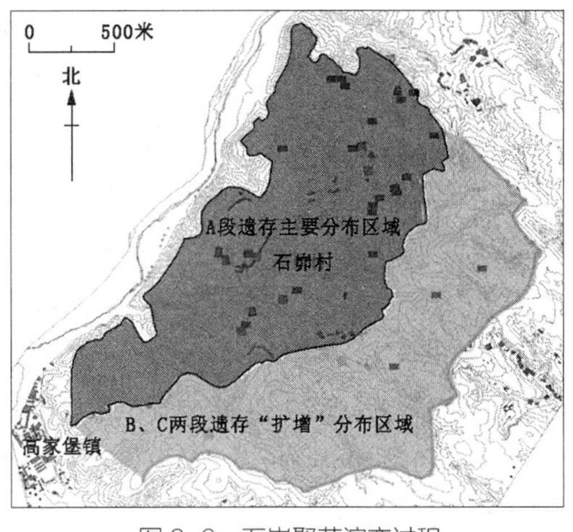

图 3-9　石峁聚落演变过程

资料来源：邵晶. 试论石峁城址的年代及修建过程 [J]. 考古与文物，2016（4）：102-108.

生活，距今 4300 年左右达到鼎盛时期。遗址群由 40 多处遗址组成，分布于东西两河之间约 8 平方千米范围内的大小台地上。这些城址多为垣壕聚落，也有少量环壕聚落。大部分城址兴建于屈家岭文化时期（大约距今 5000~4600 年），并延续至石家河文化阶段（大约距今 4600~4000 年）（图 3-10）。

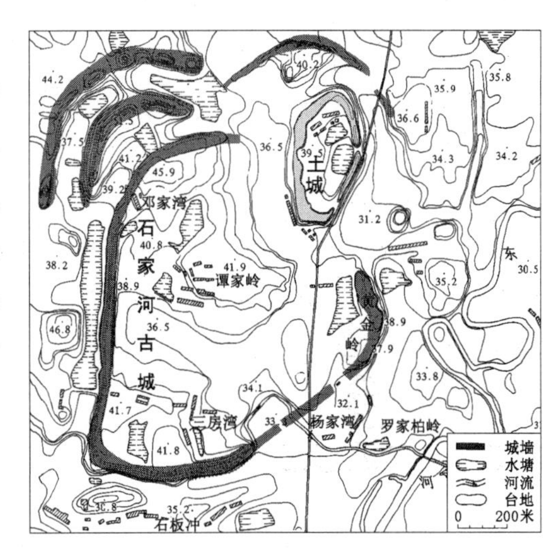

图 3-10　天门石家河古城

资料来源：许宏. 先秦城邑考古 [M]. 北京：西苑出版社，2017：81.

三、作为地域中心的城

根据考古发现，大多数之前的城址可能只是很小区域的中心，或者功能比较单纯（如作为祭祀中心的建平牛河梁遗址）。但是，龙山时代开始规模明显加大，出现大规模的城（如山东章丘龙山城子崖城内面积就达 20 多万平方米），城邑之间差异加大，城邑功能与构造也明显复杂化，一类是都邑（如襄汾陶寺遗址），另一类是具有“都市区”概念意义上的多层级城址聚集区（如荆州石家河遗址群、日照尧王城城址群和神木石卯城址群）。凡此都表明，经过长期的方国战争、权力争夺、财富再分配，中国社会开始复杂化与地域化。

研究表明，龙山时期的城往往是作为一定地域的中心而出现的，它们因政治功能而构成体系，城的规模等级与其所控制或辐射的地域规模（尺度）层次密切相关，这是十分重要的规律。龙山时期城的大量涌现及其规模等级关系表明，中国古代的城从发生时起就具有一定的中心性，城是“中心地”（central place），与西方现代中心地理论（central place theory）强调中心地的商业贸易功能不同的是，中国古代的城主要作为地域的统治中心，其政治功能是首要的。

《史记·五帝本纪》记载，帝舜时期，人类居住地开始形成规模，不断演进：“舜耕历山，历山之人皆让畔；渔雷泽，雷泽上人皆让居；陶河滨，河滨器皆不苦窳。一年而所居成聚，二年成邑，三年成都。尧乃赐舜衣与琴，为筑仓廪，予牛羊。”所谓成聚、成邑、成都，实际上揭示了聚落规模、结构和功能的变化。由“聚”而“邑”而“都”，不仅是聚落规模的扩大，而且聚落的中心功能不断提升，聚落控制与辐射的地域规模也不断扩大。

聚，可能就是早期的原始聚落，多人群居，人以群分；邑，强调沟树之固（环壕聚落），作为一个整体，相应的有初步的分区；都，是一种中心聚落（特别的城），强调聚落的中心性，实际上隐含着区域聚落体系的概念。《左传·庄公二十八年》：“凡邑有宗庙先君之主曰都，无曰邑。”与一般“邑”相比，“都”具有作为宗法血缘政治标志的宗庙。具有宫殿、宗庙等大型建筑的新型聚落，和与其共存的数量众多的一般聚落相比，明显有着更为特殊的地位，具有都城的性质。

在原始聚落的基础上逐渐分化出来的“邑”和“都”是特殊的人居环境，同时也是一定地域的中心。在聚落的基础上逐渐出现了城市和国家，结构愈加复杂，规模愈加宏大，而作为一种公共治理行为，对一定地域空间发展进行比较全面的长远的计划性安排的规划概念，也开始出现了。

第二节　王国都城规划

公元前2000年至前1500年，以河南龙山文化晚期的社会发展和二里头文化的出现为标志，中原地区成为“多元一体”结构中的强大核心。原来并行发展的各文化区的中央，出现了一个强势崛起的核心；原来相互影响的文化交流变成了文化中心的强力辐射和四方的仰慕和追随。从此，中华文明的发展进入一个崭新的阶段。

一、寻找夏都

《尚书·尧典》和《舜典》记载帝尧、帝舜时，形成四岳、十二牧组成的贵族议事会，以及以司空为首包括司徒、后稷、士、共工、虞、秩宗、典乐、纳言等部门官员的行政组织，已经是一种广域国家雏形了。

传说“禹居阳城”，登封王城岗遗址和禹州瓦店遗址年代主体为河南龙山文化，都属于夏人早期活动的核心区域。龙山时代的各个文化之间交融碰撞，不断蓄积能量，孕育着广域的王国，约在公元前 2000 年左右，地处“天下之中”的中原地区率先进入王国时代，出现了中国历史上第一个王权国家——夏王朝。夏代的政治中心主要围绕中岳嵩山分布。就目前学术界的一般研究，可以将王城岗遗址、新砦遗址和二里头遗址作为夏代早、中、晚期的三个都邑遗址。

（一）新砦城址

新砦城址位于嵩山东、新密市刘寨乡新砦村西北，由外壕、城墙及护城河、内壕三重防御设施组成，城墙内复原面积约 70 万平方米，若将外壕所围的空间计算在内，则新砦城址的总面积达 100 万平方米左右。城址平面形状基本呈圆角长方形，南面以双洎河为自然屏障，现存东、北、西三面城墙及靠近城墙下部的护城河。城址中心区位于遗址西南部，是整个遗址中的最高处，东、北、西三面被内壕所围，形成“内城”（图 3-11）。

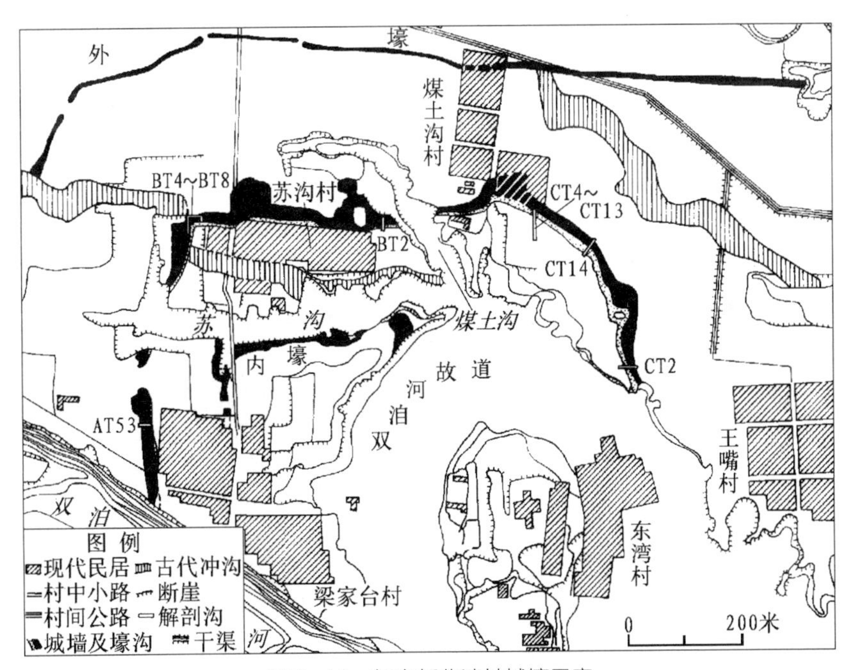

图 3-11 新密新砦遗址城壕示意

资料来源：赵春青，张松林，谢肃，等．河南新密市新砦遗址东城墙发掘简报 [J]. 考古，2009（2）：16-31+101-103+109.

从聚落考古角度看，新砦期遗存聚落具有明显的分级现象，新砦遗址面积最大、防御设施最完善、等级最高，应是新砦期聚落群的中心聚落，其他遗址面积明显小于新砦遗址，应属于次级聚落。文献记载“启居黄台之丘”(《穆天子传》)，丁山考证“黄台之丘”可能即“黄台岗”，位于今新密境内的洧水岸边[1]，与新砦城址地望基本一致。

[1] 丁山．由三代都邑论其民族文化 [J]. 国立中央研究院历史语言研究所集刊，1935，5（1）：87-129.

具有多重防御设施的大型聚落、高规格建筑、高等级遗物，以及与文献记载地望的相符，均将新砦城址指向中国历史上第一个王权国家——夏王朝的都城。

（二）二里头遗址

二里头遗址是目前考古学研究比较公认的夏代晚期的都城，遗址位于洛阳盆地东部，沿古伊洛河北岸呈西北—东南向分布，遗址北部被今洛河冲毁，估计原聚落面积约 400 万平方米。遗址东南部的微高地为中心区，西部为一般性的居住生活区。中心区包括宫殿区、祭祀区、大型围垣作坊区以及贵族聚居区，这可以说是都城的规制。其中，宫城遗址形制规整，宫城之中东西并列大型宫庙建筑遗址，可能代表着王国时代地缘政治与血缘政治的“宫殿”和“宗庙”，这些构成王国时代华夏文化中的“国家主导文化”，并为以后历代都城所承袭（图 3-12）。

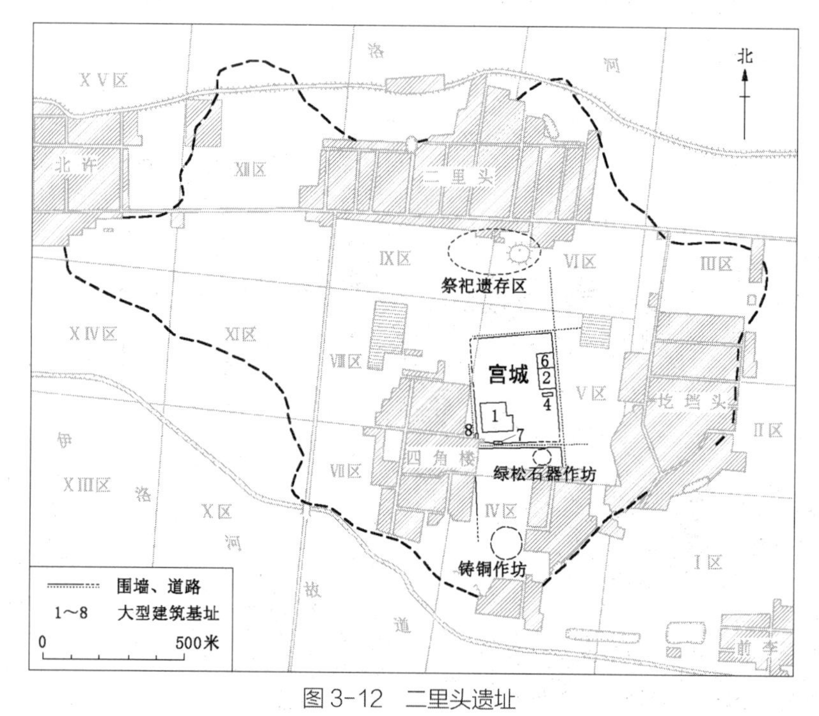

图 3-12　二里头遗址

资料来源：许宏 . 先秦城邑考古 [M]. 北京：西苑出版社，2017：142.

二里头遗址是迄今可以确认的中国最早的具有明确规划的都邑。在这里发现了中国最早的城市主干道网，最早的宫城，最早的多进院落式大型宫殿建筑，最早的中轴线布局的宫殿建筑群，最早的封闭式官营手工业作坊区，最早的青铜礼乐器群、兵器群以及青铜器铸造作坊、绿松石器作坊，最早的使用双轮车的证据等。二里头遗址出土的武器、工具、玉石器开始向大型化、仪式化发展，并且有了青铜器与身份相联系的理念。同时，二里头文化对于其他地区有辐射性的影响，表现出了中原王朝的气象。

二里头文化与二里头都邑的出现，表明当时的社会由若干相互竞争的政治实体并存的局面，进入到广域王权国家阶段[1]。通过精确测年证明二里头遗址的年代是距今3800~3500年左右，主要兴盛的年代是在距今3700~3600年，从时间、空间、规模以及对全国的影响力来看，如果承认文献记载中的夏王朝存在的话，二里头文化最有可能是夏王朝的遗存。同时通过对于遗址内宫殿方向的研究表明，二里头整体上和商文化的面貌是不一样的（二里头遗址的宫殿方向是北偏西，而商代都城建筑方向是北偏东），因此也就排除了它属于商朝早期都城的可能。二里头文化在主体上应属于夏文化。[2]

目前所见有关夏文化遗存的重要城址有禹州瓦店、登封王城岗、新密古城寨、新密新砦、荥阳大师姑（商代前期延续使用）、荥阳东赵（商代前期延续使用）、新郑望京楼（商代前期延续使用）、偃师二里头（商代前期延续使用）、郑州商城早期遗存（即洛达庙遗存，二里头文化最早称之为洛达庙类型，因二里头遗址考古工作多，遗存相对更重要，在1980年代将这类文化遗存改称为二里头文化，商代前期延续使用）、辉县孟庄（商代前期延续使用）、焦作府城（商代前期延续使用）、济源原城等。巩义花地嘴遗址和稍柴遗址等级也非常高，或许是同一个遗址的不同功能区，但是考古工作不够；陕西商洛的东龙山遗址也非常重要。

二、商都翼翼

商人建立了中国古代真正的霸权，确立了完整的文字书写系统并建构了复杂的国家组织[3]。史载商都屡迁，考古已见具有商代都邑性质的城址有4座，即郑洛地区的郑州城、偃师城、小双桥遗址和安阳地区的殷墟遗址群。偃师商城的兴起与二里头的衰落在时间上重合，在空间上则与在其东约85千米的郑州商城相呼应。随着郑州城及其郊外的小双桥遗址等为代表的二里岗文化的衰落，以洹北城为中心的洹河两岸一代作为商王朝的都邑兴起。关于商都迁徙的原因，学术界有多种解释，主要的观点包括：①圣都与现世主的离宫别馆；②军事防御扩张守在四边制度；③定居能力以及对生态环境、工矿资源的粗放利用。

---

❶ 许宏. 何以中国：公元前2000年的中原图景 [M]. 北京：生活·读书·新知三联书店，2014.

❷ 二里岗文化下层阶段，郑洛地区最大的变化并非物质文化，而是郑州商城和偃师商城的始建，以及大师姑和望京楼城址的改建，在二里岗下层阶段这个关键的时间节点上，同时兴建两座大型城址并对两座二里头文化城址进行改建，我们认为造成这种城市建设异动的最大可能就是在此时间段内完成了夏商王朝的更替，换言之，夏商分界应该就在二里头文化四期晚段和二里岗文化下层阶段（不排除二者略有重叠）这一时间节点上，二里头文化在主体上应属于夏文化，由此，河南龙山文化的煤山类型、王湾类型和二里头文化一至四期共同组成了完整的狭义夏文化。见：孙庆伟. 鼏宅禹迹：夏代信史的考古学重建 [M]. 北京：生活·读书·新知三联书店，2018.

❸ 许倬云. 我者与他者：中国历史上的内外分际 [M]. 北京：生活·读书·新知三联书店，2015.

（一）偃师商城

偃师商城遗址位于洛阳盆地东部，今河南偃师市区西部，是商代早期二里岗文化时期的都邑级遗址，为商汤灭夏后所都，总面积约 2 平方千米。遗址北靠邙山，南临洛水。西南距二里头遗址约 6 千米。遗址总面积约 1.9 平方千米，有内外两层城圈，外城建设晚于内城。宫殿区位于城址的南部，规模宏大，形制规整，北城为手工业区与普通居住区，排水沟横贯全城（图 3-13）。

偃师商城都邑营建制度的许多方面都可以追溯至二里头遗址，而且更为规范化、礼制化，具体体现在方正的宫城、宫城内多组具有中轴线规划的建筑群、建筑群中多进院落的布局、建筑技术的若干侧面（如大型夯土台基的长宽比例大体相近，表明当时的宫室建筑已存在明确的营造模数）等（图 3-14）。

关于偃师商城的绝对年代，根据“夏商周断代工程”提供的系列测年数据，其始建年代被推定为约公元前 1600 年，偃师商城第三期早段的年代被推定为公元前 1400 年前后[1]，这座城址由兴到废经历了约 200 年时间。

（二）郑州商城

郑州商城位于今河南省郑州市区，遗址正处于黄土丘陵高地和湖沼平原交接的地带，地势西南高东北低。二里岗时期郑州开始出现大型都邑，规模宏大，包括内

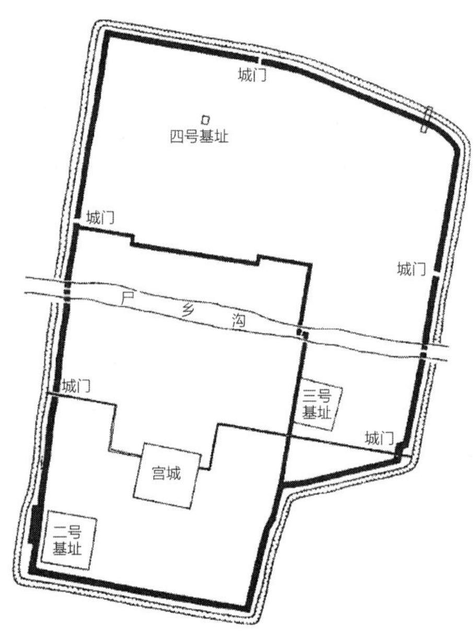

图 3-13 偃师商城

资料来源：中国社会科学院考古研究所．中国考古学：夏商卷 [M]. 北京：中国社会科学出版社，2010：206.

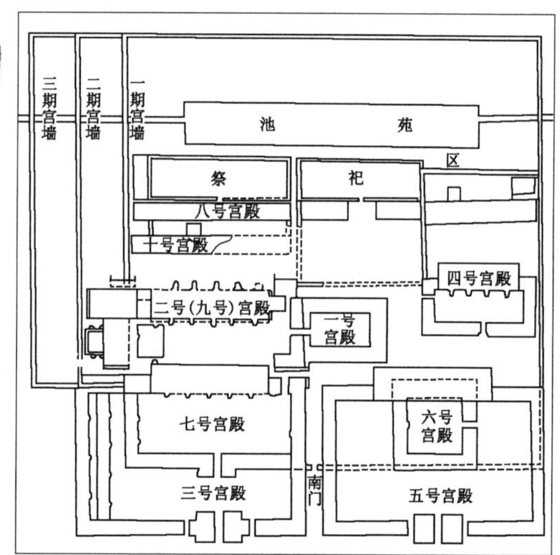

图 3-14 偃师城宫城的扩建过程

资料来源：中国社会科学院考古研究所河南第二工作队．河南偃师商城宫城第三号宫殿建筑基址发掘简报 [J]. 考古，2015（12）：38-51.

[1] 夏商周断代工程专家组．夏商周断代工程 1996—2000 年阶段成果报告（简本）[M]. 北京：世界图书出版公司北京公司，2000：62-73.

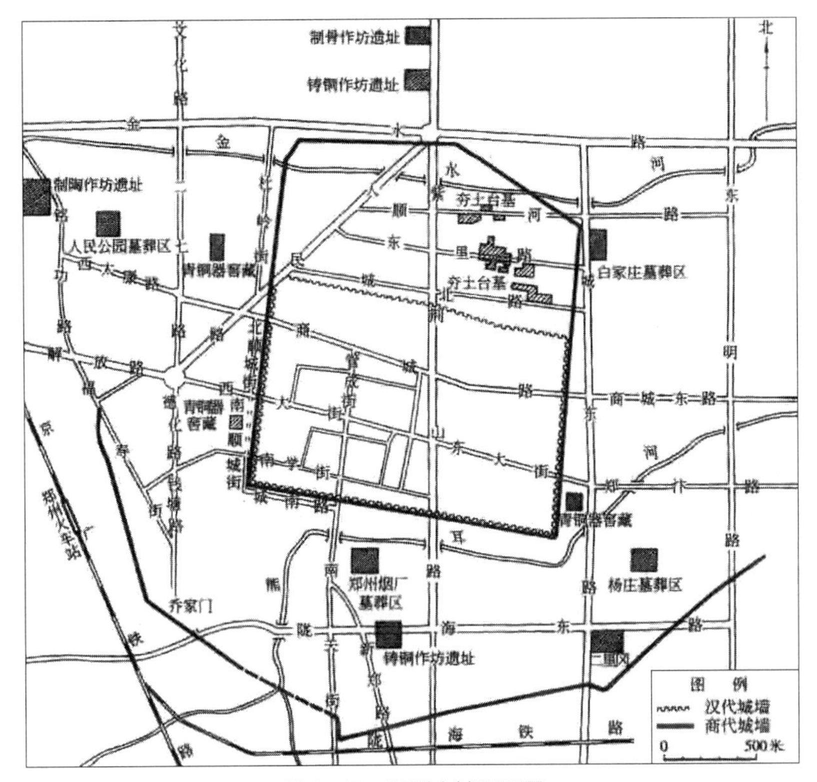

图 3-15 郑州商城平面图

资料来源：中国社会科学院考古研究所 . 中国考古学：夏商卷 [M]. 北京：中国社会科学出版社，2003：220.

外两重城，内城城垣周长近 7 千米，东北部集中分布有宫室建筑群，在内城西南又发现有外城城垣，外城加东北部沼泽水域面积逾 10 平方千米（图 3-15）。❶

青铜工具、武器和礼仪用具的生产是郑州商城的主要特征。郑州商城的金属制造技术和青铜器的类型显示出它和二里头有着很强的连续性，反映出这两个中心密切相关。包括手工业在内的二里头城市人口有向郑州商城迁移的可能，果真这样，二里头的没落就是一个人口迁移的战略决策。

郑州商城和偃师商城基本同时或略有先后，是商代最早的两处具有都邑规模的遗址，夏商周断代工程中，推断其分别为汤所居之亳和汤灭夏后在下洛之阳所建之“宫邑”即“西亳”。❷

（三）安阳殷墟

殷墟时代，一般认为相当于商王朝的晚期阶段，其遗址位于太行山东麓，河流冲积形成的安阳盆地内，包括洹北城与洹南殷墟两部分。

《尚书·盘庚》记载了盘庚迁殷一事：“盘庚既迁，奠厥攸居……适于山，用降

❶ 刘庆柱 . 中国古代都城考古学研究的几个问题 [J]. 考古，2000（7）：60-69.

❷ 夏商周断代工程专家组 . 夏商周断代工程 1996—2000 年阶段成果报告（简本）[M]. 北京：世界图书出版公司北京公司，2000：72.

我凶，德嘉绩于朕邦……用永地于新邑，肆予冲人，非废厥谋，吊主灵各，非敢违卜。用宏兹贲。”意即盘庚迁都于殷地，奠定了住所，依山而居，用以避凶迎吉。新地址是很好的地方，谁都不得违背，居住在那里可以使殷商发达起来。结果呢，盘庚在迁殷之后，“殷道复兴”，使商朝又兴旺了几百年。目前学术界一般认为洹北商城为盘庚始都，洹南殷墟则极有可能是武丁始居之地。[1][2]

殷墟从建都伊始就是跨洹河两岸的，只是建设的重心在不同发展阶段有所变化。殷墟文化初期，以洹北城为重心，建设有面积约 41 万平方米的宫城。洹南都邑在其后发展起来，存在年代大约相当于殷墟文化的第一至第四期。殷墟宫殿宗庙区位于以小屯、花园庄为中心的区域，临河而建，具有发达的给排水系统，充分考虑防火需求。王陵区位于洹水北岸，殷墟王陵是已发现的最早形成完善制度的王陵，此前的二里头遗址、郑州商城、偃师商城及其附近至今尚无王陵发现。洹南殷墟遗址还有一个显著的特征是至今没有发现城墙，有学者认为这与殷墟的空间布局方式有关，殷墟这一大邑是通过点阵状分布的小族邑簇拥王族城邑而形成的，王族城邑周围，在 30 平方千米王畿范围内向心式地分布着层层族邑，这层层族邑沟通联结，起到了聚落屏障或城墙的作用（图 3-16）。[3]

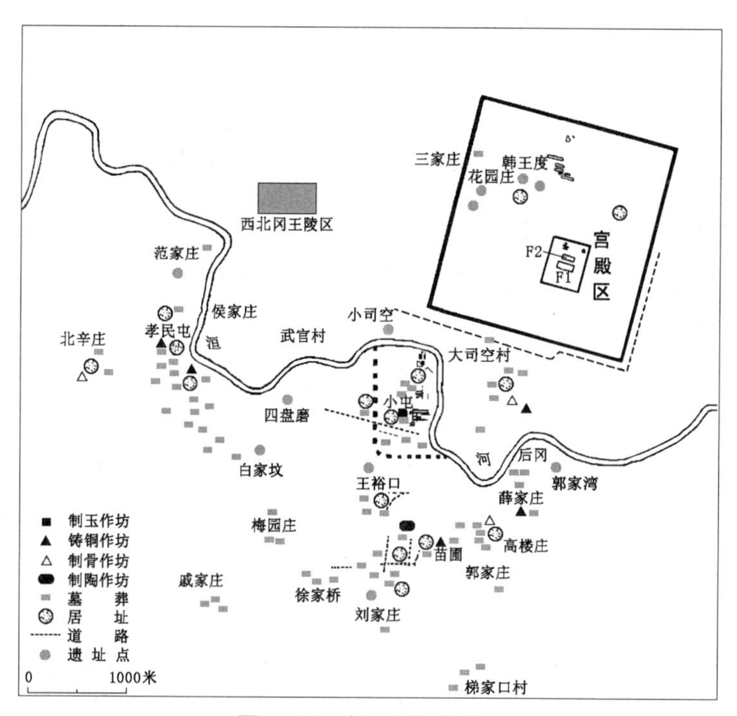

图 3-16 安阳殷墟遗址群

资料来源：许宏 . 先秦城邑考古 [M]. 北京：西苑出版社，2017：195.

❶ 唐际根，徐广德 . 洹北花园庄遗址与盘庚迁殷问题 [N]. 中国文物报，1999-04-14.

❷ 杨锡璋，徐广德，高炜 . 盘庚迁殷地点蠡测 [J]. 中原文物，2000（1）：15-19.

❸ 郑若葵 . 殷墟“大邑商”族邑布局初探 [J]. 中原文物，1995（3）：84-93+83.

三、宅兹中国

公元前 11 世纪，武王伐商，建立周朝。周武王死后，成王年幼，武王之弟周公姬旦摄政。在中国历史上，殷周之际是一大变革期。变革起于武王革命，成于周公制礼，于焉奠定了此后数千年的格局。

（一）城邑体系与国土控制

西周的大一统是从西周分封开始的，西周有一个中央政权，这个中央政权能够实现自己的主权，在中国北方黄河流域的范围之内发号施令，让自己的功臣、周室宗亲等各种各样的人到东方去开辟土地。这是一种国家行为，所造成的后果是让中国北方的西部和东部都得到开发。如果说西周是统一的开始，那也只是低层次的，不过与秦的统一有直接的内在联系。

在城作为中心地（主要是政治中心）的规律作用下，三代时期广域空间规划具有两个明显特征：其一，对于广袤的国土空间，按照特殊的功能需要（如军事、盐仓和青铜作坊等）设置城邑，形成体系，成为控制据点；其二，都城对整个地域发挥核心控制作用，其规模、结构等也表现出特别之处，都城地区“城市化”程度高于周边地区。

城是实现地域控制的据点，商代自觉地设置城来对国土空间进行据点式控制。中心是大邑商，周围是“子姓”分族的居住地，再往外是由殷商势力控制的四方，更外是方国。从今潼关到郑州的黄河两岸，城邑等距离有规律地分布。商代前期，可能是为了控制铜矿资源，由北往南，东到郑洛，西到潼关，南到盘龙，也设置城。商代晚期，国土空间有所收缩，向东则扩展到山东半岛。这些城的主要目的是控制国土空间或战略要地，其周边一般聚落较少。

西周时期国土空间广阔，周王实行分封制，利用亲缘关系维持封建网络，形成血缘与政治结合的双重结构。早在文王时代周已有封建之实，待到武王克商，殷都陷落，商朝覆亡，武王开始大分封；周公旦二次克商，周室的地盘开拓到黄河下游和济水流域的全部，同时也放手封建许多兄弟和姻亲诸侯，开始第二次大分封。从城市规划的角度看，西周分封实质上是继承了通过城的战略布点来控制国土空间的办法，城作为军事、政治据点，其建置及分布是一种战略性的空间经营，通过战略布子，连点成线，进而控制广袤的面这个大局（图 3–17）。

与分封制相结合的城，其层级有比较严格的规范，体现了礼制化的严密的等级体系，就像《考工记》记载的王城、诸侯城、大夫城之间的等级体系。当然，西周的分封是一个因势利导的动态过程，并非如《周礼・夏官・大司马》《礼记・王制》等书中所说的那样，似乎一夜之间便建立起层层嵌套、规整严密的空间体系。

西周的分封制度也有先天弊病，那就是分封越多，宗周越弱；时间越久，亲情

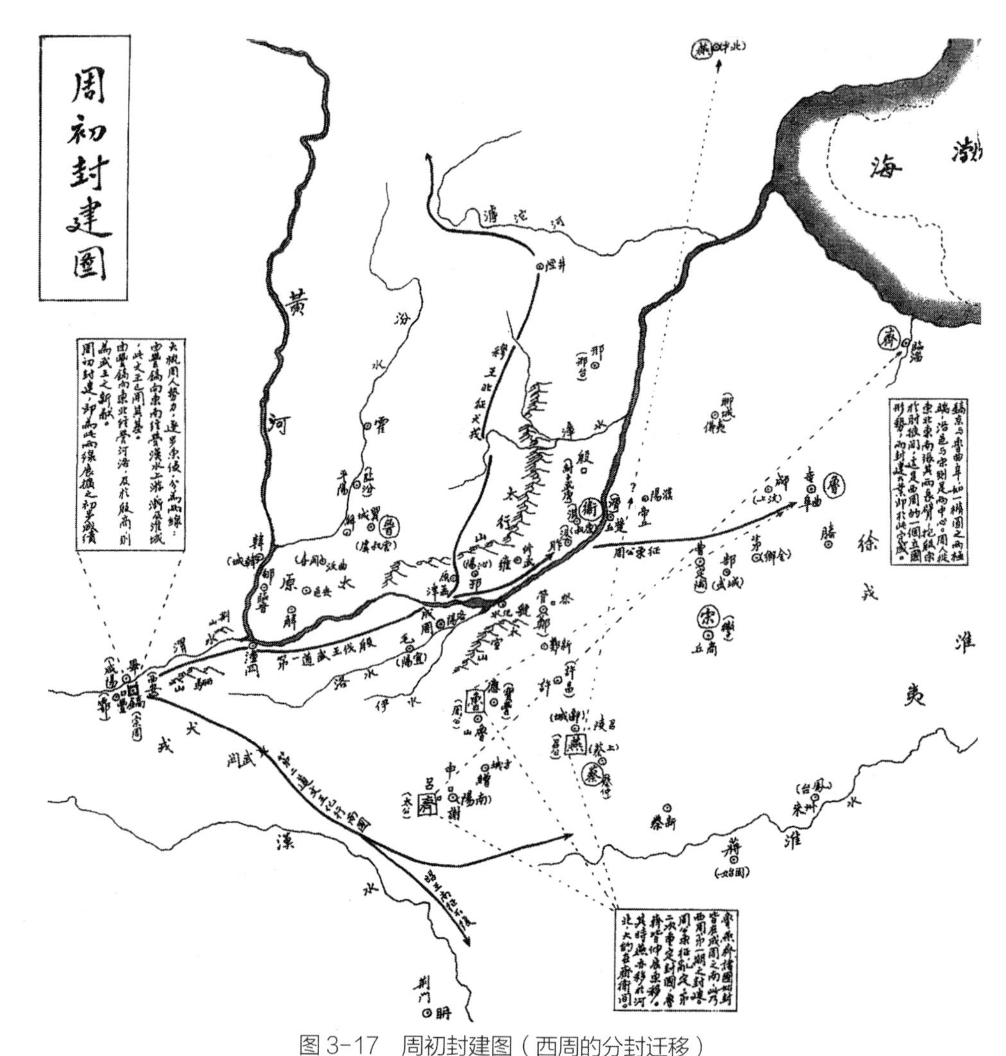

图 3-17　周初封建图（西周的分封迁移）

资料来源：钱穆. 国史大纲（修订本）[M]. 北京：商务印书馆，1994.

愈疏，而分封的诸侯则蔚为大国，显得强枝弱干了，其深远的影响要到春秋战国时期才集中爆发出来，直接影响了春秋战国时期城的规划建设（下一章详细说明）。

（二）西周营雒邑

在周王朝分封诸侯的过程中掀起了一个全国性的筑城高潮，其重要的标志是成周雒邑的修建。周、召二公辅佐成王营建成周，考虑到该地优越的地理位置，不惜力量，将成周营建成一座牢固的城池，并在此处驻扎强大的战略机动力量——成周八师。《尚书·大传》概括周公功绩："一年救乱，二年克殷，三年践奄，四年建侯卫，五年营成周，六年制礼乐，七年致政成王。"其中，营成周，即文献中记载的周公营雒邑。据《尚书》之《召诰》《洛诰》两章，可以窥知西周营建雒邑的大致情形。（详见本章第四节）主要包括两方面的内容，一是面向统治者的宗庙、明堂，一是面向被统治者的居民区，因商周之际，雒邑地区 300 年为无人区，雒邑仰赖于迁商邑之民，可以说实现了殖民的空间的形态，其营建可谓是提供了殖民与国土控制的载体。

周初铜器《何尊》铭文讲，成王“迁宅于成周”，常住于成周以理朝政，亦即是当时西周王朝政治中心的迁转，这表现了当时对于成周雒邑地位的高度重视。铭文中第一次出现了“中国”两字，体现了成周在周广域国土中的中心性地位：“唯王初迁，宅于成周，复禀武王礼福自天，在四月丙戌，王诰宗小子于京室，曰：昔在尔考公氏，克逑文王。肆文王受兹因（命），唯武王既克大邑商，则廷告于天，曰：余其宅兹中国，自兹乂民。”

周公营雒之前，与此相关的另一概念“四方”，更是早已出现于《禹贡》：“九州攸同，四隩既宅，九山刊旅，九川涤源，九泽既陂，四海会同”。四海，是说禹所规划的整个区域，到达四边海隅。与《尚书・皋陶谟》说“光天之下，至于海隅苍生，万邦黎献”恰相符应，代表古人早期的天下观。天下广有四海，包涉万邦，因此，它本身不是民族家国的讲法，而是由天、由上帝的角度说，大气磅礴，总摄四方。如《诗经·大雅·皇矣》说：“皇矣上帝，临下有赫，监观四方，求民之莫。”《尚书·召诰》云：“呜呼！天亦哀于四方民。”在天的注视下，所有邦国都是一样的，四方之民都是天所哀矜的。“天下”“万邦”这些观念下的国，也就是邦国。或邦等于国，如《尚书·酒诰》说“乃穆考文王，肇国在西土”，这个国就是周邦。或邦中又分若干国，如《诗经・商颂・殷武》说“命于下国，封建厥福”，这个国就是殷邦内部的诸国。

文王周公所说的“中国”，是相对于这些观念而说的，与它们不同。在万邦诸国之中，“中国”跟一般邦国不同。“中国”与“四方”相对，所以《诗经·大雅·民劳》说：“民亦劳止，汔可小康，惠此中国，以绥四方。”从前讲“四方”，是天底下直抵海隅的四方各地；现在，则是中央有一国，其余才是其四方各国。“中国”作为一个相对于“四方”的概念，不只是空间上一在中央，一分列四方，更在于它具价值判断。“中国”所代表的文化价值意义，甚至超越了空间上的意义。这在文王、周公的用法中就已明确可见。因为文王崛起西岐，若以空间疆域说，他只是西伯，其国只能是西土西方，岂宜说“中国”如何如何？周公说“皇天既付中国民越厥疆土于先王，肆王惟德用”云云，则表明“中国”之具体内涵在于天命与德治的应和关系上。因此“中国”乃是有德之地的意思。

第三节　基于水土治理的国土规划

一、禹平水土

大禹治水是一个流传久远的传说，有关的文献记载不绝于书。《诗经・商颂・长发》：“洪水芒芒，禹敷下土方。”《尚书・吕刑》：“禹平水土，主名山川。”《左传・襄公四年》："芒芒禹迹，画为九州，经启儿道，民有寝庙，兽有茂草，各有攸处，德用不扰。"《史记·夏本纪》的记载更为详细："当帝尧之时，鸿水滔天，浩浩怀山襄陵，下民其忧。尧求能治水者……禹乃遂与益、后稷奉帝命，命诸侯百姓兴人徒以傅土，行山表木，定高山大川。禹伤先人父鲧功之不成受诛，乃劳身焦思，居外十三年，过家门不敢入。薄衣食，致孝于鬼神。卑宫室，致费于沟淢。陆行乘车，水行乘船，泥行乘橇，山行乘檋。左准绳，右规矩，载四时，以开九州，通九道，陂九泽，度九山。令益予众庶稻，可种卑湿。命后稷予众庶难得之食。食少，调有余相给，以均诸侯。禹乃行相地宜所有以贡，及山川之便利。……东渐于海，西被于流沙，朔、南暨：声教讫于四海。于是帝锡禹玄圭，以告成功于天下。天下于是太平治。"

2002年面世的西周中期铜器"遂公盨"铭文云："天命禹敷土，随山濬川，乃差地设征……"，记述了大禹采用削平一些山岗堵塞洪水和疏道河流的方法平息了水患，并划定九州，还根据各地土地条件规定各自的贡献。在洪水退后，那些逃避到丘陵山岗上的民众下山，重新定居于平原。由于有功于民众，大禹得以成为民众之王、民众之"父母"。遂公盨的发现，将大禹治水的文献记载提早了六七百年，是所知年代最早也最为详实的关于大禹的可靠文字记录。但文中并无"夏"的字样，禹似乎还具有神格而非人王，因而这篇铭文似乎并不能被看作是夏代"大禹治水传说最早的文物例证"（图3–18）。

图3–18　山东嘉祥武梁祠画像石上的大禹

东汉时期大禹画像铭："夏禹长于地理、脉泉，知阴，随时设防，退为肉刑。"
资料来源：中国画像石全集编辑委员会.中国画像石全集：第一卷　山东汉画像石[M].成都：四川美术出版社，2005：29.

可见，大禹治水本身是一个技术过程。一方面，大禹通过"兴人徒以傅土，行山表木"而"定高山大川"，即采取因势利导的方式而获得治水成功；另一方面，水退土辟，人民安居，疆域扩充，财货充实，天下平定，这也是一个国土空间规划布局和利用过程。可以说，在传说的大禹治水实践中"规划"概念即已萌芽。

洪水泛滥，人居环境遭到淹没和冲毁，大禹从实践的高度认识到治水要顺其自然，对河流、土地进行全面的考察和勘测，重新划定被洪水破坏了的土地界线，安置人居。大禹治水促进了较大范围的部落联合和国家的形成，对国土空间进行整治和利用，中国古代的规划概念亦从中孳生，堪称中国古代最初的"国土规划"。

现代考古学证明，公元前2200~前2000年龙山文化时期，正是中原地区的洪水期。人们为了抵御自然灾害，建立适宜人居的环境，组织起来，开展大尺度的水土治理工程，并通过水土治理进而规划国土，这是一种“建设性”的活动，为农业社会早期的国家建立和国家治理奠定了物质基础与空间框架，这也成为中国后世城市与国土规划的基本范型。

二、《禹贡》与治天下之法则

《禹贡》是中国古代地理文献中与大禹治水有关的最古老和最有系统性的一部，《史记·夏本纪》《尚书》及《汉书·地理志》均收录《禹贡》全文。战国秦汉以来一直认为，《禹贡》是禹时代（约公元前 21 世纪）关于禹治水过程的一部记录，同时说明了与治水有关的各地山川、地形、土壤、物产等情况，以及把贡品送往当时的帝都所在地冀州的贡道。近人研究认为，《禹贡》大约成书于春秋末期和战国初期（公元前 5 世纪前后），即基本上是依据孔子时期所了解的地理范围和地理知识编写而成的。

《禹贡》看似解决治水问题的山川地理之书，实际上蕴涵着强烈的经世济民思想。南宋绍兴二年（1132 年）状元张九成（1092~1159 年）撰《禹贡论》，论述史官将书定名为《禹贡》的深意，发千古所未发：“然此书所纪事亦众矣，而谓之《禹贡》，其间言赋篚亦详矣，乃不略及之，何哉？曰：此史官名书之深意也。其意以谓，昔者洪水茫茫，九州不辨，民皆昏垫。今一旦平定四海，使民安居乐土，自然怀报上之心。以其土地所有献于上，若人子具甘旨温清之奉于慈亲焉，此民喜悦之心也。名篇之意其在兹乎？不及赋篚，以言名。虽曰赋篚，亦非强为科索，使民不聊生也。其喜悦愿输亦若贡物，然此所以总名之曰《贡》也。意其深哉！呜呼！山川、道里、水土，细微事亦大矣，而其名篇乃以民心为言，则圣贤之心盖可知矣。其意如此，岂班、马所能及哉？”

张九成指出，《禹贡》所述内容虽然广泛，但是自有其深意所在，即圣人平定天下，使民安居乐土，自然产生报答之心，而将其所产奉献于上，所以说“山川、道里、水土，细微事亦大矣”，其所为大者正为王朝统治之根本所在。

南宋淳祐三年（1243 年）徐鹿卿在崇政殿讲《禹贡》时指出：“读《禹贡》一书，当知古人所以为民除患者如此其劳，疆理天下者如此其广，立法取民者如此其审，尊所闻，行所知，不至於古不止也。”“臣观《禹贡》一书载禹治水曲折，既以九州山川各附其境，又总导山导水而聚见于其后，互相发明而施工之次第毕见矣。……禹之治水，其条理秩秩如此，人主之治天下，其可不知本末先后之序哉。”[1] 对帝王而言，《禹贡》是治天下之法则。从《禹贡》中获得的不仅是具体山川之所在，更是为

[1] （宋）徐鹿卿．清正存稿 [M]//（清）纪昀 等纂．影印文渊阁四库全书：第 1178 册．台北：台湾商务印书馆股份有限公司，1986：888-891.

民除患的道理、疆理天下的方法、取信于民的手段，从《禹贡》记载大禹治水之次第，应领会其中使天下秩序井然的方法，遵循自然之理而达到天下大治的局势。

总体看来，中国人的“规划”概念产生于水土治理的生产实践活动，规划致力于遵循自然之理而建立天下之秩序，而达到天下大治的目的，这与西方为解决“城市病”而形成现代城市规划学有着明显的不同。

三、尽力乎沟洫

文献记载大禹在治水过程中十分艰辛，“卑宫室，致费于沟淢”，宫室是统治者自己的消费，大禹十分的节俭，沟淢则是重大的公共基础设施，却要全力投入，显然“卑宫室，致费于沟淢”表明了一个将人居建设与水利建设综合考虑的传统，对中国古代城市规划有着深远影响。春秋时代的孔子称颂和赞叹大禹“卑宫室，而尽力乎沟洫”的美德，认为禹无可挑剔，宫殿简陋却尽力兴修水利。《论语·泰伯》记载，子曰：“禹，吾无间然矣。菲饮食，而致孝乎鬼神；恶衣服，而致美乎黻冕；卑宫室，而尽力乎沟洫。禹，吾无间然矣。”

实质上，这是提倡儒家思想中所追求的“止于至善”思想。所谓仁人君子，应该善于内省，以控制、约束自己可能的欲望为人生的一个重要目标，在宫室的营造上，就是要抑制或约束自己追求宏大、奢侈、华丽的私欲，要以节俭、卑宫室的实际性，使自己的行为合乎“止于至善”的标准。无疑，这对历史时期统治者开展宫室营造与水利建设提出了一个道德要求。例如，《国语·楚语》记载，“灵王为章华之台，与伍举升焉，曰：台美夫！对曰：臣闻国君服宠以为美，安民以为乐，听德以为聪，致远以为明。不闻其以土木之崇高、彤镂为美，而以金石匏竹之昌大、嚣庶为乐；不闻其以观大、视侈、淫色以为明，而以察清浊为聪。先君庄王为匏居之台，高不过望国氛，大不过容宴豆，木不妨守备，用不烦官府，民不废时务，官不易朝常……夫美也者，上下、内外、小大、远近皆无害焉，故曰美。若于目观则美，缩于财用则匮，是聚民利以自封而瘠民也，胡美之为？……故先王之为台榭也，榭不过讲军实，台不过望氛祥。故榭度于大卒之居，台度于临观之高。其所不夺穑地，其为不匮财用，其事不烦官业，其日不废时务……夫为台榭，将以教民利也，不知其以匮之也。若君谓此台美而为之正，楚其殆矣！”在春秋晚期，楚国大夫伍举对章华台之“美”的评论，依据“美”与“善”相互依存的关系，规谏楚灵王要合乎“度”。

中国古代城市规划建设负荷着形而上的礼乐光辉，使现实的城市空间蕴涵着深层的秩序与意义。礼乐使社会生活上最实用的、最物质的城市与乡村空间，升华进端庄流丽的艺术领域。城邑艺术上的形体之美、式样之美、装饰之美，集合了艺术家的设计与模型，由工匠的技巧，终于在城乡的形态上，表现出民族的宇宙意识、生命情调，以至政治的权威、社会的亲和力。在中国文化里，从最底层的乡村聚落，穿过礼乐生活，直达天地境界，是一片混然无间的大和谐、大节奏。[1]

第四节　相其阴阳

一、公刘迁豳

创造适宜人居的物质环境是人最基本的追求，从留存至今的新石器时期聚落遗址中可以看到，当时应已具备了选址、布局等的基本常识，伴随着人定居活动的发展，这些知识逐渐增长并不断得到积累。《诗经・公刘》详细记述了公刘率领部族进行聚落选址、布局和营建的过程，系统呈现了一个完整的聚落规划技术流程。我们可以说至迟到公刘的先周时期，已经形成了相对系统的聚落规划建设的知识（图 3–19）。

公刘规划聚落的过程可分为三个技术环节。一是选址。公刘部族的聚落“匪居匪康”，于是决定迁居新址。经过充分的准备，公刘带领族人走上了迁居之路。他们前往的目的地，是宜居宜业的豳地。公刘率众到达新居地，进行聚落选址。首先，“胥原”，巡视原野、登高而望，对地域自然形势进行全局性考察以确定新聚居地的基本选址；在此基础上，“觏京”，实地踏勘，选择“京”，即地势较高的地方，确立为聚落中心。

> 笃公刘，于胥斯原。
> 既庶既繁，既顺乃宣，而无永叹。
> 陟则在巘，复降在原。
> 何以舟之？维玉及瑶，鞞琫容刀。
> 笃公刘，逝彼百泉，瞻彼溥原，乃陟南冈，乃觏于京。
> 京师之野，于时处处，于时庐旅，于时言言，于时语语。
> 笃公刘，于京斯依，跄跄济济，俾筵俾几，既登乃依。
> 乃造其曹，执豕于牢，酌之用匏，食之饮之，君之宗之。

二是布局。聚落选址既定，就要进行聚落空间的谋篇布局了，这是聚落规划的核心环节。首先，“相土”，“相其阴阳”与“观其流泉”，就是观察地形的高下变化和水流的基本情况，从而获得对土地居住和生产的适宜性的认知和评价，基于此确定聚居地的基本布局，即以“京”为中心，东、南、北三方布置聚居地；其次，“度地”，测量土地、垦治农田，确定地域空间的开发利用范围。

[1] 宗白华 . 艺术与中国社会・宗白华全集　第 2 卷 [M]. 合肥：安徽教育出版社，2008.

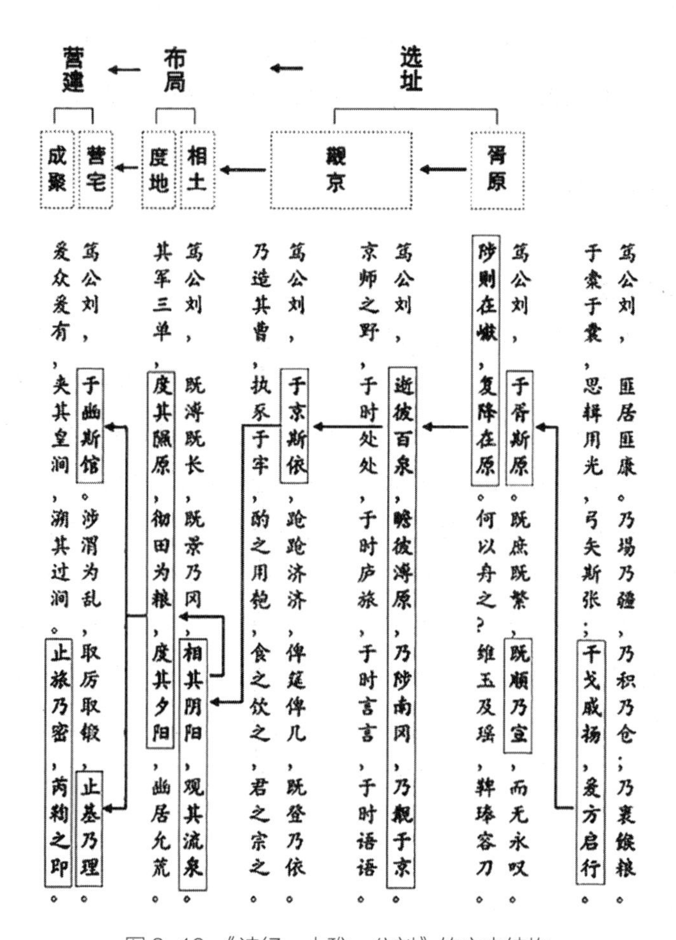

图 3-19 《诗经 · 大雅 · 公刘》的文本结构

资料来源：郭璐，武廷海.《诗经 · 大雅 · 公刘》的规划解读 [J]. 城市规划，2020，44（5）：75.

笃公刘，既溥既长，既景乃冈。

相其阴阳，观其流泉，其军三单。

度其隰原，彻田为粮，度其夕阳，豳居允荒。

三是营建。确定了聚落的布局，并测量和垦治了农田之后，公刘率众建设屋舍，屋舍建设完成之后，公刘部族定居于此，悉心经营，繁衍生息，同时吸引了诸多民众归附。人民安其居乐其俗，地域日渐充实。

笃公刘，于豳斯馆。涉渭为乱，取厉取锻，止基乃理。

爰众爰有，夹其皇涧，溯其过涧。止旅乃密，芮鞫之即。

综上所述，通观《诗 · 大雅 · 公刘》全篇，可以发现一个完整的聚落规划技术流程（图 3-20）。《公刘》所体现的聚落规划是完全基于地而展开的，属于《周易》所谓“俯则观法于地”的范畴。首先充分认识大地，从大的地形地势到具体的高下变化、水系流布等，再基于土地适宜性来进行开发利用，最终目的是使人民安居长处，这是先民基于生存需求形成的非常朴实的知识及其体系，为后世人居活动所继承，影响深远。[1]

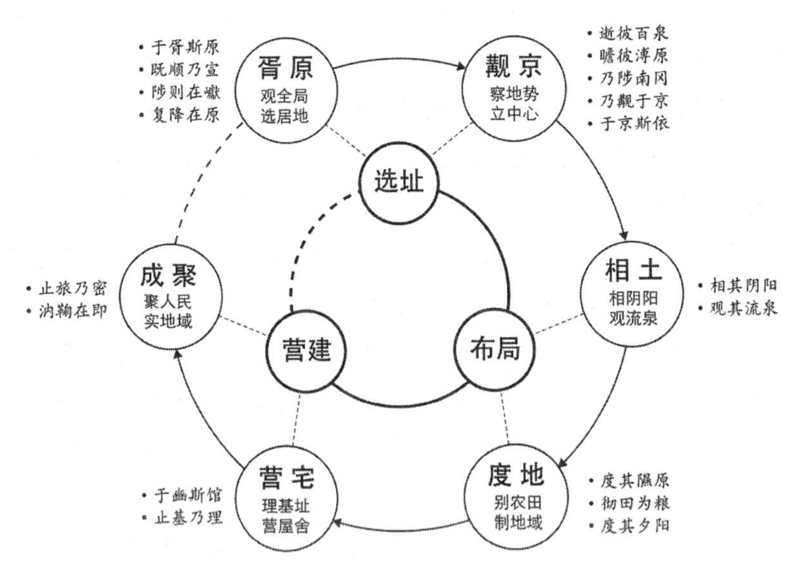

图 3-20　公刘规划豳地聚落的技术流程

资料来源：郭璐，武廷海 .《诗经・大雅・公刘》的规划解读 [J]. 城市规划，2020，44（5）：79.

二、周原膴膴

周人在居住在豳地三百余年之后，由于北方民族的侵扰，不得不举族迁徙，迁徙的目的地就是位于今宝鸡扶风、岐山一带的周原。《诗经・大雅・绵》记载了古公亶父率领部族迁徙到周原，并规划和营建聚落的过程。

> 绵绵瓜瓞。民之初生，自土沮漆。古公亶父，陶复陶穴，未有家室。
>
> 古公亶父，来朝走马。率西水浒，至于岐下。爰及姜女，聿来胥宇。
>
> 周原膴膴，堇荼如饴。爰始爰谋，爰契我龟，曰止曰时，筑室于兹。
>
> 迺慰迺止，迺左迺右，迺疆迺理，迺宣迺亩。自西徂东，周爰执事。
>
> 乃召司空，乃召司徒，俾立室家。其绳则直，缩版以载，作庙翼翼。
>
> 捄之陾陾，度之薨薨，筑之登登，削屡冯冯。百堵皆兴，鼛鼓弗胜。
>
> 迺立皋门，皋门有伉。迺立应门，应门将将。迺立冢土，戎丑攸行。
>
> 肆不殄厥愠，亦不陨厥问。柞棫拔矣，行道兑矣。混夷駾矣，维其喙矣！
>
> 虞芮质厥成，文王蹶厥生。予曰有疏附，予曰有先后。予曰有奔奏，予曰有御侮！

[1] 郭璐，武廷海 .《诗经・大雅・公刘》的规划解读 [J]. 城市规划，2020，44（5）：74–82.

事实上远在周人到来之前的新石器时期，这一地区即已有人类居住。当代考古发现的周原遗址位于岐山和扶风两县交界的畤沟河（也称七星河）上游、岐山南麓的平原上，范围达 30 平方公里，时间跨度从商晚期延续到西周晚期。岐山山前地区水资源丰富，从周原的聚落发展历程中，可以看到早期聚落发展与水系之间的密切关系（图 3–21）。

首先，早期聚落选址都是沿河流两岸、分布于地势较高的地方，以方便地获取水资源又免于水涝之害。也就是《管子·乘马》所谓："高勿近旱则水用足，下勿近水则沟防省"的道理。周原遗址的商文化时期遗存，规模较小，主要沿自然河流分布。先周时期，古公亶父率领周人迁居于此，聚落规模迅速扩张，面积达到 5 平方公里，而扩张的方向则明显地是沿自然河流展开的。《大雅·绵》中所说的"率西水浒，至于岐下"就是指山下水滨之地。古时住区选址非常重视水土关系。汉代贾让提出治河之策，记载古人已经意识到要把川泽的行水之路与其洪水时淹没的区域留下，然后才是人们能居住和耕种之所。《汉书·沟洫志》曰："古者立国居民，疆理

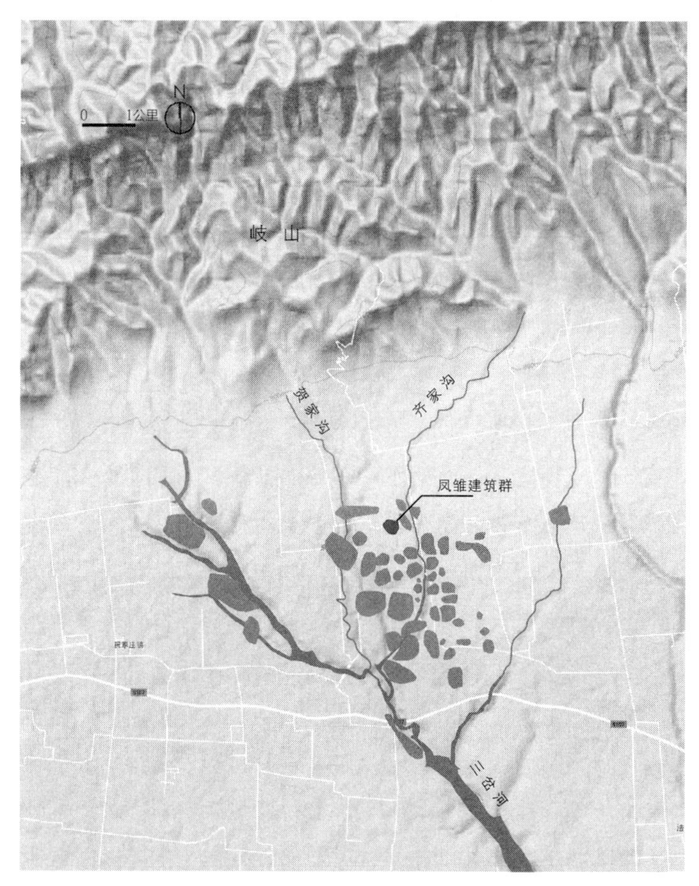

图 3–21　周原西周早期遗址分布

资料来源：作者自绘．遗址分布据：宋江宁．对周原遗址凤雏建筑群的新认识 [J]. 中国国家博物馆馆刊，2016（3）：55–61.

土地，必遗川泽之分，度水势所不及。”否则，就会付出沉重的代价。居民见河旁水退，土地肥美，民耕田之，逐渐形成聚落，这种村庄聚落实际上正处于危险的境地。“或久无害，稍筑室宅，遂成聚落。大水时至漂没，则更起堤防以自救，稍去其城郭，排水泽而居之，湛溺自其宜也。”

其次，聚落的发展和扩张离不开人工水利系统的支撑。周人克殷之后，伴随着周原地位的提升和生产力水平的提高，周人兴建了大量沟渠设施，构成了庞大、完善的引、供、排、储水系统，支撑了大规模的聚落扩张，西周早期聚落规模迅速扩张到 19 平方公里，西周中期，伴随着水网建设的进一步推进，聚落规模更是达到了空前的 28 平方公里，西周晚期则达到 30 平方公里。事实上，在二里头、偃师等夏、商都邑都有以防护、排水为主要功能的水利遗存发现[1]，殷墟遗址已经发现了具有引水功能的渠道网络。城邑建设与水利建设相结合的传统一直延续，《考工记・匠人》在论述城邑规划时即包括三个部分，分别是论述城邑选址和布局的“匠人建国”“匠人营国”以及论述水利建设的“匠人为沟洫”。

第三，水利设施伴随着聚落的衰亡而湮废。大致平王东迁以后，周人政治中心东移，周原的宫殿区被废弃（图 3-22），原本发达的水网系统失去了人工的养护，逐渐淤平为农田，周原遗址也逐步退出了历史舞台。

三、召公相宅，周公大相东土

成周雒邑的选址、规划和营建是西周历史上的重大事件，也是城邑规划建设的重要范例。武王克殷后，即产生了在洛河、伊河一带建设新的都城的设想。武王去世后，周公辅佐成王，在东征胜利后，继承武王遗志，营建东都洛邑。召公主导、周公辅助，合作完成了“相宅”的工作，此后周公又“率庶殷丕作”，开展大规模的营建工作。

《尚书》的《召诰》和《洛诰》中对相宅有详细的记载：

惟太保先周公相宅，越若来三月，惟丙午朏。越三日戊申，太保朝至于洛，卜宅。厥既得卜，则经营。越三日庚戌，太保乃以庶殷攻位于洛汭。越五日甲寅，位成。若翼日乙卯，周公朝至于洛，则达观于新邑营。越三日丁巳，用牲于郊，牛二。越翼日戊午，乃社于新邑，牛一，羊一，豕一。越七日甲子，周公乃朝用书命庶殷侯甸男邦伯。厥既命殷庶，庶殷丕作。（《尚书・召诰》）

周公拜手稽首曰：“朕复子明辟。王如弗敢及天基命定命，予乃胤保大相东土，其基作民明辟。予惟乙卯，朝至于洛师。我卜河朔黎水，我乃卜涧水东，瀍水西，惟洛食；我又卜瀍水东，亦惟洛食。伻来以图及献卜。”（《尚书・洛诰》）

---

[1] 杜金鹏 . 夏商都邑水利文化遗产的考古发现及其价值 [J]. 考古，2016（1）：88-102.

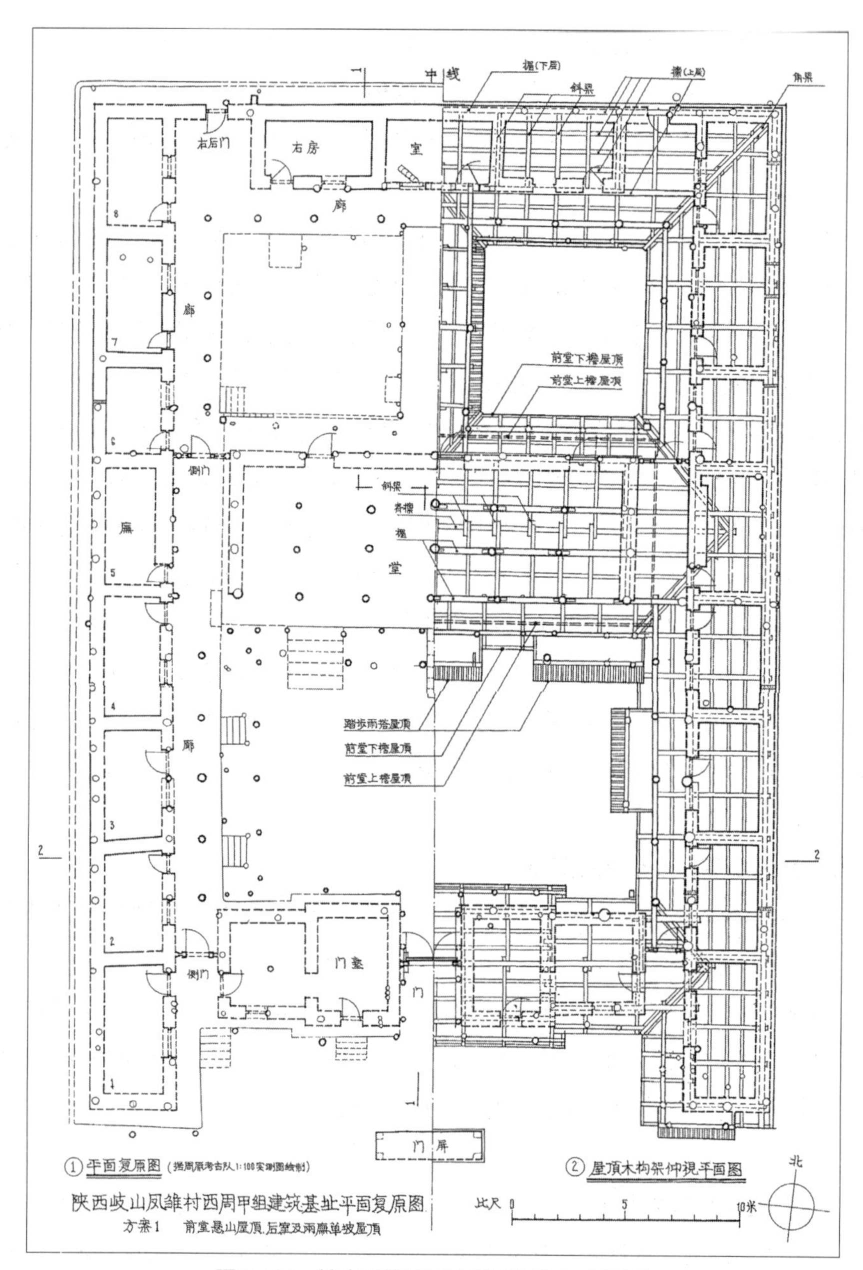

图 3-22 岐山凤雏西周建筑基址复原平面图

资料来源：傅熹年 . 傅熹年建筑史论文集 [M]. 北京：文物出版社，1998：42.

统而观之，“召公先相宅”，然后周公“胤保，大相东土”。相，观察，仰观俯察，是与聚落选址和总体布局有关的审势与勘察。“相宅”过程中最重要的工作被称为“攻位”，“攻，治也。”（《广雅·释诂》），“位”既指明确的城址，也包含重要建筑物的位置。此外，还有一系列的祭祀和占卜活动作为确认、强化“攻位”成果的手段。可以说，通过“相宅”，城邑的范围和空间秩序的基本框架即已确立。“相宅”的工作结束后，即绘制图纸、汇报成王，谓之“定宅”。

“定宅”之后下一步自然是具体的规划建设，这一系列的工作是周公率领殷商移民完成的，即所谓“庶殷丕作”。《逸周书·作雒解》详细记载了“丕作”的内容：

乃作大邑成周于土中，城方千七百二十丈，郛方七十里，南系于雒水，地因于郏山，以为天下之大凑。

从中可以看出，周公所作是一个多层次的空间规划建设体系，以王城规划建设为核心，上至区域土地划分和城邑体系规划，下至郊庙、社稷、宫室、宗庙、明堂等重要建筑物的规划设计，事实上是对“宫庙—王城—王畿”空间形态的整体塑造。

第五节　关于考工记匠人营国制度

《周礼》原名《周官》，为古代政典，是我国第一部系统、完整叙述国家机构设置、职能分工的专书，涉及古代官制、礼制、军制、田制、税制等重要政治制度。《周礼》居《十三经》之列，唐《六典》、明清《会典》都深受其影响，可谓集前古之大成，开后来之政教。

《周礼》的第四部分《冬官》佚失，后人以《考工记》补之，遂以《周礼·考工记》的形式流传。《周礼·考工记》中有“匠人”篇，其中“匠人营国”一节历来为古代经学家及注疏家所重视，事实上，在“匠人”条目下，有“匠人建国”“匠人营国”与“匠人为沟洫”三节文字，说明当时的城邑规划营建技术包括测量、王城及宫城营建、水工等多个方面的技术。

一、匠人营国

《考工记·匠人》“匠人营国”一节，第一段记述的是城邑规划制度，包括城的形制、规模和城门数量，道路制度，主要空间结构等。“匠人营国。方九里，旁三门。国中九经九纬，经涂九轨。左祖右社，面朝后市，市朝一夫。”

这里所称的左右前后的相对规划位置，均系以“宫”为基准而言，“宫”指包括朝寝宗庙等宫廷建筑群所构成之宫廷区，位置当在城中央。“朝”指宫前方之“外朝”，“市”指宫后面是市集。朝及市的规模，均为一夫，即占地一百亩。贺业钜认为这是西周王城规划之要点。

“匠人营国”第二段记载夏商周三代世室、重屋、明堂的方位与尺度规范：“夏后氏世室，堂修二七，广四修一。五室，三四步，四三尺。九阶。四旁两夹，窗白盛。门堂三之二，室三之一。殷人重屋，堂修七寻，堂崇三尺，四阿，重屋。周人明堂，度九尺之筵，东西九筵，南北七筵，堂崇一筵。五室，凡室二筵。室中度以几，堂上度以筵，宫中度以寻，野度以步，涂度以轨。”

“匠人营国”第三段专论宗庙建筑的门、室规范尺度：“庙门容大扃七个，闱门容小扃参个，路门不容乘车之五个，应门二彻参个。内有九室，九嫔居之；外有九室，九卿朝焉。九分其国，以为九分，九卿治之。”其中，庙指宗庙，庙门即宗庙区之总门，闱门为庙中之门。路门为路寝之门（即燕朝之门），应门为治朝之门（即宫城的正南门）。实际上，朝庙门制度中暗含着规划中轴线。“内有九室，九嫔居之；外有九室，九卿朝焉”，说明宫廷规划为前朝后寝之制，“内”“外”是就路门而言，“内有九室，九嫔居之”以示宫寝在门内，“外有九室，九卿朝焉”表明门外为朝（治朝）。“九分其国，以为九分，九卿治之”，“九分”与空间有关，强调的是城邑的空间格局。

“匠人营国”第四段通过门阿之制、宫隅之制、城隅之制，以及道路制度，记述王城、诸侯城、卿大夫采邑尊卑明确的营建规格，具体办法是以王城为基准，按一定的差额，依次递减，具有明显的等级制特征。“王宫门阿之制五雉，宫隅之制七雉，城隅之制九雉。经涂九轨，环涂七轨，野涂五轨。门阿之制，以为都城之制。宫隅之制，以为诸侯之城制。环涂以为诸侯经涂，野涂以为都经涂。”王宫门阿指宫门之屋脊，此处意谓宫城城门屋脊标高为五雉。宫隅指宫城四角处，既然言“宫隅”，就当筑有宫垣，形成一座宫城，前述之朝寝均置于宫城内。城隅指城垣四角处。王城道路网系以纵横交错之经纬涂为主干，结合顺城环涂而构成的。出城尚有野涂与王畿道路相衔接，将王城道路网纳入庞大的王畿区域道路系统（图 3-23）。

《考工记》之“匠人营国”前后，还分别有“匠人建国”与“匠人为沟洫”的内容。

二、匠人建国

“匠人建国”一节，只有短短 43 个字，极为凝练地记载了以水平地、置槷测影的规划技术方法。“匠人建国。水地以县。置槷以县，视以景。为规，识日出之景，与日入之景。昼参诸日中之景，夜考之极星，以正朝夕。”

水地，即以水平方法“平地”（今谓之“找平”），这是匠人在城邑规划建设的第一步，庄子曰“水静则平中准，大匠取法焉。”然后是与辨方位有关的“测影”方法，这是城邑空间布局，以及确定宫室轴线和建筑间距的前提，具体做法是设置垂直的槷（表，标杆，一般高 8 尺）于平地中央，观察日影以定方位。以所树标杆为圆心画一个圆，标记出日出日落之方位而取中得到子午线。在夜晚再以北极星为标准，验证白天利用日影观察方位的准确性。

“匠人建国”所记载的以水平地、置槷测影，通过技术工具，为城邑规划建设的基础和依据，这是一项技术性很强的工作，但是并非单纯的技术性工作，实际上

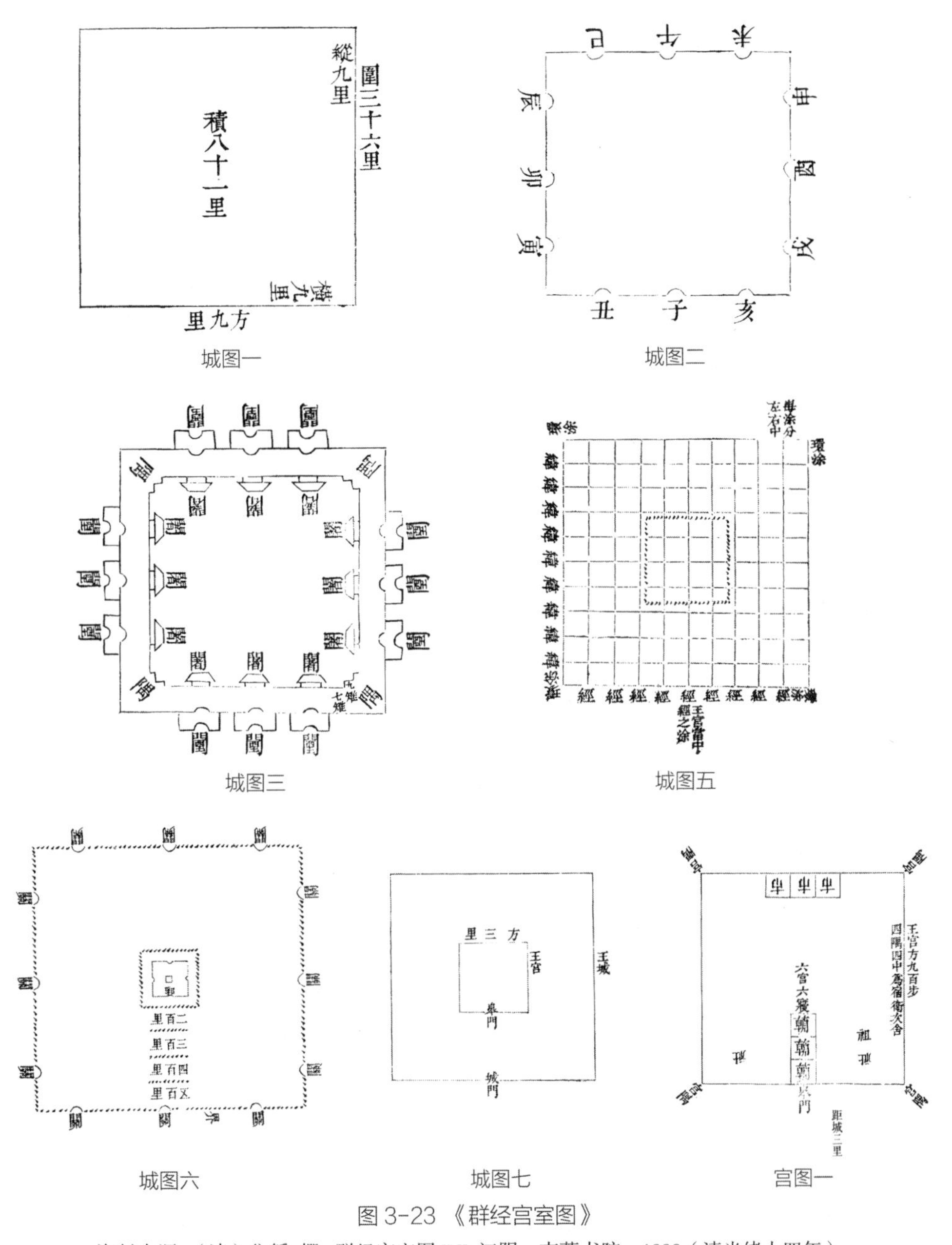

城图一　城图二

城图三　城图五

城图六　城图七　宫图一

图 3-23 《群经宫室图》

资料来源：（清）焦循 撰 . 群经宫室图 [M]. 江阴：南菁书院，1888（清光绪十四年）.

它将人与自然、将天与地、将时间与空间联系起来，昭示了规划以顺天合地的理念，这是十分神圣的事。

三、匠人为沟洫

“匠人为沟洫”这一节，叙述田间沟洫规范。总述山川河流大势和人造沟渠的要求，叙述人造沟渠水利工程的技术规范要求，专论版筑造堤、墙的工艺规范，专论堂下道、宫中沟、墙的尺度规范。"匠人为沟洫。耜广五寸，二耜为耦。一耦之伐，广尺深尺谓之甽。田首倍之，广二尺、深二尺谓之遂。九夫为井，井间广四尺、深四尺谓之沟。方十里为成，成间广八尺、深八尺谓之洫。方百里为同，同间广二寻、深二仞谓之浍。专达于川，各载其名。凡天下之地势，两山之间必有川焉，大川之上必有涂焉。凡沟逆地防，谓之不行；水属不理孙，谓之不行。梢沟三十里而广倍。凡行奠水，磬折以参伍。欲为渊，则句于矩。凡沟必因水势，防必因地势，善沟者水漱之，善防者水淫之。凡为防，广与崇方，其杀参分去一。大防外杀。凡沟防，必一日先深之以为式，里为式然后可以傅众力。凡任，索约大汲其版，谓之无任。葺屋参分，瓦屋四分。囷窖仓城，逆墙六分。堂涂十有二分。窦，其崇三尺。墙厚三尺，崇三之。"

《考工记·匠人》将"营国"与"为沟洫"相提并论，正合《周礼》所言"体国—经野"的内容。西汉时期，鉴于《周礼》之"冬官司空"存目无文，补以《考工记》，《考工记》被纳入《周礼》而成为"十三经"的组成部分流传至今。其中关于城乡空间的制度安排，对中国古代城乡规划产生深远影响。

总体看来，《考工记》"匠人"所述各种规划建设制度，并非孤立、单一的建筑形制，而是相互关联与制约的整体，其精神实质是共同对当时城邑规划建设进行规范或控制。从根本上说，这是为了保证"天子"的安全，方便"天子"讨伐不安分的诸侯，《考工记·梓人》有言："惟若宁侯，毋或若女不宁侯，不属于王所，故抗而射女。强饮强食，诒女曾孙诸侯百福。"意思是说，诸侯要安于其位，如果乱说乱动，不安于名分，不听从天子召集，不参加会议，就要受到张弓搭箭射杀。听话、安于名分的诸侯，就可以衣食无忧，有酒有肉，子孙后代也会永袭爵位为侯。

中国古代没有形成专门的规划学科，规划知识资料散见，而以《考工记》为代表所记载的有关城邑礼制理论和准则，属于最为经典的规划建设成文档案，数千年来这些理论和准则一直规范或指导着中国传统城市的营建。

四、匠人与圣人同列

通常认为，中国古代鄙弃技术，并由此连带到对匠师的鄙视。例如，《庄子·胠箧》从艺术家到设计家一概抹杀："擢乱六律，铄绝竽瑟，塞师旷之耳，而天下始人含其聪矣；灭文章，散五采，胶离朱之目，而天下始人含其明矣；毁绝勾绳而弃规矩，攦工倕之指，而天下始人含其巧矣。"工倕是先秦时期公认的"巧匠"，技术高超，其作品必然吸引别人的注意和尊重。技术和设计者受到尊重，这是圣人大哲绝不能容忍的，因为世人对设计者尊重，对技术注重，就会"分心"于对他们治世之"道"的奉行。然而，中国人又言哲匠，言大匠，言天匠，言化匠。可见，匠非可鄙。人群中有专擅长一技以为匠者，也有本此一技以上通乎天地造化，下通乎人伦大道以为匠者。仅以匠为专业开展规划工作，斯为小匠，在古代中国专业之学胥由世袭，

所谓“畴人子弟”是也。如果由匠而进乎道，斯成天公大匠，何复可鄙？❶❷

《考工记》记录古代工匠制作法式,其中包括与城市规划建设直接相关的“匠人”。值得注意的是,《考工记》开始一段说明“百工”的重要性，把王公、士大夫、百工、商旅、农夫、妇功等六者都说成是职业分工的关系，相提并论，并将制器及制器工匠的价值提高到“圣人”的地位。“国有六职，百工与居一焉。或坐而论道；或作而行之；或审曲面势，以饬五材，以辨民器；或通四方之珍异以资之；或饬力以长地财；或治丝麻以成之。坐而论道，谓之王公；作而行之，谓之士大夫；审曲面势，以饬五材，以辨民器，谓之百工；通四方之珍异以资之，谓之商旅；饬力以长地财，谓之农夫；治丝麻以成之，谓之妇功。知者创物。巧者述之守之，世谓之工。百工之事，皆圣人之作也。烁金以为刃，凝土以为器，作车以行陆，作舟以行水，此皆圣人之所作也。天有时，地有气，材有美，工有巧。合此四者，然后可以为良。……凡攻木之工七，攻金之工六，攻皮之工五，设色之工五，刮摩之工五，搏埴之工二。”

众所周知，西汉时《考工记》被纳入《周礼》，对中国古代城乡规划带来深远的影响，而《考工记》开篇关于“百工”的论述，文字流畅，内容质实，显然没有受到《周礼》前五篇表达格套的限制，究竟是《考工记》原文就如此，还是经过了《周官》作者的故意修改，不得而知。但是，无论如何，我们可以看出，古代对于“百工”的认识，并非通常所认为的鄙视为雕虫小技，而是崇尚“天有时，地有气，材有美，工有巧”，甚至提到“圣人之作”相应的高度，至少作为《周礼》组成部分的《考工记》是这样记述的，这段论述对于我们认识中国古代规划具有重要启发意义。

事实上，中国古代城乡空间是士大夫和匠人合作创造的产物。士大夫并没有直接参加营建房屋的劳动，但是一切建筑计划、布局安排、式样设计都是经过士大夫决定、参加意见以及布置各项工作的。否则，中国城市所表现出来的形式和风格、布局和构造等就和传统的文化学术无关了。计划的制定者和直接执行者之间有分工，但是不能完全分开。匠人的工作本为技，却暗含着道，规划追求“技进乎道”的境界，规划之技成为治道的重要组成部分。因此，仅仅从技术来认识古代中国城乡规划是远远不够的，唯有提升到治道的观念层面，从技进乎道的追求中，才能切实把握中国古代规划的实质及其发展大势。

五、《考工记》的成书年代

《考工记》所记载的匠人营国制度在我国城市规划史上具有十分重要的地位，然而，长期以来《考工记》成书年代这个基本问题却一直悬而未决，众说纷纭，主要

❶ 钱穆．中国学术特性 [J]. 中华学报，1876，3（01）.

❷ 钱穆．中国学术通义 [M]. 北京：九州出版社，2011.

有先秦成书说和秦汉成书说两种观点。在先秦成书诸说中，刘洪涛认为《考工记》是周代遗文[1]；清代江永认为《考工记》是东周后齐人所作[2]；郭沫若[3]、贺业钜[4]认为《考工记》成书于春秋末期的齐国；李志超认为成书于春秋时期[5]；史念海认为《考工记》成书时代最早也只能是在春秋战国之际，也许就在战国的前期，《考工记·匠人营国》的撰著者取法魏国的安邑城[6]；梁启超[7]、杨宽[8]认为成书于战国时期；闻人军认为成书于战国初期[9]；戴吾三认为《考工记》是齐国政府制定的一套指导、监督和评价官府手工业生产工作的技术制度[10][11]。而唐代孔颖达[12]、沈长云[13]、刘广定[14]、李锋[15]、徐龙国与徐建委等认为《考工记》成书于秦汉或西汉[16]。

以上认识多基于《考工记》中的部分文献材料或史料而得出的种种不同的结论。通过分析《匠人》和《考工记》的文本可以发现，"匠人营国"是"匠人"工作的一部分，匠人属于"百工"，《考工记》实际上是关于"百工"技术与工艺的文献。《考工记·匠人》应是关于中国古代城市规划建设专业知识的记述，可以从城市规划史的角度对内容进行分析。

文献与考古资料的双重证据表明，"考工"一词当作为官职看待。《史记·魏其武安侯列传》记载："(田蚡)尝请考工地益宅。"《汉书·百官公卿表上》记载："武帝太初元年更名，考工室为考工。"这说明汉武帝太初元年（公元前104年）后，确实有"考工"之官名。黄盛璋通过考证秦兵器制度及其发展变迁认为，秦代兵器制造设有专门机构"工"，称为"工室"[17]。刘瑞结合新发现的秦代封泥和玺印材料认为"工室"是秦特有的制造机构，汉代直接继承了秦"工室"制度，但文帝前元（公元前179年～前164年）以后"工室"已经消失或作用变得很小[18]。考虑到汉文帝前元

[1] 刘洪涛.《考工记》不是齐国官书[J].自然科学史研究，1984（4）：359-365.
[2] 江永.周礼疑义举要[M].上海：商务印书馆，1935：61.
[3] 郭沫若.《考工记》的年代与国别[M]// 郭沫若.郭沫若文集：第16卷，北京：人民文学出版社，1962：381-385.
[4] 贺业钜.考工记营国制度研究[M].北京：中国建筑工业出版社，1985：176-180.
[5] 李志超.《考工记》与儒学——兼论李约瑟之得失[J].管子学刊，1996（4）：67-70.
[6] 史念海.《周礼·考工记·匠人营国》的撰著渊源[J].传统文化与现代化，1998（3）：46-56.
[7] 梁启超，等.古书真伪及其年代[M].北京：中华书局，1936：126.
[8] 杨宽.战国史[M].上海：上海人民出版社，1955：103-104.
[9] 闻人军.《考工记》成书年代新考[J].文史，1984（23）：31-39.
[10] 戴吾三.考工记图说[M].济南：山东画报出版社，2003：3.
[11] 戴吾三，武廷海."匠人营国"的基本精神与形成背景初探[J].城市规划，2005（2）：52-58.
[12]（汉）郑玄 注，（唐）孔颖达 疏.礼记正义[M]// 李学勤 主编.十三经注疏 六.北京：北京大学出版社，1999：741.
[13] 沈长云.谈古官司空之职——兼说《考工记》的内容及其作成年代[J].中华文史论丛，1983（3）：217-218.
[14] 刘广定.从钟鼎到鉴燧—六齐与《考工记》有关的问题试探[M]//"国立"故宫博物院编辑委员会.中国艺术文物讨论会论文集[M].台北："国立"故宫博物院，1991：307-320.
[15] 李锋.《考工记》成书西汉时期管窥[J].郑州大学学报（哲学社会科学版），1999（2）：107-112.
[16] 徐龙国，徐建委.汉长安城布局的形成与《考工记·匠人营国》的写定[J].文物，2017（10）：56-62+85.
[17] 黄盛璋.秦兵器制度及其发展、变迁新考（提要）[M]// 秦始皇兵马俑博物馆《论丛》编委会.秦文化论丛：第三辑.西安：西北大学出版社，1994：426.
[18] 刘瑞.秦工室考略[J].考古与文物丛刊，第四号，2001：136-196.

年间（公元前 179 年 ~ 前 164 年）至武帝元光年间（公元前 134 年 ~ 前 129 年），“考工”开始替代“工室”并流行于世，这可能是《考工记》成书的年代。在“工室”时代，造武器是时代的任务，要凭借武力而得天下，目的是立朝；在“考工”时代，美生活成为时代的任务，要凭器物而治天下，目的是立教[1]。

所谓“考工”的内涵就是“巧工”。东汉《释名·释言语》中，指出“巧”“考”“好”意思相近：“巧，考也，考合异类共成一体也……好，巧也，如巧者之造物，无不皆善人好之也。”《考工记》将“工”与“巧”相联系，将“巧”作为“工”的标准：“知者创物，巧者述之守之，世谓之工。百工之事，皆圣人之作也。……天有时，地有气，材有美，工有巧。合此四者，然后可以为良，材美工巧。”显然，《考工记》是关于“考工”的“记”，强调的是“工”之“巧”，《考工记》中的文本可能取材于先秦或秦汉不同时代，但是作为《考工记》的一部分，客观上反映了新时代对“考工”的新要求。

匠人列入“考工”范畴，表明匠人建国、营国、为沟洫都是规划技术工作，但是并非单纯的技术性工作。匠人一方面反映了工之巧，另一方面匠人建国、营国、为沟洫的知识体系面向整个国土空间、城邑体系与城乡地区，天地人城综合整体思考，具有治地的空间特征，这可能是匠人所在的《考工记》被用来填补《周官·冬官司空》之阙的重要原因，随着《周官》改为《周礼》，匠人知识体系也从规划建设史料而成为制度规范的组成部分。

阅读材料

[1] 夏商周断代工程专家组．夏商周断代工程 1996~2000 年阶段成果报告 [M]. 北京：世界图书出版公司北京分公司，2000.

[2] 王巍．中华文明起源研究的新动向与新进展 [J]. 黄河文明与可持续发展，2008，1（1）：1−14.

[3] 张悦．先秦时期海岱地区人居环境营建史纲——区系视角下的中国早期聚落城市史考察 [J]. 建筑史，2003（3）：44−62+285.

[4] 郭璐，武廷海．《诗经·大雅·公刘》的规划解读 [J]. 城市规划，2020，44（5）：74−82.

[5] 武廷海．《考工记》成书年代研究——兼论考工记匠人知识体系 [J]. 装饰，2019（10）：68−72.

[1] 武廷海．《考工记》成书年代研究——兼论考工记匠人知识体系 [J]. 装饰，2019（10）：68−72.

第四章

大一统规划思想与实践

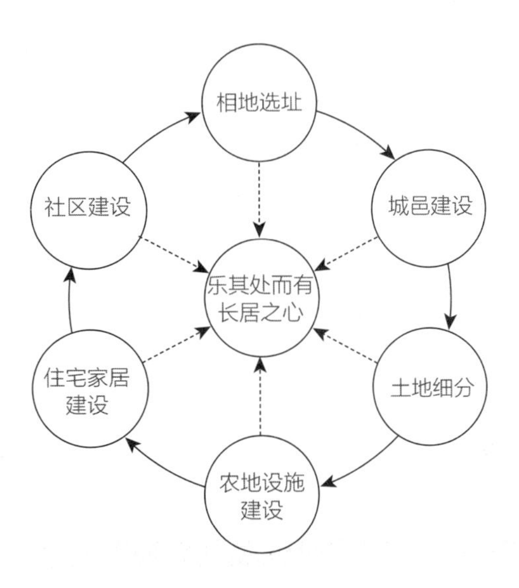

第四章
大一统规划思想与实践

中国城市规划史上的帝国前期，是指公元前 770 年到公元 220 年，即春秋战国和秦汉时期。公元前 770 年周平王在郑、秦、晋等诸侯的护卫下将国都从丰镐迁至洛邑，公元前 221 年秦始皇横扫六国统一天下，中间 549 年，史称春秋战国时代。从公元前 221 年秦始皇统一六国到公元 220 年曹魏代汉，这 441 年是秦汉帝国时期。在春秋战国和秦汉时期，中国古代社会经历了从分封到初期大一统的过程。夏商周三代直接或间接控制的地区主要是黄河中下游到长江中下游，秦汉时期则出现了疆域广大的统一王朝，南至岭南，北跨长城，规模空前。秦汉时期，无论都城、郡县城还是借以卫护和巩固统一的长城，在规划方面都呈现出服务于大一统帝国治理的特征，郡县制下的城市体系成为广袤帝国的统治据点，政治性极强的都城规划形成了适应帝国政治思想文化新需求的新规制。秦汉时期的大一统趋势可追溯到战国时代，春秋战国时期城市规模与数量剧烈增加，为秦汉帝国城邑体系新格局奠定了物质基础；诸子百家"务为治"的大一统思想为秦汉帝国政治统一作了思想上的准备。从传世的《周礼》《管子》《淮南子》等文献，仍然可以领略"务为治"的规划思想方法与技术特征。

第一节　城市建设高潮与经济发展

邑是一种古老的聚落形态，自从人类走出洞穴开始定居，就有了原始的邑。新石器时代晚期，城开始出现，部分邑转变为城，但小的邑仍然大量存在。春秋战国时期，随着战争的加剧，很多邑纷纷筑起城墙，成为龙山时代后又一次筑城高潮。

城与邑的区别开始模糊起来，以至于城邑不分或城邑并称，秦汉时期很多郡县城就是从原来的城邑演变而来的。从邑到城的转化是聚落形态不断发展的产物，与此同时血缘关系逐渐弱化，而地缘关系却逐渐强化，并导致上古时期社会形态从万邦万国嬗变到王国、诸侯国、帝国。春秋战国和秦汉时期的城市规划发展就是伴随城市数量的增长、规模的扩大和空间结构的凝结，由大一统思想所主导的规划实践过程。

一、建城高潮

春秋战国时期的建城高潮呈现出数量多、规模大、分布广的特征。西周时期人口稀少，一个诸侯国只有一个城，且规模不得大于国都。到了春秋时期，周王室对诸侯的控制减弱，郑、齐等强国都致力于兼并小国以扩充自身实力。伴随着争霸战争的持续发生，越来越多的邑筑起了城墙，筑城于邑的做法开始流行。《左传》中有大量关于筑城的记载，如“城向”“城楚丘”“城鄫”“城部”“城诸”“城郓”“城郢”“城费”等（“城”用作动词），即说明了这一点。随着诸侯勃兴、人口增多，诸侯国中开始出现一个或几个与国都势均力敌的大型城邑，也就是说，诸侯国中有两个或更多势均力敌的政治实体共存，史书称之为“耦国”。例如《左传 · 闵公二年》记载，“大子（申生）将战，狐突谏曰：‘不可，昔辛伯谂周桓公云：“内宠并后，外宠二政，嬖子配嫡，大都耦国，乱之本也。”’；又如《左传·桓公十八年》记载，“并后、匹敌、两政、耦国，乱之本也’”。据统计，《左传》记载的新筑城池就有 63 座，一些名城大邑更是成为诸侯国的国都，到战国末城邑总数已达到八九百个（图 4–1）。

迄今已经发现的一些三代都城遗址，比如偃师商城、郑州商城、安阳殷墟、丰镐遗址，规模已经相当之大，而春秋战国时期的主要诸侯国都城更是达到或超过了它们的规模，面积基本都超过了 10 平方千米，其中燕下都达到 32 平方千米。《战国策》卷二〇“赵惠文王三十年”条记载：“且古者，四海之内，分为万国。城虽大，无过三百丈者；人虽众，无过三千家者。而以集兵三万，距此奚难哉！今取古之为万国者，分以为战国七，能具数十万之兵，旷日持久，数岁，即君之齐已。齐以二十万之众攻荆，五年乃罢。赵以二十万之众攻中山，五年乃归。今者，齐、捍卫相方，而国围攻焉，岂有敢曰，我其以三万救是者乎哉？今千丈之城、万家之邑相望也，而索以三万之众，围千丈之城，不存其一角，而野战不足用也，君将以此何之？”

战国时期列国林立，耕地广辟，人口剧增，百家争鸣，经济勃兴。随着列国一座座城邑被攻陷，一个个国家被兼并，秦国的集权官僚体制也加之于九州四海。公元前 238 年，秦王嬴政平嫪毐之乱，亲自执掌政权，随即出动大军，横扫六国旧势力。公元前 230 年秦灭韩，公元前 228 年秦灭赵，公元前 225 年秦灭魏，公元前 223 年秦灭楚，公元前 222 年秦灭燕、赵。公元前 221 年秦灭齐后称皇帝，为始皇帝。秦灭六国，以堕其王城为显著标志。《史记 · 秦始皇本纪》记载：“三十二年，始皇之

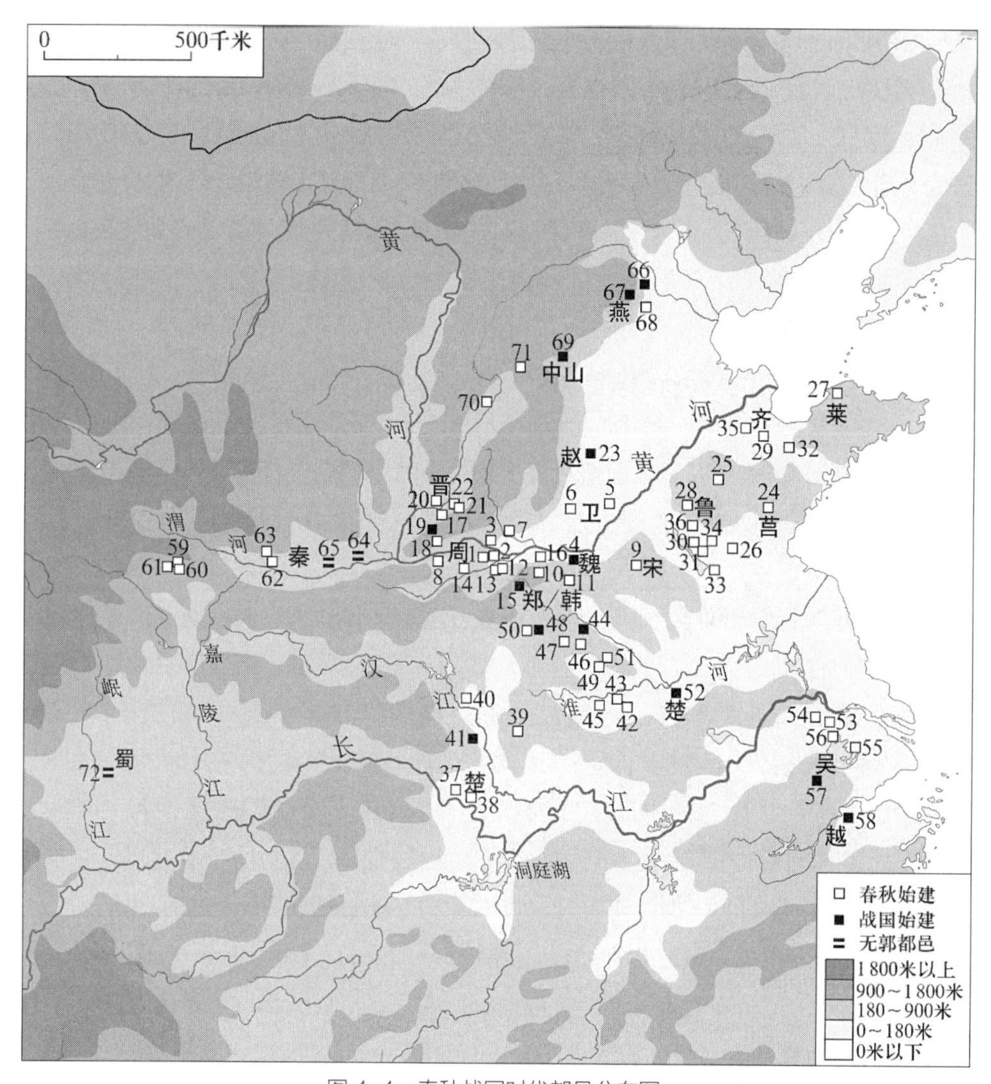

图 4-1　春秋战国时代都邑分布图

资料来源：许宏 . 先秦城邑考古 [M]. 北京：金城出版社，2017.

碣石，使燕人卢生求羡门、高誓。刻碣石门。坏城郭，决通堤防。其辞曰：遂兴师旅，诛戮无道，为逆灭息。武殄暴逆，文复无罪，庶心咸服。惠论功劳，赏及牛马，恩肥土域。皇帝奋威，德并诸侯，初一泰平。堕坏城郭，决通川防，夷去险阻。地势既定，黎庶无繇，天下咸抚。男乐其畴，女修其业，事各有序。惠被诸产，久并来田，莫不安所。群臣诵烈，请刻此石，垂著仪矩。”筑城堕城，都见证着时代的变迁。

二、货殖运动

战国秦汉也是货殖运动的时代，工商业与交换经济的发达催生了大中小各种城市。“天下熙熙，皆为利来；天下攘攘，皆为利往。”《史记・货殖列传》叙述了全国各地的物产，各地的大中小城市，货物的集散。司马迁以“一大都会也”指出的大都市有邯郸、燕、临淄、陶、睢阳、吴、寿春、番禺、宛等，中小城市更多。每个城市就是一个地区或一个广大地区的经济中心、货物集散地、贸易往来的枢纽。司马迁感叹商业交换的重要："此其大较也。皆中国人民所喜好谣俗、被服、饮食、奉生、送死之具也。故待农而食之，虞而出之，工而成之，商而通之。此宁有政教发徵期会哉？人各任其能，竭其力，以得所欲。故物贱之徵贵，贵之徵贱，各劝其业，乐其事，若水之趋下，日夜无休时，不召而自来，不求而民出之。岂非道之所符，而自然之验邪？《周书》曰：'农不出则乏其食，工不出则乏其事，商不出则三宝绝，虞不出则财匮少。'财匮少而山泽不辟矣。此四者，民所衣食之原也。"司马迁批判了老子小国寡民、复归于朴的复古思想，认为城市交换经济的出现和随之而来的生活上多方面的享受是人类社会经济生活中必然的发展趋势，是不可抗拒的。生产发展，交换发达，人民生活都向好的方面走，这趋势是改变不了的。司马迁的思想正是战国以来商贸发达、城市繁荣的产物。

秦汉时期城内普遍设市，尽管市在城内的地位不高，东汉以后"城市"连称逐渐多起来。成都出土的汉画像砖《市井图》表明，城市的市场实际上是一个封闭的坊，开东西南北四个市门，分别连着四条街，交会处为市亭，形成市场的中心（图 4-2）。市民熙熙攘攘，商肆排列有序，市中设亭以监管。城市工商业与交换经济的发达，甚至引起农商本末担忧与论争。西汉晁错《论贵粟疏》云："而商贾大者积贮倍息，小者坐列贩卖，操其奇赢，日游都市，乘上之急，所卖必倍。故其男不耕耘，女不蚕织，衣必文采，食必粱肉；无农夫之苦，有阡陌之得。因其富厚，交通王侯，力过吏势，以利相倾；千里游遨，冠盖相望，乘坚策肥，履丝曳缟。"

三、两城制

"筑城以守君，造郭以卫民"，列国都城平面多呈大小城结构。有的小城位于大城之中，呈环套式，如曲阜故城、纪南城；有的小城偏于大城的西南或西北角，临淄齐国都城、郑韩故城；有的小城位于大城之外，或几个小城并列，各自独立而又互联为整体，如燕下都、临淄故城、邯郸故城和侯马故城。

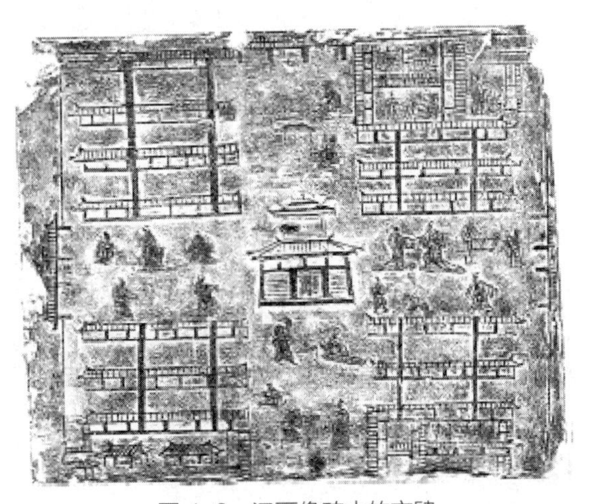

图 4-2　汉画像砖中的市肆

资料来源：四川省博物馆 . 中国博物馆丛书 · 四川省博物馆 [M]. 北京：文物出版社，1992.

究其原因，东周时代周室衰微，列国都城在城市的建设上加强了“王”的地位，把宫城和平民居住的郭城分开，或两城并列，或宫城处于地势较高的一隅，互为犄角之势。这种以社会阶层来区划人们居住区域的“两城制”的城市规划是东周城市的特点，也是中国古代城市发展史上带有转折性变化的形态。

（一）曲阜鲁国故城

西周成王封周公旦于少昊之墟曲阜，是为鲁公，命鲁公世世祀周公以天子之礼乐，因此鲁国在周代诸侯国中具有特殊的地位，其等级待遇仅次于周王室而高于其他诸侯国。现存鲁国故城城址略成扁方形，除南垣较平直外，其余三面城垣均明显外凸而略有折曲，四城角呈圆弧形，其东垣长 2531 米，南垣长 3250 米，西垣长 2430 米，北垣长 3560 米，面积约 10.45 平方千米，城墙周长约 11771 米，至今地面仍残存有城垣 4000 余米和一些台地，整个城垣遗迹依稀可寻（图 4–3）。

（二）江陵楚国纪南城

楚国郢都位于湖北省江陵县北 5 千米的纪山之南，故又称“纪南城”。从楚文王元年（公元前 689 年）迁都于此，至公元前 278 年为秦兵攻陷并毁坏，期间 400 余年除春秋时期楚昭王一度迁都至鄀外，纪南城一直是楚国的国都。春秋战国时期，

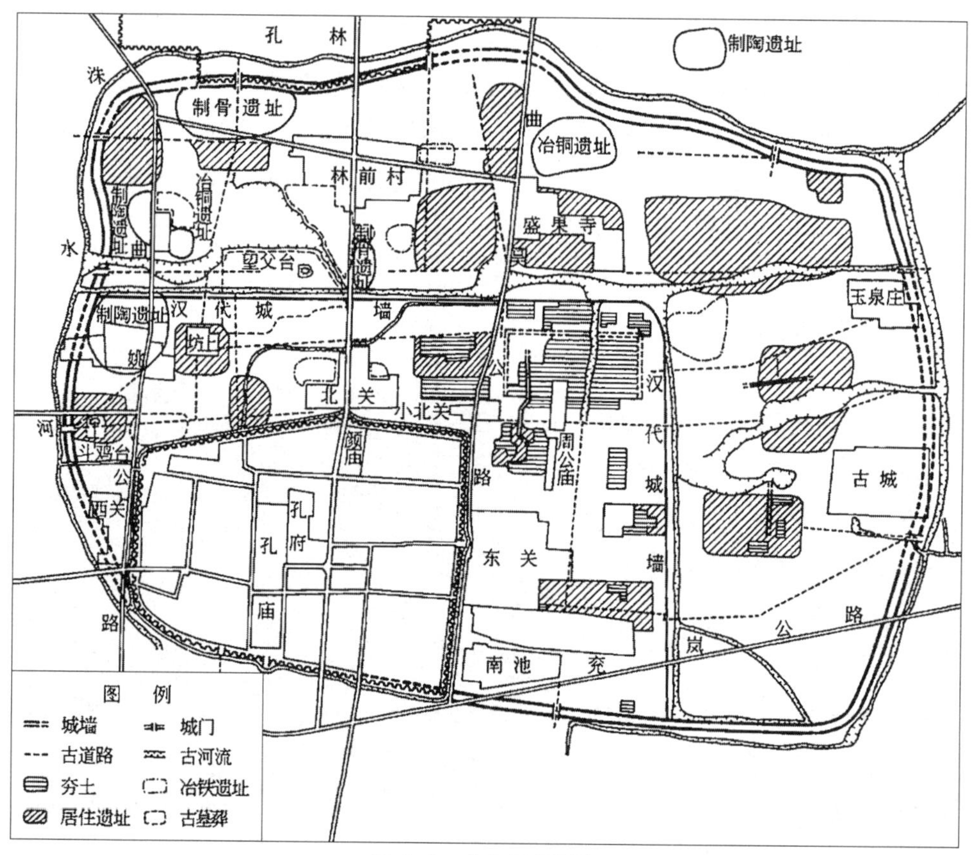

图 4–3　曲阜鲁国故城

资料来源：中国社会科学院考古研究所 . 中国考古学：西周卷 [M]. 北京：中国社会科学出版社，2004：253.

楚国经济繁荣，国势强盛，郢都经过持续的建设，成为战国名都，城墙坚固，城门壮丽，宫室宏伟。此城平面大体呈矩形，南北约 3600 米，东西约 4450 米，面积约 16 平方千米，方位南偏西约 10 度，为了将凤凰山包入城中，南垣东部凸出一段。城内有三道河流，汇集于城内西北，历史上形成了较为宽阔的水面。考古发现北城门下叠压有灰坑、水井，并出土了大量陶器残片和瓦片，表明建城之前此处就是人口密集的聚落。在城内东南部凤凰山和大水面之间的区域，为城市的宫殿区，周围环以厚 9 米、长 1300 米的城垣，垣内现存大型夯土台基有五六十处，排列规律有序，俨然形成了一条中轴线。除宫殿区外，在东北区和龙桥河两侧也发现大量水井，表明历史上这些区域容纳了大量人口。此外，城门有三个门道，表明到战国后期，郢都在某些方面已经按照王都规格进行建设（图 4–4）。

（三）新郑郑韩故城

辅佐周平王东迁后，郑国于公元前 769 年前后在今新郑市建立新都，都城亦名郑。公元前 375 年，韩哀侯灭郑国，并迁都于郑，传八世至公元前 230 年国灭，之后此

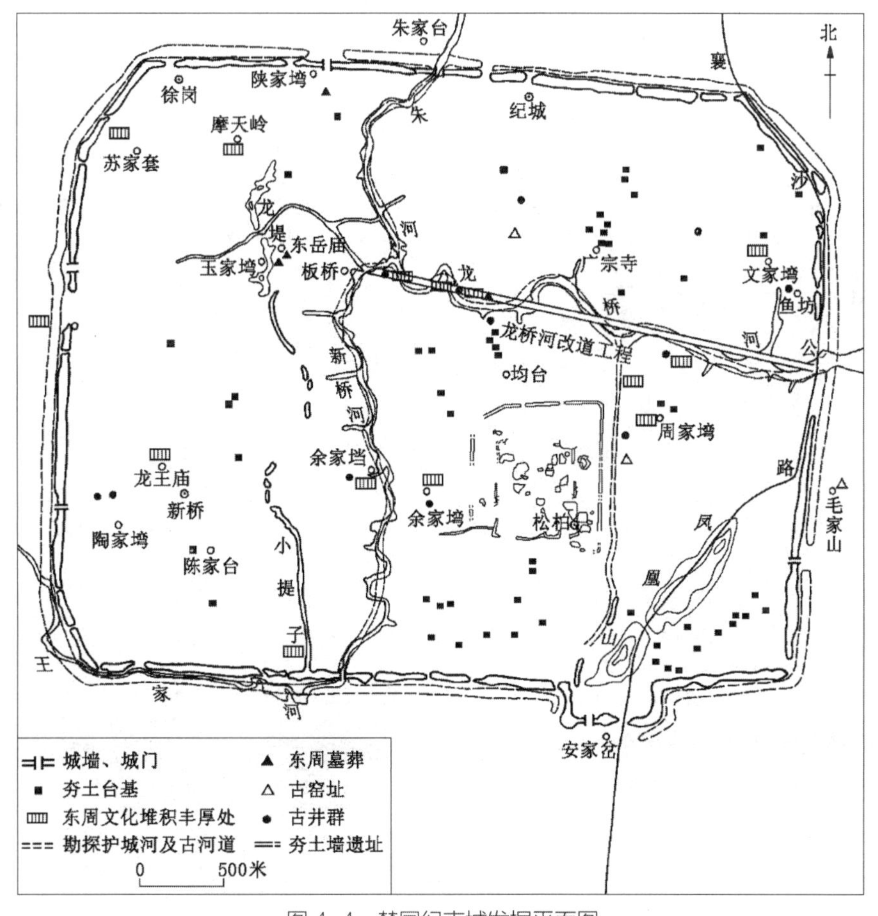

图 4–4　楚国纪南城发掘平面图

资料来源：中国社会科学院考古研究所．中国考古学：西周卷 [M]. 北京：中国社会科学出版社，2004：260.

城大部被废，被称为“郑韩故城”。此城夹于黄水河和双洎河之间，依托天然河道为濠，平面形状十分不规则，南北最长处达 4.5 千米，东西最广处达 5 千米。考古发现表明，早期郑都只有外侧城垣，宫殿区基本处于大城之中；后来韩国将宫殿区置于大城西北，并在东侧加修城垣，从此西半部成为宫城，形成了小城、大城并立的格局。东半部的文化堆积表明，内部有众多的居住建筑和手工业作坊，充分体现了“卫民”的特征，与西半部的宫城截然不同（图 4–5）。

（四）临淄齐国都城

齐临淄的发展具有丰厚的农业和工商业基础，据记载齐地“粟为丘山”，临淄城人口有“七万户”。城市因河设防，总面积有十余平方公里；包括小城和大城两部分，其中小城在西南角，呈长方形，南北约 1.8 千米，东西约 1.23 千米。小城也就是所谓的“王城”，是统治者居住的地方，现在还存有一夯土台基（传称“桓公台”）。当时巨大的宫殿都修建在这种高台上，国君亲临其上，平时可以监督官吏及百姓活动，如遇围城之战，又便于指挥军事。大城主要是平民和各级官吏（占少数）居住的地方，有冶铁、冶铜和一些手工业作坊。大城的道路径直交错，主要干道分别通往城门，并有护城壕环绕西、南、北三面，东面因存淄河而不设护城壕。渠道穿过石头筑的涵洞，

图 4–5　新郑郑韩古城遗址

资料来源：马俊才. 郑、韩两都平面布局初论 [J]. 中国历史地理论丛，1999（2）：115–129+250–251.

把城内积水泄入城壕。临淄城的市位于小城之北，大城西部。《管子》记载，大凡官吏多居住在宫城附近，无官职的平民或是农民住在靠近城门的一带，工匠和商人住在"市"的旁边，说明当时城市居住有可能已经逐步形成分区（图 4-6）。

（五）邯郸赵国都城

邯郸城由郭城"大北城"和宫城群"赵王城"组成。考古发现证实，赵王城由东城、西城和北城组成，建于战国时代迁都邯郸之时。西城的南北排列三座大型夯台，三座大型高台建筑宫殿建筑基址，是目前所知中国古代都城之中、宫城之内南北排列最早的"三大殿"，对后代都城之宫城的大朝正殿建设影响深远。西城中的"龙台"

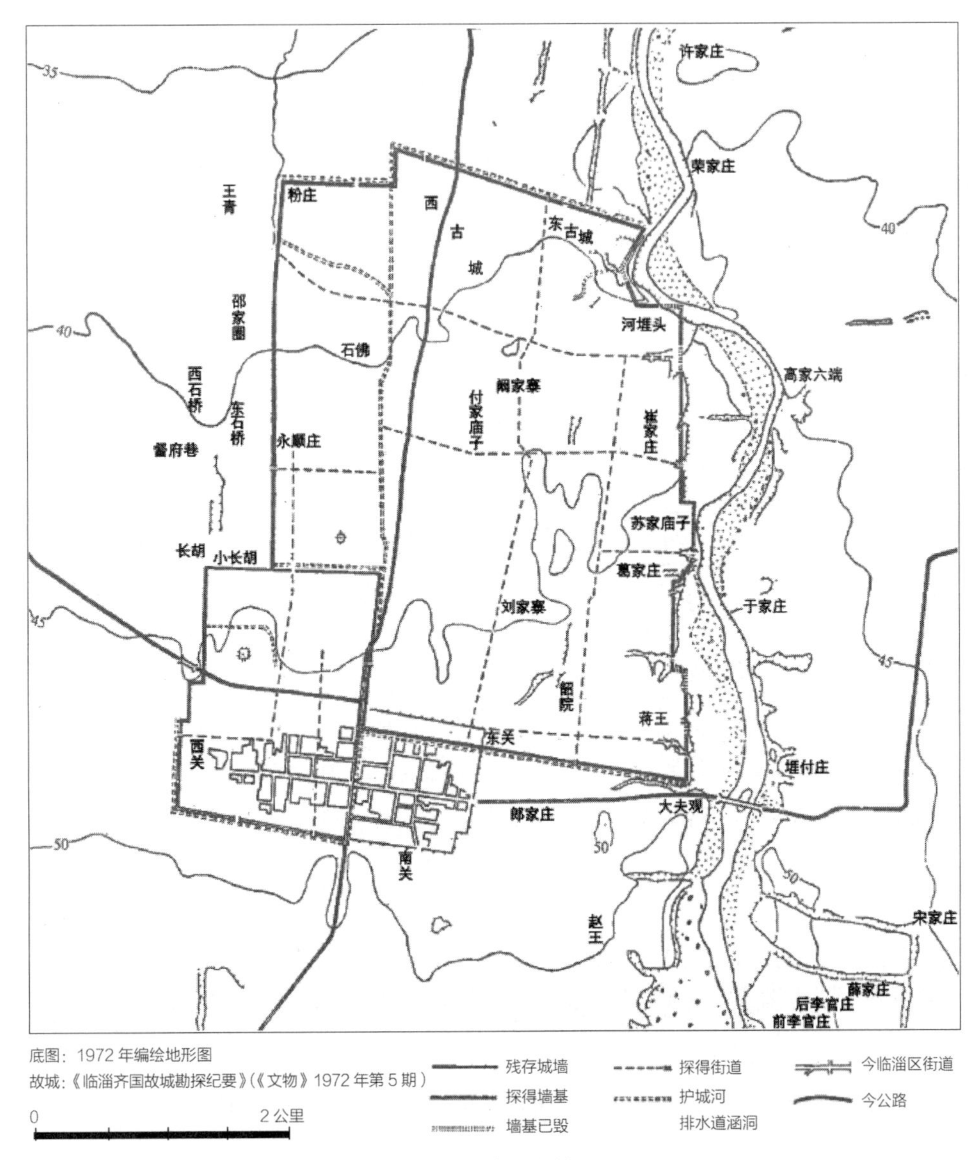

图 4-6 临淄齐国都城平面图

资料来源：侯仁之．历史地理学的视野 [M]. 北京：生活·读书·新知三联书店，2009.

是宫城之中规模最大、等级最高的宫殿建筑，它应该是宫城中的“大朝正殿”（图 4–7）。

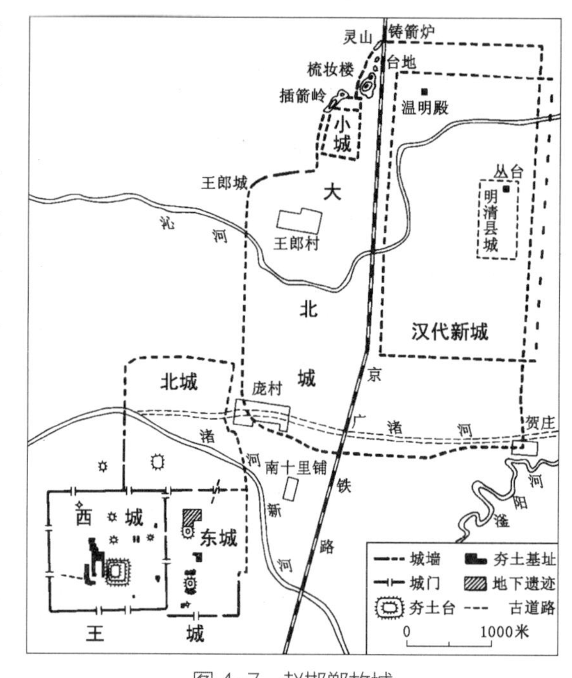

图 4–7　赵邯郸故城

资料来源：段宏振 . 赵都邯郸城研究 [M]. 北京：文物出版社 . 2009：86.

春秋战国时期之筑城，对于具体工程建设的规划、设计和施工，有一套独特的程序、管理机构和组织形式。《左传·昭公三十二年》记载：“士弥牟营成周，计丈数，揣高卑，度厚薄，仞沟洫，物土方，议远迩，量事期，计徒庸，虑财用，书糇粮，以令役于诸侯，属役赋丈，书以授帅，而效诸刘子。”《左传·宣公十一年》记载：“令尹药艾猎城沂，使封人虑事，以授司徒。量功命日，分财用，平板干，称畚筑，程土物，议远迩，略基趾，具候粮，度有司，事三旬而成，不愆于素。”城邑建设中，从设计到挖运土方，估算工期，征调人力，准备财用粮食等，都能有条理有次序地预为规划和妥善安排，体现出鲜明的程序性。

除了“两城制”这一共性外，列国都城还体现出一些其他方面的显著共性，例如：这些都城往往以自然山川为天然屏障，处于易守难攻之地，所谓“王公设险以守其国”，例如：齐都临淄，东临淄河，西依太行山；楚都纪南城，南面长江，东临长湖，西北有八岭山；郑韩故城位于双洎河（即洧水）和黄水之间的三角地带，等等。此外，都城中普遍建设有高台建筑，或利用自然高地，或人工夯筑高台，既是控制全城的至高点，又象征了王权的至高无上，如齐临淄之“桓公台”，燕下都之武阳台、望景台、张公台、老姆台，赵邯郸之龙台等。[1]

四、长城

古代以城墙保卫城市，同样也以修筑城墙的方式护卫国家，因为这样的城墙往往很长，故称为长城。早在春秋时期，一些诸侯国为防止遭到突然袭击，便在部分战略要地修筑长城，如齐长城和楚长城。战国时期，列国间战争更加频繁，新的长城不断出现，燕国的南长城、赵国的南长城、魏国的西长城、秦国的东长

---

[1] 钱公麟，陈军 . 吴大城与列国都城之比较 [J]. 东南文化，1991（6）：209–213.

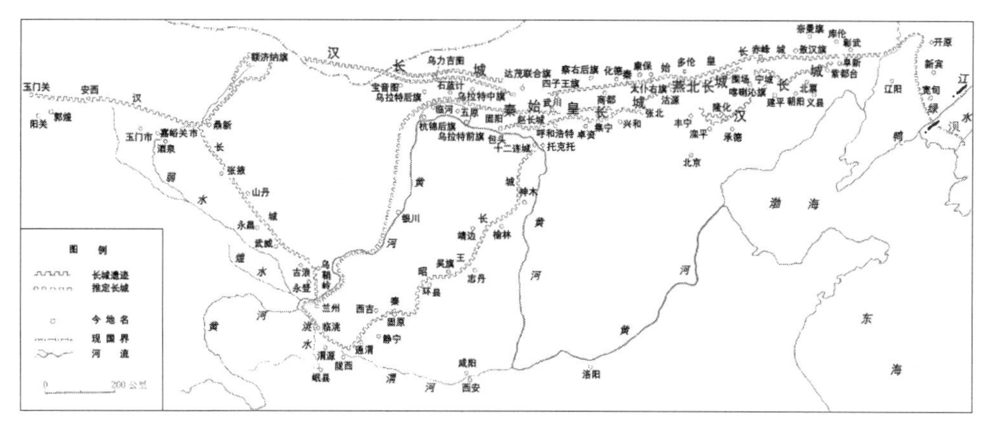

图 4-8 考古学所见秦汉长城遗迹分布图

资料来源：徐苹芳．考古学所见秦汉长城遗迹 [M]// 考古杂志社．考古探源——考古杂志社成立十周年纪念学术文集．北京：科学出版社，2007.

城以及中山国长城的修筑，都是为了防备其他诸侯国的入侵。并且，战国时期还出现了一个新的变化，即北方以匈奴为代表的游牧民族开始崛起，秦国的西北边地长城、赵国的北长城和燕国的北长城就是为防备游牧民族的侵袭而修筑的。秦灭六国统一天下后，秦始皇连接和修缮战国长城，营建新的长城防线，始有万里长城之称（图 4–8）。

战国长城的建造方式有土筑，也有石砌，土筑多以版筑法夯制成墙。凡遇山岭陡峭处，往往依天险为屏障而不筑墙。在许多地段，长城沿线还修建有亭、障和烽燧等预警防卫设施。秦代因施工与布防的需要，沿长城出现了横贯东西的交通大道，可以称之为“北边道”。《史记·秦始皇本纪》记载，秦始皇三十二年（公元前 215 年），“巡北边，从上郡入。”三十七年（公元前 210 年），出巡途中病故，李斯、赵高秘不发丧，棺载辒辌车中，“从井陉抵九原”而后归，特意绕行北边，说明此次出巡的既定路线是巡行北边后回归咸阳。

第二节 帝国城邑体系

春秋战国之际，小邦聚成大邦，战国七雄实际上都是区域性的小统一：一方面是领土的统一，一个区域内的领土属于一个国君；另一方面是行政的统一，在一国的范围内国君分郡设县，逐渐代替贵族的封邑制。秦灭六国，实现大一统，在全国都设郡县，天下范围内的郡县城市连结成一个更大的行政网络。《史记·秦始皇本纪》记载秦帝国四至“西涉流沙，南尽北户，东有东海，北过大夏”。《汉书·地理志下》记载汉朝疆域“地东西九千三百二里，南北万三千三百六十八里”，已经是方万里的尺度。控制全国的一个庞大网络，整合了行政、经济、文化、教育及国防，多种功能于一体，郡县所在的城邑就是这个巨型网络上的结，是国家行政的节点。

一、郡县城市体系

秦统一六国后实行郡县制，这是大一统思想下的理性制度设计，通过城市体系实现空间化与制度化，为大一统奠定基础，事实证明这是规模最大的也是影响最为深远的空间规划，对中国历史产生重大影响，并成为中国历史的一个重要方面。汉代郡国并存，王国比郡，侯国比县，汉高祖六年（公元前201年），“令天下县、邑城”，由此而引发新的筑城浪潮，各地城邑数量大增，分布范围大为拓展，今天在丝绸之路和长城沿线、东北、东南沿海及岭南等地区均发现有这一时期的城址。

秦汉两朝所建立的郡县城市及其分布格局，几乎影响了整个中国帝制时期的城乡发展。同时，由于郡县制的推广，使得每一郡县治所都具备了构成都邑的条件，实为自西周分封以后最重要的一次推动城市发展的过程。承秦之后的汉王朝，在郡（国）县制的基础上，完成了中国古代城市由先秦时期的诸侯封邑向帝国之下的统治据点的转换。城市作为中央政府置于地方的政治、军事枢纽，如网上之纲，紧紧地控制着包括广大农村在内的全国的局势。

中国行政区划中的“县”起源于春秋时期，完善于秦汉时期，此后我国历史上县城的数量基本维系在1000~1500个。《汉书·地理志下》记载，西汉极盛时期，共有郡国103个，县1314个，道32个，侯国241个。《后汉书·郡国志》记载，东汉有京畿2个，州13个，郡105个，县1181个（东汉系根据和帝孝顺年间有关资料统计）。以城市的最高等级治所来衡量，东汉有都城2个，州城11个，郡城92个，县城1075个。

二、制土分民

古代城邑的设置并非随心所欲的行为，而是有所遵循，其基本原则就是要符合制土分民的思想。人稠土狭或地广人稀，都不利于经济的发展，二者必须有一个合适的比例关系。最佳的比值究竟是多少呢？经过长期的观察和实践，战国时期人们终于得出了合适的比例关系。《商君书·徕民篇》追述“先王制土分民之律”：“地方百里者，山陵处什一，薮泽处什一，溪谷流水处什一，都市蹊道处什一，恶田处什二，良田处什四，以此食作夫五万。其山陵薮泽溪谷可以给其材，都邑蹊道足以处其民，先王制土分民之律也。”也就是说，在这样的土地面积、地理环境中，可以生活五万人，即一万户。对用地结构提出定量安排，接近于现代意义上的人地平衡观，具有实际的可操作性和灵活性。《管子》对制土分民也提出过类似论述。《管子·八观》认为：“凡田野万家之众，可食之地方五十里，可以为足矣。”《管子》中的说法，与《商君书》中的说法，乍看起来似乎有矛盾；仔细分析，二者的说法基本上是一致的，因为《商君书》所说的方百里之地中，良田只占40%，恶田占

20%，两者合计占60%，而《管子》中的说法，方五十里之地，指的全是田野，并无山陵可除。

秦代普遍推行郡县制，秦代的县、邑设置有个基本原则，就是方一百里之地，一万户人家。按每家5口人计算，一县约50000人。由于种种原因，每个县的土地和人口只是一个大致的标准，并非绝对化，有的县的人口可能在万户以上，有的县的人口可能在万户以下。万户以上的县份属于大县，设县令一人，万户以下的县是小县，设县长一人。《汉书·百官公卿表》记载："县令、长，皆秦官，掌治其县。万户以上为令，秩千石至六百石。减万户为长，秩五百石至三百石。……县大率方百里，其民稠则减，稀则旷，乡、亭亦如之。皆秦制也。列侯所食县曰国，皇太后、皇后、公主所食曰邑，有蛮夷曰道。凡县、道、国、邑千五百八十七，乡六千六百二十二，亭二万九千六百三十五。"由此可见，秦汉时设县的原则与《商君书》和《管子》所述的原则是一致的，也就是说，它遵循了《商君书》和《管子》中所述的制土分民规律。秦代在全国范围对郡县设置进行统一的布局性安排，并进行相应的人口布局调整，为后世全国人口之发展以及经济之发展奠定了基础，这与统一货币、文字、度量衡相比，意义不在其下。

汉承秦制，尽管有封国存在，实际上还是以县为基础。西汉末年时，全国县、邑、道、侯国总数为1587个，而当时全国的总户数是12233062户，总人数是59594987人，平均每县约有7400余户，有口37550余人，基本上遵循了方百里之地可以食作夫五万的制土分民原则。东汉初年，户口有所减少，为使人地相称，光武帝在全国省并了400多个郡县。据《后汉书·郡国志》所载，顺帝永和五年（140年）时，全国所设的县、邑、道、侯国的总数为1180个，根据当时全国有户968630和有口49150230人来计算，每县平均近8000户，平均人数有41650人，也是基本上符合方百里之地食作夫五万的制土分民原则。[1]

秦汉平均每个县的人口规模控制在万户，这是一个基本的标准。两晋南北朝时期由于战争的影响，人口减少，以及南方地区滥设侨州郡县等因素，地方政治城市数量大增，而县均户数明显下降。不过，隋代统一后，很快有所恢复，炀帝极盛时有县1255个，8907546户，46019956人，田55854041顷，平均每县7098户，36669人，地44505亩。[2]

---

[1] 袁祖亮，高凯．略论先秦秦汉时期的制土分民思想[J]. 郑州大学学报（哲学社会科学版），1998，31（3）：11-15+22.

[2]《隋书·地理志上》："大凡郡一百九十，县一千二百五十五，户八百九十万七千五百四十六，口四千六百一万九千九百五十六。垦田五千五百八十五万四千四十一顷。其邑居道路，山河沟洫，沙碛咸卤，丘陵阡陌，皆不预焉。东西九千三百里，南北万四千八百一十五里，东南皆至于海，西至且末，北至五原，隋氏之盛，极于此也。"注意，文中垦田面积名数应当为"亩"，百亩为顷。

三、量地制邑，度地居民

我国古代文献中常见的“邑”，一般把它当做城邑，作为军事据点来理解。《左传》成公十三年：“国之大事，在祀与戎”，祭祀和军事是古人所认为的“国之大事”，城邑是军事设施。对于一定历史时期，政府统一划疆分野，规划邑里，这里固然有军事的考虑，但在此种形势下成立的邑，总是包括了一定数量的人口和地域的共同组织体，它是社会政治经济一体化的统一实体。邑有一定量的田地和人口，立邑、置邑都是政府的行政作为，是按照一定标准将土地分授予一定人口。[1]因此，立邑、置邑具有明显的规划的含义，通过城的战略布点，开展对相应地域的控制，通过系统思考与综合平衡，实现对超大规模空间的组织。

《礼记・王制》提出“量地以制邑，度地以居民”的规划理念，地是城邑与人口之载体，“制邑”要基于“量地”，“居民”要基于“度地”，“地—邑—民—居”作为一个体系，要努力寻求不同要素之间的均衡关系，避免土地资源浪费，避免人民居无定所：“凡居民，量地以制邑，度地以居民，地邑民居，必参相得也。无旷土，无游民，食节事时，民咸安其居，乐事劝功，尊君亲上，然后兴学。”

在量地以制邑、度地以居民的过程中，城邑发挥着安置人民（“居民”）与守卫疆土（“守地”）的双重作用。“地—邑—民”之间形成一种巧妙的均衡。《管子・权修》揭示了“地—城—兵—人—粟”之间的制约关系：“地之守在城，城之守在兵，兵之守在人，人之守在粟。故地不辟，则城不固。有身不治，奚待于人？有人不治，奚待于家？有家不治，奚待于乡？有乡不治，奚待于国？有国不治，奚待于天下？天下者，国之本也；国者，乡之本也；乡者，家之本也；家者，人之本也；人者，身之本也；身者，治之本也。故上不好本事，则末产不禁；末产不禁，则民缓于时事而轻地利；轻地利，而求田野之辟，仓廪之实，不可得也。”《尉缭子・兵谈》从战争角度提出以土地的肥瘠来确定城邑规模，城邑的大小、人口的多少、粮食的供应三者要互相适应：“量土地肥硗而立邑，建城称地，以城称人，以人称粟。三相称，则内可以固守，外可以战胜。战胜于外，备主于内，胜备相用，犹合符节，无异故也。”《尉缭子・战威》揭示“战—城—地—民”之间的关联，认为土地用来养活民众，城塞用来保卫土地，战争用来防守城塞，因此注重农业发展以免民众受饥荒，注重边疆守备以免领土被侵犯，注重战争以免城市被围困。这三件事是古代君王立国的根本问题：“地所以养民也，城所以守地也，战所以守城也，故务耕者民不饥，务守者地不危，务战者城不围。三者，先王之本务也，本务者兵最急。”（图 4-9）

---

[1] 张金光．战国秦时期“邑”的社会政治经济实体性——官社国野体制新说 [J]. 史学月刊，2010（11）：29-39.

图 4-9 成都曾家包汉墓画像石所示营居与农作

资料来源：高文. 中国画像石全集：第 7 卷 四川汉画像石. 郑州：河南美术出版社，2000.

四、边塞营邑立城

秦汉时期面临的最大外部威胁是北方的匈奴族和后来兴起的鲜卑族。《汉书·晁错传》记载，汉文帝苦于无法对付匈奴人不断的侵犯，晁错认为仅仅靠军队戍守是不够的，因为汉代守边之士皆“一岁而更”，因此不易掌握匈奴人的活动规律，也就不能够有效地防御匈奴人的进犯。他建议派遣一大批人长期在边境落户，且田且守。从空间上看，将这些人安置在“要害之处，通川之道，调立城邑”，每一城的规模，“毋下千家”。在城外，“为中周虎落”；在城内，“先为室屋，具田器，乃募罪人及免徒复作令居之。不足，募以丁奴婢赎罪及输奴婢欲以拜爵者。”对于这种城的修建，晁错提出了一定的规格要求，“为之高城深堑，具蔺石，布渠答，复为一城其内，城间百五十步。”文帝立刻采纳了晁错的建议，“募民徙塞下”。

这些边塞的城邑究竟是如何规划的？晁错追述先民相土尝水的传统，并进一步总结、发展，比较全面地论述城乡规划与营建问题。《汉书·晁错传》记载：“臣闻古之徙远方以实广虚也，相其阴阳之和，尝其水泉之味，审其土地之宜，观其草木之饶，然后营邑立城，制里割宅，通田作之道，正阡陌之界，先为筑室，家有一堂二内，门户之闭，置器物焉，民至有所居，作有所用，此民所以轻去故乡而劝之新邑也。为置医巫，以救疾病，以修祭祀，男女有昏，生死相恤，坟墓相从，种树畜长，室屋完安，此所以使民乐其处而有长居之心也。”

晁错所说的“相地”工作是“营邑立城，制里割宅”等建设工程的基础，包括四个方面的内容：①相阴阳之和，辨别地势高低朝向，是否适合居住，即“观势”；②尝水泉之味，水利是否方便，水源是否适用，即“尝水”；③审土地之宜，审察土地，是否适宜种植，即“相土”；④观草木之饶，这是前三方面内容的一个综合表征。

在相地完成之后，接着的工作是“营邑立城，制里割宅，通田作之道，正阡陌之界，先为筑室，家有一堂二内，门户之闭，置器物焉”。实际上，这是进行城邑建设、土地细分、农地设施建设、住宅家居建设等物质建设的过程。最后是社区建设，“为置医巫，以救疾病，以修祭祀，男女有昏，生死相恤，坟墓相从，种树畜长，室屋完安”。总体看来，晁错针对新邑营建，提出了完整的技术体系，包括城邑选址、营邑立城、制里割宅、人居建设、社区建设等关乎城乡规划建设的一系列工程（图 4–10）。

晁错还阐述新邑的空间体系：“臣又闻古之制边县以备敌也，使五家为伍，伍有长；十长一里，里有假士；四里一连，连有假五百；十连一邑，邑有假候：皆择其邑之贤材有护，习地形知民心者，居则习民于射法，出则教民于应敌。故卒伍成于内，则军正定于外。服习以成，勿令迁徙，幼则同游，长则共事。夜战声相知，则足以相救；昼战目相见，则足以相识；欢爱之心，足以相死。如此而劝以厚赏，威以重罚，则前死不还踵矣。所徙之民非壮有材力，但费衣粮，不可用也；虽有材力，不得良吏，犹亡功也。”晁错提出的新邑，是社会组织、军事组织、城市空间组织综合考虑的统一体，既建构了为统治者服务的不同等级的城市体系，也解决了普通百姓的日常生活与居处问题。《汉书・地理志》记载，西汉在全国 56 个郡设有 94 个都

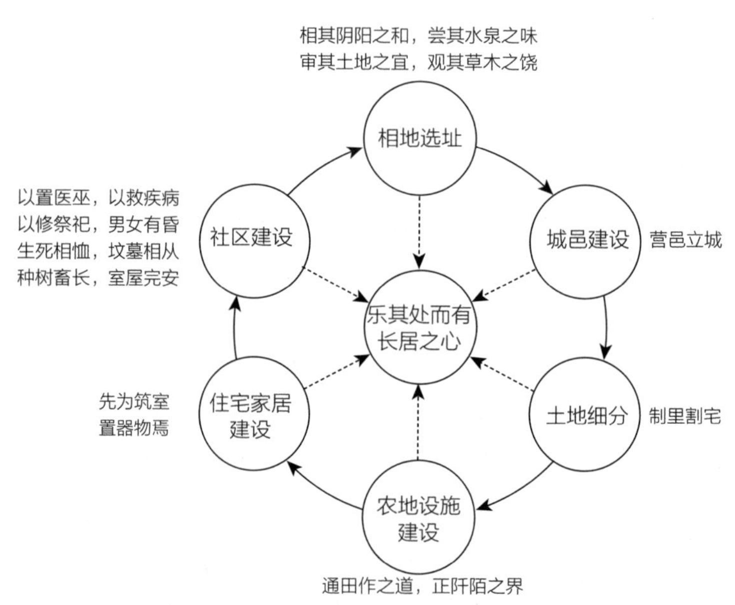

图 4–10　西汉晁错建议新邑规划建设的基本内容

资料来源：吴良镛 . 中国人居史 [M]. 北京：中国建筑工业出版社，2014.

尉治，其中北部 20 个边郡设 54 个都尉治，占全国都尉治的一半以上。都尉为秦之郡尉，于景帝中元二年（公元前 148 年）更名，是掌管地方军队的武官，仅次于太守，秩比二千石。边郡地区的都尉治一般设在当时的县城内，秦代百里设一尉，重要关塞设有关都尉；西汉继之，但都尉数量有所增加，一郡设有 2 个甚至 4 个都尉治，而其他内地郡或有或无，有的也仅有一个。

总体看来，晁错疏文提出了一些城市建设与规划思想，更接近一座普通城市的规划与布局概念，更确切地说，是一座新城。可以说，至迟西汉时期，我国已经形成一整套较为完备的新邑选址与规划技术体系。这与 19 世纪末 20 世纪初开始于西方国家的“新城”建设，相映成趣。并且，西汉时期晁错提出的新邑规划与设计理念，实际上已经触及古代中国城乡规划营建之本质，即在以农立国的传统文明社会，城乡空间不是一种随心所欲的纯技术性创造，而是基于一定的社会理想而对一块既有土地进行合理分割和空间配置。[1]

考古发现证实了汉代边塞营城的实践。晁错所说的内城，广 150 步，合今 207 米，考古发现的塔布秃村汉城内的小城与此规模相当。[2][3] 从考古遗存看，西汉的边塞遗址，河套以东和河套以西不完全一样。[4] 以东的遗址有边城、坞障和烽台，以西部分则只有后两种（图 4–11）。宿白《汉唐宋元考古》指出：“河套以东在长城内侧多设屯戍性质的边城，边城多正方形，夯土筑造，它比坞障大，边长 500 米左右，多南面开门，有的内有子城，子城有的在中部，有的在一隅。子城内多有台地，应是官署所在。这种有子城的边城比较大的边长有达 1000 米的。边城有一定的屯戍性质，但实际上有的又是在靠长城沿边地带设置的县城，有的甚至是郡城，因此人口比较多，使用时间也较长。”[5]

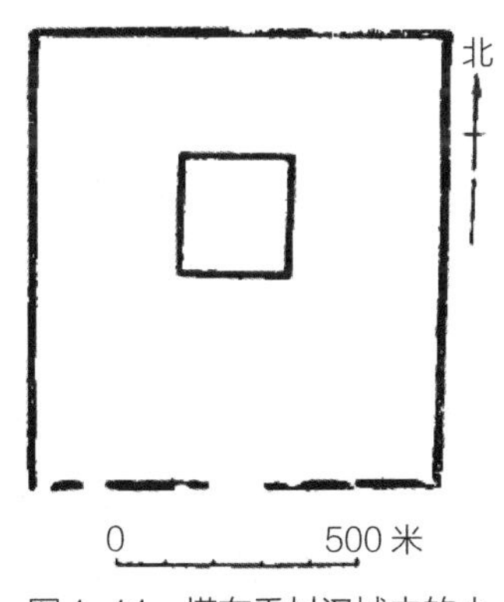

图4–11　塔布秃村汉城内的小城平面图

资料来源：吴荣曾 . 内蒙古呼和浩特东郊塔布秃村汉城遗址调查 [J]. 考古，1961（4）：212–213.

第三节　都城规划：咸阳、长安与雒阳

在中央集权的专制体制下，都城是一个王朝的政治统治中心、军事指挥中心和文化交流中心，在某种意义上说，都城是整个社会和时代的缩影。《汉书·儒林

---

❶ 王贵祥 . 中国古代人居理念与建筑原则 [M]. 北京：中国建筑工业出版社，2015：4.

❷ 吴荣曾 . 内蒙古呼和浩特东郊塔布秃村汉城遗址调查 [J]. 考古，1961（4）：212–213.

❸ 吴荣曾 . 内蒙古呼和浩特塔布秃村汉城遗址调查补记 [J]. 考古，1961（6）：340.

❹ 宿白 . 汉唐宋元考古：中国考古学 [M]. 北京：文物出版社，2010：31.

❺ 同注释❹.

传序》称，“故教化之行也，建首善自京师始，繇内及外”，因此都城规划是国家大事。秦代都城咸阳、西汉都城长安和东汉都城雒阳，都集中体现了当时的规划思想技术与方法。

一、秦咸阳规划

（一）秦国崛起与徙都咸阳

秦代是中国版图之确立、民族之抟成，政治制度之创建和学术思想之奠定的重要时期，尽管秦立国短暂，从公元前 221 年秦始皇统一六国到公元前 206 年西汉建立，只有十来年时间，但是对我国古代城市规划产生了重要而深远的影响。从秦孝公定都咸阳（公元前 350 年）到秦国灭亡（公元前 207 年）的 143 年间，秦咸阳从战国时期的列国都城跃升为大一统的秦帝国之都。

秦人最初被分封在今甘肃清水县一带，后因护送周平王东迁有功，被封为诸侯，成立国家。秦国建国后的迁都历程可以分为四个阶段：①雍城（今陕西凤翔县南），秦国建国后，于公元前 677 年定都雍城，经营雍城 250 年左右，是秦人由西向东迁徙过程中使用时间最长的一座国都；②泾阳（今陕西泾阳县），为了向东扩张，秦灵公于公元前 419 年迁都泾阳；③栎阳（今西安市阎良区），战国初期，秦献公立志收复被魏占领的河西之地，于是在公元前 383 年将都城东迁至栎阳；④咸阳，秦孝公任用商鞅变法，国力大增，秦国的战略重心转为东进，于是在秦孝公十二年（公元前 350 年）将都城迁到咸阳（今陕西咸阳），直到秦统一六国后，咸阳仍为国都。

秦立国初期，受到西北犬戎威胁，防御较为严密。雍城四周有多条河流环绕，成为了主要城防设施。雍城的河流防御体系之完善，使得秦国早期一直没有修筑城墙，直到建都雍城近 200 年之后，才正式修筑（可能也和秦国早期无力修筑有关）。秦以泾阳和栎阳为都城的时间都不长，这两城属于带有军事性质的临时性都城。泾阳目前未发现秦代都城遗迹。商鞅第一次变法发生在栎阳，栎阳原是秦国商业城市，秦迁都后，并没有大兴土木，只是在原有城邑外围了一圈夯土城墙，城市建设非常朴素。栎阳城址呈长方形，宫殿等大型遗址位于中部。栎阳城墙是平地起夯，不挖基槽，某种意义上反映了秦国实用主义建都思想。

秦孝公十二年（公元前 350 年），商鞅第二次变法，营建咸阳，次年（公元前 349 年）徙都（图 4-12）。咸阳宫的营建是商鞅负责的。《史记·秦本纪》记载：“（孝公）三年，卫鞅说孝公变法修刑，内务耕稼，外劝战死之赏罚，孝公善之。甘龙、杜挚等弗然，相与争之。卒用鞅法，百姓苦之；居三年，百姓便之。乃拜鞅为左庶长……十年，卫鞅为大良造，将兵围魏安邑，降之……十二年，作为咸阳，筑冀阙，秦徙都之。并诸小乡聚，集为大县，县一令，四十一县。为田开阡陌。东地渡洛。”按照商鞅本人的表述，他将秦咸阳规划营造的意图提到与改革变法的同样的高度。《史记·商君列传》记载："于是以鞅为大良造。将兵围魏安邑，降之。居三年，作为筑冀阙宫庭于咸阳，秦自雍徙都之。而令民父子兄弟同室内息者为禁。而集小（都）乡邑聚为县，置令、丞，凡三十一县。为田开阡陌封疆，而赋税平。平斗桶权衡丈尺……始秦戎翟之教，父子无别，同室而居。今我更制其教，而为其男女之别，大筑冀阙，营如鲁卫矣。"

（二）横桥南渡

《汉书·五行志下》记载，惠文王时期大规模扩建宫室，发展到泾渭之间："惠文王初都咸阳，广大宫室，南临渭，北临泾。"至秦昭襄王（公元前306~前251年在位，又称秦昭王）时期，正式出现了咸阳宫的名称，渭南的建设开始，修建横桥联系渭水南北。《史记·孝文本纪》和《正义》引《三辅旧事》称："秦于渭南有兴乐宫，渭北有咸阳宫，秦昭王欲通二宫之间，造横桥，长三百八十步。"（图4-13）

章台也是秦都咸阳在渭河南岸的主要宫室建筑之一，昭王时章台成为朝廷政治外交活动的重要场所。《史记·楚世家》记载，秦昭王初年楚怀王被骗至武关，遭秦兵掳掠，"西至咸阳，朝章台，如蕃臣，不与亢礼"。秦昭王在章台以蕃臣之礼节接见楚王。《史记·廉颇蔺相如列传》记载，赵王得和氏璧，秦恃强凌弱，诈称愿以十五城换取之。蔺相如不畏强秦，毅然出使秦国，"秦王坐章台见相如，相如奉璧奏秦王"。

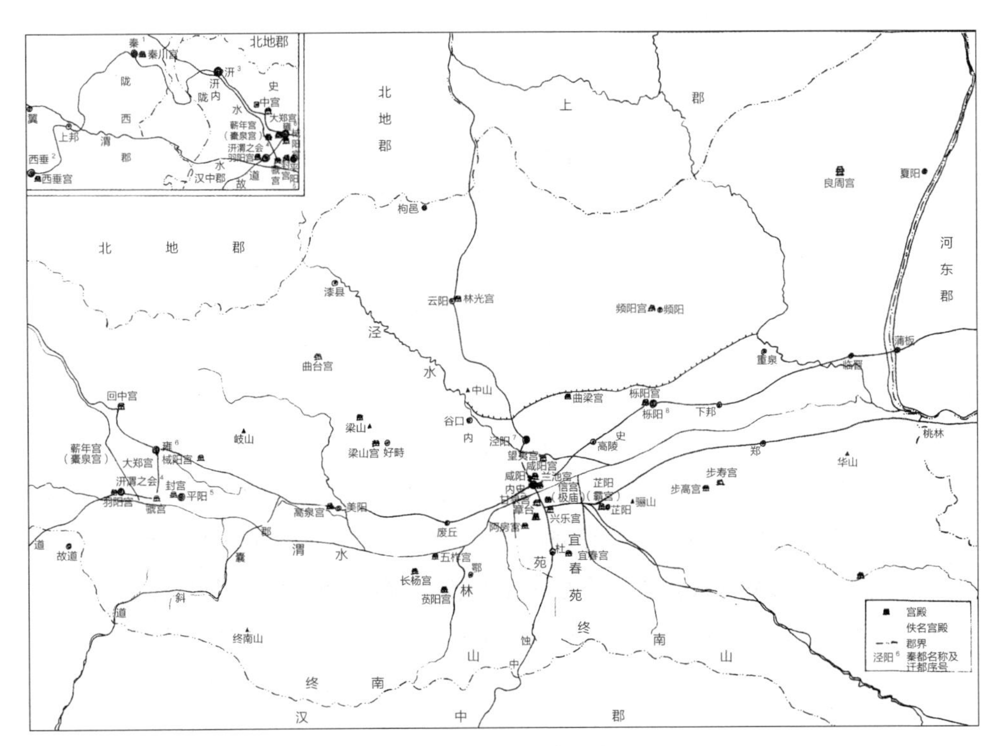

图4-12　秦国都城迁徙图

资料来源：徐卫民，秦都城研究[M].西安：陕西人民教育出版社，2000.

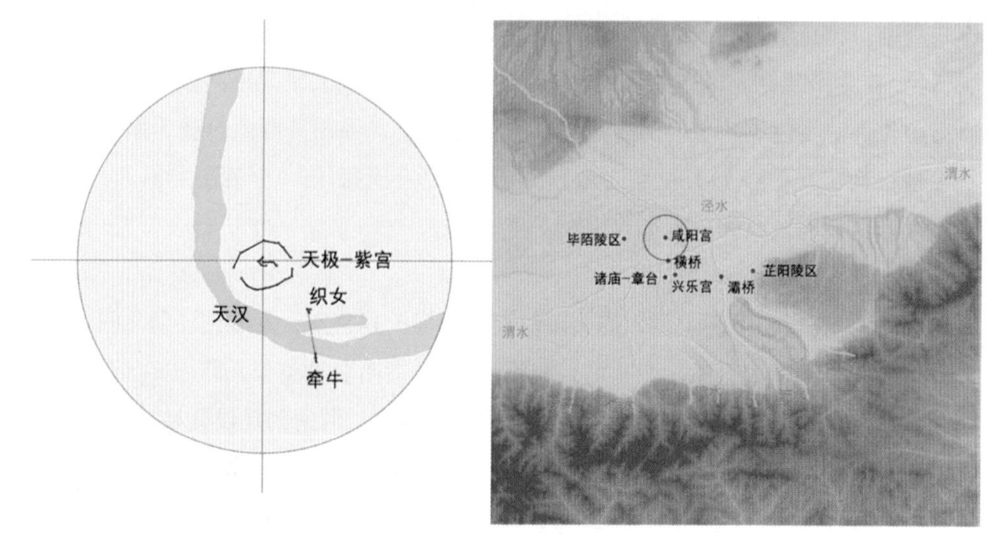

图 4-13　秦昭襄王时期（公元前 306~ 前 251 年在位）的“横桥南渡”模式

资料来源：徐斌，武廷海，王学荣．秦咸阳规划中象天法地思想初探 [J]. 城市规划，2016，40（12）：65-72.

在北魏郦道元的《水经注》中，记载了一段关于秦咸阳规划象天设都的内容：“渭水贯都，以象天汉；横桥南渡，以法牵牛。”文中以渭水对应天汉、横桥对应牵牛。之后的文献如《太平寰宇记》、《长安志》、今本《三辅黄图》等，在“渭水贯都，以象天汉；横桥南渡，以法牵牛”一句之前，还有“因北陵营殿，端门四达，以则紫宫，象帝居”的记载，说明咸阳宫对应紫宫。说明随着渭南建设，已经有象天设都的考虑，以帝居咸阳则紫宫、渭水贯都象天汉、横桥南渡法牵牛，由北而南呈现出“紫宫—天汉—牵牛”的格局，可称之为“横桥南渡”模式。值得注意的是，尽管当时渭河两岸都有宫室建设，但都城布局的中心仍在渭北咸阳宫。

（三）阿房渡渭

秦始皇统一天下后，开始充实和扩建都城咸阳。《史记·秦始皇本纪》记载：“（始皇二十六年）徙天下豪富于咸阳十二万户。诸庙及章台、上林皆在渭南。秦每破诸侯，写放其宫室，作之咸阳北阪上，南临渭，自雍门以东至泾、渭，殿屋复道周阁相属。所得诸侯美人钟鼓，以充入之。”“（始皇二十七年）为[1]作信宫渭南，已更命信宫为极庙，象天极，自极庙道通郦山。作甘泉前殿，筑甬道，自咸阳属之。是岁，赐爵一级。治驰道。”这项工作包括两部分：一是渭北部分，包括徙民充实都城；仿建六国宫室；建设离宫及宫殿间的交通甬道与复道。二是渭南部分，建设信宫，后来更名极庙，说明信宫的性质已经不同于单纯的离宫。始皇二十七年是统一天下后的第二年，这时都城的空间结构已经从以渭北的咸阳宫为中心转变为渭南以信宫为中心。

---

[1] 原文作“焉”，推测应当作“为”。“为作”的含义同“作为”，如“作为咸阳”。

始皇三十五年，统一天下已经十年，渭南新都大规模实质性建设开始了。《史记·秦始皇本纪》：“三十五年，除道，道九原抵云阳，堑山堙谷，直通之。于是始皇以为咸阳人多，先王之宫廷小，吾闻周文王都丰，武王都镐，丰镐之间，帝王之都也。乃营作朝宫渭南上林苑中。先作前殿阿房，东西五百步，南北五十丈，上可以坐万人，下可以建五丈旗。周驰为阁道，自殿下直抵南山，表南山之颠以为阙；为复道，自阿房，渡渭，属之咸阳，以象天极，阁道绝汉，抵营室也。阿房宫未成；成，欲更择令名名之。作宫阿房，故天下谓之阿房宫。”文中的天极、天汉、阁道、营室都是星名，《史记·天官书》将“天极”归为“中宫”，“营室”归为“北宫”，联系天极和营室的六星被称为“阁道”。显然，秦始皇三十五年的咸阳规划具有“象天法地”的特征。渭南新朝宫与渭北咸阳宫通过跨越渭水的复道连为一体，秦始皇在渭河南北两宫之间的活动，犹如天帝通过跨越银汉的阁道星，往来于天极星和营室星。我们可以将这一象天法地模式称之为“阿房渡渭”模式（图4-14）。通过在渭南上林苑中营建新朝宫，都城的中心已经明显地从渭北转移到渭南，选址于渭南上林苑中的新朝宫气势恢宏，颇具帝王之气。单从前殿阿房宫的规模来看，既大且高，并“周驰为阁道，自殿下直抵南山，表南山之颠以为阙”，与自然的南山融为一体。

在秦咸阳从王国都城走向帝国都城的过程中，先后出现了两种象天法地的模式，标志着象天法地思想的成型及其在都城规划领域的成功运用。秦咸阳象天法地或象天设都的思想，对后世都城规划实践有着深刻影响。中国古代都城营建，同时包含了“形而下”和“形而上”的部分，不仅有物质技术的创造，更有文化艺术的建树，都城的象征意义就是古人的文化创造。

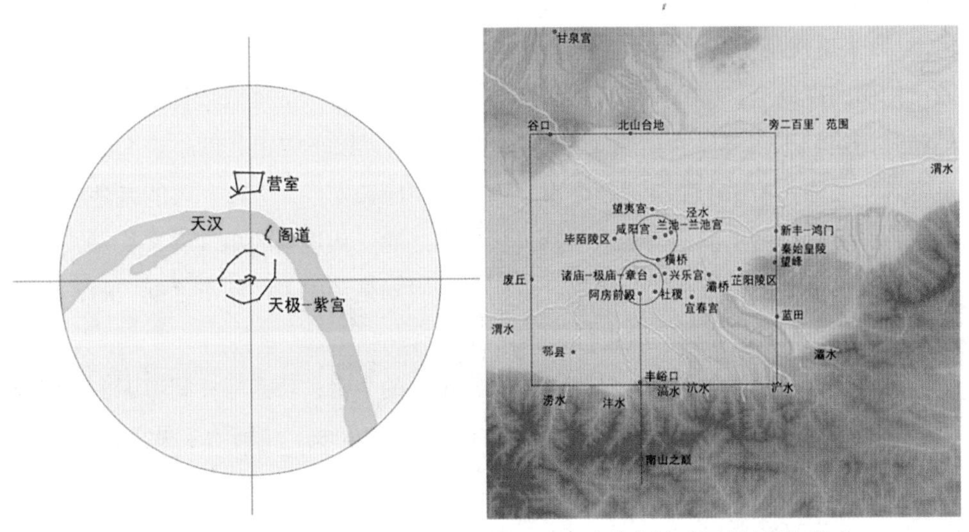

图4-14　秦始皇时期（公元前246~前210年在位）的“阿房渡渭”模式

资料来源：徐斌，武廷海，王学荣.秦咸阳规划中象天法地思想初探[J].城市规划，2016，40（12）：65-72.

二、汉长安规划

汉五年（公元前202年），垓下之战项羽自刎而死，楚汉战争从此结束，天下大定，刘邦称帝于氾水之阳（今山东定陶县北），为汉高祖，诸侯皆臣属，都雒阳。五月，高祖“置酒雒阳南宫”，大宴群臣，论功行封，定萧何为首功。高祖欲长都雒阳，齐人娄敬劝说入都关中。高祖征求张良的意见，当日起驾，西都长安。[1]实际上，从这日起，新都长安的规划工作也就提上议事日程了。《汉书・高帝纪下》：“（五年）后九月，徙诸侯子关中。治长乐宫。”这是开始修筑长乐宫的时间，同时也说明都城的规划工作已经完成，长安城规划的期限是公元前202年五月至后九月（即闰九月），前后约半年时间。

汉长安城最初规划设计者是丞相萧何。萧何是个深谋远虑的人，早在秦汉之际，汉元年（公元前206年）十月，刘邦攻克咸阳后，子婴投降，刘邦欲留秦宫，诸将争相瓜分金帛财物，唯独萧何赶紧收秦丞相所藏之律令，以及秦御史所藏之图书。《史记・萧相国世家》：“沛公至咸阳，诸将皆争走金帛财物之府分之，何独先入收秦丞相御史律令图书藏之。沛公为汉王，以何为丞相。项王与诸侯屠烧咸阳而去。汉王所以具知天下阸塞，户口多少，强弱之处，民所疾苦者，以何具得秦图书也。”萧何所收图书中无疑是少不了描绘秦都咸阳及其周边宫室之图，从规划史的角度看，这些图是萧何开展新都长安规划必不可少的凭借（图4–15）。

（一）面朝后市

《史记・汉兴以来将相名臣年表》记载，高皇帝七年（公元前200年）：“长乐宫成，自栎阳徙长安。”这是正式迁都之始，皇帝居于长乐宫。长乐宫修了1年多的时间。又，高皇帝九年（公元前198年）：“未央宫成，置酒前殿。（萧何）迁为相国。”《汉书・高帝纪》亦云：“九年冬十月，淮南王、梁王、赵王、楚王朝未央宫。置酒前殿。”未央宫是主宫所在，皇帝之常居也。未央宫位于长乐宫西侧，两宫都处于城市南面的高地上。城的南面、西南部分地势较高，宫殿区可以依托山势，并且规模初具，建都工作可以初见成效。又，《史记・汉兴以来将相名臣年表》记载，高皇帝六年（公元前201年）：“立大市。更命咸阳曰长安。”“大市”可能就是后来的“东市”，关系居民生活，位于未央宫、长乐宫之北。从规划的角度看，长安城建设前期就形成了“面朝后市”的格局，说明萧何规划是考虑了“朝市之制”的，在具体建设行动上朝市差不多同时进行，朝先市后。

朝宫是都城建设的核心，特别是未央宫中央的主宫，功能与礼制考虑多，建设要求高。《汉书・高帝纪下》记载：“（七年）二月，至长安。萧何治未央宫，立东阙、

---

[1] 《汉书・高帝纪下》：戍卒娄敬求见，说上曰：“陛下取天下与周异，而都雒阳，不便，不如入关，据秦之固。”上以问张良，良因劝上。是日，车驾西都长安。

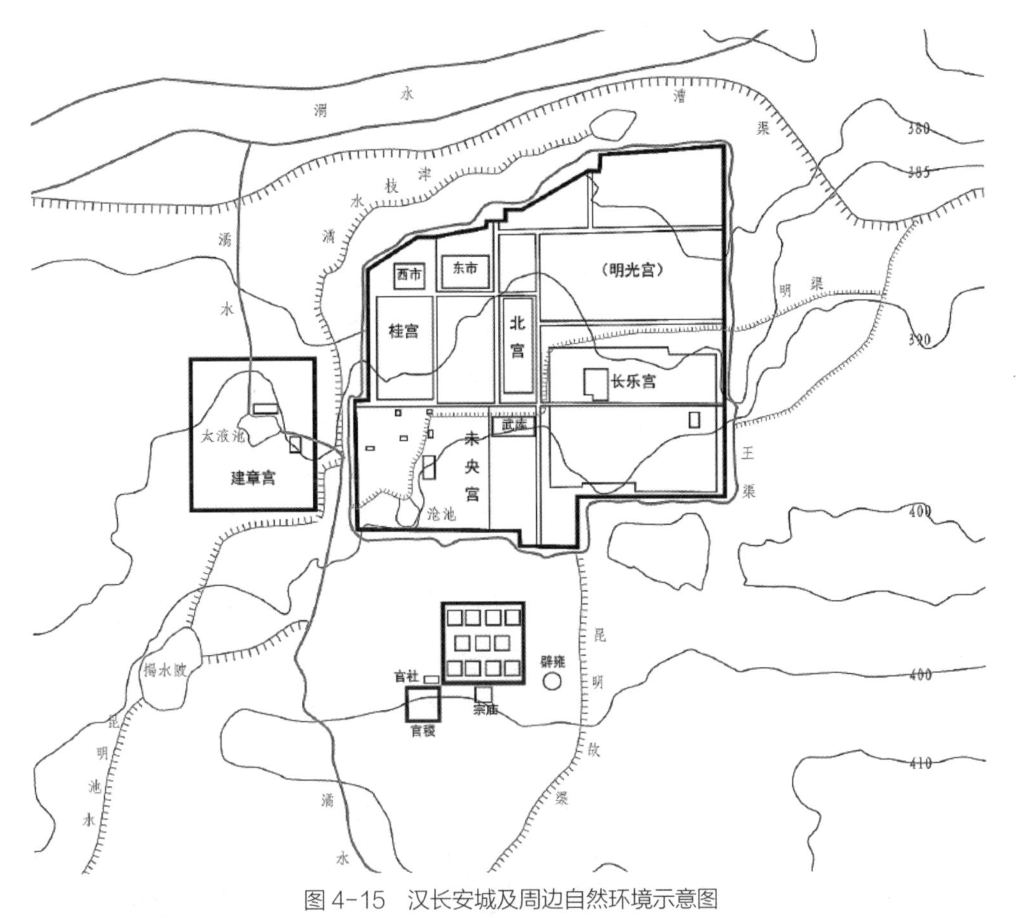

图 4-15 汉长安城及周边自然环境示意图

资料来源：据刘庆柱《汉长安考古》中《汉长安城遗址平面示意图》及马正林《汉长安城总体布局的地理特征》中《汉长安城附近地势与城市引水工程示意图》绘制。

北阙、前殿、武库、大仓。上见其壮丽，甚怒，谓何曰：'天下匈匈，劳苦数岁，成败未可知，是何治宫室过度也？'何曰：'天下方未定，故可因以就宫室。且夫天子以四海为家，非令壮丽亡以重威，且亡令后世有以加也。'上说。自栎阳徙都长安。"未央宫的壮丽，除了前殿的高大外，还表现在周边有东阙、北阙、武库、大仓等配套建筑。

萧何能在国力孱弱的情况下，营建"壮丽"而"重威"的未央宫，这与未央宫的选址有很大的关系。北魏郦道元《水经注》卷十九"渭水下"记载，萧何充分利用了龙首山的"形胜"。"高祖在关东,令萧何成未央宫,何斩龙首山而营之。山长六十余里，头临渭水，尾达樊川，头高二十丈，尾渐下，高五六丈，土色赤而坚，云昔有黑龙从南山出饮渭水，其行道因山成迹，山即基，阙不假筑，高出长安城。北有玄武阙，即北阙也。东有苍龙阙，阙内有阊阖、止车诸门。未央殿东有宣室、玉堂、麒麟、含章、白虎、凤皇、朱雀、鹓鸾、昭阳诸殿，天禄、石渠、麒麟三阁。未央宫北，即桂宫也。周十余里，内有明光殿、走狗台、柏梁台，旧乘复道，用相迳通。"萧何建造未央宫，充分利用龙首山头临渭水、尾达樊川、长六十余里的形势，“斩龙首而营之”，即占据了头高二十丈的“龙首”，因高为基，达到“阙不假筑，高出长安城”的效果，因于自然，高于自然，事半功倍。《后汉书·文艺传·杜笃》曰：“规龙首，抚未央。”

（二）城郭之制

汉长安城墙的修筑，从汉惠帝元年至五年（公元前194~前190年），前后花了5年的时间。《史记·汉兴以来将相名臣年表》记载：孝惠（汉惠帝）元年（公元前194年），“始作长安城西北方”。《汉书·惠帝纪》：“(元年）春正月，城长安。”作城的具体时间，是公元194年正月，城墙从西北渭水边开始作起，可能与筑堤防水不无关系。城西北部是作坊区与市场区，前述“大市”当在此。又，《史记·汉兴以来将相名臣年表》记载：“(孝惠二年，公元前193年)，七月辛未，何薨。七月癸巳，齐相平阳侯曹参为相国。”萧何去世，并不影响长安城的修筑，萧规曹随，继任的曹参继续筑城工作。孝惠三年（公元前192年)：“初作长安城。”总体看来，从孝惠元年开始筑城，孝惠三年仍在继续。《汉书·惠帝纪》：“(五年）九月，长安城成。”《史记·吕太后本纪》索引引《汉宫阙疏》云：“四年，筑东面；五年，筑北面。”

未央宫居于都城西南，八卦位为坤。东汉班固《西都赋》：“其宫室也，体象乎天地，经纬乎阴阳。据坤灵之正位，放太紫之圆方。……徇以离宫别寝，承以崇台闲馆，焕若列宿，紫宫是环。”东汉张衡《西京赋》云：“正紫宫于未央，表峣阙于阊阖”。

高祖十二年四月，高祖崩。五月丙寅，葬长陵。刘邦、吕后陵墓的位置分别与未央、长乐二宫相对应，两陵之间的中心点，与长乐、未央二宫之间的中心带大体对应。宫殿区与陵墓区南北对应关系表明，可能早已在规划中确定了一条南北方向的中枢带。惠帝修筑长安城墙时，在这条中枢带的南部修建了安门，它成为中心带上的第三个点。而由于城门位置的确定性，使原来的中枢带精确化为一条中枢线（图4-16、图4-17）。[1]

图4-16 惠帝时期长安地区空间结构

资料来源：唐晓峰．君权演替与汉长安城文化景观[J]. 城市与区域规划研究，2011，4（3)：17-29.

随着社会经济恢复，汉武帝时在长乐宫之北隔街建造明光宫，在未央宫之北、北里甲第之西建造桂宫，从此长安城中宫城面积占到全城总面积的60%左右。又，汉武帝“以城中为小”，在长安城西营建规模空前的建章宫。《汉书·郊祀志下》记载：“于是作建章宫，度为千门万户。前殿度高未央。其东则凤阙，高二十余丈。其西则商中，数十里

[1] 唐晓峰．君权演替与汉长安城文化景观[J]. 城市与区域规划研究，2011，4（3)：17-29.

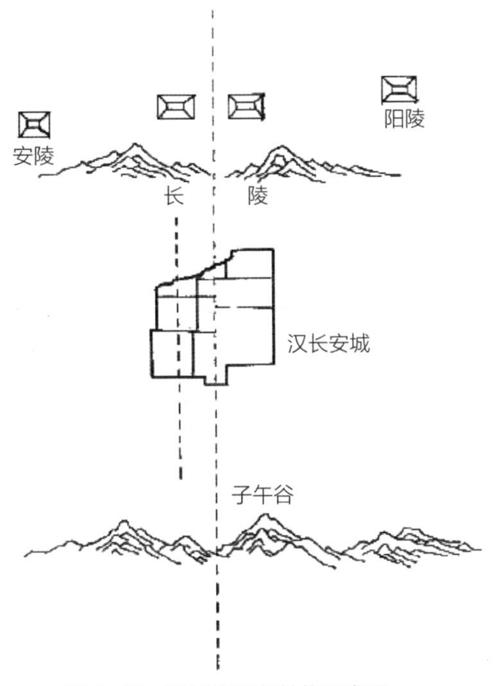

图4-17 汉长安两条轴线示意图

虎圈。其北治大池，渐台高二十余丈，名日泰液，池中有蓬莱、方丈、瀛州、壶梁，象海中神山、龟、鱼之属。其南有玉堂壁门大鸟之属。立神明台、井干楼，高五十丈，辇道相属焉”。

（三）左祖右社

新莽始建国元年（8年）十二月，王莽称帝，以未央宫为皇宫。王莽采取了一系列的复古和改制活动，包括在长安城南郊建设了一套基本完整的新的宗庙祭祀系统，如辟雍、九庙和官社、官稷等。《汉书·王莽传》记载：“（元始）四年春，郊祀高祖以配天，宗祀孝文皇帝以配上帝。”“是岁，莽奏起明堂、辟雍、灵台，为学者筑舍万区，作市、常满仓，制度甚盛。”“（地皇元年）莽乃博徵天下工匠诸图画，以望法度算，及吏民以义入钱谷助作者，骆驿道路。坏彻城西苑中建章、承光、包阳、大台、储元宫及平乐、当路、阳禄馆，凡十余所，取其材瓦，以起九庙。”南郊礼制建筑位于未央宫之正南，客观上通过未央宫前殿的南北轴线（西部三宫），呈现出面朝后市、左祖右社的总体格局。

刘庆柱指出，秦汉时期是中国历史上多民族统一国家全面形成时期，作为西汉王朝都城的汉长安城，奠定了此后中国古代都城两千年的文化传统，主要表现在考古发现都城中规模最大的皇宫——未央宫[1]。大朝正殿的“前殿”是都城规模最大、

---

[1] 刘庆柱 . 古代都城考古揭示多民族统一国家认同 [N]. 光明日报，2016-04-07（016）.

最高的宫殿建筑；宗庙与社稷分列皇宫左右；市场居于皇宫之北；都城基本为方形，每面各辟 3 座城门，一门三道。这一都城形制实际上是中国古代都城营建理论《周礼·考工记》的“匠人营国，方九里，旁三门。国中九经九纬，经涂九轨。左祖右社，面朝后市”的最早实践版。

东汉张衡《西京赋》详细描写了长安城格局及其规划。“于是量径轮，考广袤，经城洫，营郭郛，取殊裁于八都，岂启度于往旧。乃览秦制，跨周法，狭百堵之侧陋，增九筵之迫胁。正紫宫于未央，表峣阙于阊阖。疏龙首以抗殿，状巍峨以岌嶪。”“徒观其城郭之制，则旁开三门，参涂夷庭，方轨十二，街衢相经。廛里端直，甍宇齐平。北阙甲第，当道直启。程巧致功，期不陁陊。木衣绨锦，土被朱紫。武库禁兵，设在兰锜。匪石匪董，畴能宅此，尔乃廓开九市，通阛带阓。旗亭五重，俯察百隧。周制大胥，今也惟尉。”

三、东汉雒阳规划

从汉光武帝建武元年（25 年）到汉献帝建安二十五年（220 年），史称东汉。光武帝刘秀定都洛阳，改洛阳为雒阳，至曹魏时仍复为洛阳。东汉西晋张华（232~300 年）撰《博物志》云：“旧洛阳字作水边各，汉火行也，忌水，故去‘水’而加‘佳’。又魏于行次为土，水得土而流，土得水而柔，故复去‘佳’加‘水’，变雒为洛焉。”

文献记载西周时期周公营洛邑，东周时以洛邑为都。公元前 249 年秦灭东周后，再加以拓建，称洛阳。《读史方舆纪要》引陆机《洛阳记》云：“秦封吕不韦为洛阳十万户侯，大其城。”西汉高帝五年（公元前 202 年），刘邦一度拟定都洛阳，后从娄敬之说，才西都长安。西汉洛阳名为郡，实以为别都。

东汉雒阳是在西汉洛阳基础上扩建的，城内的布局，西汉时就有了南宫，光武帝时又加以扩建，作为朝会的地点。朝会的地点位于城的南部，这可能是沿袭长安城旧制。光武帝建武二年（26 年），“起高庙，建社稷于洛阳，立郊兆于城南”（祭天）。建武五年（29 年）建太学。十四年（38 年），起南宫前殿，修筑城墙。南宫为洛阳最为重要的宫殿，面积 1.3 平方千米，城墙围合的面积 9.5 平方千米。中元元年（56 年），建明堂、灵台、辟雍及北郊兆域（祭地）。中元二年（57 年）初立北郊，祀后土。

东汉初期 35 年，以南宫为主宫。到明帝永平三年（60 年），开始修建北宫，规模大于南宫，经过五年，北宫建成，面积 1.8 平方千米。北宫遂成为东汉中、后期的主宫。至此，都城必备的宫殿、坛庙、礼制建筑、官署也基本建成。

后来，又在北宫的东北修建了永安宫，北宫的西北修了皇家园林濯龙园。这样，雒阳城内的皇家宫殿区和长安一样，占去了很大的面积。尤其是雒阳城的北部，在明帝以后，全部为皇室占用。

永平五年（62 年），自长安迎取飞廉并铜马置上西门外，名平乐馆。同年作常满仓，立粟市。和帝永元五年（93 年）春，允许贫民在洛阳的离宫、上林、广成囿中采捕，不收其税。顺帝阳嘉元年（132 年）起西苑，桓帝延熹二年（159 年）造显阳苑，灵帝光和三年（180 年）做毕圭、灵昆苑。东汉明帝时期在洛阳西雍门外修建了中国历史上著名的佛寺白马寺。

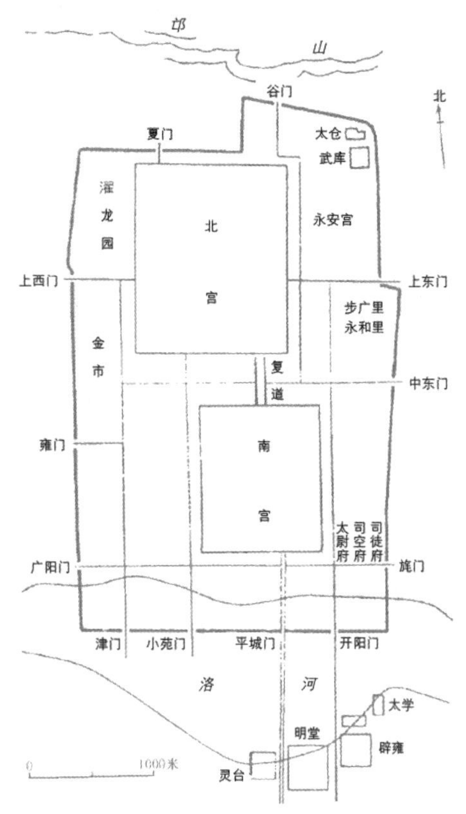

图 4-18 东汉雒（洛）阳城平面复原图
资料来源：王仲殊. 论洛阳在古代中日关系史上的重要地位 [J]. 考古，2000（7）：70-80.

雒阳城北屏邙山，南临洛水，近于长方形。南北约九里，东西约六里，后世称之为六九城。雒阳城共有十二个城门，但不像长安城每面三门，而是北面少一门（二门），南面多一门（四门）。每座城门各有三个门道。与西汉长安一样，东汉雒阳也是因秦旧宫而建；有所不同的是，长安城的地势南高北低，雒阳城的地势则北高南低，因此雒阳城宫殿区由南向北发展，这也为以后都城内重点建筑物移到北方的布局开创了先例。在雒阳南郊平城门外大街两侧，建有明堂、灵台等礼制建筑物，可能也是沿袭了长安的做法。

雒阳城内衙署和贵族、官吏的居住区，分布在南宫的两侧，居民区主要分布在城外的东、西、南郊，有两个市场，一在城东（马市），一在城南（南市），都是在居民区中发展起来的。城内西部有金市，主要为统治阶层服务（图 4-18）。

第四节 规划思想、技术与方法

春秋战国是中国历史上一个重要转折时期，诸侯争霸，王纲解纽。西周以来的贵族等级制度遭到破坏，官方意识形态失去合法性，旧的社会治理秩序崩溃，新的社会治理秩序亟待建立。面对周文凋敝、礼崩乐坏、天下无道的社会现实，哲人们提出自己治理天下、重建合理的社会秩序的路线、方针、战略和策略，形成诸子蜂起、百家争鸣的局面。这是中国学术思想史上最辉煌的时代，同时也奠定了以“治道”为特征的古代规划思想基础，成为中国古代规划发展史上第一次大发展时期。

一、《周礼》所见规划与设官分职

《周礼》原名《周官》，我国第一部系统、完整叙述国家机构设置、职能分工的专书。全书分为六篇，即天官冢宰、地官司徒、春官宗伯、夏官司马、秋官司寇、冬官司空。其中，冬官司空存目无文，西汉时补以《考工记》。《周礼》现存的五篇叙文皆以下列数语冠其首，声明“建国”之纲领：“惟王建国，辨方正位，体国经野，设官分职，以为民极。”可见，《周礼》的主题是很明确的，是关于大国君主王建立大国的事情。《周礼》主张大国国君之上有天子，明确天子之职，但是《周礼》并没有设计“天下”的政治经济制度，而是主张各个“邦国”的自立与自主。显然，《周礼》是邦国或国家之书，而不是天下之书，这与战国后期的时代特征相吻合的。透过《周礼》记载的建国设官分职，可以窥见先秦规划技术与方法。

（一）设官治民

《周礼》的官僚制度中地官是邦国为治理全体之民所设的官僚机构，职责是“乃经土地而井牧其田野”，意思是将民安置在不同层级的政治单位中而由官僚管理。《周礼》设计了两套组织体系，一是井田体系，人为规划与创造出以农业为主的聚落，规划是“九夫为井，四井为邑，四邑为丘，四丘为甸，四甸为县，四县为都。”（《周礼·地官司徒》），夫家—井—邑—丘—甸—县—都—邦国；另一套是自主形成的聚落，组织形式是“令五家为比，使之相保；五比为闾，使之相受；四闾为族，使之相葬；五族为党，使之相救；五党为州，使之相赒；五州为乡，使之相宾。”（《周礼·地官司徒》），家—比—闾—族—党—州—乡—邦国，也纳入官僚制的支配，其长官有乡师、乡大夫、州长、党正、族师、闾胥、比长等。这两套行政组织，可以视为后世“郡县制”的基础。《周礼》中冬官司工程建设，反映了战国以来城市建设高潮，可惜冬官之文阙而不存。

《周礼》构想“王—官—民”治理体系，在相当程度上，或者说主要是城内的官治理城外的民，实际上反映了一种正在形成的城乡关系。《诗·小雅·北山》云：“溥天之下，莫非王土，率土之滨，莫非王臣。”对于广袤的王土，周王通过设置官臣，来实现对民众的治理。这种方法，《周礼》称为“设官分职，以为民极”。究竟如何设官分职？《周礼》提出“辨方正位，体国经野”，《周礼》构想以政治的力量划分区域、建立城市、构建聚落体系，实际上是一种“空间治理”。具体探讨“辨方正位”与“体国经野”的内涵，可以窥探先秦中国城市规划方法与技术特征。

（二）辨方正位

“辨方”就是辨别地方（地形特征）及其物产，评价土地利用的可能。观察、分辨与分类是古代中国广泛使用的方法，是在原始采集活动与知识的基础上发展起来的，被广泛地运用于许多知识活动之中。其关键在于“辨”，辨是考察、区别，人类的知识来源于“辨”。“辨”是《周礼》所记土会之法、土宜之法、土均之法中一个非常核心的概念。《周礼·地官司徒·大司徒》记载："以土会之法辨五地之物生……""以土宜之法辨十有二土之名物，以相民宅，而知其利害，以阜人民，以蕃鸟兽，以毓草木，以任土事。辨十有二壤之物而知其种，以教稼穑树蓺。""以土均之法辨五物九等，制天下之地征，以作民职，以令地贡，以敛财赋，以均齐天下之政。"土会之法、土宜之法、土均之法中，所辨者乃一个地区的自然条件，具体而言是土地及其附着物，先进行区域调查和资源分类，进而对物产资源进行评估与有区别的利用，最后在以上各项活动的基础上进行贡赋等级的评价与划分，这是一个对土地所附着的自然资源进行层层推进的辨识、分类的过程，是较为系统的"调查—评估—利用"的方法与技术体系。

所谓"辨方"之"方"，并不是单纯的方向或方位的概念，而是代表某一区域人生活的土地，是一个综合的空间概念。殷人称国曰方，卜辞屡曰某方，如盂方、土方、苦方、羊方、马方等，均为"方"代表方国之证。《周礼·夏官司马》也有职方氏、土方氏、怀方氏、合方氏、训方氏、形方氏等职官，是掌管各邦国的各方面情况的官员。因此，"辨方"并不只是辨别方向，而是以方位为线索，对于不同区域的土地及其所附着的自然资源进行综合调查、评估与利用。自然丰富多彩，地域差异显著，中国古代规划活动一个十分明显的特点，就是重视与强调地域性，并以此为基础发展出了一种极为独特的方法或思维形态"宜地"。顾名思义，宜地就是因地而宜，因地制宜。城乡规划是一项与"地"相关的活动领域，在措施与方法的制定中都应考虑地的对应或配合关系。宜地的方法有着深厚的哲学蕴含：客观的自然状况总是多样的和具体的，因此主观的应对方式或手段，也应当且必须与这种多样性和具体性相适应或相吻合，这正是"规划"作为一项科学活动的哲学基础。

"正位"，是在辨方的基础上合理确定城乡空间的秩序。在古代中国的思想文化中，规划的根本目的是建立一种社会秩序。社会秩序的关键在于"位"。《周易·系辞上》首句："天尊地卑，乾坤定矣。卑高以陈，贵贱位矣"，认为天上地下的固有自然规律（天尊地卑）形成了一种既定的空间位置关系（乾坤定矣），遵循、效仿和利用天地所设定的空间位置的高低（卑高以陈），可以确定等级地位的贵贱（贵贱位矣）。由此可见，"位"的三层含义：①"位"是等级地位；②这个等级地位依托于一种空间位置的关系而界定，或者说位是空间秩序；③这种空间位置关系来源于天地固有的规律。"位"是政治概念与空间概念合一，其根源是自然的固有规律。因此，"位"并不是一个单纯的空间概念，而是依托于空间位置关系而产生的等级地位的界定。所谓"正位"，就是使某人或物在其应在之位。《公孙龙子·名实论》："位其所位焉，正也。"使人或物居于其应在的空间位置以获得其应得的等级地位及其相应的职责（主要是政治上的），这是《周礼》文本所显示的"正位"的更为确切的含义。它与方向、方位有关，但又不限于此，事实上是通过确立空间的方向位置，建立一种社会秩序。

综上，“辨方”是对一个地方及其方物的观察、分辨与分类，“正位”是使人或物居于其应在的空间位置以获得其应得的等级地位及其相应的职责（主要是政治上的），这是社会有序的保证。“辨方”是“正位”的基础，“辨方正位”意即“辨方以正位”[1],这是中国古代规划的一项基本内容与特征。“辨方正位”是长期规划实践的一个理论总结,从《周易》中能看到其哲学思想的根源。“系辞”是《周易》的通论、总论,《周易·系辞上》开篇即云:“天尊地卑，乾坤定矣。卑高以陈，贵贱位矣。动静有常，刚柔断矣。方以类聚，物以群分，吉凶生矣。在天成象，在地成形，变化见矣。”这里强调的是宇宙间不可更易的法则，也就是天地之间不变的规律，包含两部分内容，首先是“位”，“天尊地卑，乾坤定矣。卑高以陈，贵贱位矣”，这是乾坤定位。其次是“方”及其附着的“物”，“方以类聚，物以群分”，是指每一地方的人与物的特点不同，这正是“辨”的对象。总之，中国古代规划旨在致治，在技术方法上基于土地利用而寻求秩序,或者说追求宜地与有序,这是中国古代规划的范式。

（三）体国经野

除了司徒所掌的奠定规划基础、建构空间框架的“地法”之外,《周礼》中还有一类与空间规划紧密相关的官员职掌，就是在县鄙、城邑乃至建筑群尺度上运用形体之法进行具体的人工建设，包括农田的划分、道路建设、水利建设、城邑建设、建筑建造，等等。《地官司徒·遂人》记载:“遂人掌邦之野。以土地之图，经田野，造县鄙形体之法。”遂人所掌为“邦之野”，也就是从远郊百里以外到五百里王畿边界的“县鄙”的范围，掌握着通过“经田野”塑造县鄙之物质空间形态的“形体之法”。县鄙之外的其他地区也有塑造“形体”的需求，也必然有相应的形体之法,《周礼》中虽未明言，但以遂人的职掌为线索仍可挖掘出相关内容。

一是分地域。地法中的土圭之法已经自上而下地划分了王畿与邦国的边界，形成了空间规划的基本框架。遂人的职掌首先是在此基础上对土地进行进一步细分:“五家为邻，五邻为里，四里为酂，五酂为鄙，五鄙为县，五县为遂，皆有地域，沟树之。使各掌其政令刑禁,以岁时稽其人民,而授之田野,简其兵器,教之稼穑。”(《地官·遂人》)

二是颁田里。在细分土地、建立聚落体系的基础上，遂人开始“治野”的工作，首先是“颁田里”。《地官·遂人》记载:“凡治野:以下剂致甿，以田里安甿，以乐昏扰甿，以土宜教甿稼穑，以兴锄利甿，以时器劝甿，以疆予任甿，以土均平政。辨其野之土;上地、中地、下地，以颁田里:上地，夫一廛，田百亩，莱五十亩，馀夫亦如之;中地，夫一廛，田百亩，莱百亩，馀夫亦如之;下地，夫一廛，田百亩，

[1] 郭璐，武廷海.辨方正位 体国经野——《周礼》所见中国早期城乡规划[J].清华大学学报（哲学社会科学版），2017，32（6）:36-54+194.

莱二百亩，馀夫亦如之。”这是在土地细分的基础上，赋予土地一定的功能，并将这些具有特定功能的土地分配给人民来使用，亦即进行土地利用与分配。

三是为沟洫、通阡陌。在进行了基本的土地划分和分配之后，遂人则开始相应的人居工程建设，其主体是农田水利和道路系统，也就是“为沟洫、通阡陌”。《地官·遂人》记载：“凡治野：夫间有遂，遂上有径；十夫有沟，沟上有畛；百夫有洫，洫上有涂；千夫有浍，浍上有道；万夫有川，川上有路，以达于畿。”

四是营城邑。土地既已分配，沟洫阡陌亦已完善，一片自然之区便成为可以保障基本生存和交流的、秩序井然的可居之地，下一步工作的重点自然就是城邑里宅的规划建设，这在《遂人》的文本中并没有涉及，但是在《周礼》的其他部分中可以看到相关内容，可以基本明确的是：闾里是最基本的居住单元，由一个个的闾里层层累积，构成了分布在“田土—沟洫—阡陌”系统中的有体有形、或大或小的居民点。

以闾里为基本空间单元，怎样规划建设出城邑来？《周礼》中夏官司马之属有量人，“掌建国之法，以分国为九州，营国城郭，营后宫，市、朝、道、巷、门、渠。造都邑亦如之。营军之垒舍，量其市、朝、州涂、军社之所里。”量人所掌管的范围是人的主要聚居点，兼及城邑与军事驻扎点，主要事项是“建国之法”，即基于测量，确定城市的空间布局，安排各类功能，包括：宫室、市场、朝堂、道路、城门、渠道等。经过测量、功能布局以及重要建筑物的营建三个步骤，营城立邑的主体工作就差不多完成了，剩下的应该就是在此框架之下开展的量大面广的民居建设，这在中国古代的传统中大多是由百姓自发开展的，《周礼》中并没有专门的论述。

回顾“形体之法”，在分地域建立多层级的聚落体系、依家庭劳动力分配田里，形成土地利用的基本形态的基础上，为沟洫、通阡陌，形成田垄、水渠、道路纵横交错、田土井然有序的广阔大地上的“形体”；在这个“田土—沟洫—阡陌”的网络系统中，再以闾里为基本单元，建造城邑，营建宫庙，形成一个个相对独立的缀于这个网络之上的有体有形的居住单元。由此，一个各部分彼此联缀，又有严格内在等级秩序的空间体系便在大地面上形成了。

先秦时，人们有将制城邑、营都鄙作为一个生命体来对待的传统，如《国语·楚语上》有言：“且夫制城邑若体性焉，有首领股肱，至于手拇毛脉，大能掉小，故变而不勤。地有高下，天有晦明，民有君臣，国有都鄙，古之制也。”“体国经野”就是为在国野中塑造实体和联系，形成一个有机的生命体。“体国经野”就是经过形体之法塑造的人居环境物质形态：大小城邑是突出的空间实体，是为“体”，阡陌、沟洫，交错纵横、沟通联系人与物，是为“经”，以经贯体，空间体系成为一个有机整体。

可以认为“体国经野”与“形体之法”有密切的关系，都是在包括城邑与乡村的广阔土地上，塑造有实体、有联系、有层级、有秩序的有机空间体系。这个空间体系的目的是组织人的生产生活空间，满足人居的基本需求：衣食住行，衣食—土地分配、水利建设，行—道路建设，住—城邑规划建设，其本质是一个人赖以生存的物质环境系统的建设，或谓人居环境建设。在《诗经》记载早期人居建设的诗篇中可以看到许多类似的内容，例如《大雅·绵》，记载周人由豳地迁往岐山之下的周原营建新邑的过程，首先划分土地（“乃慰乃止，乃左乃右”），进而进行水利建设与农田整治（“乃疆乃理，乃宣乃亩”），最后逐一进行宫室、宗庙、城郭、社坛、道路等重要工程的建设。这些与形体之法的几项主要内容是相互对应的。它们有内在的联系性，有实体、有联系，共同塑造了人居环境的物质空间体系。《周礼》的可贵之处在于，通过构建一个层次分明、环环相扣的空间体系，将这个生存系统整合了起来，从一户小农到整个天下，形成了一个严密紧实的人居体系，成为政治、经济、文化秩序的载体与保障，提供了一个中国古代人居的理想化模型（图 4–19）。

长期以来，对于《周礼》的成书年代一直存在争论，但是有一点共识，那就是《周礼》在一定程度上记录了先秦时期的制度与规范。从《周礼》所体现的中国早期空间规划体系可以看出，空间规划是一种技术工具，通过从资源调查到工程建设的一系列技术手段，在自然的世界中创造出一个下至闾里，上至六服、九畿，层层相叠、环环相扣的空间网络，其细胞是人民安居的基本聚落单元，其整体是天下尺度的人居环境的空间秩序。与此同时，空间规划体系也是政治治理的工具，是国家制度设计，职官体系依附其而发挥效力，在保障空间规划运行的同时，通过对国土空间的有效组织和治理，实现了广阔地域内的政治统治和社会治理（图 4–20）。

《周礼》所见空间规划体系与技术方法影响深远，两千余年来虽然具体措施几经变化，但是君主借助分层、分区的空间网络体系以统领天下的精神始终未变，空间规划作为政治工具、制度设计的属性在后世帝制王朝中一直传承不坠。从城市规划史的角度看，中国传统空间规划包括国土、道路与沟洫、城乡聚落等较为综合的空间内容，国土规划、交通规划、水利规划、城乡规划等相互协调，为建立和谐有序

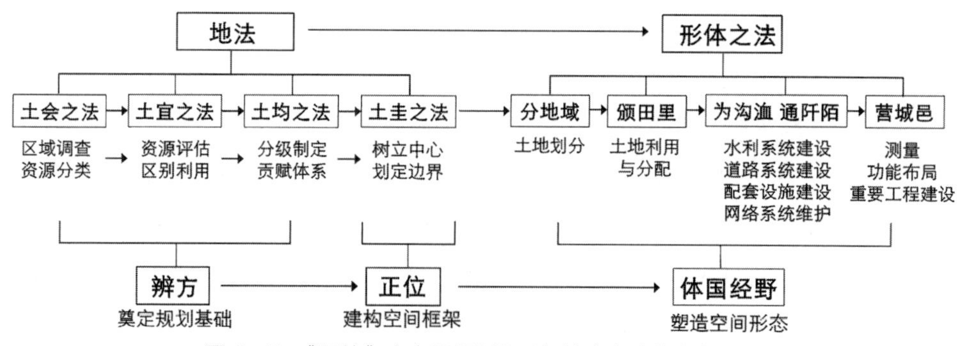

图 4–19 《周礼》中空间规划体系与技术方法的内在关系

资料来源：郭璐，武廷海．辨方正位 体国经野——《周礼》所见中国古代空间规划体系与技术方法 [J]. 清华大学学报（哲学社会科学版），2017，32（6）：51.

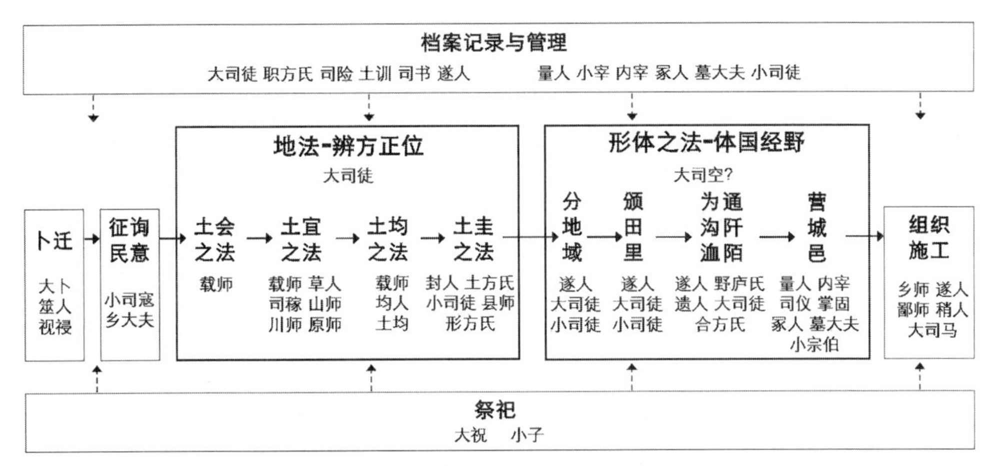

图 4-20 《周礼》城乡规划体系的运行与管理机制

资料来源：郭璐，武廷海．辨方正位 体国经野——《周礼》所见中国古代空间规划体系与技术方法 [J]. 清华大学学报（哲学社会科学版），2017，32（6）：52.

的人居空间提供技术保障；同时，统治者通过设置与空间治理体系相适应的职官体系，实现了对广大地域的政治统治，为中华文明的传承提供了重要的制度保障，这对于我们今天建立与完善国家空间规划体系、提升社会治理能力，具有重要的历史借鉴意义。

二、《管子》所见规划与大国建设

（一）城市形制与设防

《管子》是先秦时期一部重要子书，一般认为它大约是春秋管仲时代到战国末年稷下学宫衰亡前的作品汇集，以管仲的治国功业为基础，融贯春秋战国大变革时期政治实践经验，被誉为“百家之总汇，子部之渊薮”[1]《管子》一书中蕴含着丰富的城邑规划和国土规划的思想和方法，长期以来被视为与《考工记》并峙的中国古代规划思想的两大源头之一。

春秋战国时期正值社会大变革时代，战争频繁，社会亦动荡不安，《管子》对城市形制着重强调设防，要求采取高度的封闭形制，以确保城市安全。《管子·八观》记载：“大城不可以不完，郭周不可以外通，里域不可以横通，闾闬不可以毋阖，宫垣关闭不可以不修。故大城不完，则乱贼之人谋；郭周外通，则奸遁踰越者作；里域横通，则攘夺窃盗者不止；闾闬无阖，外内交通，则男女无别；宫垣不备，关闭不固，虽有良货，不能守也。故形势不得为非，则奸邪之人悫愿。禁罚威严，则简慢之人整齐。宪令着明，则蛮夷之人不敢犯。赏庆信必，则有功者劝。教训习俗者众，

[1] 戴浚．管子学案 [M]. [出版地不详]：正中书局，1949：107.

则君民化变而不自知也。是故明君在上位,刑省罚寡,非可刑而不刑,非可罪而不罪也。明君者，闭其门，塞其涂，弇其迹，使民毋由接于淫非之地。是以民之道正行善也若性然。故罪罚寡而民以治矣。”

（二）城市规模与分布密度

管子学派强调城市规模必须与周围田地以及城市居民数量保持恰当的比例关系,这样既可保证城市居民生活给养,也有利于巩固城防。《管子·八观》云：“凡田野，万家之众，可食之地方五十里，可以为足矣。万家以下，则就山泽可矣。万家以上，则去山泽可矣。彼野悉辟而民无积者，国地小而食地浅也。田半垦而民有余食而粟米多者，国地大而食地博也。”“夫国城大而田野浅狭者，其野不足以养其民。城域大而人民寡者，其民不足以守其城。宫营大而室屋寡者，其室不足以实其宫。室屋众而人徒寡者，其人不足以处其室。囷仓寡而台榭繁者，其藏不足以共其费。”以上城市分布密度与规模等级的关系是就平均水平（“中地”）而言。如果土地的等级不同，城市密度也应当随之发生变化。《管子·乘马》云：“上地方八十里，万室之国一，千室之都四。中地方百里，万室之国一,千室之都四。下地方百二十里，万室之国一，千室之都四。以上地方八十里与下地方百二十里，通于中地方百里。”

显然，管子学派的城市规划思想强调了城市经济功能，将城市不仅视为政治中心，而且更是一个经济生产中心，所以城市的主体不应是少数统治者，而应是广大从事经济生产的市民。并且,《管子》的这种主张，还从宏观尺度上对城市规划提出了新的要求，使城市分布能取得合理的布局，以保证城市的发展，这种“养”“守”结合的规划理论，实寓有农战政策的含义，充分体现了诸侯兼并战争时代的气息。

（三）城市空间组织与管理

为了有利于城市功能发挥，便于城市管理,《管子·大匡》提出城市组织的要求：“凡仕者近宫,不仕与耕者近门,工贾近市。”这是《管子》所提出的居住分区规划主张，文中之“宫”是指国都的宫廷区或城市的行政区。这与《考工记·匠人营国》提出的朝市布局结构完全不同。《管子·小匡》进一步了阐述了按职业作为分区依据的功能布局思想：“士农工商四民者，国之石民也。不可使杂处，杂处则其言哤，其事乱。是故圣王之处士，必于闲燕。处农，必就田墅。处工，必就官府。处商，必就市井。”管子学派主张按职业分区聚居，不使杂处，以便子袭父业，职业世袭化，这种居住分区规划，实系按职业组织聚居，各就从事的职业之便，划地分区而居，以达到“定民之居，成民之事”的要求。以此安定四民，可以巩固立国的基础，不仅有利于发展国家经济，也可有助于安定统治秩序。

（四）度地为国

《管子·度地》记载齐桓公询问管仲如何“度地形而为国”，即怎样根据地形来布置与规划城市。管仲对答就城市选址、城镇等级体系，以及城市形制、结构等有关城乡规划的内容进行了详细而系统的阐述："夷吾之所闻，能为霸王者，盖天子圣人也，故圣人之处国者，必于不倾之地，而择地形之肥饶者，乡山，左右经水若泽。内为落渠之写，因大川而注焉。乃以其天材地利之所生，养其人以育六畜。天下之人，皆归其德而惠其义。乃别制断之。（不满）州者谓之术，不满术者谓之里。故百家为里，里十为术，术十为州，州十为都，都十为霸国。不如霸国者国也，以奉天子，天子有万诸侯也，其中有公侯伯子男焉。天子中而处，此谓因天之固，归地之利。内为之城，城外为之郭，郭外为之土阆。地高则沟之，下则堤之，命之曰金城，树以荆棘，上相穑著者，所以为固也。岁修增而毋已，时修增而毋已，福及孙子，此谓人命万世无穷之利，人君之葆守也。臣服之以尽忠于君，君体有之以临天下，故能为天下之民先也。此宰之任，则臣之义也。故善为国者，必先除其五害。人乃终身无患害而孝慈焉。"管仲所说的度地形而为国之法，可以分为三个方面的技术内容：一是城邑选址。要求"不倾之地"，"地形肥饶"，"乡山，左右经水若泽"，"内为落渠之写，因大川而注焉"，因天材就地利，养其人育六畜。春秋战国时期的城邑选址基本符合这个特征。二是区域人口布局。凭借德义而聚天下之人，建立"州—术—里"的行政区划，设立相应的城邑体系；建立"天子—诸侯（有公侯伯子男）"的社会秩序，天子择中设都，因天之固，归地之利。三是都城布局。都城采用"城—郭—土阆"结构，根据地形条件，高则掘沟，下则筑堤，以求金城之固。

值得注意的是，管子学派十分注重治水。《管子・度地》中将城市所面对的自然灾害归为五种，重点论述了在城市营建当中如何防治水害。主张变水害为水利，设立"水官"，加强管理。首先，应从选址上避免水害，《管子·乘马》篇："凡立国都，非于大山之下，必于广川之上。高毋近旱，而水足用；下毋近水，而沟防省。因天材，就地利，故城郭不必中规矩，道路不必中准绳。"[1]明确指出了选择城址的基本条件是既要防洪，又要防旱，要因地势之利，不必照搬某一模式。以后中国城址的选择，大都遵循了这一原则。其次，要建设好城市的堤防和沟渠排水系统，《管子・小匡》中也提到要"渠弥于有陼"。为了做好防洪工作，管子学派强调加强组织与管理。可以说，从城市选址到堤防、沟渠排水系统建设、管理、监督等方面，管仲都有详细的论述，形成了古代完备的城市防洪学说。

以上列举的是《管子》中有关城市规划论述的主要内容，管子学派强调基于自然的禀赋与格局建立社会结构与城乡体系，这是当时用以应对城乡建设实践需要的方法与技术，也可以说是当时的"城乡规划"的重要内容。《管子》一书虽非管仲所著，但却保存了他的一些论点和主张。管仲是法家先驱，他相齐时，曾成功地推行过一

[1] "乘马"一词，源于《易经・系辞下传》："服牛乘马，引重致远，以利天下，盖取诸《随》"，《管子》中"乘马"的意思是筹划、规划的意思，"天下乘马服牛，而任之轻重有制"。

系列的政治经济改革，卒致齐桓公成为春秋五霸主之一。城市是其时新旧势力角逐的重要阵地，也是亟待改革的一个主要对象。管仲顺应时代和社会发展潮流，适时地抓住了城市功能新的内涵，革新城市规划，发展城市经济，作为整个政治经济改革活动的一个重要环节来对待。如果说作为西周城邑建设制度代表的《考工记》，着重从礼乐制度方面对城市建设中的形制、等级、尺度进行表述，那么，《管子》则从因势利导、因地制宜方面，提出对城市建设中种种问题的解决办法。

三、《淮南子》所见规划与治国理政

西汉初期，以“治道”为依归的中国古代规划思想基本成型，这集中体现在西汉刘安（公元前 179~ 前 122 年）《淮南子》等著作中。刘安继承了诸子百家“务为治”的学术传统，认为“百家殊业，而皆务于治”（《淮南子 · 氾论训》），即核心问题皆在于治道，只不过各家寻求“治”的方法、途径有所不同而已。《淮南子》的根本宗旨是提供一套更为全面、完善的“治道”理论。[1]《淮南子 · 泰族训》总结五帝三王的治道：“昔者，五帝三王之莅政施教，必用参五。何谓参五？仰取象于天，俯取度于地，中取法于人。乃立明堂之朝，行明堂之令，以调阴阳之气，以和四时之节，以辟疾病之菑。俯视地理，以制度量，察陵陆水泽肥墽高下之宜，立事生财，以除饥寒之患。中考乎人德，以制礼乐，行仁义之道，以治人伦，而除暴乱之祸。乃澄列金木水火土之性，故立父子之亲而成家；别清浊五音六律相生之数，以立君臣之义而成国；察四时季孟之序，以立长幼之礼而成官。此之谓参。制君臣之义，父子之亲，夫妇之辨，长幼之序，朋友之际，此之谓五。乃裂地而州之，分职而治之，筑城而居之，割宅而异之，分财而衣食之，立大学而教诲之，夙兴夜寐而劳力之。此治之纲纪也。”

这段论述的基本结构与《文子·上礼》文本很相似[2]，可能是在黄老道家基础上吸收儒家等观点，内容则更为具体和完善。这段论述与“规划”关系最为密切，规划的知识被体系化、条理化，并进一步总结、提炼和深化，在中国城市规划学发展史上具有集大成的性质，发挥着继往开来的作用。

《淮南子 · 泰族训》构建了一个包括天、地、人、万物的宇宙体系，人的生产、生活活动以及气候、物候的变化都被纳入这个体系中，总结治道的基本原则为“参五”。

---

[1] 《淮南子》成书于建元二年（公元前 139 年）冬十月之前。武帝建元二年（公元前 139 年）刘安 41 岁，进京朝见即位不久的武帝刘彻，献上新编的《内篇》，即后人定名的《淮南子》，受到武帝的尊重。

[2] 《文子 · 上礼》记载：“老子曰：昔者之圣王，仰取象于天，俯取度于地，中取法于人。调阴阳之气，和四时之节。察陵陆水泽肥墽高下之宜，以立事生财，除饥寒之患，辟疾疢之讉。中受人事，以制礼乐，行仁义之道，以治人伦。列金木水火土之性，以立父子之亲而成家；听五音清浊六律相生之数，以立君臣之义而成国；察四时孟仲季之序，以立长幼之节而成官。列地而州之，分国而治之，立大学以教之。此治之纲纪也。”文子是老子的弟子，差不多与孔子同时，引文中“老子曰”，实际上是文子解释老子的思想。文子论述古代圣王的“治之纲纪”，即治理天下的大纲。

所谓“参”就是协和天地人，“仰取象于天，俯取度于地，中取法于人”，贯通天、地、人，进而“成家”“成国”“成官”；所谓“五”就是“制君臣之义，父子之亲，夫妇之辨，长幼之序，朋友之际”。总体来看，就是通过详悉观察体悟宇宙自然及其存在的法则奥秘，并利用自然生态环境所提供的物质条件进行生产，以解决人们的衣食需要等生存问题，进而建立政治伦理体系与社会秩序。

形而上的“道”落到空间上，就具备了物质形态，通过分地设州，分国施治，立学施教，实现空间的和社会的治理。空间的方面，“裂地而州之，分职而治之，筑城而居之，割宅而异之”。这四句话，由九州之大，至一宅之细，皆就地域区划治理而言。其中，“裂地而州之，分职而治之”，与《周礼》所言“辨方正位，体国经野，设官分职”相一致；“筑城而居之，割宅而异之”这两句，与晁错（公元前200~前154年）疏文中“营邑立城、制里割宅”相一致。社会的方面，“分财而衣食之，立大学而教诲之，夙兴夜寐而劳力之”。这三句话，实际上涵盖了生活、教育、生产，与《汉书·食货志》提出“城”作为“圣王域民”的工具相一致：“财者，帝王所以聚人守位，养成群生，奉顺天德，治国安民之本也。故曰：‘不患寡而患不均，不患贫而患不安；盖均亡贫，和亡寡，安亡倾。是以圣王域民，筑城郭以居之，制庐井以均之，开市肆以通之，设庠序以教之；士、农、工、商，四人有业，学以居位曰士，辟土殖谷曰农，作巧成器曰工，通财鬻货曰商。圣王量能授事，四民陈力受职，故朝亡废官，邑亡敖民，地亡旷土。’”圣王凭藉“城”这个空间实体来统治万民，“食”与“货”皆属于“城”，服务于治理，目的在于“域民”。这与西方工商业城市具有完全不同的性质与功能。

总体看来，广域的统一的国家是通过“分”而治之。“分”一面作“区分”解，一面作“定分”解，有了等级的区分，各守自己的本分，社会就可以有秩序。[1]“分”的原则就是“礼”，礼仪一方面是为了使人际关系和睦，另一方面也为了对各种人加以区别。“分”是组织社会的根本法则，通过“分”建立社会等级，从事不同的社会分工，将社会协同为一个统一的整体，以应对自然。治理国家需要礼仪，通过圣人的治礼作乐，将社会分为上下有序的等级，维持君臣、父子、兄弟、夫妇、老少关系。[2]规划服务于政治，通过空间秩序而臻达社会秩序，具体内容上空间治理

---

[1] 葛兆光．中国思想史：第一卷　七世纪前中国的知识思想与信仰世界[M]．上海：复旦大学出版社，1998：263.

[2] 这实际上是融合了儒家的思想。《荀子·大略》曰：“礼之于正国家也，如权衡之于轻重也，如绳墨之于曲直也。故人无礼不生，事无理不成，国家无理不宁。君臣不得不尊，父子不得不亲，兄弟不得不顺，夫妇不得不欢。少者以长，老者以养。故天地生之，圣人成之。”君王的职能就在于掌管天下之“分”，用“礼”为标准来全面划分组织的结构序列：“人君者，所以管分之枢要也。”（《荀子·富国》）君主将人从职业上分为农、士、工、商（《荀子·王制》），从人伦上分为“君臣、父子、兄弟、夫妇”（《荀子·王制》），从官职上分为作为天子的“天王”、作为诸侯的“辟公”、作为宰相的“冢宰”、主管水土的“司空”、主管军队的“司马”、主管民政的“司徒”、主管司法的“司寇”、主管音乐的“太师”、主管山林湖泊的“虞师”、主管州乡事务的“乡师”、主管手工业的“工师”、主管田地的“治田”、掌管市场贸易的“治市”等。

与社会治理相结合，显然这也是以一种“建设性”的活动为国家治理奠定了物质基础与空间框架。

四、阴阳数术与城郭室舍选址布局

东周秦汉时期，阴阳数术学说十分流行。《汉书・艺文志》共著录西汉时的皇家图书 596 家，计 13269 卷，其中归属阴阳的书籍 21 家，369 篇；归属数术的书籍 190 家，2528 卷。以种数论，阴阳术数书籍已超过全部书籍的 1/3，可以认为阴阳术数是当时广为流行且具有实际功效的技术与方法。

《汉书・艺文志》没有设立类似后代“城市规划”类书籍的类目，阴阳数术与城市规划建设有一定的关联，特别是在数术这个大类中，又分天文、历谱、五行、蓍龟、杂占、形法六个小类，这六个小类的大部分，都与城市规划建设有关。根据《汉书・艺文志》记载，阴阳家与数术家同出于羲和之官，“阴阳家者流，盖出于羲和之官”；“数术者，皆明堂羲和史卜之职也”。南宋陈振孙指出，《汉志・艺文志》所记阴阳家和数术家的著作并无大异，区别只在于前者重“理”（即理论），而后者重“术”（即技术）：“自司马氏论九流，其后刘歆《七略》、班固《艺文志》，皆著阴阳家。而天文、历谱、五行、卜筮、形法之属，别为《数术略》。其论阴阳家者流，盖出于羲和之官，钦若昊天，历象日月星辰。拘者为之，则牵于禁忌，泥于小数。至其论数术，则又以为羲和卜史之流。而所谓《司星子韦》三篇，不列于天文，而著之阴阳家之首。然则阴阳之与数术，亦未有以大异也。不知当时何以别之。岂此论其理，彼具其术耶？”[1]透过阴阳数术家的著作，可以认识中国古代特别是东周秦汉时期的一些规划理论与方法。

可惜的是，《汉志・艺文志》所记阴阳家和数术家的著作大多数都散佚了，今天我们只能从其他一些史料中看到阴阳数术家关于城市规划理论的片段。如东汉初年赵晔著《吴越春秋・阖闾内传・阖闾元年》[2]记载东周时期吴国都城门的设置：“阖闾曰：……吾国僻远，顾在东南之地，险阻润湿，又有江海之害；君无守御，民无所依；仓库不设，田畴不垦。为之奈何？子胥良久对曰：臣闻治国之道，安君理民是其上者。阖闾曰：安君治民，其术奈何？子胥曰：凡欲安君治民，兴霸成王，从近制远者，必先立城郭，设守备，实仓廪，治兵库。斯则其术也。阖闾曰：善。夫筑城郭，立仓库，因地制宜，岂有天气之数以威邻国者乎？子胥曰：有。阖闾曰：寡人委计于子。子胥乃使相土尝水，象天法地，造筑大城。周回四十七里，陆门八，以象天八风，水门八，以法地八聪。筑小城，周十里，陵门三，不开东面者，欲以绝越明也。立阊门者，

---

[1] 陈振孙 . 直斋书录解题 [M]. 徐小蛮，顾美华，点校 . 上海：上海古籍出版社，1987：369.

[2] 李学勤认为：“《吴越春秋》这部书虽然成于东汉初年的赵晔之手，其中确实包含着年代较早的内容。”见：李学勤 . 时分与《吴越春秋》[J]. 历史教学问题，1991（4）：17-19.

以象天门通阊阖风也。立蛇门者，以象地户也。阖闾欲西破楚，楚在西北，故立阊门以通天气，因复名之破楚门。欲东并大越，越在东南，故立蛇门以制敌国。吴在辰，其位龙也，故小城南门上反羽为两鲵鱙以象龙角。越在巳地，其位蛇也，故南大门上有木蛇，北向首内，示越属于吴也。”又如，前文已引《史记》和《三辅黄图》关于秦都咸阳布局象天的记载。根据这些有限的史料，可以推测阴阳数术家关于城市规划建设的理论与技术：一是象天法地与生克制化的都城规划技术方法，二是一般城市的形法与五行与十二支正位。

历史地看，夏商周城市规划的涓涓细流，经过春秋战国时期的汇聚酝酿，秦汉时期已经汹涌澎湃，掀起了一个波峰。秦汉大统一的显赫治绩也奠定了帝国规划的基石。从世界范围看，秦汉帝国的规模、制度的进步、管理的水平，以及城市规划的水平，都处于古代世界的前列。

阅读材料

[1] 侯仁之．邯郸城址的演变和城市兴衰的地理背景 [M]// 侯仁之．历史地理学的视野．北京：生活·读书·新知三联书店，2009：343-368.

[2] 刘庆柱．中国古代都城考古学研究的几个问题 [J]. 考古，2000（7）：60-69.

[3] 徐斌，武廷海，王学荣．秦咸阳规划中象天法地思想初探 [J]. 城市规划，2016，40（12）：65-72.

[4] 唐晓峰．君权演替与汉长安城文化景观 [J]. 城市与区域规划研究，2011，4（3）：17-29.

[5] 郭璐，武廷海．辨方正位体国经野——《周礼》所见中国早期城乡规划 [J]. 清华大学学报（哲学社会科学版），2017，32（6）：36-54.

[6] 武廷海．《汉书·艺文志》中的“形法”及其在中国城乡规划设计史上的意义 [J]. 城市设计，2016（1）：80-91.

第五章

民族融合与规划创新

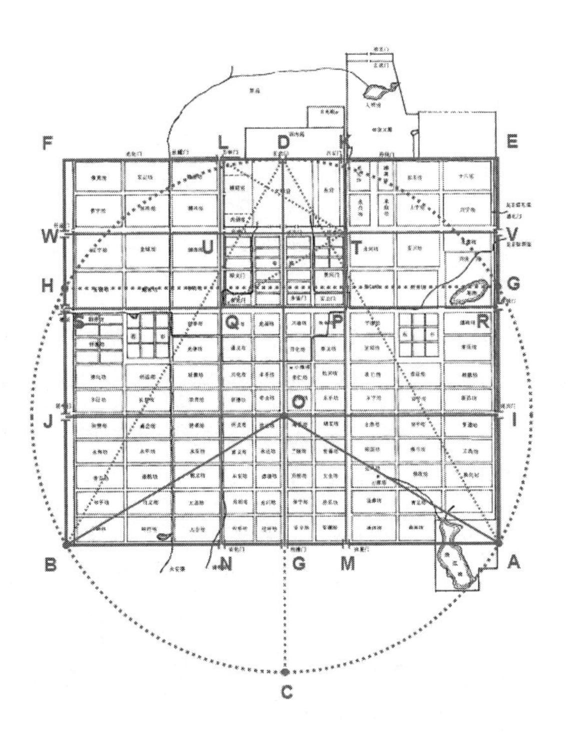

第五章

民族融合与规划创新

从曹魏代东汉的公元220年起，到公元907年唐王朝覆灭止，期间长达680余年，这是中国城市规划史上的帝国中期。以隋灭陈的公元587年为界，可以将帝国中期分为前后两个阶段。前段从曹魏代东汉到隋灭陈，共369年，期间虽然有西晋36年的短暂统一（公元280年灭东吴至公元316年西晋亡），但总的形势是南北分裂。后段从隋统一到唐灭亡，共318年，比起秦汉，隋唐是一个更为深入而广阔的统一阶段。总体看来，前段是分裂时期，后段是统一时期，时间长度差不多都是300多年。显然，帝国中期的前后两段在政治状况方面的差异是十分明显的，然而如果将魏晋南北朝与隋唐两段合为一个大的历史时期，就可以发现魏晋南北朝时期是特色鲜明的隋唐城市规划的前奏，表现在城市规划上就是分裂时期的过渡性与规划创新，一统时期的空间治理新模式与都城规划新气象。

三国两晋南北朝时期是中国制度、思想和文化大变革的时期，文学上有所谓魏晋风骨，反映在物质文化上，城市、陵墓、器用、书画等也都出现了一系列新的气象。这个时期，也是佛教作为一个专门的宗教为人们接受的时期，整个社会的宗教热情极度高涨。此前，中国的城市和乡村的标志性建筑是统治者的宫殿、衙署、宗庙、神祠，人们崇奉的是祖先以及社稷、山川、天地诸神祇，并且这些神祇都不采用造像的形式来表现。佛教流行中国后，城市的标志性建筑和人文景观除了宫殿和衙署外，佛教寺庙（包括仿效佛寺而建的道教宫观）成为城乡最引人瞩目的标志性建筑和人文景观，大量佛教造像和少许道教造像占据了人民精神世界，成为最广泛的崇奉对象。这相应地带来了城市空间要素组成、环境塑造乃至空间结构形态的变化。

隋唐的一统是基于汉族与各少数民族融合而出现的，不是秦汉统一的简单重复。这是中国历史上一次民族大融合，持续时间很长，在政治经济文化等方面注入新的血液，从而孕育形成了隋唐的新面貌。统一之后，政治、经济、文化诸方面都出现了崭新的面貌，城市规划也出现新的特色。如果说魏晋南北朝的城市规划都还带有某些汉代文明的色彩的话，那么隋唐城市规划则以一个全新的模式出现在中国城市规划舞台上了，新的城市布局出现了。

将上述分裂与统一的两个阶段放到一起讲述，是因为这两个阶段的城市规划发展有着非常紧密的联系。其中，比较突出的有以下几个方面：①隋唐的政治制度渊源于南北朝[1]，在城市规划上，它和南北朝的关系是非常紧密的。从城市布局看，魏晋南北朝和隋唐确实是一脉相承的，而与其前的汉，与以后的宋的关系有很大的不同。②隋唐不同于两汉的一个特点，是基本经济区（key economic area）的扩大。除了黄河流域，南方的长江流域发展迅速，边远地区的重要性也在增长。这体现在城市数量与规模上的体现。这种情况都是渊源于魏晋南北朝。③隋唐是一个开放的时代，隋唐的繁荣是与它的开放政策分不开的。开阔的隋唐风格，实际上是始于南北朝的。④在思想意识上，魏晋南北朝到隋唐，可以说是佛教泛滥的时代，城市布局与佛教建筑关系极其紧密。城市逐步发展为完备的封闭式里坊制。皇城、郭城和寺院成为引领城市发展的三个要素。

第一节　魏晋南北朝的过渡性与规划创新

魏晋南北朝时期，南北分裂，战争频繁，这个时期城市规划的共同特点是着眼于军事需要方面的因素多。由于南北地理形势的不同和政治制度的差异，在城市规划布局上也各有特色，但都体现出传承前代并锐意创新的特征。

一、民族大融合与规划创新

帝国中期的前段，即魏晋南北朝时期，是空前的民族大融合时期。虽然存在明显的南北差别，但是总体上民族大融合带来各地区文化面貌差异的进一步缩小。并且，在分裂时期南北方在各自的领域内，都进行着多方面的民族融合与交流：在北方，主要是农耕的汉族和北方游牧、畜牧民族的融合、交流；在南方，主要是汉族（包括这个阶段大批南迁的汉族）和土著民族（主要是以前的北越系统的少数民族）的融合、交流。无论北方还是南方，民族融合与交流都不可避免地伴随着痛苦的暴力。

---

[1] 见陈寅恪《隋唐制度渊源略论稿》，其中附都城。陈寅恪．隋唐制度渊源略论稿 [M]. 上海：上海古籍出版社，1982：62–81.

在此过程中，南北方城市规划的发展都有所不同。

从公元220年曹丕代汉，建立魏国，刘备、孙权也先后建立蜀国、吴国，正式形成三国鼎立的局面。三国建立后，经济有所恢复。魏先后建邺城、许昌和洛阳三个都城，其中洛阳在东汉旧址上重建，改东汉时南北两宫为只建一北宫，加强了宫前主街的纵深长度，为以后都城所遵循。吴和蜀（汉）是小国，在都城上无力进行重大建设。

公元263年魏灭蜀，265年晋代魏，280年晋灭吴，分裂了91年的中国重新统一于西晋。好景不长，209年西晋陷入内乱“八王之乱”，胡人趁乱反晋，316年西晋灭亡。残部赴江南立国定都建康，史称东晋。东晋偏安江南，国力孱弱，面对强敌，无力做大的建设，不得不建的都城只能尽力效仿魏、晋洛阳的规制，以保持其职权的延续性和正统地位。

从西晋灭亡（316年）一直到鲜卑北魏统一北方（439年），中国北方相继出现五个草原民族（“五胡”，主要指匈奴、鲜卑、羯、羌、氐五个胡人大部落，但事实上五胡是西晋末各乱华胡人的代表，数目远非五个）建立的十六个政权，并与东晋对峙，史称十六国时期。十六国时期，少数民族政权为减弱汉族抗拒心理，争夺正统地位，其都城建设尽力比附、模仿魏、晋旧规。

总体看来。东晋十六国时期，南北双方在都城建设上基本上是汉、魏、西晋的余波，都没有新的重大发展。[1]

公元420年，南方刘宋取代东晋，此后近170年中，齐、梁、陈相继立国，史称南朝。北方的北魏于439年统一北方，534年分裂为东魏、西魏，后又相继为北齐、北周所取代，史称北朝。577年北周灭北齐，581年隋代北周。589年隋灭陈，重新统一了分裂了273年的中国。从公元420年刘宋建立到公元589年隋灭陈此，史称南北朝时期。

南北朝时期，大部分时间南、北方分别统一于一个政权，战争相对较少，经济有所发展。南朝的经济、文化都高于北方，取代东晋后，不受魏、晋旧制约束，齐、梁时期在都城建设有巨大变化和创新，梁时的建康成为当时最大、最繁荣的商业中心。

北朝的北魏为与南朝抗衡，公元493年迁都洛阳，大力推行汉化，在重建的洛阳城外发展出方格形街道的坊市制外郭，开中国城市布局的新局面，为隋唐长安城的前奏。

南北方的共同特征是早期强调对外对内的防御，较晚时期都修建了郭城，注意了工商的发展。郭城的修建，南方早于北方。工商业的发展也是南方早于北方。有关工商交通的安排，北方大约参考了南方的设计。不同点是，由于地势的原因，北方据平原，南方据河流、山区。北方重点防御北方，所以注意北方的制高点。南方城内注意北方外，也注意它的南方防御。至于北方都城内部整齐的里坊，是其独特

[1] 傅熹年．中国科技史：建筑卷[M]. 北京：科学出版社，2008：205.

之处，应与北方的特殊情况（如原有的军事制）有关，而与南方不同。

这个时期的分裂不同于秦始皇统一天下以前的各地区的单独发展。经过了秦汉400多年的统一，汉文明已经巩固下来，因此虽然再度分裂，各地区也分别发展了自己的特点，但是仍然有一个共同的因素在起作用，即在秦汉一统意识的强烈影响下，争取政治上的再度统一，形成统一的国家，成为南北方人民普遍的愿望与要求，这是隋唐一统得以实现的根本原因。表现在城市规划上，汉代都城长安与洛阳规划对分裂时期的都城布局建设都产生重要影响。魏晋南北朝时期有许多都城兴建，建康、邺北城以及邺南城、北魏洛阳城等，无论择新址营建还是沿用旧址改扩建，均力求遵循传统礼制。这一时期的都城规划呈现出如下几个突出特点：

（一）三重城垣的出现

秦汉都城是否存在郭城的问题，文献记载比较模糊，考古发现表明此时的郭只是象征性的一个区域，可谓有名无实，如西汉长安城，直到公元4世纪中叶之前，都城只是在关键部位设置象征性的郭门而已，并不存在真正的城墙。因此，以公元4世纪上半叶为界，此前中国的都城实际上是内外两城的形制，如西汉长安城、东汉洛阳城，以及曹魏邺城、魏晋洛阳城及南朝之前的建康城。之后，则盛行宫城及内城、郭城三重城垣的形制，典型的如北魏平城、北魏洛阳城、东魏北齐邺南城等。这样宫城便被层层城墙所包围，核心位置更加突出，安全性也大大提高。

（二）单一宫城与都城中轴线的出现

与三重城垣的出现相应的是单一宫城与都城中轴线的出现。秦与西汉时期都城盛行多宫制，之后逐渐向单一宫城过渡。西汉长安城内大部分空间被长乐宫、未央宫、北宫、桂宫、明光宫等具有独立宫墙的宫城所占据，至东汉洛阳，这样的宫城减少，城内只有南宫、北宫、永安宫等不多的几座。从曹魏洛阳城开始，废南宫，强化北宫的地位，逐渐形成独立的单一宫制。单一宫城的出现为都城中轴线布局创造了条件。

都城中轴线的出现有一个形成过程。西汉长安城和东汉洛阳城的中轴线都还并不明确和严格，至曹魏邺城时，随着一宫制的出现，宫殿集中于北部，南部正对正殿的大道就成为全城的中轴线，产生了中轴对称的城市布局。魏晋及北魏洛阳城继承了曹魏邺城的做法，废除南宫，只保留北宫一个宫城。宫城正门为阊阖门，大朝正殿太极殿在宫城的南部，与阊阖门南北相对。由于阊阖门与郭城宣阳门相对，所以自阊阖门至宣阳门的南北向大街铜驼街就成为全城的中轴线，宗庙、社稷和太尉府、司徒府等高级官署分布在铜驼街两侧。尽管这条中轴线仍然未居全城正中，但是单一宫制与都城中轴线对称布局的设计理念，为此后都城的规划设计开创了新的局面。

中轴线出现以后，改变了以前中央官署分散布局的状况，将宫城与都城的规划设计更加紧密的结合起来，塑造严整的空间秩序。南北朝时期都城规划布局都贯穿了这种新理念，至隋大兴—唐长安城，单一宫城与都城中轴对称的布局达到了前所未有的高度，出现了宫城、皇城、都城的严谨格局。

（三）佛寺与石窟的出现

自东汉明帝时佛教传入中国，佛教建筑就开始立足都城，由城外而城内，由少到多发展壮大，至南北朝时达到鼎盛，城中佛寺林立，成为新的都市景观。近年来发掘的东汉洛阳白马寺、北魏洛阳永宁寺、东魏赵彭城北朝佛寺、建康城同泰寺等，都是当时都城重要的宗教及文化场所。都城周边往往也开凿很多石窟，如北魏云冈石窟与龙门石窟、东魏北齐的响堂山石窟、南朝的栖霞山石窟等，都是皇家开凿的礼佛之地。佛教作为一支外来宗教，深刻影响着人们的思想，改变着都城的面貌。

（四）里坊的规划

两汉都城都存在平民的居住区——里。据记载，汉长安城有 160 个里，但至今没有发现其遗迹，尚不清楚分布情况。据已有的研究，这些里多数分布在城内北部、东北部以及城郊的“郭区”。此时还没有出现真正的郭城，里坊的规划如何还有待进一步发掘与研究。曹魏邺北城把里坊放在城市南部，通过道路将其与宫殿、衙署区分隔开来，对里坊做了整齐的规划。真正的郭城出现以后，里坊的规划性更强。北魏洛阳城即是郭城出现以后里坊规划的代表。宿白[1]及傅熹年先生[2]对北魏洛阳城里坊的复原研究，可以明显看到里坊的规划痕迹。

二、东晋南朝建康

在魏晋南北朝时期，孙吴、东晋和南朝宋、齐、梁、陈六个王朝先后在今南京定都，凡 321 年，史称“六朝”。东吴都城名建业，晋平吴后改建业曰建邺，建兴元年（313 年）为避晋愍帝司马邺之讳改建邺为建康，南朝宋、齐、梁、陈因之，后世统称六朝都城为建康。六朝时期南方经济日益发达，文化繁盛，建康城则是当时南方地区政治、经济、文化的中枢，同时也是南北方文化交流与融合的结晶。

（一）东吴建业：因地制宜的都城选址与布局

东吴时期，孙权于公元 229 年自武昌徙都秣陵，改称建业。建业东北有钟山，北接玄武湖，西有石头山、马鞍山，南部亦有山冈丘陵，又有秦淮河环绕西南两面。这样的地理环境对建业的城市发展与规划有相当大的影响。孙权迁都之初，并未营建新宫，只是把原将军府寺略加修缮使用。至赤乌十年（247 年），才改做新宫，名太初宫，周三百丈（合二里）。至后主孙皓宝鼎二年（267 年），又于太初宫东北起昭明宫，周五百丈，自宫门南出，有七八里长的苑路，直抵淮水北岸的南门大津。苑

---

[1] 宿白 . 北魏洛阳城和北邙陵墓——鲜卑遗迹辑录之三 [J]. 文物，1978（7）：42-52.

[2] 傅熹年 . 中国古代建筑史：第二卷 [M]. 北京：中国建筑工业出版社，2001：85.

路两侧为府寺廨署及军屯营地。建业没有筑城，仅在淮水沿岸立栅设防。水北岸为宫廷、衙署、贵族居住区，水南岸则有横塘、查下、长干等居民里坊区。建业因受地理条件的限制，加之原有建设基础的薄弱，规划上选择了较为自由舒展的布局方式。在钟山与石头山之间，北起玄武湖，南至秦淮河向南凸出的部分，形成一条南北向的轴线，沿线依次布置着苑城、太初宫、昭明宫、官署营屯和居住里坊区等。

（二）东晋建康：因势利导的都城空间格局演进

东晋时期，因势利导，先后作宗庙、社稷定中轴，咸和年间由名相主导主持，仿制洛阳，“规画”新都，形成台城居中、建康城纡徐委曲的格局，咸康年间“壮宫室”，史载从咸和五年（330 年）九月至咸和七年（332 年）十一月建设建康新都，都城格局大致成形。城市规模扩大，外围据点和城内防卫都得到强化，南郊的居住区规模扩大。城市恢宏的轴线体系得以形成，以牛首山为天阙，北端则直指北湖（图 5–1、图 5–2）。

（三）南朝建康：踵事增华，承前启后

东晋规画形成的都城在南朝得到了沿用，虽然各朝国祚短促，但是都因时势进行调整与补充，踵事增华。刘宋与北魏对峙，文帝元嘉年间至孝武帝大明年间（凡 41 年），以魏晋洛阳为蓝本，通过不断完善宫室和都城格局，填充苑囿不足，并沿中轴建设礼制建筑，给已具都城规模的建康增添壮丽的外观与充实的内容。南梁与东魏、西魏对峙，梁朝文化高度繁荣，建康建设争胜洛阳，壮观瞻，台城增至三重墙，广修寺院，都城面貌和格局都得到不断完善，终于臻于极盛。直至梁末建康城屡遭

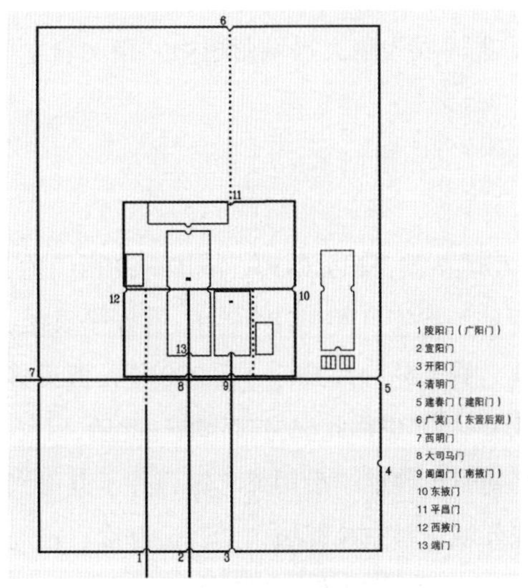

图 5–1　东晋建康都城格局

资料来源：武廷海．六朝建康规画 [M]. 北京：清华大学出版社，2011：48.

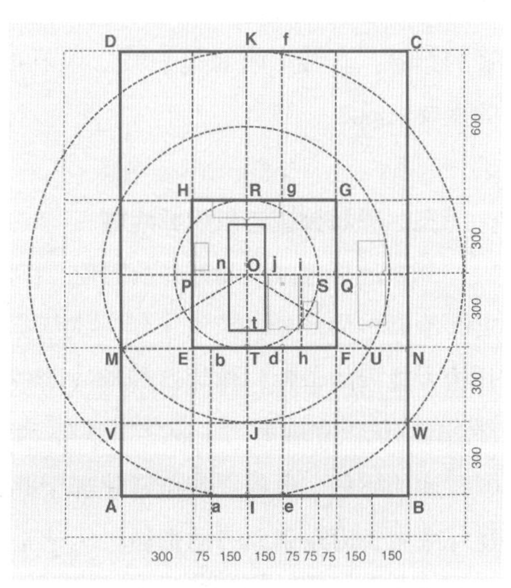

图 5–2　王导“规画”拟定的东晋建康城平面布局框架推测（图中单位为步）

资料来源：武廷海．六朝建康规画 [M]. 北京：清华大学出版社，2011：154.

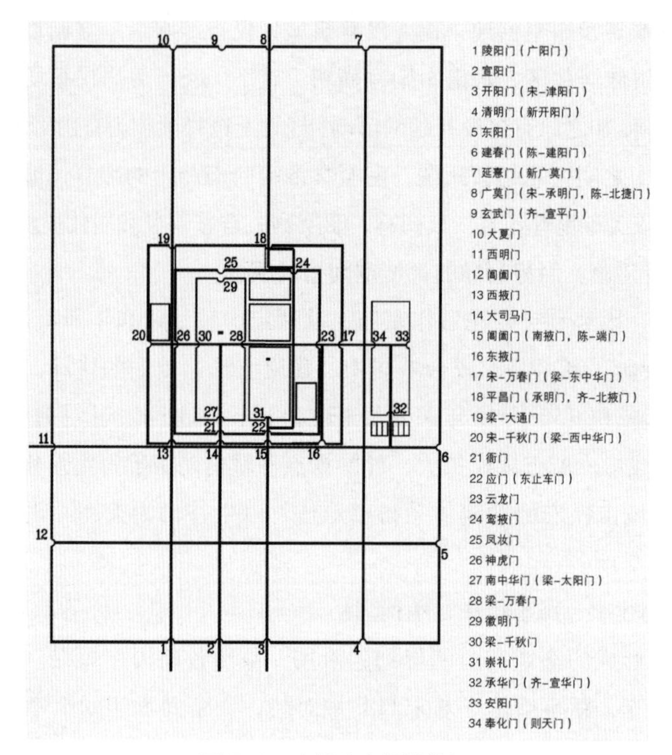

图 5-3　南朝建康都城格局

资料来源：武廷海．六朝建康规画 [M]. 北京：清华大学出版社，2011：52.

破坏，开始走下坡路，陈朝虽有所恢复，终未能挽救其盛极而衰的命运（图 5-3）。

在中国都城史上，建康作为南中国区域内先后六个朝代的首都，保存了东汉、曹魏、西晋王朝的人居环境建设遗产，并加以延续和发展，是一座具有承前启后意义的都城，直接影响北魏平城、洛阳布局，进而成为隋大兴城营建中“隋文新意”的重要来源。

三、曹魏邺城与东魏邺南城

邺城最早可以追溯到春秋时期，《管子·小匡》载齐桓公筑邺，战国时期西门豹、史起治邺也为此处。东汉末年，袁绍据守于此，建安九年（204 年），曹操平袁绍，开始大规模的营建，作为曹魏的政治根据地，后以邺为都城；公元 220 年，曹丕移都洛阳，仍以邺城为“王业之本基”，为五都之一[1]，史称此城为邺北城。此后，十六国时期的后赵、冉魏、前燕皆建都于此，北朝时东魏继续沿用邺北城，并于其南兴建邺南城，为东魏北齐的都城。无论是曹魏邺城还是东魏邺城，其营造制度、格局以及理念均较前代有重要的革新，为后世都城制度的开创奠定了基础。

---

[1] 《三国志》卷二《文帝纪》注引《魏略》：“改长安、谯、许昌、邺、洛阳为五都。”《水经注》卷十，浊漳水：“魏因汉祚，复都洛阳，以谯为先人本国，许昌为汉之所居，长安为西京之遗迹，邺为王业之本基，故号五都也。”

（一）曹魏邺城：画雍豫之居，写八都之宇

曹操时期以邺城为王都，“置百官僚属，如汉初诸侯王之制”，建安九年（204年）九月，曹操入据邺城，开始经营；建安十三年（208年）作玄武苑玄武池以肆舟师；建安十五年（210年）作铜雀三台。城内结构清晰严密，宫城集中，位于城市北部，大朝（文昌殿区）与常朝（听政殿区）并列，并以“T”形结构为城市空间骨架，城郊则大力发展水利，水渠纵横，田园整齐，农舍稠密，环境优美。

郭湖生将曹魏邺城的布局特点总结为“邺城制度”：①宫前东西横街直通东西城门，划全城为二，宫城在北且与北城垣合，坊里、衙署、市在南；②礼仪性的大朝与日常政务的常朝在宫内并列；形成两组宫殿群，各有出入口：大朝区为文昌殿阊阖门；常朝区为勤政殿司马门；③大朝门前形成御街，直抵南城门。在邺城，为南城垣中央的中阳门。他认为这一制度影响极为深远，自曹魏邺城起，迄于唐末梁以汴州为东京，并且影响了外域的都城建设（图5-4）。❶

西晋左思《魏都赋》记载了魏都邺城恢宏的空间格局：“阐钩绳之筌绪，承二分之正要。揆日晷，考星耀。建社稷，作清庙。筑曾宫以回匝，比冈隒而无陂。造文

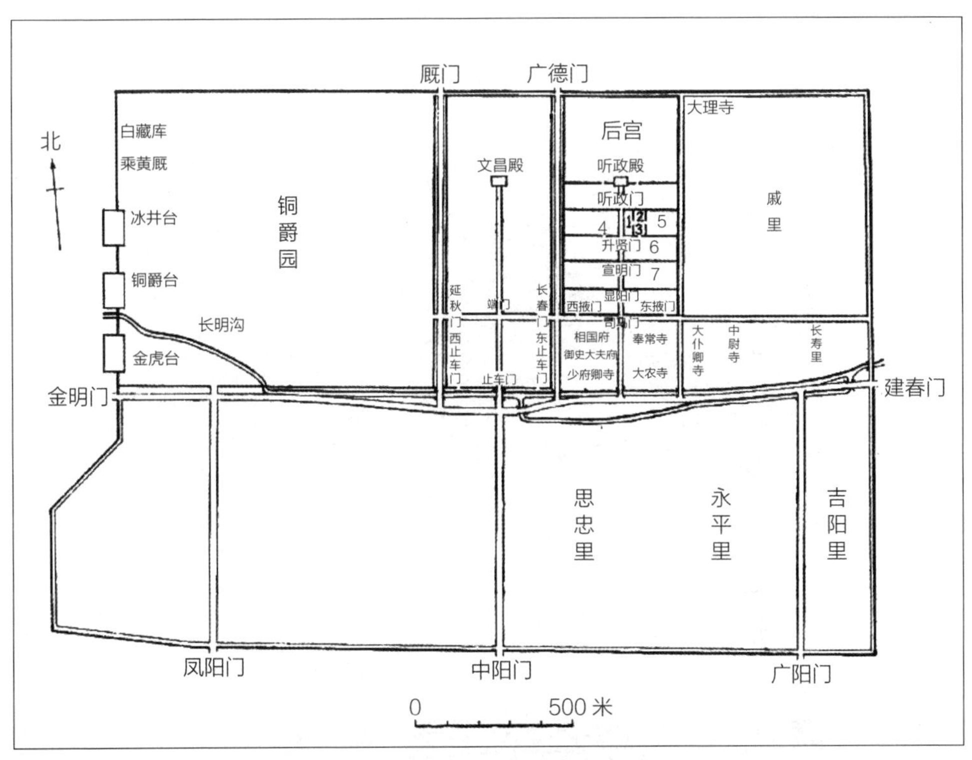

图5-4 曹魏邺城平面复原示意图

1—听政闼；2—纳言闼；3—崇礼门；4—顺德门；5—尚书台；6—内医署；7—谒者台阁、符节台阁、御史台阁（指北针指磁北，图廓纵线为真子午线）

资料来源：徐光冀.曹魏邺城的平面复原研究[M]// 中国社会科学院考古研究所.中国考古学论丛.北京：科学出版社，1993.

❶ 郭湖生.论邺城制度[J].建筑师，2000（8）：58-59.

昌之广殿，极栋宇之弘规。……岩岩北阙，南端逌遵。竦峭双碣，方驾比轮。……左则中朝有赩，听政作寝；右则疏圃曲池，下畹高堂。……内则街冲辐辏，朱阙结隅。”

（二）东魏邺城：参古杂今，折中为制

天平元年（534 年），东魏自洛阳迁都于邺，紧靠邺北城建设南城，北城南墙即南城北墙。邺南城沿着北城的中轴线发展，宫城位于都城的南北轴线上，宫城以北为苑囿，宫城以南建官署及居住用的里坊，形成中轴突出、对称规整的都城格局。规划邺南城原则是“上则宪章前代，下则模写洛京”（《魏书 · 李业兴传》），即综合北魏洛阳和此前历代都城的优点。邺南城的宫殿、宫前御街、左祖右社、东市与西市、大城外建外郭等做法都和北魏洛阳相仿，而且因为没有旧址约束，宫城和御街严格居中，格局更为严谨（图 5–5）。

邺南城的规划设计者是儒生李业兴，《魏书·李业兴传》载：“（李业兴）披图按记，考定是非，参古杂今，折中为制，召画工并所须调度，具造新图”，然后“申造取定”，

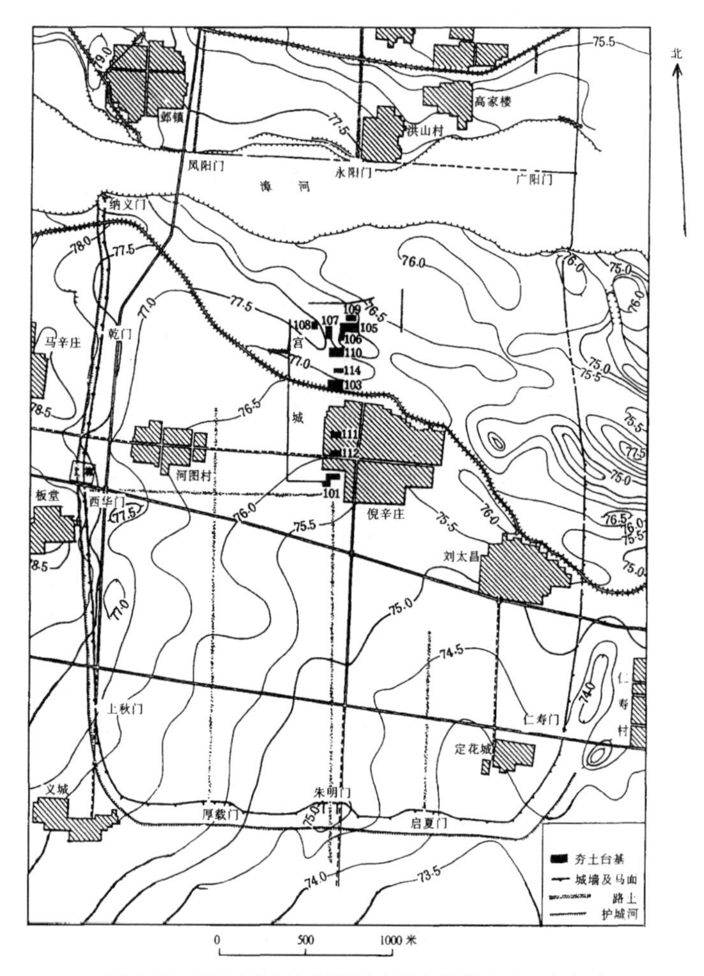

图 5–5　邺南城遗址实测图（图廓纵线为真子午线）

资料来源：徐光冀，朱岩石，江达煌 . 河北临漳县邺南城遗址勘探与发掘 [J]. 考古，1997（3）：27–32.

开始正式建设，即先考察史籍和古图，再根据传统、结合实际需要进行规划，然后绘制成图，形成方案，经皇帝批准后加以实施。可以看出，这一时期的都城规划已经有较为固定、科学的程序。

经过一系列的规划建设，邺南城成为一代繁华的都城，据《邺乘》云，南城"自兴和迁都之后，四民辐凑，里闾阗溢，盖有四百余坊"。到北齐时邺南城又进行了改建和扩建，使它无论在规模上还是在形式上都超越了前代，成为历史上的名都。

四、北魏平城

魏晋南北朝时期，南北文化有特殊的交流、融合与创新形式。北朝北魏随着政治军事势力的变化而发生统治中心的南移。天兴元年（398 年），魏道武帝拓跋珪，建国号为魏，将都城由盛乐迁移到平城，平城成为北魏前期固定的国都。道武帝大规模经营平城，此后数代续有营建，都城的规制在集成的基础上不断创新，体现出明显的南北文化交融的特点，对此后北魏洛阳的规划建设产生了重要的影响。

平城的规划建设经历了一个较长的历史时期，逐步形成了"内城—中城—外郭—外城"四重城垣的空间框架。道武帝时改建汉平城县，"截平城西为宫城"[1]，宫城分东西两区，其中西宫是皇帝的主要寝宫和朝堂。天赐三年（406 年）又以平城县为中心，向外扩展，修筑方二十里的外城，城内分置市里[2]，仿"邺、洛、长安之制"，形成了"内城—外城"的都城结构，并确立了魏人从"逐水草"到"邑居"的居住模式的转变[3]。明元帝时期，都城的格局得到了进一步完善，修筑外郭城，扩建西宫，泰常七年（422 年）九月，"筑平城外郭，周回三十二里"，泰常八年（423 年）十月，"广西宫，起外垣墙，周回二十里"。至此，平城的城郭之制形成，从内到外分别是"内城（汉平城县改造的宫区，后扩至周回二十里）——外郭（周回三十二里）——外城（方二十里）"。

此后都城得到不断充实，至孝文帝改制时期，开启了全面汉化的过程，在城南修建明堂、辟雍、灵台，废除早期在西郊祭天的习俗，改到都城南郊；将太庙和太社迁至内城中轴线的东西两侧，以遵循左祖右社的原则。同时遵循中原制度逐渐仿制与改建宫城，形成新的格局，如最初宫城主殿为永安殿，其后改营为太和殿或太华殿，孝文帝迁洛前又拆掉太华殿而新建太极殿，显然是在仿制曹魏洛阳以太极殿为中心的都城制度。

平城的营建事实上是一个区域性的人居规划建设行为，并与区域山水环境紧密结合在一起。近郊北起孤山、南至武周川水，西起西山、东至小白登山的范围内有大量的水利工程和离宫苑囿；道武帝时期即修筑鹿苑，引武川水分三路入城，解决都城用水问题；明元帝时建设完善东、北、西苑，孝文帝时又在北部修造方山永固陵和灵泉宫池。

---

[1] （梁）萧子显 撰 . 南齐书（第二册）[M]. 北京：中华书局，1972：984.

[2] 《魏书 · 太祖纪》载："规立外城，方二十里，分置市里，经涂洞达。"

[3] 《魏书 · 天象志》又载："发八部人，自五百里内缮修都城，魏于是始有邑居之制度。"

同时，北魏平城呈现出鲜明的多元文化并举、交融的特点。北魏政权对多元文化采取了兼收并蓄的开放态度，自东汉传入、作为异域宗教的佛教迅猛发展。在归附的汉人士族倡导下，中原传统的儒教和道教也得到发展。平城外城内修建有“基架博敞，为天下第一”的永宁寺七级佛塔，毗邻平城的云冈石窟则是中原地区第一座以国家名义开凿的大型石窟，此二者在迁都洛阳后修建的同名佛寺永宁寺九层木塔和龙门石窟中得到了继承和延续。

五、曹魏、西晋、北魏洛阳

曹魏、西晋和北魏皆建都于东汉雒阳城旧址。曹魏和西晋洛阳城，可以作为北方前期都城的实例。北魏洛阳城可以作为北方后期都城的实例。两者结合，正好可以说明魏晋北朝北方都城规划布局演变的情况。

（一）曹魏洛阳和西晋洛阳：上承邺城，居中为正

洛阳在秦时为吕不韦的封地，城内有南北两宫，西汉时洛阳沿秦旧，具有陪都性质。东汉光武帝刘秀定都洛阳，公元60~65年，汉明帝重修北宫，洛阳基本形成了南北九里、东西六里、十二城门、南北两宫的基本模式。190年，董卓焚毁洛阳，219年曹操留驻洛阳，开始修复洛阳宫殿，220年，逝于洛阳，其子曹丕称帝，移都洛阳，并营建洛阳宫室。227年，曹丕逝世，其子魏明帝曹叡对战国以来的洛阳城进行了大规模的建设，兴建宫室、官署，修缮道路等。265年，西晋代魏，仍以洛阳为都并沿用原有的宫殿、官署。311年，洛阳再遭战火焚毁。493年，北魏孝文帝自平城迁都至洛阳，在曹魏洛阳的基础上修缮、重建，疏通道路，扩建外郭，形成新的都城。

曹魏洛阳在汉洛阳的基础上修造，继承了城廓、城门的基本布局，工作重点主要集中在两个方面：①确立都城的单中心。改变了东汉洛阳南北两宫的分散布局，在都城北部设置单一宫城，以太极宫为中心；②确立都城“T”字形的空间骨架。南北大道铜驼街是城市空间的南北主轴，北起太极宫，经宫门阊阖门，中段东西相对建有太庙、太社，抵南城宣阳门，直对洛阳以南的委粟山，此外还有东西大道铜驼陌，自东城中部的东阳门向西过阊阖门，与铜驼街相交于宫城正门阊阖门前。曹植《毁鄄城故殿令》述及曹魏对洛阳的改造时用两句话进行了概括：“故夷朱雀而树阊阖，平德阳而建泰极”，恰可囊括以上两项内容。

可以看出，曹魏对洛阳的改造明显地继承了曹魏邺城的模式。虽然受制于东汉的建设基础，曹魏洛阳城廓、城门等均无大的变化，空间结构不如邺城规整：城市中轴线偏西、城廓变化复杂、“T”字形结构的东西向大街未贯穿全城，等等，但是单中心和“T”形骨架两个改造重点都是与邺城模式一脉相承的。这种单一宫城位居都城内北部中间的形制布局，影响极为深远，后世的隋、唐、宋、元、明、清几个大的朝代都城也都是这种格局的延续（图5-6）。

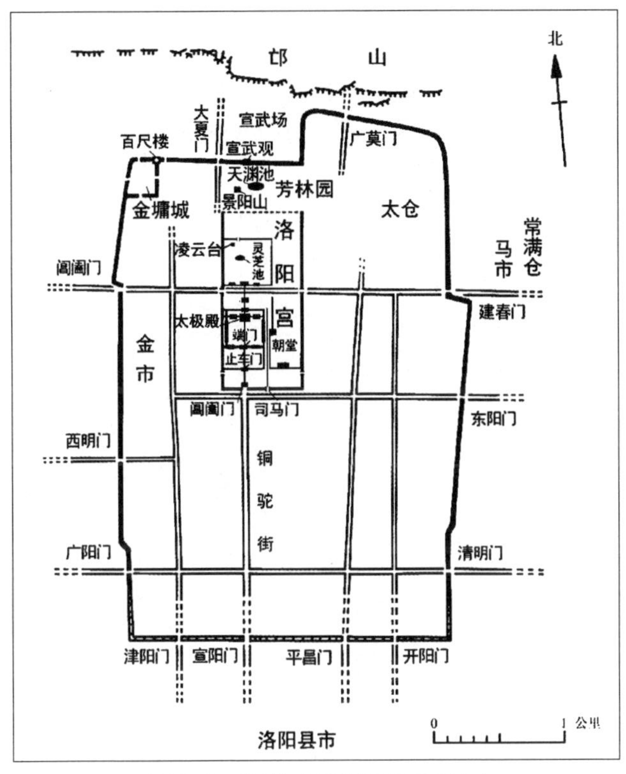

图 5-6 曹魏西晋洛阳平面复原图

资料来源：钱国祥．中国古代汉唐都城形制的演进——由曹魏太极殿谈唐长安城形制的渊源 [J]. 中原文物，2016（4）：34-46.

（二）北魏洛阳：兼容南北，光宅中原

北魏迁都洛阳后的建设，主要是在曹魏基础上的修缮和重建，沿袭城廓、宫殿，拓宽、疏通道路和沟渠。最重要的工作有三个方面：①贯通东西大道，将西墙中门西阳门北移到东墙中门东阳门相对的位置，打通曹魏时未贯通的东西大道；②建设外郭城，以曹魏洛阳城为内城，在它的东南西北四面拓建里坊，建设外郭，形成宫城—内城—外郭三重城垣，这应当是吸收了北魏平城的规划经验；③相应的城市的南北轴线得到强化和扩展，宫城、皇城、外郭城正门均在此轴线上，皇城的中央衙署及庙社建筑在中轴线两侧对称分布，这条轴线出内城南门宣阳门，继续向南延伸，经洛水浮桥，达圜丘。

经由这几方面的工作，曹魏时形成的基本空间骨架（中心 +“T”字形骨架）得到了进一步的强化和扩展。原本局限在内城中的小的“T”字形结构，进一步拓展为外郭尺度的大的“T”字形结构。西明门、东阳门大道一线成为外郭城的东西主干；铜驼街大道出宣阳门，继续向南延伸，跨洛水、抵伊水之滨。在此过程中，自然山川被纳入城市空间构图中，外郭城北抵邙山，跨洛水，南抵伊水，山水城形成整体（图 5-7）。

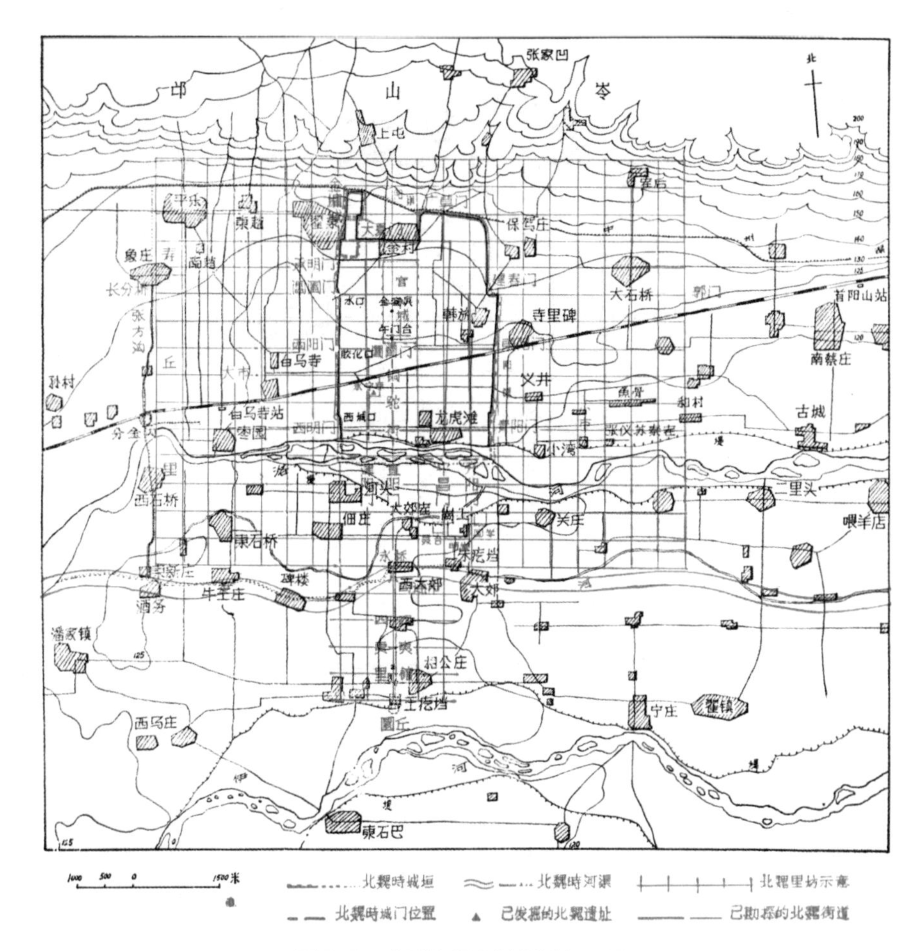

图 5-7　北魏洛阳郭城设计复原图

资料来源：宿白．北魏洛阳城和北邙陵墓——鲜卑遗迹辑录之三 [J]. 文物，1978（7）：图版肆．

第二节　隋唐一统与都城规划新气象

隋唐的一统是基于汉族与各少数民族融合而出现的，在魏晋南北朝规划的基础上，兼容并包，以一个全新的模式出现在中国城市规划舞台上。《新唐书·地理志》记载，唐玄宗时，分为 15 道，郡、府 328 个，县 1573 个（系根据玄宗开元二十八年有关资料统计，不包括羁縻州内的城市），相应地，有都城 2 个，道城 12 个（关内道、京畿道同治首都长安），郡城 328 个，县城 1564 个（其中唐长安、洛阳、益州、苏州等 9 个城市均为两个县共辖，故县城比县数少 9 个）。唐代城市 1564 个，比东汉增加了近 1/3，其中郡城增加了 2.4 倍。这意味着唐代城市化水平比东汉是大大提高了。

以隋大兴—唐长安、东都洛阳等为代表的隋唐规划大大不同于秦汉时期，这集中反映在三个方面：一是规整的城市出现，从都城到地方都有了一套布局制度，城市体系的等级制度明显，按城市的行政等级规划城市平面，城内一般为十字街，府州以上城市用井字街。中国南方城市因地形水道复杂，则因地制宜，不拘一格。二是子城防卫加强。三是里坊制。自曹魏邺城里坊制以来，一直到隋唐，都城里开始考虑到了市民空间。隋唐时期郭城的作用得到显著增强，郭城空间的生产和生活活力成为引领城市发展和提高影响力的重要支撑。城市可以容纳较多的居民，对他们加以严格管理。隋大兴城—唐长安城，是中国中古时期封闭式里坊制城市的典范。

一、隋大兴—唐长安

公元 581 年，隋代建立，次年隋文帝决策在龙首原创制新都大兴城，两年后迁入新都。唐王朝建立后，仍以大兴为都城，改名长安，改宫中主殿大兴殿为太极殿，其余仍沿用隋代建置，并未有大的改动，而是逐步完善，陆续兴建了大明宫、兴庆宫，并加高加厚城墙，建设坊市等。隋大兴—唐长安继承了前代都城规划经验，又结合规划者的才思予以全新的创造。它既体现了儒家文化影响下的礼乐秩序，又吸纳了魏晋南北朝的文明成果，在中国古代规划史上，具有承前启后的重要地位。

隋统一全国后，因原汉长安城宫殿破坏严重，官署民居混杂，城内用水不足，隋文帝决定在原汉长安城东南另建新城。《隋书·高祖纪》记载，隋开皇二年六月丙申（公元 582 年 7 月 29 日），颁布《营建新都诏》，令在汉长安故城东南方创建新都："朕祗奉上玄，君临万国，属生人之敝，处前代之宫。常以为作之者劳，居之者逸，改创之事，心未遑也。而王公大臣陈谋献策，咸云羲、农以降，至于姬、刘，有当代而屡迁，无革命而不徙。曹、马之后，时见因循，乃末代之晏安，非往圣之宏义。此城从汉，凋残日久，屡为战场，旧经丧乱。今之宫室，事近权宜，又非谋筮从龟，瞻星揆日，不足建皇王之邑，合大众所聚，论变通之数，具幽显之情同心固请，词情深切。然则京师百官之府，四海归向，非朕一人之所独有。苟利于物，其可违乎！且殷之五迁，恐人尽死，是则以吉凶之土，制长短之命。谋新去故，如农望秋，虽暂劬劳，其究安宅。今区宇宁一，阴阳顺序，安安以迁，勿怀胥怨。龙首山川原秀丽，卉物滋阜，卜食相土，宜建都邑，定鼎之基永固，无穷之业在斯。公私府宅，规模远近，营构资费，随事条奏。"

当年六月动工建设，到第二年三月已初具规模。据文献记载，隋初大兴建城时的规模为外郭东西 18 里 115 步，周围 67 里。勘察城墙东西长 9721 米，南北长 8651 米，周围长 36 千米，同文献记载接近。城内面积约 84 平方千米，为现存明清西安城的 7 倍。唐初在城北龙首原建大明宫后，城市面积为 87 平方千米，城北尚有广阔的禁苑。据宋《长安志》记载：城内长安、万年两县共有 8 万户，其中包括人口众多的许多贵族官僚府第，此外尚有寺庙的僧道，教坊的舞伎、乐工，再加上常驻军队约 10 万人，总人口将近 100 万，是当时世界上规模最大的城市。

隋唐长安城的布局受曹魏邺城和北魏洛阳城的影响，将宫城、皇城和居住里坊严格分开，继承和发展了中国古代都城规划的传统，采用中轴线对称布局。宫城位置居中偏北，设置官衙、官办作坊和仓库、禁卫军营房等。宫城南面为皇城。皇城内左有太庙，右有太社。皇城外东、南、西三面为居住里坊，北面为禁苑。道路系统为严格的方格网状，有南北大街 11 条，东西大街 14 条。居住里坊内的道路为“十”字形或“一”字形，与全市性道路分为两个系统。全城划分为 110 个坊。坊四周筑有坊墙，大都开 4 个坊门，朱雀大街两侧的小坊只开东西两个坊门。里坊有严格的管理制度，日出开坊门，日落时击鼓闭坊门。长安城在朱雀大街两侧，东西主干道南，设置东市和西市。市内有“井”字形街道。市中设肆和行，按行业集中。两市都有外国商人开的店铺。全城河道分东西两区，通宫城和御苑，又与东西两市沟通，便于商品运输。城外渠道经渭河入黄河，便于漕运。街道两旁植行道树。北宋时期宋敏求《长安志》卷七《唐皇城》载：“自两汉以后，至于晋齐梁陈，并有人家在宫阙之间，隋文帝以为不便于民。于是皇城之内，惟列府寺，不使杂人居止。公私有便，风俗齐肃，实隋文新意也。”（图 5-8）

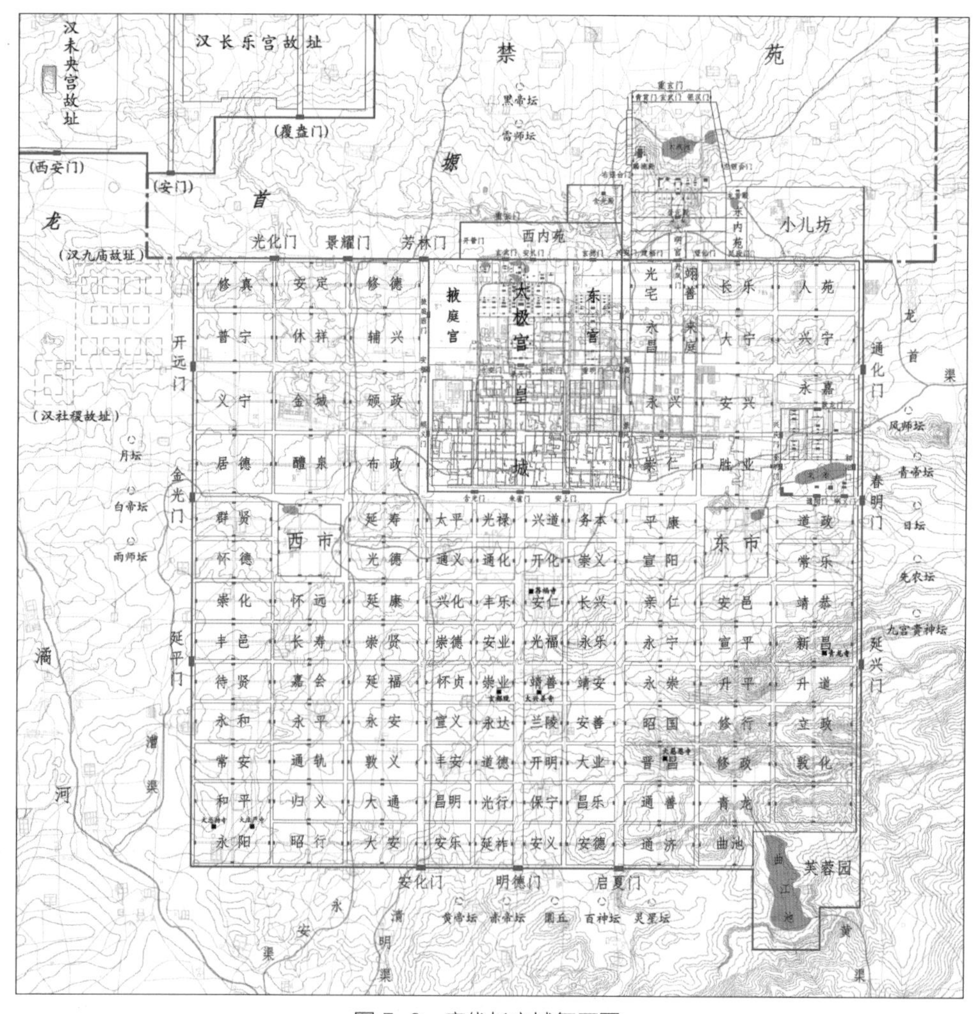

图 5-8　唐代长安城复原图

资料来源：王树声 . 中国城市人居环境历史图典 · 陕西卷 [M]. 北京：科学出版社，龙门书局，2015.

隋大兴规划设计工作的开展，是高颎以宰相资望总领其事，宇文恺进行具体的“规画”。正如《隋书·宇文恺传》所载：“及迁都，上以恺有巧思，诏领营新都副监。高颎虽总大纲，凡所规画，皆出于恺”。宇文恺相度山水形势，以大兴善寺为构图中心，城市布局中规中矩，贵位设置寺观以镇之，高处凿池以厌胜之，低处则建木浮图以崇之(图 5-9)。

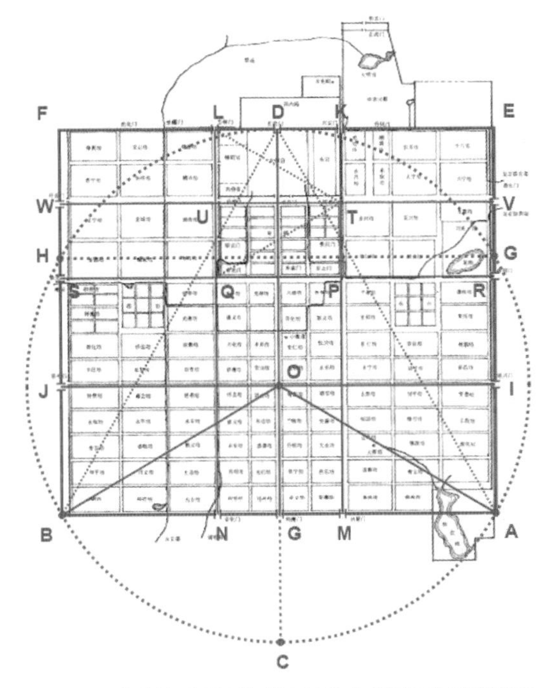

图 5-9　宇文恺“规画”拟定的隋大兴平面布局推测图

资料来源：武廷海. 从形势论看宇文恺对隋大兴城的“规画”[J]. 城市规划. 2009(12)：39-47.

从汉至唐，中国的都城长安都是当时世界上最为宏大的城市，因此它们在制度文化上的意义始终显而易见。与汉代长安相比，隋唐长安不仅面积巨大，而且体现出明确而严整的规划设计主旨。首先，城市格局实现了充分的完整性和涵盖性，政治、经济和诸多社会阶层的生活等各种复杂的功能，都通过宫廷、苑囿、里坊、街道、集市等建筑性质而逐一得到了清晰的体现。其次，庞大城市网络体系之中的每一局部的具体建构定位，都与城市的整体布局之间有非常清晰严整的逻辑关联和层序安排。最后，以具体的建筑形式，体现出皇权的至尊地位。隋唐长安城的建设规划对当代和后世国内外的都城建设规划有较大影响，如渤海国上京龙泉府，日本的平城京（今奈良西）、平安京（今京都）等均模仿长安城的布局。

二、东都洛阳

洛阳是继大兴之后宇文恺再次规划设计的一座伟大城市。宇文恺总结了大兴城规划的经验与不足，结合洛阳的山水环境，创作了一个与大兴风格完全不同的都城。《玉海·隋都·东都》引《通典》云：“故都城自周至隋大业以前，常为都邑。今都城，隋大业元年所筑。”注引《两京记》：“炀帝登北邙，观伊阙。曰：‘此龙门耶？自古何为不建都于此？’苏威曰：‘以俟陛下。’大业元年，自故都移于今所。其地，周之王城。初谓之东京，(后）改为东都。”同条又引《唐六典》曰：“隋炀帝大业元年，诏左仆射杨素、右庶子宇文恺移故都创造也，南直伊阙之口，北倚邙山之塞，东出瀍水之东，西出涧水之西。洛水贯都，有河汉之象。东去故都十八里。”仁寿四年十一月，隋炀帝在诏书中述说迁都洛阳的缘由：“三月丁未，诏尚书令杨素、纳言杨达、将作大匠宇文恺营建东京，徙豫州郭下居人以实之。戊申，诏曰：‘听采舆颂，谋及庶民，故能审政刑之得失。是知昧旦思治，欲使幽枉必达，彝伦有章。而牧宰任称朝委，苟为徼幸，以求考课，虚立殿最，不存治实，纲纪于是弗理，冤屈所以莫申。关河重阻，无由自达。朕故建立东京，躬亲存问。今将巡历淮海，观省风俗，眷求谠言，徒繁词翰，而乡校之内，阙尔无闻。恇然夕惕，用忘兴寝。其民下有知州县官人政治苛刻，侵害百姓，背公徇私，不便于民者，宜听诣朝堂封奏，庶乎四聪以达，天下无冤。’”

洛阳在空间布局上与长安有若干共同之处：第一，都注意了宫城的卫护，加强了内防。第二，扩大了居民区，反映了隋代初年集中人口的要求。居民区——坊的区划很整齐，坊有四门和十字街，便于管理和控制。第三，注意了市场的布局。洛阳的安排更为合理，反映了工商业发展的要求。第四，都城空间布局均与自然山水形势紧密结合在一起，长安城的中轴线直面终南山石鳖谷，洛阳城则创造了一条北起邙山南对龙门伊阙的宏伟轴线。

与此同时，洛阳的空间模式又呈现出自身鲜明的特点和创新之处，相比于长安的严谨，洛阳显得更为活泼。长安为“北苑南坊，宫城居中”，宫城与外郭同处于一条中轴线，是严格对称的布局模式。洛阳则为“西苑东坊，宫城居中”，尽管也有明显的轴线，但从外郭来看，宫城处在西北，不像长安那样严格对称。洛阳“苑—宫—坊”的整体空间布局模式，反映出规划者深邃的规划智慧和对地形的娴熟利用，也体现了中国都城规划中正与变、规整与灵活两相结合的构图特征（图 5-10）。

三、江都宫

隋文帝开皇九年（589 年），隋灭陈，并平毁了六朝都城建康，扬州成为大一统帝国控制江南地区的中心城市，隋文帝先后派三子杨俊和次子杨广担任扬州总管，镇守广陵。杨广在扬州担任总管的十年间，尊重南方文化，延揽精英人物，稳定江南人心，南方经济迅速复苏。在此过程中，杨广愈发认识到了扬州的战略地位，自称“管淮海之地，化吴、会之民”[1]。隋仁寿四年（604 年），杨广即皇帝位，改元大业，改扬州为江都郡，改广陵为江都。大业元年（605 年）一开春，隋炀帝就下令开始修建江都宫及临江宫，准备巡幸事宜，并于当年九月启程前往江都[2]。到大业六年（610 年）隋炀帝第二次驾幸江都时，江都的建设已基本完成。同时，隋炀帝还下令开挖运河，使运河水由扬子津入江（图 5-11）。

---

[1] （隋）灌顶 辑 . 国清百录 [G]//《中华大藏经》编辑局 编 . 中华大藏经：第八三册 . 北京：中华书局，1994：232.

[2] 《大业杂记》记载：“大业元年春，……勅扬州总管府长史王弘大修江都宫，又於杨子造临江宫，内有凝晖殿及诸堂隍十余所。又勅王弘於扬州造舟及楼船、水殿、朱航、板榻、板舫、黄篾舫、平乘、艨艟、轻舸等五千余艘，八月方得成就。九月，车驾幸江都宫。发冬十月，车驾至江都。”

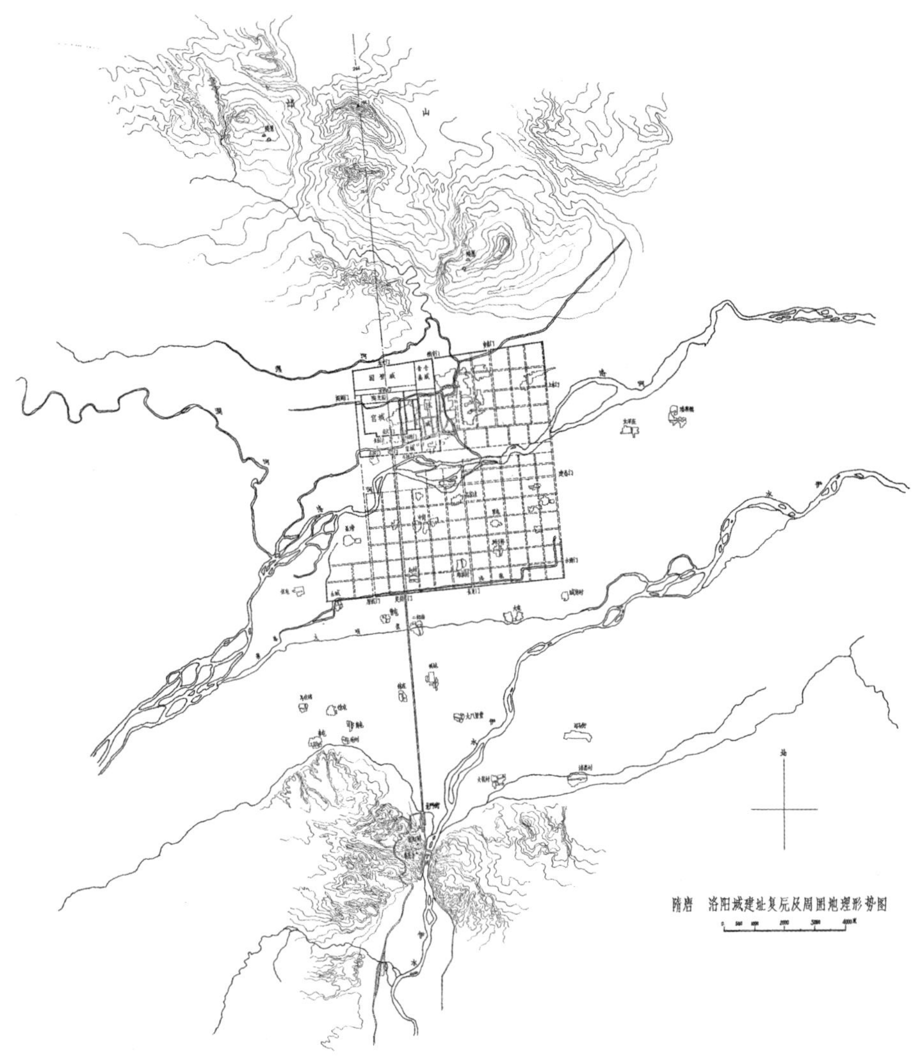

图 5-10 隋唐洛阳与邙山、伊阙的关系示意图

资料来源：吴良镛 . 中国人居史 [M]. 北京：中国建筑工业出版社，2014：196.

从使用情况和各项制度看，江都城实际上具有陪都或行都的特殊地位。大业年间，隋炀帝三次巡幸江都，在江都的时间累计两年有余；而隋炀帝在位 13 年里，留在东都洛阳的时间合计有五年多，在西京大兴的时间前后不足一年。而且，隋炀帝每次“巡幸”江都，后宫百官都随之迁移，全国政务的处理、礼乐征诛的决定及其他重要诏策，都发自江都。一些原是皇帝在国都举行的大典，也都在江都举行。此外，到了大业六年（610 年）江都的建设基本完工之时，隋炀帝“制江都太守秩同京尹”[1]，敕令江都太守的品秩俸禄与东、西二都的长官尹相同，江都的都城地位在制度上得以确立，已经可以与东都、西京相提并论。

[1]（唐）魏征 等撰 . 隋书：第一册 [M]. 北京：中华书局，1973：75.

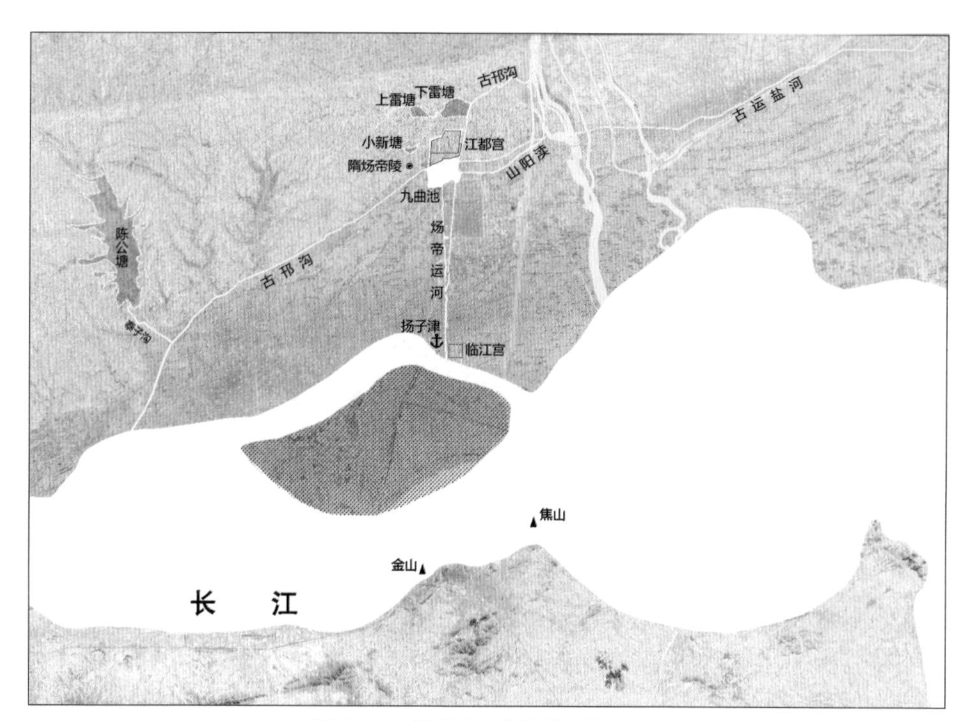

图 5-11 江都宫与运河体系示意图

资料来源：武廷海，王学荣．京杭大运河城市遗产的认知与保护：以扬州为例 [M]. 北京：电子工业出版社，2014.

江都城位于蜀冈之上，依托六朝广陵城修建。关于其格局，文献中没有专门记述。但根据史书中零星的记载，可以推知其大致格局：①隋江都城有宫城、东城之分，中间有城垣分割，宫城为皇帝、后宫、内侍官员和禁卫官兵居住之所；②东城位于宫城之东，驻扎有军队，随行的亲王和文武官员也居住于此；③宫城四面有门，北门为“玄武门”，东门是宫城与东城之间的门；④宫城北部有“西苑”，其门为芳林门；⑤宫城中轴线上有朝堂、寝殿，朝堂西面建有流珠堂，在芳林门与玄武门内建有水精殿、成象殿，附近的成象门在唐初尚存，为府署正门；⑥城外有郭，城外郭内为工商士民居住之所，也驻有军队。

近年来蜀冈城址上的重要考古发现使隋代江都宫的大致面貌逐渐浮现。目前已发现的隋代遗址有，江都城的西北角[1]、江都城北门[2]、江都城南门[3]和城内十字街西南隅的东西向道路[4]，另外在城内发现了南北向和东西向夯土遗迹，疑似江都宫的南垣和西垣[5]。其中江都城北门、南门和连通南北门的道路的发现，基本确定了江都宫

❶ 中国社会科学院考古研究所，南京博物院，扬州市文物考古研究所．扬州城——1987~1998年考古发掘报告[M]. 北京：文物出版社，2010：23-27.

❷ 国家文物局．2017 中国考古重要发现 [M]. 北京：文物出版社，2018：113-117.

❸ 陶敏．蜀岗古城遗址南门考古重大发现 [N]. 扬州晚报，2018-12-09（A5）.

❹ 汪勃，王睿，束家平，等．扬州蜀岗古代城址内三处道路遗迹发掘简报 [J]. 中国国家博物馆馆刊，2018（9）：24-38.

❺ 汪勃，王小迎．隋江都宫形制布局的探寻和发掘 [J]. 东南文化，2019（4）：71-82+127-128.

中轴线的位置。在考古调查的过程中，在中轴线附近还发现了石础等宫殿的建筑遗迹，疑似成象殿的遗存。此外，在蜀冈城址西部勘探到了古代水系的痕迹，可能是江都宫苑的水面遗存。

在江都宫周围建设有多处离宫别苑，形成隋江都宫苑体系。与东都洛阳的宫苑体系类似，隋江都宫苑体系分三个层级：隋西苑作为江都宫的内苑，为第一层级；城西北雷塘地区的隋十宫、城南九曲池等，作为江都宫的别苑，共同构成第二个层级；江都宫、临江宫、北宫等宫殿群，沿运河组织，构成第三个层级，形成了都城级别的宫苑体系。

四、从江都到扬州

扬州城从春秋建城直至明清，是一个因水而生、因水发展的城市，其在不同历史时期的作用和地位是不同的。春秋、战国、六朝、五代、南宋等朝代和王朝更替的战乱之际，扬州城处于战争前线，主要承担军事职能，经济职能相对较弱；汉唐的扬州不仅是中央控制东南地带的政治、文化重镇，也是当时的贸易中心、商品集散地；隋末和五代初期的扬州城作为一国之都，兼具政治与军事职能；经历战乱的摧残之后，随着南京地位的上升，北宋和明清时期的扬州城，回归到以经济职能为主。纵览扬州城的发展历程，唐代扬州城一度成为当时全国乃至世界贸易的中心之一，堪称东南都会，是扬州古代建城史上发展的高峰。作为东南都会的唐代扬州城，一方面利用蜀冈上的隋江都城作为牙城，在其中设置官署，屯集军队，作为军政堡垒，

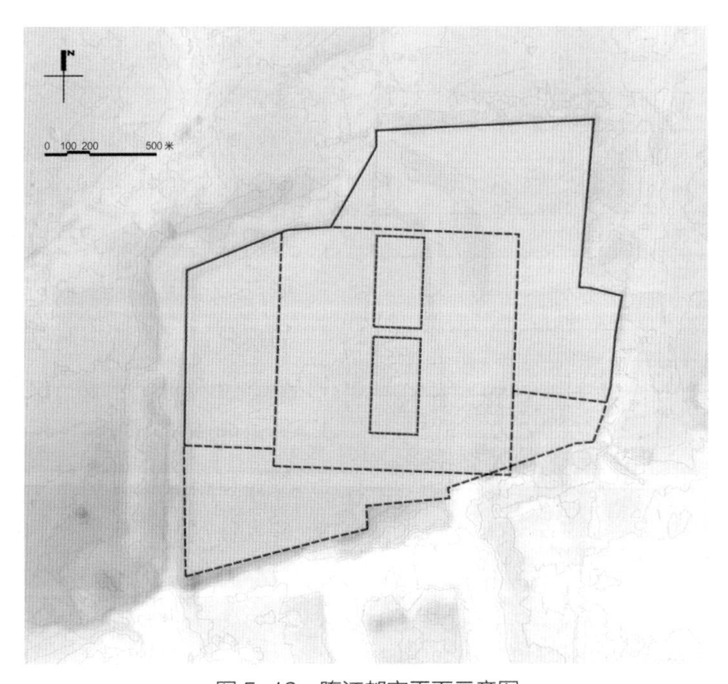

图 5-12 隋江都宫平面示意图

资料来源：武廷海，王学荣，等. 扬州城遗址蜀岗区域保护展示规划 [R]. 2018.

保证城市政治地位；另一方面，为了容纳更多人口，集散更多货物，设立更多市场和手工业作坊，城市沿着隋代修建的运河向南拓展，出现了规模宏大的罗城，形成了“霞映两重城”的空间格局（图 5–13）。而唐代罗城的营建，并不是一步到位的，可能经历了四个阶段：①中唐以前，扬州罗城沿用了隋江都外郭，南界在五亭桥、凤凰桥、漕河北岸一线；②中唐时期，南部出现了新的建成区，尤其在“安史之乱”后，扬州城外建成区快速发展，主要聚集在官河的两侧；③唐德宗建中四年（783 年），淮南节度使陈少游为防备战乱，将罗城的东墙和西墙向南延伸，南墙移至渡江桥北部一线；④唐朝末年，淮南节度使高骈为应对“黄巢之乱”，利用南方各州烧制的大砖，加固扬州城墙，重要地段的夯土城垣变成了包砖城垣[1]。

扬州城内规划整齐划一，道路呈网格状。城内发达的水陆交通网络规划保障了商贸的便利与繁荣。运河从南水门入城，东水门出城，为人员和货物的出入提供了极大的便利。考古发现表明，唐代官河（在今汶河路位置）两侧集中了大量的市场和手工业作坊。另一方面，运河客观上分割了城市空间，为了弥补这一劣势，城内修建了大量的桥梁——“二十四桥”，强化了城内的交通联系。在水陆交通网络的保障下，城内的交通异常繁忙，形成了“入郭登桥出郭船”的奇观。“夜桥灯火连星汉，水郭帆樯近斗牛”，从唐代诗歌中所描写的夜间繁华景象可以看出，扬州城已经出现了临街设店、夜市千灯的现象，反映坊市制已经全面被突破。当人们呼吸着自由的空气，在习习的晚风中漫步，扬州的月色自然显得格外明亮引人了，正如唐代诗人徐凝的《忆扬州》所称“天下三分明月夜，二分无赖是扬州”。

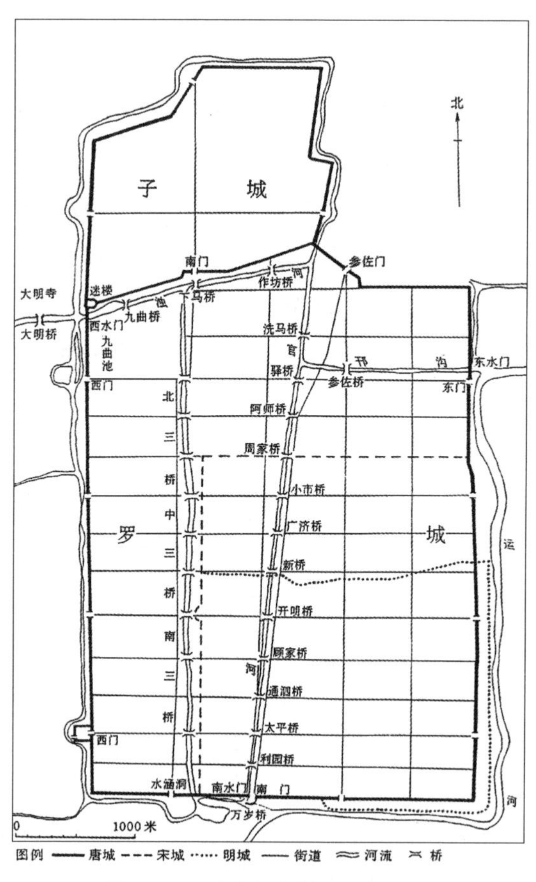

图 5–13　唐代扬州城平面复原图

资料来源：中国社会科学院考古研究所，南京博物院，扬州市文物考古研究所 . 扬州城——1987~1998 年考古发掘报告 [M]. 北京：文物出版社，2010：23–27.

[1] 顾风 . 对扬州唐城论争的重新思考 [C]// 中国考古学会，中国社会科学院考古研究所，南京博物院，等 . 扬州城考古学术研讨会论文集 . 北京：科学出版社，2016：35–38.

第三节 帝国模式与空间治理

一、民族交融与治国模式

中国历史的连续性举世无双，但“连续性”并不是说一成不变的；它是一个动态进程，是在各种波动和变态中体现出来的，留下的是一条“螺旋形上升”的轨迹。三国至隋唐时期的一个典型特征是在碰撞、融合中创新、前进。不管是分裂王朝还是统一帝国，都为后世留下了宝贵的空间治理的遗产。

（一）量地画野，邑地相参：北魏均田制及其影响

北魏孝文帝时期，北方地区重归统一，孝文帝采纳汉族大臣的建议，对土地和赋税制度进行了一次全面改革，实行“均田制”，除桑田外，一般耕地都属于国家所有，归国家分配，私人只有使用权而无所有权。

此次田制改革的直接起因，是李安世的一篇上疏。李安世（443~493年），赵郡大族，散骑常侍、平西将军、宣城公李孝伯子。安世“幼而聪悟”，“温敏敬慎”，后任主客令、相州刺史等，“敦劝农桑，禁断淫祀”，甚有政绩。《魏书》卷五三《李孝伯传附李安世传》载：“时民困饥流散，豪右多有占夺。安世乃上疏曰：‘臣闻量地画野，经国大式；邑地相参，致治之本。井税之兴，其来日久；田莱之数，制之以限。盖欲使土不旷功，民罔游力。雄擅之家，不独膏腴之美；单陋之夫，亦有顷亩之分。所以恤彼贫微，抑兹贪欲，同富约之不均，一齐民于编户。窃见州郡之民，或因年俭流移，弃卖田宅，漂居异乡，事涉数世。三长既立，始返旧墟，庐井荒毁，桑榆改植。事已历远，易生假冒。强宗豪族，肆其侵凌，远认魏晋之家，近引亲旧之验。又年载稍久，乡老所惑，群证虽多，莫可取据。各附亲知，互有长短，两证徒具，听者犹疑，争讼迁延，连纪不判。良畴委而不开，柔桑枯而不采，侥幸之徒兴，繁多之狱作。欲令家丰岁储，人给资用，其可得乎！愚谓今虽桑井难复，宜更均量，审其径术；令分艺有准，力业相称，细民获资生之利，豪右靡馀地之盈。则无私之泽，乃播均于兆庶；如阜如山，可有积于比户矣。又所争之田，宜限年断，事久难明，悉属今主。然后虚妄之民，绝望于觊觎；守分之士，永免于凌夺矣。’高祖深纳之，后均田之制起于此矣。”

李安世上疏的中心意思，就是一个“均”字。他首先阐述了古代“量地画野”“邑地相参”的田制及其寓意，为自己的立论提供了历史的依据；接着又分析了北魏土地占有关系混乱、豪强侵夺、争讼纷纭的情况，指出其对社会的严重危害，强调了改革的必要。最后，李安世提出建议，在不触动“今主”对土地占有的前提下，充分利用荒地，“宜更均量”，实行均田，以抑制兼并，化解纷争，发展农业。这篇上疏，实际上成为太和年间田制改革的纲领。

最早实施均田制的，是京畿即平城周围地区。《魏书》卷三三《公孙表传附公孙邃传》载：“后高祖与文明太后引见王公以下，高祖曰：‘比年方割畿内及京城三部，

于百姓颇有益否？’邃对曰：‘先者人民离散，主司猥多，至于督察，实难齐整。自方割以来，众赋易办，实有大益。’太后曰：‘诸人多言无益，卿言可谓识治机矣。’”“方割”就是将荒地划分成若干份，交给农民耕种，即实行均田。这样不但有利于农民，对官府也“实有大益”，易于征收租调了。可见均田制确实在平城一带得到了实施。

北魏的均田制和租调制，在北齐、北周又被继承发展，直至隋唐。特别是唐朝前期实行均田制和租庸调制，奠定了强盛王朝的经济基础，其影响及于国外。如日本在大化改新后实行的班田制，实为均田制的翻版。

正由于孝文帝开创了均田制度，在一定程度上解决了历代王朝最感头痛的土地问题，做了几百年来封建统治者想做而又一直未做成的事情，因此得到历代史家的赞誉。其中如南宋郑樵在《通志》卷六一《食货略》中谓：“井田废七百年，一旦纳李安世之言，而行均田之法。国则有民，民则有田，周、齐不能易其法，隋唐不能改其贯；故天下无无田之夫，无不耕之民……自太和至开元，三百年之民，抑何幸也！”清初顾炎武在《日知录》卷一〇《后魏田制》中也说：“后魏虽起朔漠，据有中原，然其垦田均田之制，有足为后世法者”“嗟乎！人君欲留心民事，而创百世之规，其亦运之掌上也已”。对均田制及孝文帝本人都给予了高度评价。

（二）隋炀帝的“大业”与治国理念

隋文帝结束了南北朝时期长期分裂的局面，国家重新恢复了统一，国力渐次恢复，臻于富强。隋炀帝即位之初改年号为“大业”，并且营建之宫名为“显仁”，两者都是取名于《周易・系辞传》，意思是一致的，就是希望“富有”。大业初的诏书阐释圣王治天下之道，要在安民，具体的做法就是“既富而教，家给人足”，这与《汉书・食货志》的说法如出一辙，是“昔者哲王之治天下”之法。《隋书・隋炀帝纪》记载：“隋炀帝大业元年春正月壬辰朔，大赦，改元。……戊申，发八使巡省风俗。下诏曰：‘昔者哲王之治天下也，其在爱民乎。既富而教，家给人足，故能风淳俗厚，远至迩安。治定功成，率由斯道。朕嗣膺宝历，抚育黎献，夙夜战兢，若临川谷。虽则聿遵先绪，弗敢失坠，永言政术，多有缺然。况以四海之远，兆民之众，未获亲临，问其疾苦。每虑幽仄莫举，冤屈不申，一物失所，乃伤和气，万方有罪，责在朕躬，所以寤寐增叹，而夕惕载怀者也。今既布政惟始，宜存宽大。可分遣使人，巡省方俗，宣扬风化，荐拔淹滞，申达幽枉。孝悌力田，给以优复。鳏寡孤独不能自存者，量加赈济。义夫节妇，旌表门闾。高年之老，加其版授，并依别条，赐以粟帛。笃疾之徒，给侍丁者，虽有侍养之名，曾无赒赡之实，明加检校，使得存养。若有名行显著，操履修洁，及学业才能，一艺可取，咸宜访采，将身入朝。所在州县，以礼发遣。其有蠹政害人，不便于时者，使还之日，具录奏闻。’三月丁未，诏尚书令杨素、纳言杨达、将作大匠宇文恺营建东京，徙豫州郭下居人以实之。……又于皂涧营显仁宫，采海内奇禽异兽草木之类，以实园苑。徙天下富商大贾数万家于东京。”从“富有”的角度，可以感受显仁宫的意图。“采海内奇禽异兽草木之类，以实园苑”，“徙天下富商大贾数万家于东京”，都是充实的表现。

至于“教”民，大业元年闰七月丙子诏说，“君民建国，教学为先，移风易俗，必自兹始。而言绝义乖，多历年代，进德修业，其道浸微。汉采坑焚之余，不绝如线，晋承板荡之运，扫地将尽。自时厥后，军国多虞，虽复黉宇时建，示同爱礼，函丈或陈，殆为虚器。”❶

（三）府县和羁縻：唐代的国土控制

从7世纪到9世纪，唐帝国是人类文明的高峰，它世界性的文化光芒从太平洋之滨一直投射到中亚细亚。10世纪初，地方性的军事篡权者纷纷建立独立王国，唐王朝陷入军阀割据之中。内乱之外，又添外患，北方游牧集团越过充满传奇色彩的长城一线，侵入中国北部。对于生活在平原上、以农耕为业的中原汉人来说，他们是外来的征服者，但是他们中的大部分吸收了唐文化的多元因素，并与其他民族相融合。❷

历史地看，在传统中国实际上存在两种不同的帝国模式，各自起源、发育于中国东部的雨养农业区域，以及位于它以西的中国内陆亚洲边疆。前者是以秦—汉—隋—唐—宋—明等帝国为典型的“汉族帝国模式”，后者则是崛起于汉族帝国边疆的“内亚边疆帝国模式”。汉唐帝国模式的国家建构到唐代形成一个巅峰，它的疆域之大令人印象深刻，但是唐初维持此等规模的版图实际上只有40年左右，它中后期的版图就大不一样了，从10世纪以后采纳汉唐帝国模式的王朝国家更是没有能力把广阔的西部中国纳入自己的版图。❸❹

事实上，唐的疆域可以分为两个不同部分，即府县建制地区和羁縻地区，两类地区之间分界线的走向，与呈现中国人口分布空间特征的“黑河—腾冲线”十分接近。这条界线是1930年代地理学家胡焕庸基于中国人口分布而提出的，与400至300毫米年等降水量带，也就是雨养农业和无法从事雨养农业的分界线走向基本一致，此线把中国疆域划分成大致相等的两部分，而分布在东部的人口却占据了全国人口的90%。值得注意的是，汉族与中国各少数民族分布区之间界隔线的走向也大致与此一致。比“黑河—腾冲线”的发现稍晚，拉铁摩尔也把中国版图划分为“汉地核心区域”和中国的“内陆亚州各边疆地区”两个部分。唐和唐以后的汉族帝国设置府州建制的地区，基本不超过“黑河—腾冲线”或“拉铁摩尔线”之西。这与府州建制所必须依赖的汉族移民没有能力越出雨养农业区边界而继续向外扩张的特性紧密联系在一起。

---

❶（唐）魏征 等撰．隋书：第一册[M].北京：中华书局，1973：64.

❷ 刘子健．中国转向内在：两宋之际的文化转向[M].赵冬梅，译．南京：江苏人民出版社，2012.

❸ 姚大力．中国历史上的族群和国家观念[N].文汇报，2015-10-09（T02）.

❹ 姚大力．多民族背景下的中国边陲[M]//清华国学院．全球史中的文化中国．北京：北京大学出版社，2014.

唐代的羁縻体制为后来诸王朝所继承和发展。被置于这一控制体系下的地区和人群，可能遵循两条非常不同的路径演变。一是经由土官、土司、土流并置、改土归流的过程而逐渐内地化，并最终被纳入国家版图；二是中央王朝与这些地区和人群的关系长期停滞在羁縻、册封体制下，则可能最终转化为对等国家间的外交关系。羁縻地区遵循这两种不同路径而朝不同方向演变的分界线，位于土司建制地带的外缘。中华民国建立时仍存在着土司的地区，它们离开"黑河—腾冲线"并不很远。这是汉族帝国模式的版图整合所可能到达的最大范围。以结束唐王朝全盛时代的"安史之乱"为转捩点，东亚历史逐渐进入一个分权化和多极化的时代。[1] 从此，崛起于中国内亚的边疆帝国参与中国国家建构活动，对中华帝国的构建与空间治理发挥主导的作用，而处于外来征服者压迫下的汉族帝国一旦和平重现，又以新的姿态顽强地发展。在西方，地理大发现激发了欧洲的扩展，世界历史进程正在转向。在中国，汉族帝国与内亚边疆帝国这两种模式共同参与的国家建构，直到 21 世纪的今天中国人仍然以其独特的方式延续着宋代以来的独有文化[2]，中国古代城乡规划的知识累积也进入一个新的历史时期。

二、里坊与城邑制度

从隋唐都城到地方城市，似乎建立了一套以十字街为骨干的里坊制度，作为基层单位。京城（长安城）由面积不等的 108 个坊组成，各坊以十字街划分为四大区，各大区再以小十字街划分为四小区。东都（洛阳）由面积相近的 109 坊组成。州县城则常见以 16 坊、4 坊或 1 坊构成。从都城到县城，皆以坊为基本单位组织，但规模、数量逐级缩小。层层十字街的区划是隋唐城市布局的特点[3]。这样完整的城市体系，是以前所没有的。这既体现了严格的封建等级制度，又反映了中央集权的进一步强化（图 5-14）。

（一）唐云州城—大同城

大同市位于山西省北部，外长城以南，地处古代游牧民族和农耕民族活动地区的分界线上，有重要的战略地位。北魏曾建都于此，唐代称云州，为云中郡治所，辽时为西京大同府治，元称大同路，明代改为大同府。唐辽时期为夯土城，明洪武五年（1372 年），大将军徐达依旧城土墙增筑为砖城，沿用至今。据傅熹年研究，唐云州城平面近于方形，四面正中各开一门，在城内形成东、西、南、北四条大街，十字相交于城之几何中心，分城区为四区。每区内又用大十字街分为四小区，每小

---

[1] 杉山正明 . 疾驰的草原征服者：辽 西夏 金 元 [M]. 乌兰，乌日娜，译 . 桂林：广西师范大学出版社，2014.

[2] 阎步克 . 波峰与波谷——秦汉魏晋南北朝的政治文明 [M]. 2 版 . 北京：北京大学出版社，2017：213.

[3] 宿白 . 隋唐城址类型初探 [M]// 北京大学考古系 . 纪念北京大学考古专业三十周年论文集：1952—1982. 北京：文物出版社，1990：279-285.

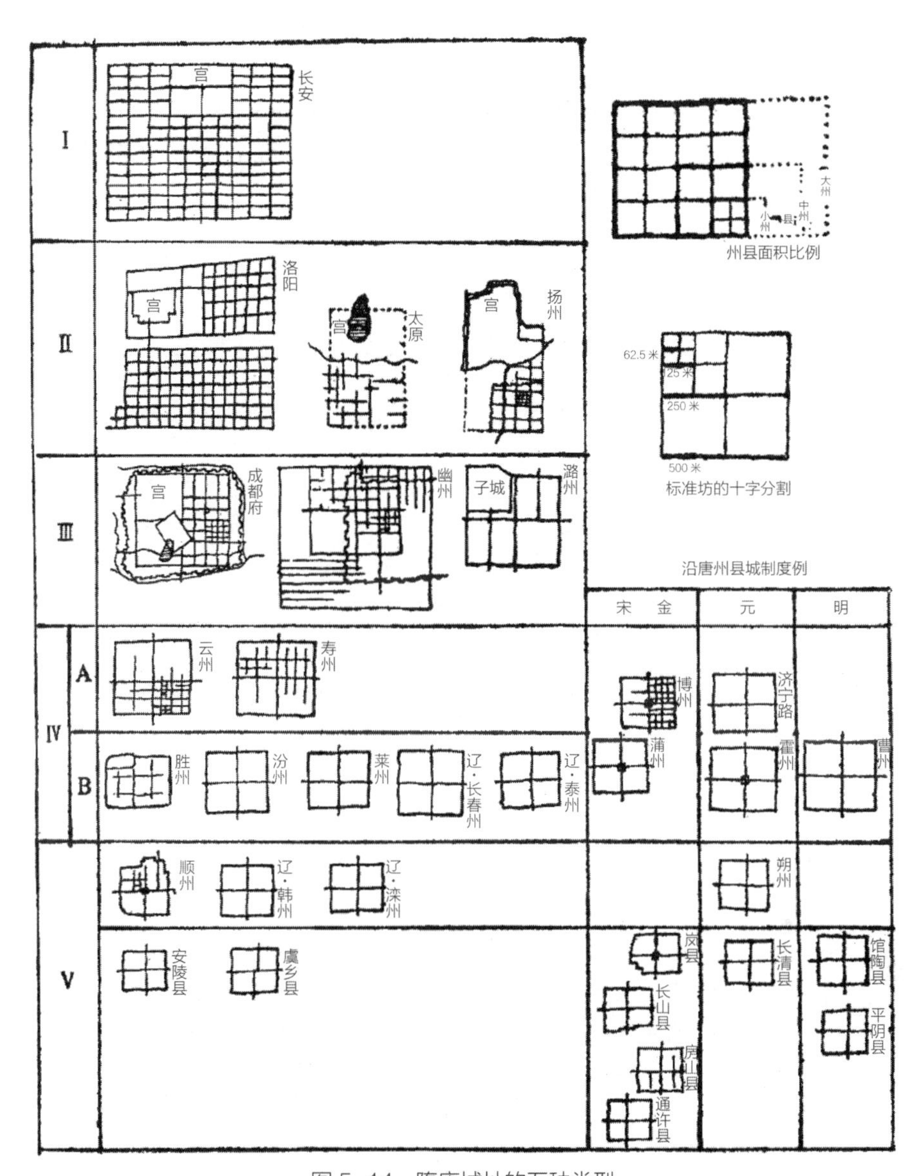

图 5-14 隋唐城址的五种类型

资料来源：宿白 . 隋唐城址类型初探 [M]// 北京大学考古系 . 纪念北京大学考古专业三十周年论文集：1952—1982. 北京：文物出版社，1990：279-285.

区又用小十字街分为四个街区。全城由十字干道和大小十字街分为六十四个小街区，干道呈方格网布置。明大同城实际上保存了唐代里坊制城市的街道网，是一座有四个坊的城市，东西南北四条通城门的大街所划分出的四区实际上就是唐代四个坊。每区的大十字街就是原来通四面坊门的坊内十字街。在唐代长安、洛阳等城市已毁灭且遗址亦残缺不全的情况下，此城可以说是唐代里坊制城市的一座活的标本。推算唐代云州城内坊之宽深均为 836.5 米，每坊面积 0.7 平方千米，尺寸稍小于唐长安皇城、宫城两侧诸大坊，而大于春明门至金光门大道南各坊。

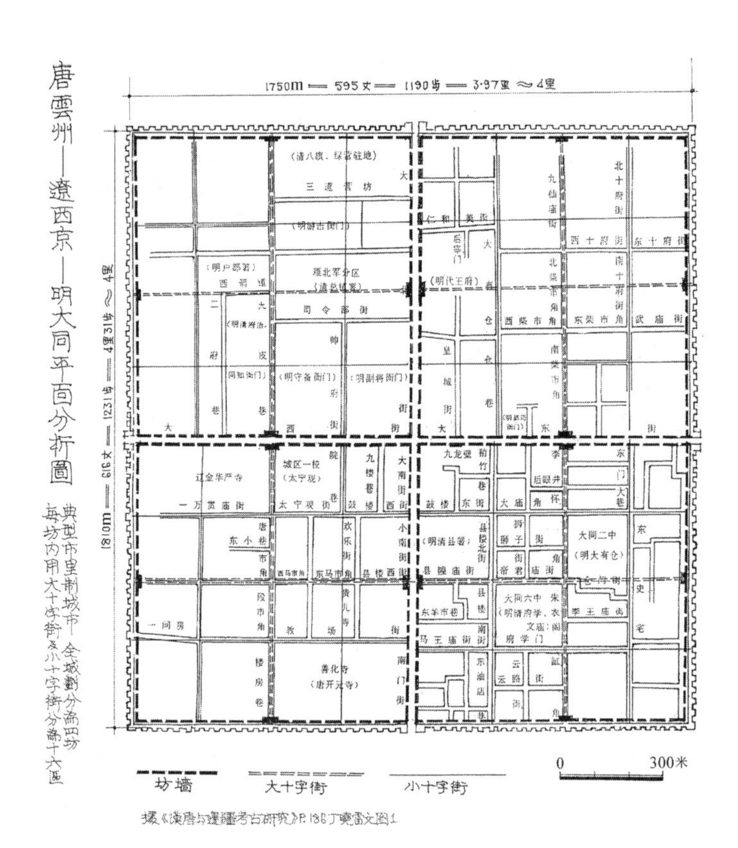

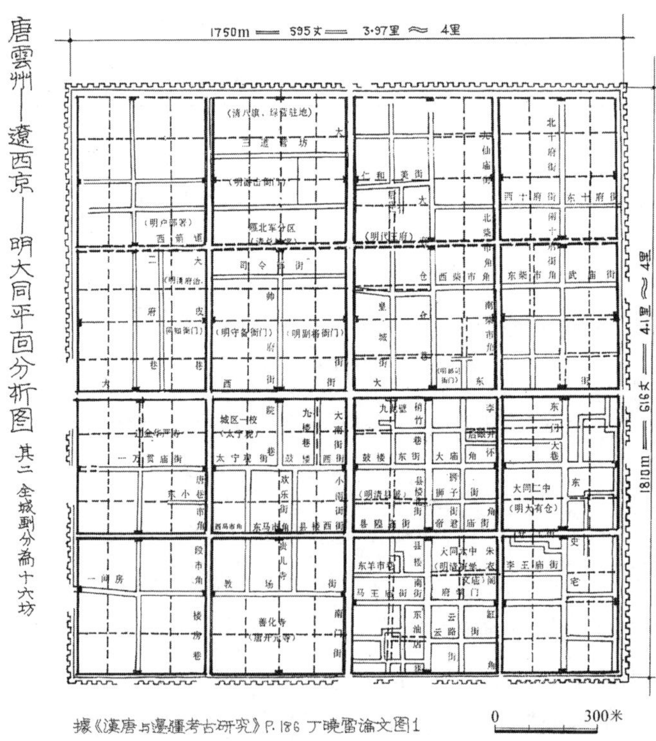

图 5-15　唐云州—辽西京—明大同平面分析图

资料来源：傅熹年 . 中国古代城市规划、建筑群布局及建筑设计方法研究 [M]. 2 版 . 北京：中国建筑工业出版社，2015：260-261.

（二）贝州城

贝州城位于今河北省邢台市清河县，是唐代贝州的治所。贝州为河北道下辖的统县政区，唐宪宗元和年间下辖清河、清阳等十县。唐前半叶，贝州城在永济渠西北 10 里处，咸通元年（873 年）移至永济渠东岸。北宋前期沿用此城，后改名为恩州，并大幅缩减其规模。金国占领后降格为县城，明正德七年（1512 年）改建县城时仅保留城市东南部。由于毗邻全国交通大动脉——永济渠，唐代贝州城是北方重要的物资集散基地，纺织业发达，当时称为“天下北库”。结合考古发现和文献记载可知，宋恩州城的东、西、北三面城墙沿用唐贝州城；此外，贝州城南墙外有“御河”，在南堤村北面一带。除北墙呈东北—西南走势外，贝州城的其他城墙和街道遗存都约为正交方向，表明贝州城形态较为规整，沿永济渠干渠方向展开为近似长方形，大约占 16 个坊的面积（图 5-16），相当于宿白在《隋唐城址类型初探》中所提到的“大型州府城市”。唐代以后永济渠的运输职能逐渐减弱直至湮灭，贝州城经济贸易逐渐衰落，行政等级不断下降，城市规模不断缩减。

不过，并非所有地方城市都拥有这样完整而规正的城垣和布局。在一些地形复杂的地区（尤其南方地区），以人工筑子城、以山川为外廓的情况颇为常见。子城

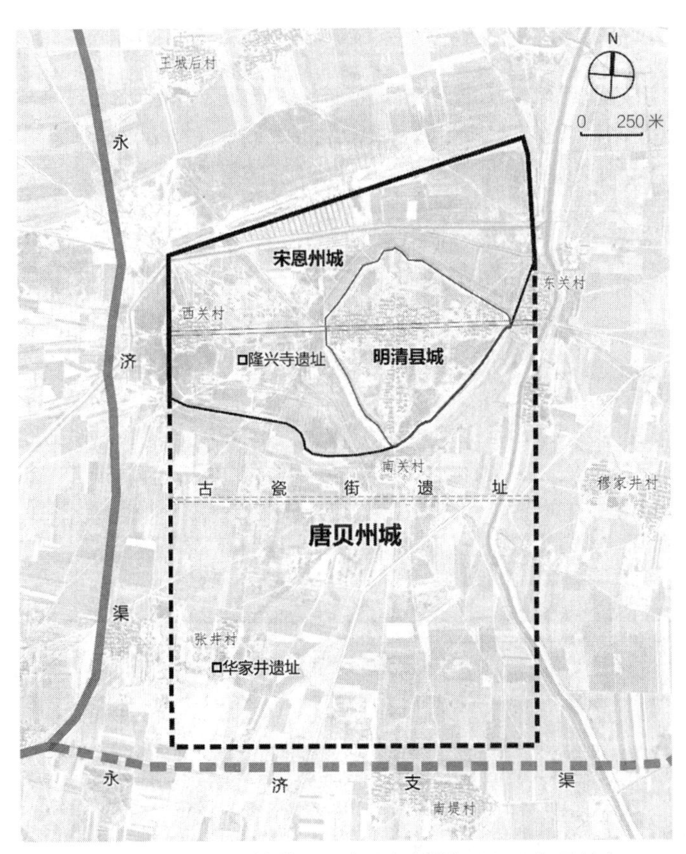

图 5-16 唐贝州城范围示意图（底图为 1970 年卫片）

罗城制度始于南北朝，或可追溯于两晋，至唐代则州军治所设子城已为常规[1]。子城通常保卫着衙署仓库等重要官方设施，格局多方正，规模视等级而定。罗城之规模、形态则无一定之规。根据柳宗元对唐代永州城的记述，当时仅筑有州城（即子城），规模较小，仅包纳州衙及其他官方设施。城外潇水环曲、丘陵密布，故“其始度土者，环山为城”[2]，以天然山川为州城外廓。城市建设也不拘泥于人工城垣内部，当时永州的县署、仓库、学校、里坊、寺庙等大多分布于城外的郊野自然中，尤多聚集于东山、千秋岭、万石山等丘陵山麓地带[3]。

地方城市中延续至明清的一些基本配置，如谯楼、城隍庙等，在汉末至隋唐的六百年余间逐步演进成为地方城市物质空间的基本构成要素。以“谯楼”为例，在南北朝隋唐的地方州军子城制度中，形成了在城门之上建高楼、置鼓角以报时警众的谯楼制度。谯楼建筑通常高峻雄伟，为全城标志。元代堕毁城垣，子城制衰，唯各地谯楼往往独存，仍有晨昏警时之用[4]。再以“城隍庙”为例，史籍所载城隍庙最早见于三国时吴国芜湖，经六朝至唐代渐渐普及[5]。其在众多民间信仰中脱颖而出并成为官方祠庙之首，则待至两宋。

三、筑城居民

在中国历史早期，人往往居住在有城墙环护的聚落中，而其田在附近。这种方式在隋大业年间仍然如此，虽然是和平时期，没有掠夺的问题，但是，也集中安置。通过“人悉城居，田随近给”，一方面互相帮助，另一方面，便于管理和治安。《隋书·炀帝纪》有大业十一年二月庚午的《令民悉城居诏》：“设险守国，著自前经，重门御暴，事彰往策，所以宅土宁邦，禁邪固本。而近代战争，居人散逸，田畴无伍，郛郭不修，遂使游惰实繁，寇襄未息。今天下平一，海内晏如，宜令人悉城居，田随近给，使强弱相容，力役兼济，穿窬无所厝其奸宄，萑蒲不得聚其逋逃。有司具为事条，务令得所。“此外还有专门安置归化的少数民族，为他们置城造屋的诏令，也是为了安民居，得民心。”另外还有大业四年四月乙卯《为启民可汗置城造屋诏》：“突厥意利珍豆启民可汗率领部落，保附关塞，遵奉朝化，思改戎俗，频入谒覲，屡有陈请。以毡墙毳幕，事穷荒陋，上栋下宇，愿同比屋。诚心恳切，朕之所重。宜于万寿戍置城造屋，其帷帐床褥已上，随事量给，务从优厚，称朕意焉。”

---

1. 郭湖生. 中华古都：中国古代城市史论文集 [M]. 台北：空间出版社，2003：152.
2. 柳宗元. 永州韦使君新堂记 [M]// 柳宗元. 柳宗元集. 北京：中华书局. 1979：732.
3. 孙诗萌. 自然与道德：古代永州地区城市规划设计研究 [M]. 北京：中国建筑工业出版社，2019：76-82.
4. 郭湖生. 中华古都：中国古代城市史论文集 [M]. 台北：空间出版社，2003：163.
5. 程民生. 神人同居的世界：中国人与中国祠神文化 [M]. 郑州：河南人民出版社，1993.

阅读材料

[1] 郭湖生 . 论邺城制度 [J]. 建筑师，2000（8）：58-59.

[2] 宿白 . 北魏洛阳城和北邙陵墓——鲜卑遗迹辑录之三 [J]. 文物，1978（7）：42-52+100.

[3] 陈寅恪 . 都城建筑 [M]// 陈寅恪 . 隋唐制度渊源略论稿 . 北京：商务印书馆 . 2011：69-90.

[4] 武廷海 . 六朝建康规画 [J]. 城市与区域规划研究，2011，4（1）：89-114.

[5] 宿白 . 隋唐城址类型初探 [M]// 北京大学考古系 . 纪念北京大学考古专业三十周年论文集：1952—1982. 北京：文物出版社，1990：279-285.

[6] 郭湖生 . 中华古都：中国古代城市史论文集 [M]. 台北：空间出版社，2003.

[7] 武廷海 . 从形势论看宇文恺对隋大兴城的“规画”[J]. 城市规划，2009（12）：39-47.

第六章

统一多民族国家与规划变革

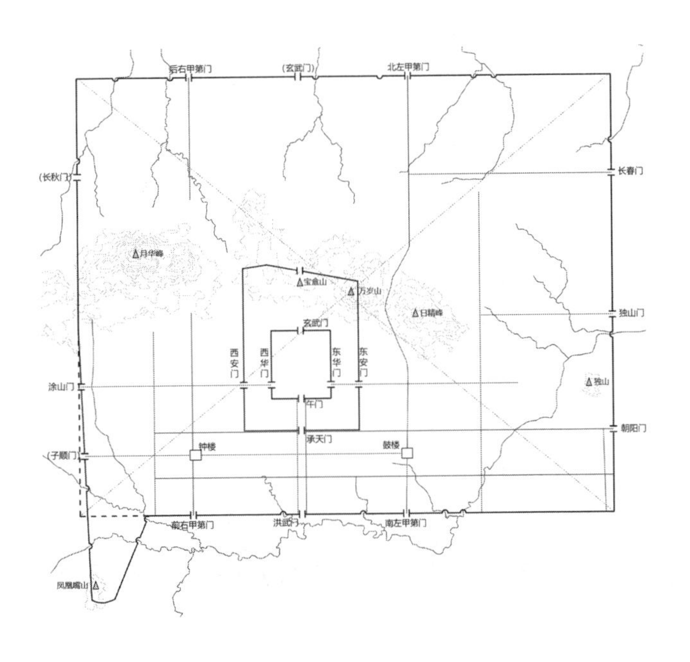

第六章

统一多民族国家与规划变革

从 907 年唐朝灭亡至清代灭亡的 1911 年（或晚清 1860 年），前后约 1000 年，包括的朝代有五代十国、宋、辽、金、西夏、大理和元、明、清。期间国家再次由分裂走向大一统，出现了空前的民族大融合，从都城到地方城市都呈现出有别于以往的新局面，中国城市规划史迎来了一个新时期——帝国后期。

这一时期上承唐中叶以来的变革大潮，下启赵宋社会发展之趋势。

唐朝灭亡以后，中原地区先后出现了五个疆域较大的政权和众多割据政权，统称为五代十国，历史似乎又回到了春秋战国式的混乱时代，然而表面是“乱”，实质是“变”。五代时期，梁、晋、汉、周以汴梁为都城，形成了新的政治中心。中国经济重心的南移完成，区域经济的发展、商品经济的活跃，对外贸易新格局的形成等，这些变革刺激了南方城市的繁荣。

宋代中国格局与唐代有很大的不同。宋王朝只统治了原来唐帝国的核心部分，在其他区域出现了契丹建立的辽，女真建立的金，以及西夏、吐蕃、大理、安南等，足以与宋抗衡。北宋定都汴梁，采取了一系列有利于发展生产的措施，巩固了汴梁的都城地位，城市发展更加繁荣。南宋定都临安，利用江南地区的经济基础大力发展，江南地区达到了兴盛。商品经济的日趋繁盛和市民阶层的兴起，带动了城市规划和管理制度的转型，封闭式的坊市制度逐渐被开放式的街巷制所取代，由此开创中国古代开放式城市的先河。两宋是科学技术长足进步的时期，哲学思想和文化艺术也在唐代的基础上进一步发展，城市氛围活跃起来。

与宋大体同时的辽、金，虽然与宋有不少相似之处，但是又有其自身的特点。少数民族入主中原，既保持原有民族的生活习俗，又不断吸收中原文化，最突出的表现就是通过多个政治中心来对国家进行区域管理。这些都城大多继承了中国都城规划的传统，反映了王朝统治者对统一多民族国家的政治文化认同。

宋、辽、金 300 年实际上也是大分裂时期，同时又是走向新统一的时期。这一时期民族大融合的规模和范围都超过了上个阶段，过去和中原不太密切的东北地区、漠北地区、青藏地区和云南地区，都逐步和中原连成一体，形成多民族统一国家。辽金之后元朝（1271~1368 年）迅速崛起，虽然历时不足百年，但是帝国疆域空前广阔，打通欧亚陆上交通，更大规模地促进东西方的文化交流和民族间的文化融合；为了获得南方粮仓的物资、加强对南方城市的控制，元朝建设京杭大运河以承担国家级运输职能，带动了运河沿线地区的经济发展；积极发展海运和海上航行贸易，西方宗教、科技文化开始大量传入，进一步促进了城市建设的开放格局。

明清是统一多民族国家形成与巩固的重要时期。明初休养生息，经济得到了发展，国力日渐强盛。随着商品经济的日渐发达，全国出现了大规模的建城运动，从都城到地方城市都达到了发展建设的鼎盛时期，这一时期按照行政区划并分等级地布设与建造的城市形成了晚近城市与地方市镇的前身与基础。在都城规划中，无论京畿地区的区域规划，还是重点工程的规划，设计理念和方法都已成熟，达到了前所未有的高度。明代航海业发达，沿海城市发展很快，通过郑和七次下西洋，中西方文化科技交流也日益扩大，后期实行海禁或闭关锁国，城市建设趋于缓慢、日渐衰微，特别是到了清朝后期，整个社会发展逐渐停滞、止步不前，不得不面临着新的变革与转型。

第一节　中原王朝的都城规划与规制转型

唐末以降，以农耕为支撑的汉族帝国受到北方少数民族政权的威胁，客观上强化了中原王朝人民的民族认同和国家意识。随着经济贸易的兴盛和社会阶层流动性的增强，城市社会与空间发生一系列新的乃至“革命性”的变化，这集中体现在后周和北宋东京（今开封）的规划建设中。

一、周世宗对东京开封府的规划营建

开封城始筑于春秋郑庄公时，取开拓封疆之意，故名开封。战国时魏国建都于此，名大梁。唐时开封城跨汴河，称汴州。唐肃宗以后，设宣武军于此，汴州成为州军级城市，城池依照“子城—罗城”制度，得以大规模扩建。唐末宣武军节度使朱温篡唐后，以汴州为都，称为“东京”，后晋、后汉、后周沿用。后周定都开封后开展了一系列的规划建设活动，拉开了都城规制转型的序幕。

首先是治河渠。由于五代时期藩镇割据、战火连绵，后周时流经开封的大运河已不能通航，黄河水患不断。周世宗柴荣着手治理运河、黄河和汴河，恢复了开封作为水路交通枢纽的地位，促进了开封经济贸易的繁荣，奠定了开封城作为都城的基础。

其次是扩城池。开封旧城空间狭窄，无法应对城市人口的急剧增长以及随之而来的大规模商品需求。显德二年（955 年）四月周世宗（921~959 年）下诏扩筑新城："惟王建国，实曰京师，度地居民，固有前则。东京华夷辐辏，水陆会通，时向隆平，日增繁盛。而都城因旧，制度未恢，诸卫军营，或多窄隘，百司公署，无处兴修。加以坊市之中，邸店有限，工商外至，亿兆无穷。僦赁之资，添增不定，贫阙之户，供办实难。而又屋宇交连，街衢湫隘，入夏有暑湿之苦，居常多烟火之忧。将便公私，须广都邑。宜令所司于京城四面，别筑罗城，先立标帜，候将来冬末春初，农务闲时，即量差近甸人夫，渐次修筑。春作才动，便令放散。或土功未毕，则迤逦次年修筑，所冀宽容辨集。今后凡有营葬及兴置宅灶并草市，并须去标帜七里外。其标帜内，候官中擘画，定军营、街巷、仓场、诸司公廨院务了，百姓即任营造。"❶从诏书可以看出，东京城规划建设没有将修建宫室作为主要内容，而是针对城市发展中出现的屋宇交连、街道狭窄、暑湿之苦、烟火之忧等问题，将扩大城市用地、优化人居环境作为第一要务。诏书还制定了实施步骤，即先进行勘测并确定罗城位置，设立标帜后渐次修筑，再由官府统一规划军营、街巷、仓场和各司衙署等公共场所，然后其余地方由百姓自由建设住宅，优化居住条件；同时规定新建墓地、窑灶和草市，要在罗城外七里。

显德三年（956 年），周世宗下诏对城市道路的绿化和临街建设等提出具体要求："辇毂之下，谓之浩穰，万国骏奔，四方繁会。此地比为藩翰，近建京都，人物喧阗，闾巷隘，雨雪则有泥泞之患，风旱则多火烛之忧，每遇炎热相蒸，易生疾沴。近者开广都邑，展引街坊，虽然暂劳，终获大利。朕自淮上，回及京师，周览康衢，更思通济。千门万户，靡存安逸之心；盛暑隆冬，倍减燠寒之苦。其京城内街道阔五十步者，许两边人户，各于五步内取便种树掘井，修盖凉棚。其三十步已下至二十五步者，各与三步，其次有差。"❷

周世宗还着重营造了汴京的水系景观。他允许市民在河边种植绿树，建设标志性建筑，以展现大都会的独特魅力。北宋僧人文莹所著《玉壶清话》卷三记载："周世宗显德中，遣周景大浚汴口，又自郑州导郭西濠达中牟。景心知汴口既浚，舟楫无壅，将有淮、浙巨商贸粮斛贾，万货临汴，无委泊之地，讽世宗，乞令许京城民环汴栽榆柳、起台榭，以为都会之壮。世宗许之。景率先应诏，踞汴流中要起巨楼十二间。

---

❶ 王溥 撰 . 五代会要 [M]. 上海：上海古籍出版社，1978：417-418.

❷ 王溥 撰 . 五代会要 [M]. 上海：上海古籍出版社，1978：414.

方运斤，世宗辇辂过，因问之，知景所造，颇喜，赐酒犒其工，不悟其规利也。景后邀钜货于楼，山积波委，岁入数万计，今楼尚存。”

周世宗柴荣商人出身，勤勉务实，他对东京城的规划建设，以改善都城人居环境为主要内容，为北宋继续定都于此并进一步走向辉煌奠定坚实基础。开封的规划营建直接促进了长期以来封闭式的市制和坊制的瓦解，以及新的开放式街市的形成，开启了中国商业文明和市民文化的先声，对后世中国城乡规划建设产生了深远的影响。

二、宋太祖对北宋开封城的规划

北宋王朝承继后周政权，沿用开封为都。此时中原地区的粮食生产已经不足以支撑政治中心的运营，需要仰赖从东南漕运大量粮食，因此整治河道、保证漕运仍是城市建设的一项核心内容。宋太祖十分重视汴河这一重要的漕运通道，令人每年挑浚河道、加固河堤，将其作为国家水利工程的重点。除整修汴河外，北宋还相继整修了惠民河、金水和广济渠，东京逐渐成为“天下之枢”[1]“万国咸通”[2]。

北宋东京城的总体空间格局庄严规整，进一步突出都城作为国家政治中心的地位。北宋开封城有罗城、内城、宫城三重城墙，每重城墙外都环有护城河。罗城又称新城，在周世宗所筑新城的基础上进行重建、扩建，主要作防御之用，南有五门，东、北各四门，西五门，均包括水门。罗城城门均设瓮城，上建城楼和敌楼。内城又称旧城，四面各三门，主要布置衙署、寺观、府第、民居、商店、作坊等。宫城又称“大内”，南面有三门，其余各面有一门；四角建角楼；城中建宫殿，为皇室所居。北宋开封城进一步强化了“中”的思想,使“择中立宫”臻于极致。大朝正殿——宣德殿在宫城中央，宫城在内城中央，内城在外城中央，宫城一改汉魏洛阳城以来的都城之宫城置于都城北部的传统，而是基本安置于都城中央。都城还以宣德殿为基点，向南依次为宫城正门——宣德门、内城正门——朱雀门、外城正门——南熏门，形成南北中轴线（图 6–1）。[3]这种宫城居中、三重城墙的规划格局，直接影响了后世金中都及元大都、明清北京城的布局。

为了满足皇帝出行仪卫需要，东京城塑造了严整的皇宫前空间，垂范后世。州桥（天汉桥）、华表、御廊杈子、宫门双阙等所构成的空间序列，原本是通过改造原有道路和桥梁以提高都城庄严性、彰显皇权的一种权宜手段，但是经过此后历代的不断继承发展，成为皇宫前的建设规制。金、元和明清皇宫前由金水桥、华表、千步廊和五凤楼式的宫阙正门所形成的空间序列，无不脱胎于此。

---

[1] （元）脱脱 等撰．宋史：第七册 [M]. 北京：中华书局，1977：2320.

[2] （宋）孟元老 撰，邓之诚 注．东京梦华录（序）[M]. 北京：中华书局，1982：4.

[3] 刘庆柱．中国古代都城发展史与国家认同——关于“统一多民族国家”历史文化认同的考古学解读 [J]. 群言，2016（4）：31–33.

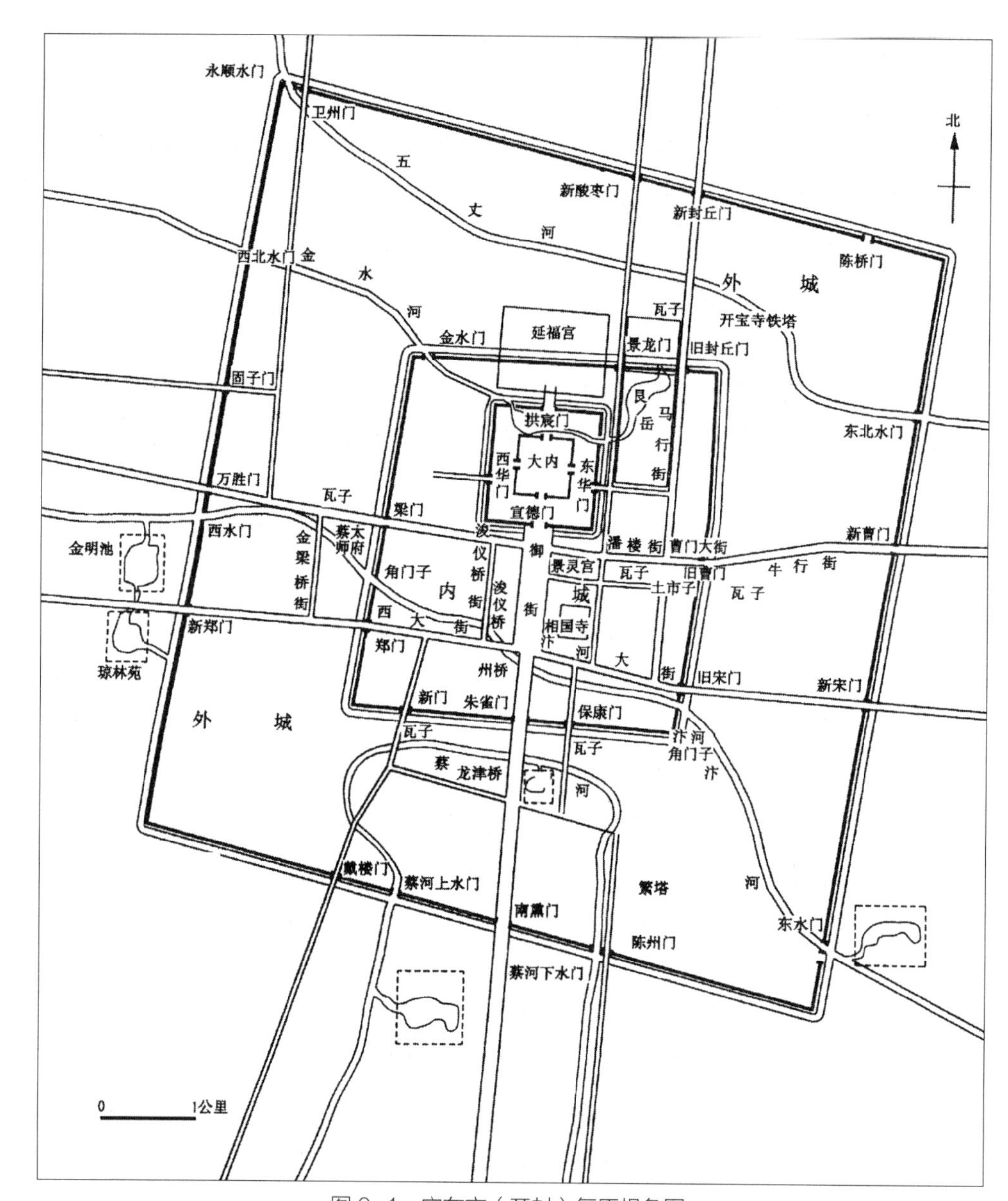

图 6-1　宋东京（开封）复原想象图

资料来源：郭黛姮 . 中国古代建筑史：第三卷　宋、辽、金、西夏建筑 [M]. 北京：中国建筑工业出版社，2003.

北宋东京城开启了街巷制布局的先例。北宋结束了五代十国分裂、动乱的局面，社会日益承平，市民经济得到极大发展。由于商业和手工业繁盛，隋唐长安城集中设“市”和封闭式里坊已不能适应新的社会经济情况，开封城改变了用围墙包绕里坊和市场的旧制，把内城划分为 8 厢 121 坊，外城划分为 9 厢 14 坊。道路系统呈井字形方格网，街巷间距较密，住宅、店铺、作坊均临街混杂而建。繁华的商业区位于可通漕运的城东南区，通往辽、金的城东北区和通往洛阳的城西区。北宋开封繁华的商业图景正如宋代张择端《清明上河图》中所反映，主要街道人烟稠密，屋舍鳞次，有不少二至三层的酒楼、店肆等建筑。

宋代经济、政治、科技、文化方面的全面发展，在城市规划上则表现为文化内涵和景观品质的提升。开封城内河道、桥梁较多，最著名的有州桥、虹桥，均跨汴河。州桥正对御街和大内，两旁楼观耸立，景色壮丽。虹桥在东水门外，巨木凌空，势若飞虹。相国寺、樊楼、铁塔、繁塔、延庆观、金明池、艮岳等建筑和御苑，构成丰富的城市景观。北宋开封城的规划和建设，反映了中国古代社会中商品经济的发展，在中国古代都城规划史上起着承先启后的作用。❶

三、坊市制度变革与坊巷制形成

唐宋之际坊市规划制度的变革和街巷制的形成，实质上是随着城市商品经济迅速发展，传统城市规划制度进行适应、革新的空间表现。由于商品经济的发展和城市人口的增加等诸多原因，封闭的坊市制度自唐代中期开始出现崩溃的迹象，这种变化首先从市外开店开始，而后逐步出现了侵街，最后发展为夜市。但是，终唐一代封闭的坊市制度虽有松动但并没有彻底崩溃，这也是旧制度在面对冲击时所展现的一种社会惯性。经过宋初休养生息，至北宋中叶，商品经济迅猛发展，城市经济职能进一步增强，旧的集中市制越来越成为城市发展的障碍，改革集中市制以扩大市场领域的呼声日高。北宋晚年，东京试行改革市坊规划制度，“市”得到了迅速扩张，旧的市肆严格区分的秩序不得不随着城市规划体制的变革而开始瓦解，市肆以万马奔腾之势冲破坊墙，按照新的商业布点要求，分布到城市的各个角落，初步形成新型城市商业布局网络。

唐代以前，为了加强对居民的管理，城市中的居住区域一直采用里（坊）的形制。旧市制的瓦解引发了旧坊制的变革，住宅和商店都直接对街巷开门，由此产生了新型聚居规划制度——坊巷制。“坊巷”之称，始见于北宋晚年东京，是以坊为名、按街巷分地段而规划的聚居制度，城市聚居形态得以实现真正的“城市化”。北宋东京城打破坊市限制的创举，不仅扩展了城市空间，而且开创了我国古代开放式城市的先河。南宋以来，全面推行新的坊市规划体制和规划制度，不仅为繁荣城市商品经济创造了极其有利条件，也更使城市面貌焕然一新。南宋理宗绍定二年（1229 年）郡守李寿朋所刻平江城图碑，对这个制度作了形象说明：聚居按照坊巷进行组织，而不再被限制在坊内（图 6–2）。

坊市规划制度的改革带动了城市总体规划结构的革新。一部分旧的功能分区消失了，如集中的商业区等；出现了一些新的功能分区，如“行业街市”“中心综

---

❶ 赵长庚 . 开封城 [M]// 中国大百科全书编辑委员会 . 中国大百科全书：建筑 · 园林 · 城市规划 . 北京：中国大百科全书出版社，1988.

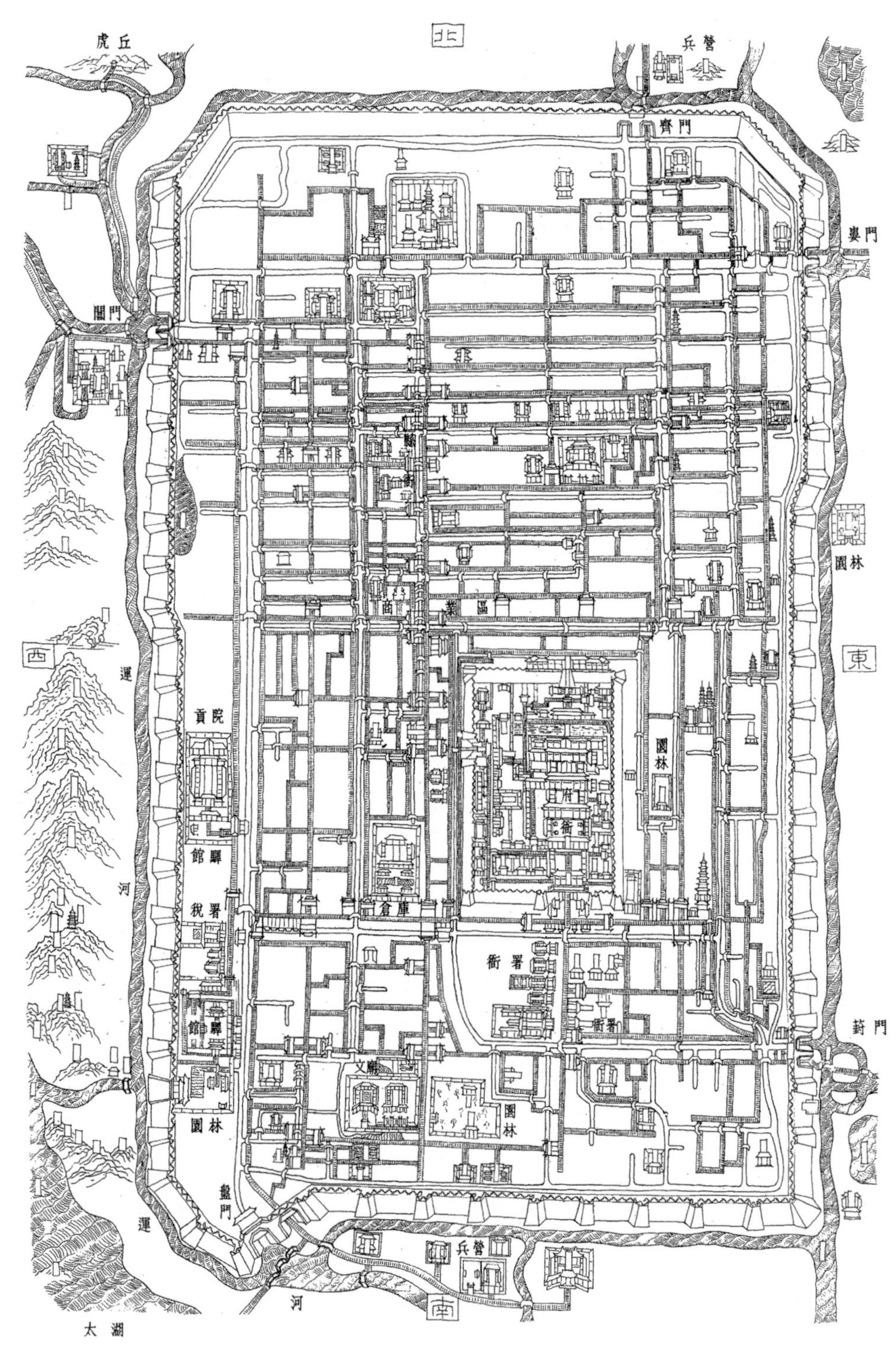

图6-2 宋《平江图》

资料来源：吴良镛．中国人居史[M]．北京：中国建筑工业出版社，2014：291.

合商业区”“邸舍区”“码头仓库区”等。因商业网遍布全城，“城”不再作为传统政治活动区，规划结构受到影响。特别是城市向专业化方向发展，其主导职能自亦有别，城市中心区的选择及分区组配方式也各异，道路网布局亦随分区部署差异而各有不同。

总体来说，坊市规划制度改革不仅改变了以往的坊市面貌，而且更推动了整个城市规划的革新。传统礼制秩序主要适用于以政治职能为主导的城市，对以经济职能为主的城市，只不过起辅助作用而已。为了满足城市经济发展需求，城市规划秩序势必倾向于按经济发展规律来权衡，必然导致城市总体规划格局向新的发展方向转化。[1]城市功能分区发生显著变化，城市空间格局得到革新，城市风貌也因打破市垣、坊垣重重分割阻障而焕然一新，从此，我国古代城市规划又跨入了一个新的发展历程。坊巷制经过后世的实践和改进，至元朝规划大都，将坊市的有机结合提高到了新的发展水平，既便利了居民生活、保持了良好的居住环境，又有利于城市商业发展与城市管理秩序。由此可见，北宋坊市规划制度的变革，为后世城市规划新制度奠定了基础，影响十分深远。

四、从北宋东京到南宋临安

南宋政权建立于民族矛盾极为突出的时期，绍兴二年（1132 年），南宋以杭州为临时都城，称之临安；绍兴八年（1138 年），南宋正式定都临安。都城选址有“主战”与“主和”之争，以杭州为都，具有相对安全的地理位置，广阔的江南水乡区域可以作为金国骑兵的屏障，并可直接通过海运转移到更偏远的闽越之地。此外，杭州有吴越国都城西府的城建基础，还拥有富庶的都市经济和优美的山水风光。钱塘一带雨水丰沛、物产丰富，农业经济基础雄厚，杭州是钱塘江上的重要渡口。自隋代开通大运河以来，钱塘又成为东南交通枢纽，加之吴越国以首府地位对杭州进行建设，商贸经济颇为发达。唐末五代和北宋末期的战乱都集中于中原地区，吴越国掌权者又直接献国于北宋，杭州得以免受战争之乱。至北宋时，杭州已经成为重要的对外贸易港口，全国最大商港之一，城市经济和文化达到了空前繁荣的水平，有“地有湖山美，东南第一州”[2]的美誉。

在南宋都城临安的营建中，防御功能是首要考虑因素。临安城京畿防卫基本形成三道防线：首先在江淮之间囤积重兵，在北方前线筑起第一道屏障；其次在临安府地界设置多处军寨，扼江海要冲，以防范水路进攻的敌人；最后在都城城墙内外

---

[1] 贺业钜 . 唐宋市坊规划制度演变探讨 [M]// 贺业钜 . 中国古代城市规划史论丛 . 北京：中国建筑工业出版社，1986：200-217.

[2] 仁宗赵桢赐太守梅挚诗。见：（明）田汝成 . 西湖游览志余 [M]. 杭州：浙江人民出版社，1980：147.

囤积重兵，作为最后一套防御系统。[1]至此，都城地区形成了较为完备的军事防御功能，如《梦粱录》卷十《厢禁军》所记载："临安居辇毂之下，盖倚以为重，武备一日不可弛阙……曰东南第三将，自太祖朝分隶驻扎，寨在东青门内""曰京畿第三将……驻扎营在东青门里……曰兵马钤辖司马兵……隶钤辖司所管矣；曰厢军，崇节、捍江、修江、都作院、小作院、清湖闸、开湖司、北城堰、西河、广济、楼店务、长安、堰闸、秤斗务、北城，鼓角、匠横、江水军船务、牢城，各指挥兵士计兵士一万五百八十七名之额；曰城东、城西、外沙、海外、管界、茶槽、南荡、东梓、上管、赭山、仁和、盐官、黄湾、硖石、奉口、许村巡检司十六寨，计兵卒一千三百四十四名之额。"

吴越国以杭城为都，参照隋城规划制度，确立了杭城"南宫北城"的规划格局。南宋临安继承了前代传统，在原有城市主干道的基础上修建了从皇宫到武林门的一条主轴线御街，以御街为主轴线，水路孔道向四周延伸，随地形展开，形成临安城的基本骨架。皇城在主轴线南端，市坊居皇城以北，遵照了"前朝后市"之制的规划传统。作为行都，临安城还兴建各类宫室庙坛等皇家设施，先后营建了宫观、庙坛、府库、学校、官署、府邸及各类御苑。其中宫城位于凤凰山麓，这一带地形多变，各类宫廷建筑随地形起伏而建，既整齐肃穆，又灵活多姿。（图 6-3）

南宋建都临安后，居民大增，私营工商业得到进一步发展，同时又带来了官府工商业的增长，临安成为全国最大的商贸中心，加速了城市规划制度的变革。一方面，城内中心工商业区日益扩展，御街中段两侧地带和南段通江桥东西地带，均作为商业区使用。城中增设了各种行业街市、专业商业区及坊巷商业网点，形成了新型商业网布局。另一方面，临安城人口骤增，原来州城难以容纳，城市开始突破城墙的限制向外城扩散，城郊出现了许多商业繁盛的镇市。这些郊区市镇大多已经发展为具有一定独立性的经济实体，类似于现代大城市的卫星城镇，是南宋临安城顺应城市经济发展需要、解决城市扩张要求的创举。

临安本是江南水乡城市，城东南临江，西滨西湖，西北则与大运河衔接，都城建设中的一些举措进一步强化了其山水城市的特征。西湖是临安的重要水源，影响着城市航运以及生产生活，是城市发展的命脉。经过两次疏浚和建立经常维护制度，西湖水面得到了扩大，水流通畅，不仅具备了防洪灌溉的功能，还逐渐成为临安的重要景观，被喻为"杭州之眉目"。西湖周回三十里，在南北两山的环抱中犹如一颗明珠；西湖周边的山野，亦景色宜人，逐渐成为士庶游憩之地。临安城的名园瑶圃以西湖为中心，借广阔湖山为背景，或依山瞰湖，或临湖对山，浑然天成，显示出宋代高雅的艺术格调和精湛的造园技巧。

---

[1] 吴良镛 . 中国人居史 [M]. 北京：中国建筑工业出版社，2014：266.

总体来看，南宋临安城的规划不仅遵照了传统礼制，按照首都规格要求进行城市政治等级升格，同时又继承了北宋时期的坊巷制，并进一步革新了市坊规划，是一个具有政治与经济双重历史任务的旧城改造规划。经过几轮改造，利用西湖水域和城内河道，整合城外以钱塘江和大运河为主干的一系列大小河道，形成一个环城的大型水上交通网，配合京畿驿道，聚集周围郊区一系列的大小卫星市镇瀓浦港口，实际上形成了一个以临安为核心的“首都圈”。[1]临安城的总体规划结构呈现出与历任国都有所不同的特征，这是政治、经济、地理等因素综合作用下因地制宜的规划建设结果，反映出帝制时期的城市经济已经进入了一个新的发展阶段。

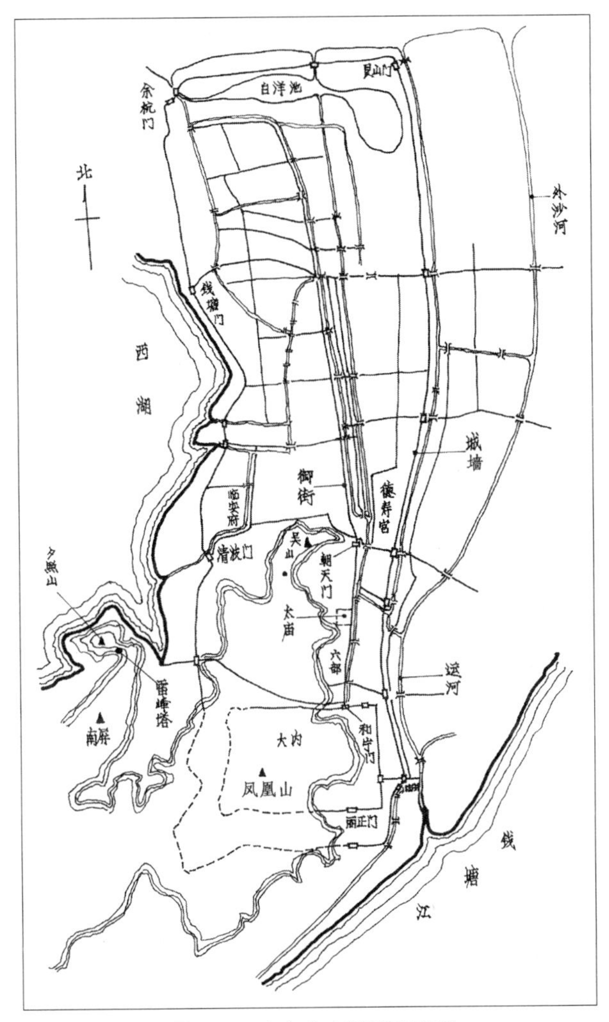

图 6-3　南宋临安平面示意图

资料来源：傅熹年．中国科学技术史：建筑卷 [M]. 北京：科学出版社，2008：356.

第二节 “征服型”王朝的多京制与都城规划

辽、金、元、清都在短时期内通过大规模的军事征服，迅速在汉地建立统治，与此同时仍精心维持着作为本族群人力与文化后方的辽阔根据地。“征服型”王朝的这种特别的版图结构，推动它们去创制一种不同于纯中原式的国家建构模式，这对当时都城的地域选址与空间布局都产生重大而深远的影响。

一、“征服型”王朝的多京制

在“征服型”王朝的国家空间治理中，必须在作为帝国经济基础的汉地社会和

[1] 吴良镛．中国人居史 [M]. 北京：中国建筑工业出版社，2014：267.

统治者的“祖宗根本之地”之间保持平衡，努力将其他各种非汉人群的活动地域括入有效治理。这表现在都城的地域选址上，就是兼顾南部汉地与北部民族地区的“多京制”。

五代以来的民族大融合，表面上外民族处于统治地位，其实是汉文化同化，最明显的表现是都城规划的“多京制”。北宋有四京，辽有五京，金前期有五京，金后期有一都五京，元有三京，其源头在隋代三都多宫、唐代五京等。少数民族有本身的京，在汉地有新的京，背后是多种生产方式和生活方式的区域差异。在城市内部空间上，辽金元的都城混合了本族的特点与汉族的特点，元大都北部是蒙古包，南部是都城，就是典型的例证。少数民族统治的时代，通过多京控制关键地区，整合了时代的军事力、政治力和文化力。

辽代建有五京：上京临潢府，东京辽阳府，西京大同府，中京大定府，南京析津府。辽太祖耶律阿保机于公元 918 年在今内蒙古巴林左旗林东县筑城，并命名为皇都，也就是后来的辽上京临潢府。公元 936 年从后晋统治者手中获得燕云十六州，后来将唐代幽州城升为南京，并将原为南京的辽阳府（建于 929 年）改为东京。至公元 1006 年，修建中京，府名大定，并作为辽盛期时的陪都。公元 1044 年，又以山西大同为西京。《辽史 · 地理志》记载：“太宗以皇都为上京，升幽州为南京，改南京为东京，圣宗城中京，兴宗升云州为西京，于是五京备焉。”《辽史 · 百官志》记载：“辽有五京。上京为皇都，凡朝官、京官皆有之；余四京随宜设官，为制不一。大抵西京多边防官，南京、中京多财赋官。”辽王朝陆续兴建的五京，体现了契丹民族由草原兴起直至占领广大北方的过程。同时，五京作为辽朝统治的一级行政区划，对于巩固辽朝对广大北方统治起到了相当重要的作用。

12 世纪初，女真族崛起，金国发展迅猛。金前期，都于会宁（今阿城区阿什河乡白城村），称为上京。天会三年（1125 年）金灭辽，次年灭北宋，进逼南宋，金国由原先局促东北一隅的在野小王朝发展成为入主中原进逼江淮的强势王朝。面对政治军事形势的重大转变，金采取了相应的治国对策，迁都燕京以进一步控制中原，即是这一时期所采取的各项重要对策的一大举措。《金史·地理志上》称金“袭辽制，建五京”。降入南宋的金人张棣撰《金虏图经》(《三朝北盟会编》卷二四四引录）称“以渤海辽阳府为东京，山西大同府为西京，中京大定府为北京，东京开封府为南京，燕为中都，府曰大兴”。金朝五京制度的形成，表明中都的首都地位正式确立。大定十三年（1173 年），世宗诏会宁府“复为上京”，从而改以上京、东京、西京、北京、南京为五京。中都仍为首都，直至金亡。

从蒙古国到元朝，有哈剌和林、上都、大都、中都等都城。然而，元朝的多京制与辽、金时期有所不同。元朝建立起了一个横跨欧亚大陆的庞大帝国，其都城是作为亚欧大陆东部中心进行建设的，一个单独的城市已经无法容纳如此多元交融的国家首都功能。因此，元大都的政治、军事、经济、文化功能区集中建设于蒙古高原与华北平原之交错地带，呈现区域性分布，实际上构建起了一个“首都地区”，首都功能集中于首都地区这个“面”，而上都、大都是首都区域的核心“点”，成为国家发展的精华所在。

蒙古国哈剌和林（在今蒙古国后杭爱省）建于1235年，城市规模较小。忽必烈即位后，认识到以哈剌和林为都城已不能适应新形势，宪宗六年（1256年），忽必烈命刘秉忠在桓州地东、滦水北岸的龙冈（今内蒙古正蓝旗境内）建城，历时两年建成，命名开平。中统四年（1263年）忽必烈升开平府为上都，并扩建至约5平方千米，内有皇城、宫城，周边还建有一系列辅助设施。伴随着统治势力的南渐，至元元年（1264年）忽必烈改燕京为中都，并确立中都为正都，上都为陪都的两都制。至元四年，在中都东北新建城市，即大都城，至元十三年，新都落成。每年初夏，君臣均前往上都，居留约半年，上都北控大漠，联络蒙古，并与国际交流，大都则是统治广大中原地区的根据地。后大德十一年（1307年），元武宗营建新的中都（今河北省张北县境内），并设立中都留守司等行政机构。元大都标志着大漠南北统一国家首都的诞生[1]，在中国城市规划史上具有十分重大的意义。

二、金中都

北京建城始于周代蓟城，隋为涿郡，唐为幽州刺史治所。北宋初年宋太宗在高梁河（今北京海淀区）与辽战斗，大败，从此对燕云十六州望眼欲穿。辽会同元年（938年）起，在北京地区建立了陪都，号南京幽都府，开泰元年（1012年）改号析津府，又称燕京。辽的南京大体仍沿袭唐代藩镇城的规模，在辽五都之中是最大和最繁盛的一座，城周三十多里，设八门。

金海陵王在改造辽南京时以当时中国最壮丽的都城——北宋东京城为仿照蓝本。此时中国古代都城已经有了几千年的发展史，形成了较为完备的理想都城模式，而北宋东京城就是当时这种理想模式的范本。金灭北宋后，与南宋划淮为界，占有中原和中国北部的疆域，而首都却偏于东北一隅，这对国家统治与治理极为不利，迁都计划势在必行。此时北宋东京城已经被金朝占据，海陵王崇尚汉文化，学习宋东京的都城模式甚为便利。金天德三年（1151年）四月，海陵王下诏迁都燕京，“有司图上燕城宫室制度，营建阴阳五姓（阴阳五行）所宜”[2]。“燕城宫室制度”实际上指的是以开封城为蓝本绘制而成的宫室模式，为了落实这个新的理想都城模式，必须对现有的燕京城进行大规模的改造。首先，“（天德三年）三月，

---

[1] 郭湖生．中华古都——中国古代城市史论文集[M].台北：空间出版社，1997.

[2] （元）脱脱 等撰．金史：第一册[M].北京：中华书局，1975：97.

命张浩等增广燕城。城门十三”[1]，金中都在辽南京旧城的基础上扩大了空间面积，形成外城、皇城、宫城重重相套的“回”字形布局。“燕京乃天地之中”“仪礼之所”，女真统治者的“择中立都”“择中立宫”一目了然。从金史记载得知，为了皇城、宫城居中布置，营建时将原有的南城墙、西城墙 、东城墙向外移动了数里。其次，大朝正殿——大安殿位于宫城中央，以此为基点，向南依次为大安门、应天门、宣阳门、丰宜门，构成金中都中轴线。再次，城市面积的扩展必然带来城门数量的增加，东、南、西三面由原来的两座城门增加为三座，北面增为四座城门，金中都在城门数量设置上体现了阴阳关系；南面属阳，城门为单数；北面属阴，城门为双数。在北面四门中，仍有一门与南面中间的城门相对，使城市中轴线贯穿整个都城。最后，在金中都新扩建的部分，很可能模仿了北宋东京城的开放式街巷模式[2]，反映出中国古代城市规划制度的转型。金中都宏伟壮丽，在传统都城布局形制的承袭上十分突出，“国之制度，强慕华风，往往不遗余力”，对元代建大都城在布局、规模上都有很大影响。[3]

三、元大都与明清北京城

元代至元元年（1264 年），元世祖决定在原金中都东北郊、以大宁宫一带为中心建设新都，并命刘秉忠主持规划。刘秉忠精通《易经》及邵氏《皇极经世书》，深受忽必烈信任，他充分融合文化与技术理性，在“经画指授”下进行元大都的规划设计。至元四年（1267 年）兴建城垣，至元九年（1272 年）改称中都为大都，作为主要都城。至元二十一年（1284 年），新城内已建成宫府、衙署、市肆、税收机构和大都路总管府等；次年颁布了旧城（原金中都）居民迁居新城的法令，展开城内民居街坊的建造活动。到至元二十九年（1292 年），大都已成为繁华的大城市。

治水是元大都选址和营建的前提。金中都旧城作为金王朝的统治中心，终其一代漕运问题始终未能得到圆满解决。中统三年（1262 年），水利专家郭守敬提出了引玉泉山水经高梁故道入旧闸河以通漕的计划，得到忽必烈批准。这一计划解决了以琼华岛为中心的大宁宫以及后来在此基础上建成的元大都宫苑的用水问题。因此，从中都旧城迁移到大都新城，实际上也就是把城市从莲花池流域迁移到高梁河流域[4]。但由于水量不足，通漕未能实现。至元二十八年（1291 年）郭守敬建议引白浮泉水至瓮山泊入旧闸河，并修建船闸以济漕运：“大都运粮河，不用一亩泉旧源，别

---

❶ 十三座城门分别为：东曰施仁、曰宣曜、曰阳春，南曰影风、曰丰宜、曰端礼，西曰丽泽、曰颢华、曰彰义，北曰会城、曰通玄、曰崇智、曰光泰。

❷ 徐苹芳．古代北京的城市规划 [M]// 徐苹芳．中国城市考古学论集．上海：上海古籍出版社，2015.

❸ 程敬琪．金中都 [M]// 中国大百科全书编辑委员会．中国大百科全书：建筑・园林・城市规划．北京：中国大百科全书出版社，1988.

❹ 侯仁之．元大都城与明清北京城 [J]. 故宫博物院院刊，1979（3）：3–21+38.

引北山白浮泉水，西折而南，经瓮山泊，自西水门入城，环汇于积水潭，复东折而南，出南水门，合入旧运粮河。每十里置一闸，比至通州，凡为闸七。距闸里许，上重置斗门，互为堤阏，以过舟止水。”元世祖欣然同意此计划并付诸实施，收到了前所未有的效果，这条闸河也被命名为“通惠河”（图 6-4）。从此，元大都的漕运问题得到顺利解决，粮船可从通州经闸河进入都城，停泊在积水潭，一时舳舻蔽水，盛况非凡。

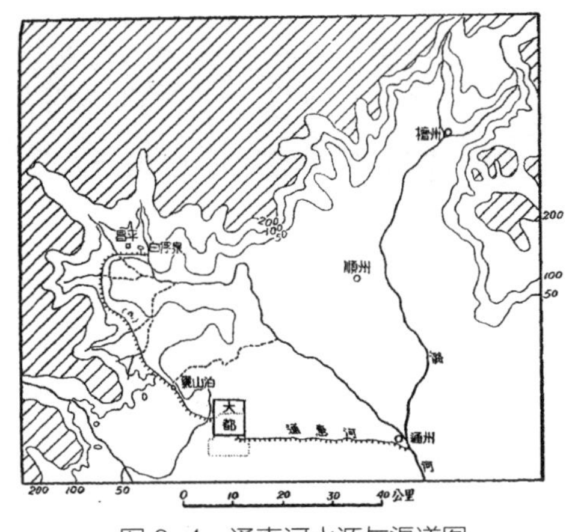

图 6-4　通惠河水源与渠道图

资料来源：侯仁之．北京都市发展过程中的水源问题 [J]. 北京大学学报（人文科学），1955（1）：142-168.

元大都是唐代以来中国规模最大的一座新建城市，有统一的规划和周密的建设计划。《析津志》《明一统志》《洪武图经》等诸多文献记载表明，在大都规划建设中首创“中心台”，作为全城中心点的标记：“其台方幅一亩，以墙缭绕。正南有石碑，刻曰中心之台，实都中东、南、西、北四方之中也。”对内而言，中心台处于都城之中心，是都城计里画方进而布局空间的一个基准点。对外而言，中心台处于自然之中心，是“顾瞻乾维”和“北枕军都”参望视线的交汇点[1]。结合山川方位、形态及其文化蕴含而设置中心台，将大都置于天造地设的山川秩序之中，实现“天—地—城—人”大和谐，是中国城市建设史上的创举（图 6-5）。

元大都布局形制为大城、皇城（内城）和宫城三重城垣，宫城、皇城偏于都城南部，市场在皇城北部，宗庙、社稷分列宫城东西两侧，大朝正殿在寝宫之南。大都城市布局严谨、井然有序，有明确的中轴线。平地而建的元大都是中国唯一按照规划建设街巷的都城，干道系统基本上是方格网式，全城被干道划分成方形的街坊，街坊再被平行的小巷划分为住宅用地，成为开放式街巷制城市的典型（图 6-6）。

元大都重要空间的方位及命名多与《易经》相合。以城门为例，元大都四面共设十一门，有六个城门的名称都取义于《周易》，按照后天八卦来定方位，具有丰富的易学蕴含[2]。其中，南墙中门丽正门，离卦之位，《周易·象传》：“离，丽也；

---

[1] 元人李洧孙《大都赋》记载：“顾瞻乾维，则崇冈飞舞，崟岑茀郁。近掎军都，远标恒岳。表以仰峰莲顶之奇，擢以玉泉三洞之秀。”

[2] 元大都皇城名称、都城名称乃至年号、国号，都取诸乾坤二卦之辞，早已为人所识。如清代朱彝尊指出，“元之建国、建元以及宫门之名，多取易乾、坤之文”；乔莱《西蒙野话》指出，“元建国曰大元，取大哉乾元之义也。建元曰至元，取至哉坤元之义也。殿曰大明、曰咸宁，门曰文明、曰健德、曰云从、曰顺承、曰安贞、曰厚载，皆取诸乾坤二卦之辞也”。

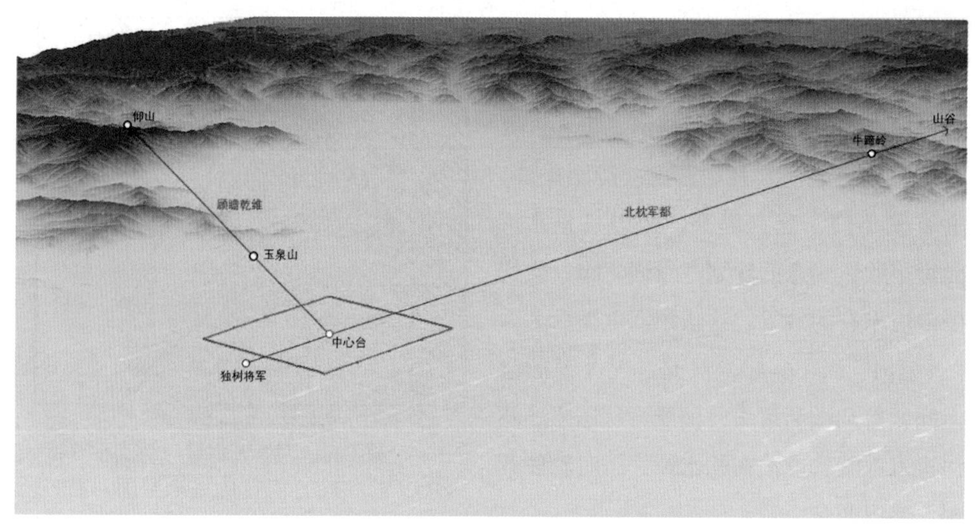

图 6-5　元大都中心台与山川秩序

资料来源：武廷海，王学荣，叶亚乐 . 元大都城市中轴线研究——兼论中心台与独树将军的位置 [J]. 城市规划 . 2018，42（10）：70.

日月丽乎天，百谷草木丽乎土，重明以丽乎正，乃化成天下。柔丽乎中正，故亨”；南墙西门顺承门，坤卦之位，《周易 · 彖传》：“至哉坤元，万物资生，乃顺承天”；北墙西门健德门，乾卦之位，《易经 · 乾 · 象传》：“天行健，君子以自强不息”；北墙东门安贞门，位于都城东北方位，《周易·彖传》：“西南得朋，乃与类行；东北丧朋，乃终有庆。安贞之吉，应地无疆”；东墙南门齐化门，巽卦之位，《周易·说卦》：“齐乎巽，巽，东南也。齐也者，万物之洁齐也”；南墙东门文明门，《易经·乾·文言》：“见龙在田，天下文明”。北城墙中间之所以未设城门，可能与《易经 · 说卦》所谓“坎，陷也”有关[1]。相似地，元大都的池苑——“太液池”、皇城正门——棂星门、宫城正门——崇天门、大明门都取名于《易经》。此外，关于城内坊的数量，《析津志》称，“坊名，元五十，以大衍之数成之”，文献中可考的坊名也多与《易经》相关。这与元大都的实际规划者刘秉忠精于阴阳术数的知识结构直接相关，《元史 · 刘秉忠传》明确记载：“秉忠于书无所不读，尤邃于《易》及邵氏《经世书》，至于天文、地理、律历、三式六壬遁甲之属，无不精通，论天下事如指诸掌。”元朝统治者试图吸纳汉人正统文化以彰显自身正统地位，安抚汉族士大夫进而稳固国家统治，则是其根本原因。

元大都的规划建设不仅关注都城本身，并且整合了“山—海—城”和“陆路—海路—都城”的区域性功能与要求，实际上形成了“北京湾”的区域体系，将国家主动脉与都城中轴线相交融，为大都城的空间特色创新提供了可能性。在山与海的

[1] 武廷海，王学荣，叶亚乐 . 元大都城市中轴线研究——兼论中心台与独树将军的位置 [J]. 城市规划，2018，42（10）：63-76+85.

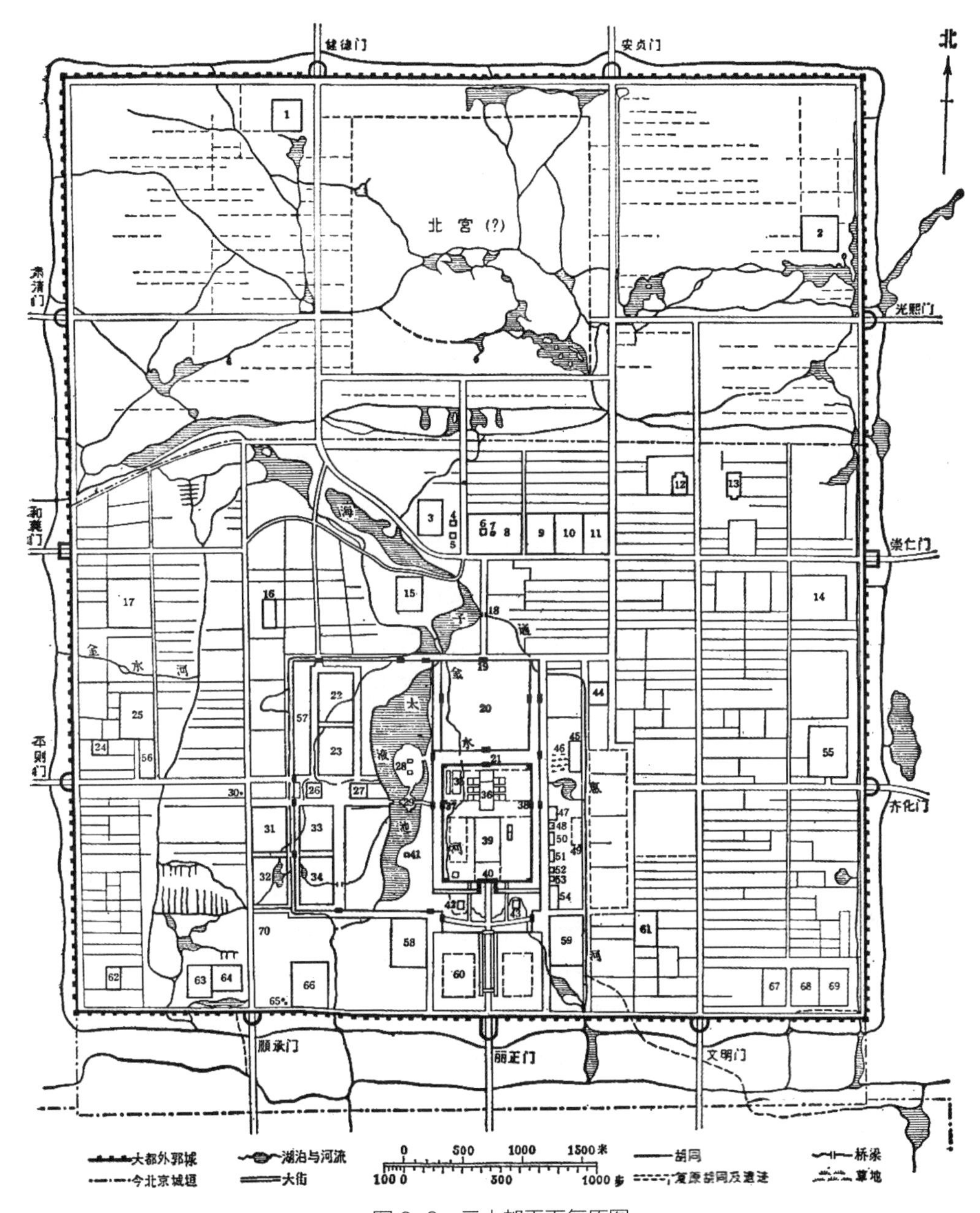

图 6-6 元大都平面复原图

1—健德库；2—光熙库；3—中书北省；4—钟楼；5—鼓楼；6—中心阁；7—中心台；8—大天寿万宁寺；9—倒钞库；10—巡警二院；11—大都路总管府；12—孔庙；13—柏林寺；14—崇仁库；15—尚书省；16—崇国寺；17—和义库；18—万宁桥；19—厚载红门；20—御苑；21—厚载门；22—兴圣宫后苑；23—兴圣宫；24—大永福寺；25—社稷坛；26—玄都胜境；27—弘仁寺；28—琼华岛；29—瀛洲；30—万松老人塔；31—太子宫；32—西前苑；33—隆福宫；34—隆福宫前苑；35—玉德殿；36—延春阁；37—西华门；38—东华门；39—大明殿；40—崇天门；41—犀山台；42—留守司；43—拱宸堂；44—崇真万寿宫；45—羊圈；46—草场沙滩；47—学士院；48—生料库；49—柴场；50—鞍辔库；51—军器库；52—庖人室；53—牧人室；54—戍卫之室；55—太庙；56—大圣寿万安寺；57—天库；58—云仙台；59—太乙神坛；60—兴国寺；61—中书南省；62—都城隍庙；63—刑部；64—顺承库；65—海云、可庵双塔；66—大庆寿寺；67—太史院；68—文明库；69—礼部；70—兵部

资料来源：赵正之．元大都平面复原研究 [M]//《建筑史专辑》编辑委员会．科技史文集：第二辑　建筑史专辑．上海：上海科学技术出版社，1979.

环抱中，大都城成为草原帝国与汉文化交汇的象征。《元史・地理志》描述大都的形胜："右拥太行，左挹沧海，枕居庸，奠朔方。"元大都通过河运、海运网络，构建了遍及东亚全境的道路系统、横贯草原绿洲的驿传系统以及贯穿亚洲南北的海上路线，与中国南方地区乃至海外关联，世界资讯和物资都汇聚到大都，堪称"全球化"的时代。

明清北京城在元大都的基础上改建和扩建而成。永乐元年（1403 年），明成祖朱棣升北平为都城，称北京。永乐十八年（1420 年），北京城建成，明朝中央政府正式迁都北京，以顺天府北京为京师，应天府则作为留都称南京。明北京城的宫殿、门阙规制悉如南京，且"壮丽过之"。洪武四年（1371 年）在原北城垣以南另筑新垣（即今德胜门、安定门一线）；永乐十七年（1419 年）又将南垣南移一里（即今正阳门、崇文门、宣武门一线），形成内城，明紫禁城在元宫城的故址上稍向南移，仍居于全城中轴线上，并环绕宫城四面开凿宽阔的护城河。嘉靖年间在内城南垣以外发展出大片居民区和市肆，为加强城防，修筑了外城墙，形成外城。原计划在内城东、西、北三面也修建外城墙，但限于财力，终明之世未能实现，总体上明北京城平面轮廓呈"凸"字形（图 6–7）。清朝沿用明北京城，因同北方少数民族关系友好，无须再建外城，基本维持明北京的城市格局，只对宫殿门阙、庙社诸坛等建筑物做了重修和局部小范围的改建、加建工作。

明清北京是我国历史上最后建筑的一座帝都，也是历代都城经验的最后总结，继承和体现了中国历代都城规划的传统：第一，宫城（紫禁城）居全城中心位置，宫城外圈套筑皇城，皇城外套筑外城，构成三重城圈。宫城内采取传统的"前朝后寝"制度，宫城南门前方两侧布置太庙和社稷坛，再往南为五府六部等官署，宫城北门外设内市，还布置一些为宫廷服务的手工业作坊，总体上形成"左祖右社，面朝后市"的传统王城形制；第二，居住区分布在皇城四周，明代分为 37 坊，清代分为 10 坊，坊只是城市地域上的划分，不具里坊制的性质；第三，商业区的分布密度较大，明代在东四牌楼和内城南正阳门外形成繁荣的商业区，城内有些地区形成集中交易或定期交易的市、以庙会形式存在的集市、固定的商业街等；第四，建筑布局运用中轴线的手法，中轴线南端自永定门起，北端至鼓楼、钟楼止，全长 8 千米，是布局结构的骨干，宫殿及其他重要建筑都沿着这条轴线布置，重点突出，主次分明，整齐严谨，端庄宏伟。北京城的这条中轴线是与前代王朝都城中轴线的政治思想、历史文化理念的一脉相承，反映出中国古代历史大朝正殿"居中""居前""居高"的理念与都城中轴线制度的延续与强化；第五，明清北京城的道路系统在元大都的基础上扩建，形成方格式（棋盘式）道路网，街道走向大部分为正南北、正东西；第六，明代利用金元时期以太液池（今北海和中海）和琼华岛为中心的离宫旧址扩建形成紫禁城西侧的主要宫苑西苑，并在太液池南端开凿了南海。清代继续扩建以三

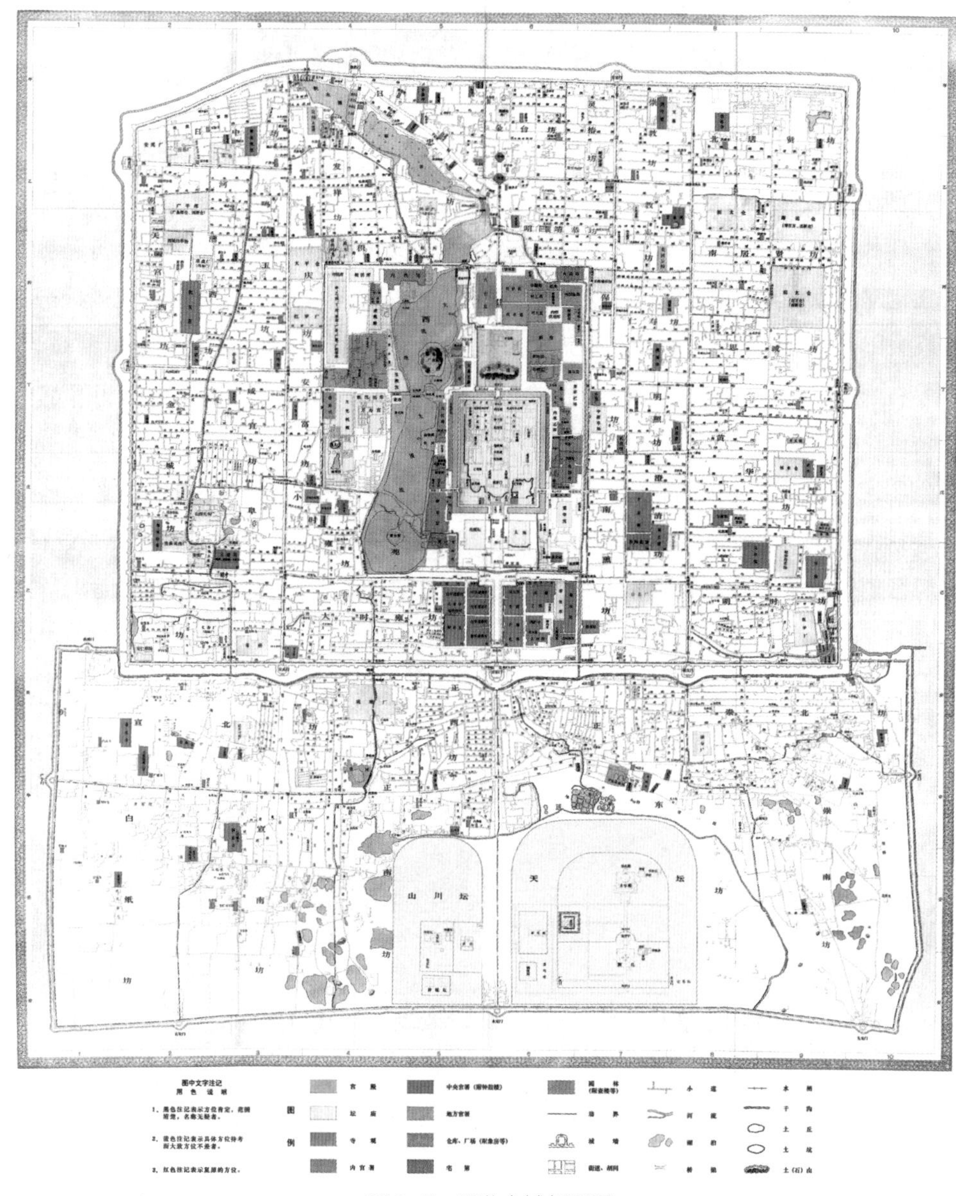

图 6-7　明北京城复原图

资料来源：徐苹芳 . 徐苹芳文集 [M]. 上海：上海古籍出版社，2012.

海（北海、中海、南海）为中心的宫苑，大片的园林水面和严谨的建筑布局巧妙结合，堪称杰作。清代还在西北郊兴建大批宫苑，包括圆明园、长春园、万春园、静明园、静宜园、清漪园（后称颐和园）等，这些宫苑，各具特色，形成环境优美的风景地带。[1]

---

[1] 程敬琪 . 北京城 [M]// 中国大百科全书编辑委员会 . 中国大百科全书：建筑 · 园林 · 城市规划 . 北京：中国大百科全书出版社，1988.

辽、金、元、清等兴起于帝国边疆，凭借高度的政治智慧和技术，展示了一种真正多元的领土结构，边疆具有与汉地同等的甚至更重要的地位。辽、金、元、明、清，先后于农牧接壤地带的北京置京设都，北京城因此成为世界城市史上无与伦比的杰作，中国古代“都城发展的最后结晶”。[1]

四、明南京

明代以前，南京即以特殊的“虎踞龙盘”之形势多次作为都城，成为“六朝古都”。明初定都南京，又因地制宜，修筑城墙。“东尽钟山之南冈，北据山控湖，西阻石头，南临聚宝。贯秦淮于内外，横缩屈曲，计周九十六里”[2]，将以前的历代建设包罗其中。如何在这样的历史环境中选择新都的轴线，确立宫城、皇城的位置，成为当时都城规划设计的重点之一（图 6-8）。

明南京在元代为集庆路城，旧城区域以大市街为界，街南是旧市区，街北是杨吴、南唐宫城故址和北城外的六朝宫城旧址。明初宫城和皇城的选址避开了街道纵横、房屋密集的旧城区和六朝宫城旧址，在旧城之东建宫，这里是一片农田和面积不大

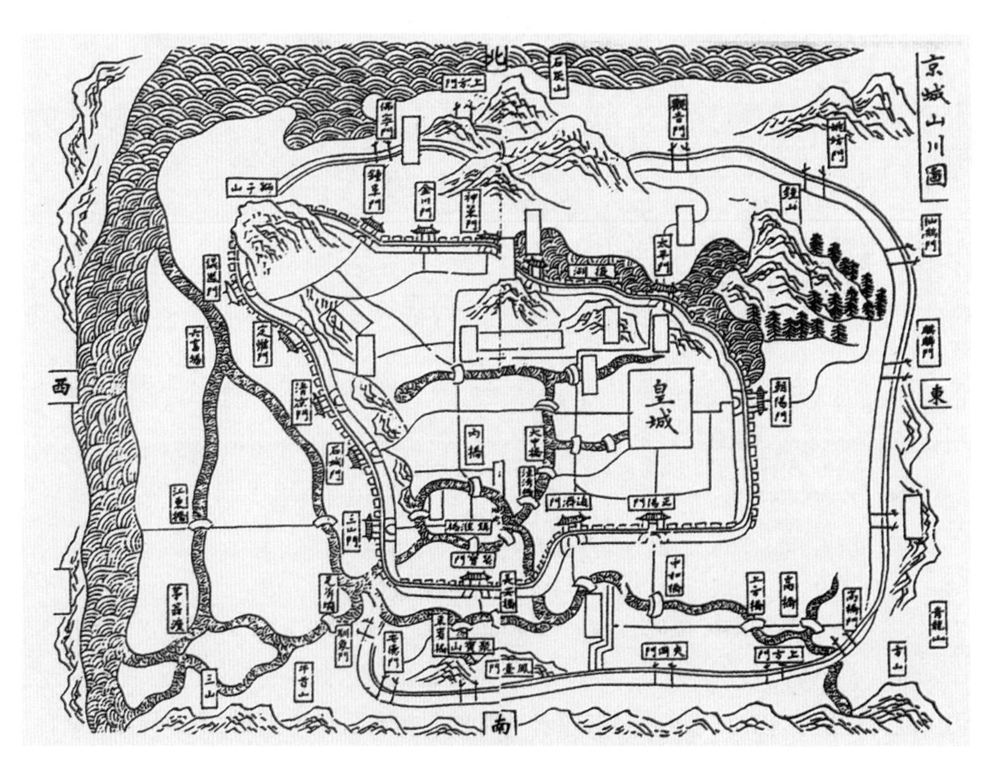

图 6-8　京城山川图

资料来源：（明）礼部 纂修 . 洪武京城图志 [M].（明）陈沂 撰 . 金陵古今图考 [M]. 南京：南京出版社，2006：15.

[1] 吴良镛 . 北京旧城与菊儿胡同 [M]. 北京：中国建筑工业出版社，1994：5.

[2] （明）礼部 纂修 . 洪武京城图志 [M].（明）陈沂 撰 . 金陵古今图考 [M]. 南京：南京出版社，2006：90.

的燕雀湖，以填湖为代价把皇宫建在这个新基上（图 6-9）。正如毕沅《续资治通鉴》卷二百九十所载："初，旧城西北控大江，东尽白下门，距钟山既阔远，而旧内在城中，因元南台为宫，稍卑隘。王乃命刘基等卜地，定作新宫于钟山之阳，在旧城东白下门之外二里许增筑新城，东北尽钟山之阳，延亘周围凡五十余里。"

宫城是明初南京建设的重点，除了元至正二十六年（1366 年）和明洪武八年到十年（1375~1377 年）的大规模兴建外，还经常进行改建和扩建。皇城之内主要是为宫内服务的内宫诸监、内府诸库和御林军。皇城之南、正阳门之内，御街两侧则布置着五部、五府以及其他各种衙署。其中刑部和大理寺、都察院、五军断事司等

图 6-9 六朝都城与明南京城的位置关系示意图

资料来源：武廷海 . 六朝建康规画 [M]. 北京： 清华大学出版社，2009： 247.

司法机构布置在皇城以北的都城太平门之外。这种异乎寻常的布置方式可能源于对天象的模仿，天象中的天牢星（又称贯索星）位于紫微垣之后，所以把主管刑事的机构也仿照天象置于皇宫以北城郊。市区主要是在元集庆路城基础上建设的，基本上以职业分类而居，并明确地分为手工业区、商业区、官吏富民区、风景游乐区等区域。❶

总体而言，明初南京并没有占据旧有的都城轴线空间，毁坏原有的街市，而是延续其格局，作为市民的经济生活轴线；又几乎以一个"另辟新城"的姿态，在旧城以东，平行旧有轴线，确立了新轴线，作为都城的政治文化轴线。两条轴线并行，解决了城市的功能分区问题，很好地协调了作为经济中心的旧城与作为政治中心的新城的关系。同时，两条轴线都在北山、南水之间，选择了自身的山水形势。新与旧、山水与城市融合在一起形成一个有机整体（图 6-10）。

图 6-10　明南京城复原图

资料来源：潘谷西．中国古代建筑史：第四卷　元明建筑 [M]. 北京：中国建筑工业出版社，2001：23.

❶ 潘谷西．中国古代建筑史：第四卷　元明建筑 [M]. 北京：中国建筑工业出版社，2001：24-25.

五、明中都

明太祖朱元璋即皇帝位以后，通过对关中、洛阳、开封、北平、南京等地建都的利弊进行比较，认为南京离中原太远，难以控制中原，而中原又民生凋敝，物力、人力全都要依靠江南，于是选择了他的家乡沿淮重镇濠州（今凤阳）建都。[1]洪武二年（1369年）九月癸卯，“诏以临濠为中都……命有司建置城池宫阙，如京师之制”[2]。

明中都（图6-11）营建之时首先考虑的是以皇城（即紫禁城）为中心的宫殿建筑布局，通过吸取“宫城前昂后洼，形势不均”的经验教训，遂将中都宫阙建在城西二十里凤凰山山阳处，“席山建殿”。皇城四周绕以宽阔的护城河，“枕山筑城”，称皇城禁垣。禁垣外面规划修建外郭城，形成三重城垣的布局。

明中都沿袭三重城的传统秩序，但又充分利用山形地势而进行灵活的调整，将东墙址移到独山东侧，西南角城址向南伸展包绕凤凰嘴山于城内，使两处成为中都

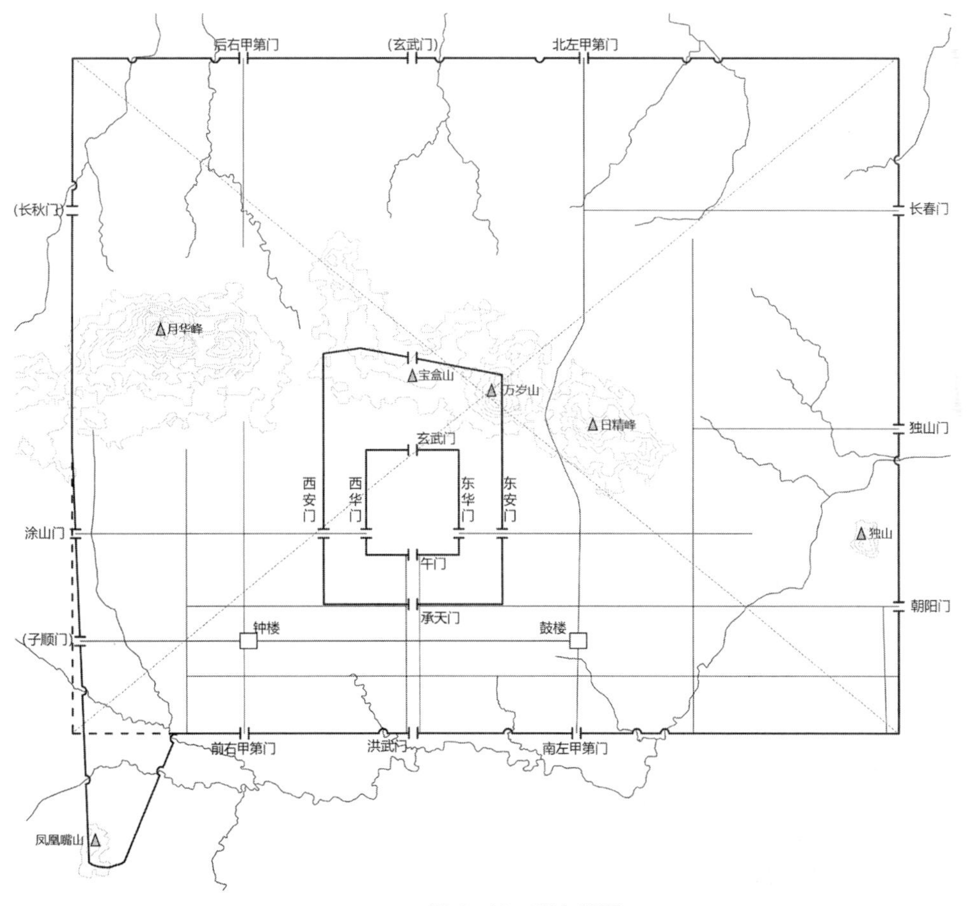

图6-11 明中都图
资料来源：作者自绘

[1] 王剑英. 明中都 [J]. 故宫博物院院刊，1991（2）：61-69.

[2] （明）礼部 纂修. 明太祖实录 [M]. 北京：北京大学图书馆藏印，1962：880-881.

城的城守险要。如此建成后，万岁山不仅为城市制高点，并且成为全城中心点；凤凰山虽不在全城中心，但皇城中心线仍作为全城的轴线，显示了皇城位置的重要性。

中都城以贯穿奉天殿宝座正中的子午线为皇城中轴线，南北延伸后形成整个城市的中轴线。在这条全长近 7 千米的轴线两侧，规整对称的排列着许多建筑。皇城内正殿左右为东西二宫，两翼为文、武二楼和文华、武英二殿；后宫两侧序列六宫。皇城午门南面，左为中书省、太庙，右为大都督府、御史台、社稷坛。不仅如此，大明门广场东西侧，左为中都城城隍庙、中为都国子学，右为功臣庙、历代帝王庙；广场前垂直于大明门南边的洪武街两旁，为左、右千步廊；平行于大明门前的云街东西两端，遥相对称的矗立着鼓楼和钟楼。中都城内外的其他建筑，亦基本保持着对称的格局。如圜丘和山川坛，朝日坛和夕月坛皆东西相对；凤阳府和凤阳县，圜丘和方丘，皇陵和十王四妃坟等，都是南北遥遥相对。

明中都作为明朝开国之都，在中国古代都城建设史上具有重要地位。中都的建设是对南京宫城制度的发展，南京宫城的改造又吸取了凤阳经验。而北京城的建设则是朱棣根据宫城规划理想，吸取南京和中都建设经验的实践。清代《天府广记》记载，北京紫禁城“悉如金陵之制，而弘敞过之”。明中都对后来都城的影响主要表现为以下三点：第一，明中都的三重城垣中，禁垣四面仅仅围有皇城，两城之间距离大致相等，比以前都城规划都更为严谨，空间布局也更合理，这种方式为后来明清所继承并发展；第二，明中都在选址和营建中都十分注重结合自然，既保持了人居环境秩序的严谨性，又能结合自然环境进行灵活的调整，两者相互适应、渐成整体。受明中都城垣布局影响，南京筑城时依山水走势，形成不规则的城垣。北京城景山的堆筑也受到中都城万岁山的影响；第三，明中都宫殿格局严整，采用各种手段高度完善轴线上的空间序列及对称格局，也为南京宫城改造和北京紫禁城建设所沿用。

第三节　国家城市布局与城市建设的强化

元明之际，全国范围内开展了大规模的建城运动，明代更是从都城到地方城市及边防卫所的建造数量达到历史高潮，这是对唐宋传统文化的回归，也形成了清代及晚近城镇建设的基础，在中国城市史和建筑史上具有承前启后的重要地位。

一、城市行政体系的建立

明代统治者在推翻元帝国后，面临着此前秦汉隋唐等汉族帝国所未曾经历过的难题：如何处置元代曾经控制过的地域，把辽和金的地域都纳入自己的版图中？并且，元代已经建立起一个世界体系，带来了中国内部经济社会动能的大规模释放，将宋代就已经得到大发展的商品经济更大规模地扩展了，社会的流动性空前提升，明代统治者必须在维持稳定政治局面的前提下，继续保持繁荣发展。

为了应对这种局面，明代采取的根本措施就是加强控制，逐步强化中央集权。表现在城市管理上，地方城市与国家行政体制的关系变得日益紧凑，采取“环列兵戎，纲维布置”的城市布局理念，进行系统化的城市重建与国家制度重建。

其实在隋唐时期由于疆域扩大、统治深入，已经按照基本交通线路划定了新一级政区——道。但是道（方镇）的存在严重削弱了中央政府的权力，唐代最终亡于藩镇割据。宋代统治者吸取教训，收节度使所领诸州以归中央，又效仿唐代转运使，形成路—州—县三级制，各级政区官员均由中央朝官担任，大大增加了皇帝绝对专制和中央绝对集权。到了元代，疆域空前广袤，设置行中书省作为管辖新征服地区的行政机构，加置于金、宋两朝原有的路府州县之上，形成多级复合制的行政区划体系。

明代吸收前朝的制度经验，经过一系列政策调整，将全国不同等级的城市纳入到一个十分严密的完整体系之中，其中既有纵向的从中央到地方的城市管辖隶属关系，包括都、省、府、州、县，也有横向的城市之间相互分布的关联性的考虑，从而使中华大地上大大小小的城市，形成一个极其紧凑、严密的整体，也形成了一种世界上独一无二的城市奇观。不同等级城市之间相互隶属统辖，关键锁钥城市之间相互关联相互支撑，既在行政管理层面和经济层面上，也在军事防御层面上，形成了一条完整的体系。[1]《明史·地理志》记载：“终明之世，为直隶者二：曰京师，曰南京。为布政使司者十三：曰山东，曰山西，曰河南，曰陕西，曰四川，曰湖广，曰浙江，曰江西，曰福建，曰广东，曰广西，曰云南，曰贵州。其分统之府百有四十，州百九十有三，县千一百三十有八。羁縻之府十有九，州四十有七，县六。编里六万九千五百五十有六。而两京都护府分统都指挥使司十有六，行都指挥使司五，曰北平，曰山西，曰陕西，曰四川，曰福建，留守司二。所属卫四百九十有三，所二千五百九十有三，守御千户所三百一十有五。又土官宣慰司十有一，宣抚司十，安抚司二十有二，招讨司一，长官司一百六十有九，蛮夷长官司五。其边陲要地称重镇者凡九：曰辽东，曰蓟州，曰宣府，曰大同，曰榆林，曰宁夏，曰甘肃，曰太原，曰固原，皆分统卫所关堡，环列兵戎，纲维布置，可谓深且固矣。”

二、军事防御体系——长城

除了加强城市管理，明代还通过修建长城、实施海禁、加强城防建设等措施，维持国家和地方的安全。其中明长城是一个完整的军事防御体系，由长城本体、军事防御性聚落、信息传递系统等军事工程和其他防御工事组成，是历代长城中体系最严密、留存最完整的部分，是明代北方重要的屏障与支撑，尤其为首都地区的建

[1] 王贵祥. 中国古代人居理念与建筑原则 [M]. 北京：中国建筑工业出版社，2015：253.

设奠定了重要的安全基础。

明永乐朝起定都北京，与北方前沿阵地十分接近，时刻面临着北方少数民族袭扰的危险。明朝在北部大规模修建长城边墙以及各种军事防御设施，构建起强固的实体阻碍。长城还配有具有军事防御特征的大小城池、堡寨、关城等，构成一个严密的军事防御体系。在具体的规划建设中，明北直隶划分北部边境为边防区，逐步设置了辽东、蓟州、宣府、大同、太原、延绥、宁夏、固原、甘肃等“九边重镇”（图 6–12）。镇的级别最高、规模最大，统辖一镇下的所有城池；路城较镇次一级，辖一路堡寨；卫城和所城是隶属于都司卫所体制下，负责屯兵屯田的城池；堡寨是最基本的防御单位，所分布于长城边墙沿线。《皇明九边考》中说明了这些情况，“京东至山海关，西至黄花镇，为关塞者二百一十二，为营堡者四十四，为卫者二十二，为守御所三”。关城是由关口和关隘衍生出的城池，“关设于外，所以防守；营设于内，所以应援”，著名的隘口有居庸关、黄崖关、紫荆关、倒马关、古北口、喜峰口、山海关等。此外，还修建了烽传和驿传两个用于信息传递的工事，保障军情讯息顺利传达。

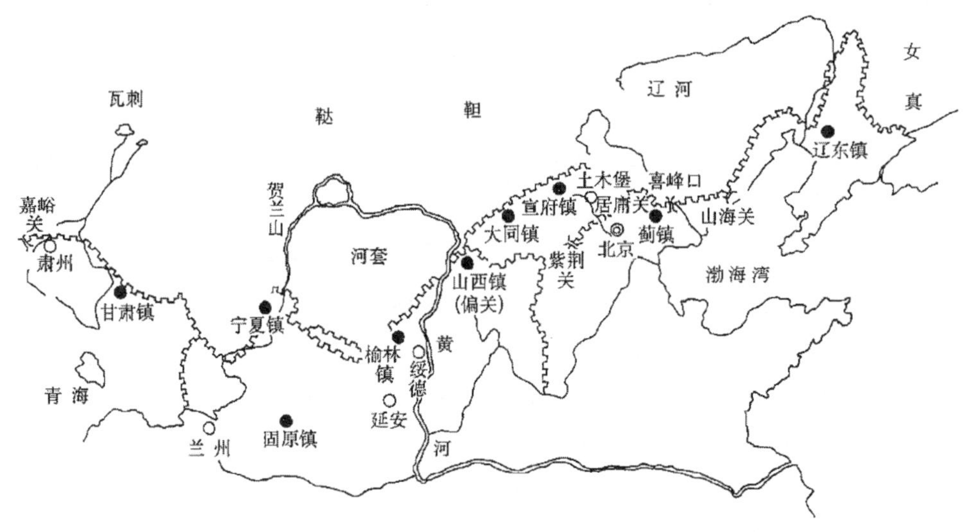

图 6–12　明代九边图

资料来源：孙大章 . 中国古代建筑史：第五卷 [M]. 北京：中国建筑工业出版社，2009：78.

回顾历史，明长城与秦汉长城的建设具有本质上的不同。秦汉长城，在空间上实际上是一处一处以坞堡障塞及壕沟互相呼应的防御工事，有一定的纵深，彼此之间也有空旷的瓯脱，内外可以相通；在观念上，长城既是边防，也是双方相接之处。而明长城从一开始建设就以积极防御、攻守结合为目的，具有明显的主动性，在空间上是连绵不断的边墙，具有实体属性，已经形成了成熟的防御体系，在观念上则是隔绝内外的界限。[1]

[1] 许倬云 . 我者与他者：中国历史上的内外分际 [M]. 北京：生活 · 读书 · 新知三联书店，2010.

三、非行政中心市镇兴起

中国古代县的数量基本维系在1100~1500个，县域人口规模的基本标准是1万户，县邑是中国基层政治城市（表6-1）。到了北宋末年，县邑作为中国古代基层政治城市地位开始发展变化。如果说在此之前，县均数千户的人口规模，使它得以长期维持作为专制国家最基层政权的地位，那么在此之后，由于管辖人口的成倍增长，县邑无法对其实行直接的控制，国家地方行政机构开始从县级行政向下延伸，同时也就标志着传统政治城市设置的向下延伸，这就是通常所说的镇市管理设置。[1]

中国历代县均户数 表6-1

朝代	公元年	县数	县均户数
西汉	2	1577	7835
东汉	140	1160	8096
西晋	280	1232	2037
隋	609	1253	7303
唐	742	1570	5715
北宋	1102	1265	16019
元	—	1110	13427
明	1578	1138	9333
清	1753	1303	29766

数据来源：梁方仲《中国历代户口、田地、田赋统计》甲表89《中国历代县户口数、每县平均户数及平均口数》。

历史时期中国市镇的兴起与发展是社会经济不断发展的产物，宋代以来市镇的大量出现，既是农耕村落之外新型功能聚落不断涌现的反映，也是经济、军事、行政等多种因素作用的结果。“中国古代的市镇发展大体上经历了秦汉的定期市、魏晋隋唐的草市、宋元时期的草市镇、明清市镇这几个重要阶段，演化轨迹十分明显。”[2]中国传统的市镇大多数既不完全同于城市，也与村落具有质的差异，应属于似城聚落，具有城市与乡村聚落之间的过渡性质。

宋代以后，在全国各地兴起设置非行政中心市镇。一方面，乡村地区的定期市及州县城外的草市开始兴起，日趋繁荣，逐渐演变成固定的商业聚落。唐代为了便于管制和收税，规定商店集合，必须在州治县治所在。但是大城市的外围或村落，也必然有小规模的交易，这类场所，就是“草市”。到了宋代，草市规模渐渐扩大，竟成市里，甚至有先成立草市，然后在其原处或附近筑城，成为县治的情形。另一方面，

[1] 包伟民.宋代城市研究[M].北京：中华书局，2014：61.

[2] 任放.中国市镇的历史研究与方法[M].北京：商务印书馆，2010：21.

镇的军事机能日益退化，商业机能提高，也成为一种经济性都市。北魏开始以镇为地名，北魏的镇是大军驻屯之所，但其性质，经齐、周、隋、唐、五代，逐渐产生变化。唐末五代时，节度使的辖区内多设镇，置镇使、镇将。宋太祖、太宗削夺节度使权力，并罢镇使、镇将，镇也跟着废除，但人口繁盛、商业发达的镇，则仍存留，置监官，掌烟火、盗贼及商税、榷酤之事。此后，镇便成为小商业市。也有一些草市发展成为镇。宋代的《元丰九域志》在每县之内都举其乡数、镇数与其名称。南宋的州县志，也都于乡之外，并举镇数、镇名。可见在以乡为主的农村聚落外，也承认了成为小都市的镇的特殊地位。这些成为固定商业聚落的市镇，自然也成为行政上的单位。以市为地名，已见于北宋时代；在南宋地方志中，则镇与市大多并举。

总体来看，宋代商业的发展使得都市、农村之间原有的社会分业结构发生三种转变，一是都市领域扩大，卫星都市形成；二是半农村都市形成，都市经济网逐渐密集；三是行政组织和实际状况分离，在行政上属于乡村的地区具有都市的实质。特别是江南地区急速开发之后，商品交换地点（墟市、村市等）有了飞跃的进展，远距离的商品交换地点（庙市、蚕市等）也随之出现。从小规模的市集，逐渐发展成大规模的市；从地方大小商品交换地点的密布，可以看出商业已深入地方。此种商业化的趋势，一直到明清时代，使得传统的市镇均已脱离了它的原始涵义，而完

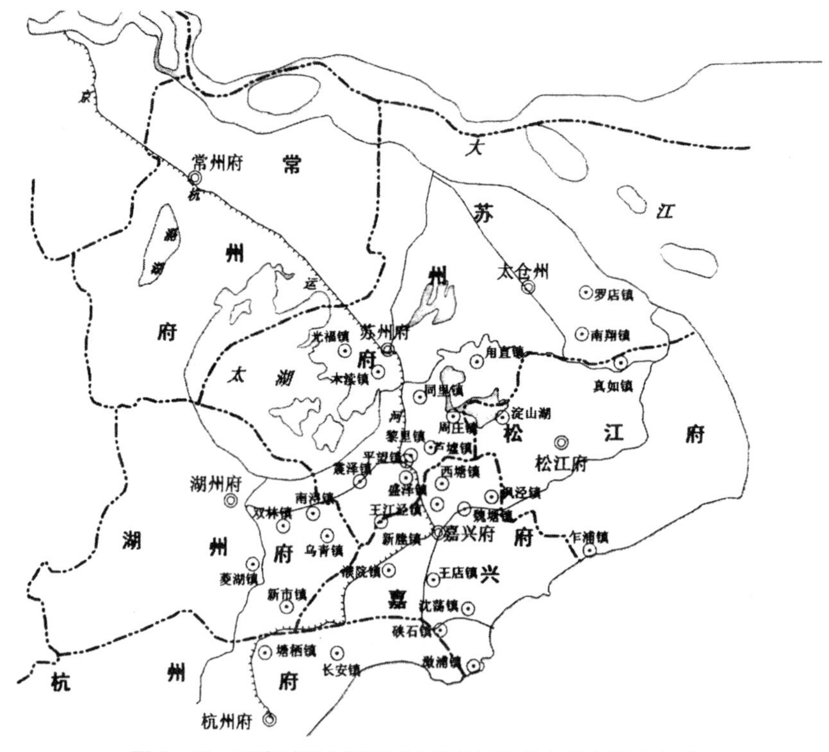

图6-13　明清时期太湖流域水网发达地带主要市镇分布图

资料来源：陈晓燕，包伟民 . 江南市镇——传统历史文化聚焦 [M]. 上海：同济大学出版社，2003：30.

全以商业机能为标准，特别是在江南地区，市镇更有长足的发展（图 6-13）。自明清以来，已经多有不按宋代法令规定设立官监的“镇”，而只是单纯地具备了商业机能而已，市镇的增易消长，全视工商业的兴衰而转移。在清代的文献中，显示出大多数的“镇”的军事机能已逐渐消融无遗，足证商业与贸易活动是市镇成立的必要条件。就人口或商业机能来看，这些专业市镇的繁庶在许多方面都超过了传统行政中心的县城，甚至府城。此种商业机能凌驾行政机能的转变现象，正可说明“城”与“镇”的逐次分化，以及“非行政机能”的渐次强化。[1]

镇市作为联系县城与广大农村的节点，其置废兴衰既照应于一县之行政要求，又与商品流通状况息息相关。县出于统领农村的考虑，会在一县设置几个重要的镇市，作为一定地域的节点。一般根据地理区位与当地经济发展情况，在县域内沿交通要道较为均衡地布置若干市镇，规定其作为市集的时间并于其中的部分地方设巡检司，置税课局，加强统治与税赋。许多江南的专业市镇，其市场范围扩大及全国，而且在现代交通线的接引下（如江南水运及 19 世纪末期后之铁路），逐渐与国外市场相联系。面对近代西方商业势力冲击的这些传统市镇，不但没有仆倒沉沦，而且在清末更是踵事增华，在传统高度的经济韧性中，平添了不少“现代”的气息。

四、地方城市的发展

宋元明清时期，经济社会的全面发展带来了社会文化的繁荣。宋代是古代文化成熟的时期，也是向近世文化转型的时期，文化发展达到了空前绝后的高度[2]，并延续至明清。这直接影响了城市规划的观念和内容，进而促进了地方城市的发展，突出体现在城市文化空间的建设和“山—水—城”的格局日趋完善。

一方面，随着宋代儒学的发展，文庙和书院等城市文化空间建设蓬勃展开。宋朝建立之初便实行崇文抑武的政策，儒家学说逐渐制度化，通过科举制度贯穿在整个政治文化秩序中，相关制度的确立致使庙学得以大范围普及。南宋时期全国的文化中心南移，南方庙学得以快速发展。明清时期，随着孔庙建筑规制及祭祀制度的重新确定，地方城市庙学的建设地位得到大幅提升[3]。庙学不仅是官方推行儒学教育的地方，也是地方社会教化的主阵地。此外，根据各省通志统计，宋代书院共有 397 所[4]，达到了可观的数量，到了明清进一步发展，书院成为宋、明文人生活中的重要内容。书院不仅是儒生学术研究和道德教育的基地，也是士大夫的精神寄托之所，例如南宋朱熹在《白鹿讲会次卜丈韵》诗中所讲，“珍重个中无限乐，诸郎莫

---

[1] 刘石吉 . 中国民生的开拓 [M]. 合肥：黄山书社，2012.
[2] 邓广铭 . 谈谈有关宋史研究的几个问题 [J]. 社会科学战线，1986（2）：137-144.
[3] 王鲁民，梁粱，宋鸣笛 . 明清赣南地区庙学建设地位的提升 [J]. 南方建筑，2019（1）：64-69.
[4] 陈元晖，尹德新，王炳照 . 中国古代的书院制度 [M]. 上海：上海教育出版社，1981：30.

苦羡腾迁”。除了庙学和书院外，在南宋临安，刻印出版和演剧、杂技、相扑、说书、讲史等活动场所也形成了专门的空间。诸多文化空间的建设，带来了城市景观的结构性变化。

另一方面，宋代以来人与自然和谐共存的人居理想推动了“山—水—城”传统的形成。宋代诗画的发展促进了诗境、画境与人居环境的交融，提升了城市环境的人文意境。宋代文人士大夫以一种自觉的群体意识投入绘画中，促成了“文人画”及其观念与理论的出现。这种绘画客观、整体地描绘自然，使人清晰地感受到整体自然与人生的亲切联系，仿佛“可居，可游”于其中，表达了北宋士大夫的生活情趣和人生理想（图 6–14）。同时，宋代以来的山水诗中往往寄托了人与社会、自然和谐的美好人居理想，比如欧阳修的《丰乐亭记》《醉翁亭记》等。诗画中的文人旨趣与社会理想在宋元明清时期不断传承、发酵，并逐渐落实在文人为主导的城市营建中，形成了中国独特的“山—水—城”思想，并在明清时期臻于完善，成为一种成熟的城市规划传统，进而影响了城市的景观格局（图 6–15）。

（一）省城：成都，昆明，保定

成都

古代成都城自建城起，两千余年城名未改，城址未变，在中国城市史上尤为突出。其营建过程肇始于古蜀王杜宇、开明，后经历秦张仪、隋杨秀、唐高骈、明蜀王等几个重要时期，城市格局渐进发展，各个时期皆有山水秩序的观照，山—水—城，紧密相关，浑然一体（图 6–16）。

成都城自秦张仪筑城开始就非正南北朝向，而是呈现以东北—西南为纵，以西北—东南为横的城市坐标体系。在成都城的建设中，以西北—东南为横，以东北—西南为纵，相互垂直的城市坐标体系一直贯穿于各代成都城市建设中，直到清末成都城市街道走向仍清晰可见，有学者认为这与始自古蜀国的以岷山祭祀为基础的山岳崇拜有密切关系。

与此同时，在后世的城市规划建设中，为满足重要建筑布局营建等对完美均衡形态的需求，仍试图强调正南北向对城市格局的作用。明李椿主持蜀王府建设，采取了正南北的朝向，并以唐代罗城内的武担山为镇立南北中轴线。正德《四川志·藩封·蜀府》载：“洪武十八年（1385 年）谕景川侯曹震等曰：‘蜀之为邦，在西南一隅，羌戎所瞻仰，非壮丽无以示威，汝往钦哉。’震等祇奉，营国武担山之阳。”明蜀王府的建设调整了蜀王府附近的道路格局，成正南北向，而蜀王府以外地区的道路网格仍然保持由秦至唐宋以来的斜坐标体系。这次城市营建形成了一个城市中心地带道路正南北，其他地区东北—西南走向的交叉、扭转的城市道路网格局。经由明代的城市规划建设，成都最终定格于北山南宫的城市中轴线布局中，城市核心地带连同武担镇山的正南北秩序明朗化。（图 6–17）

图 6-14 （宋）王希孟《千里江山图卷》中的宋代住宅与村落
资料来源：傅熹年 . 中国古代建筑十论 [M]. 上海：复旦大学出版社，2004.

除了与山岳的紧密关系外，成都自建城之始就重视城市水系的建设，并因李冰导二“江”将城市整合于都江堰人工流域当中。秦汉时代，成都城市发展就依托二江，形成了“二江珥其市，九桥带其流”（《蜀都赋》）的城市格局，到唐代高骈主持城市建设，改道“内江”，使其从西北绕城变为东北环城，将成都的城市格局由秦汉时期的二江并流的临水型城市变为二江抱城型，影响深远，成都城市经济也因二江而繁荣，杜甫诗“窗含西岭千秋雪，门泊东吴万里船”，李白诗“濯锦清江万里流，云帆龙舸下扬州”都是二江商船盛况的写照。古代成都城“二江”意象也成为一大特色，在历次的城市规划中不断强调。据现有文献和考古资料，至少在宋代，成都城就形成了系统性很强的城市整体水道网络。❶

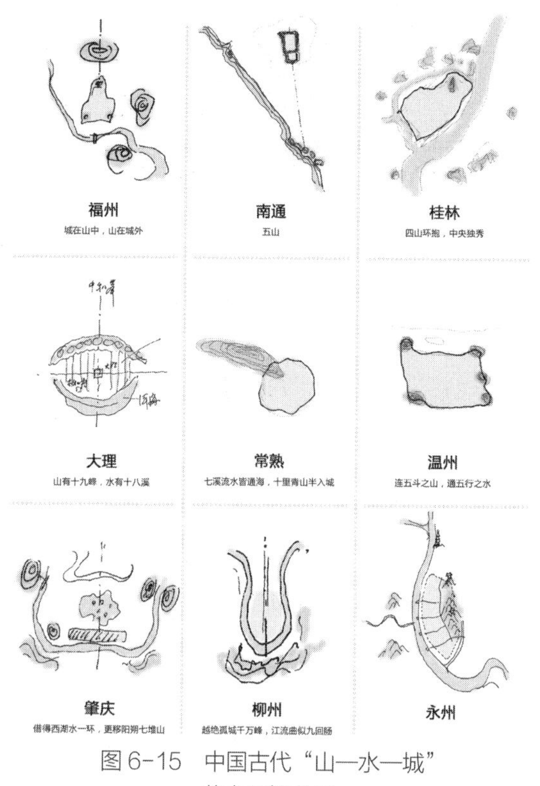

图6-15　中国古代“山—水—城”艺术骨架举例

资料来源：吴良镛．中国人居史[M]. 北京：中国建筑工业出版社，2013：49.

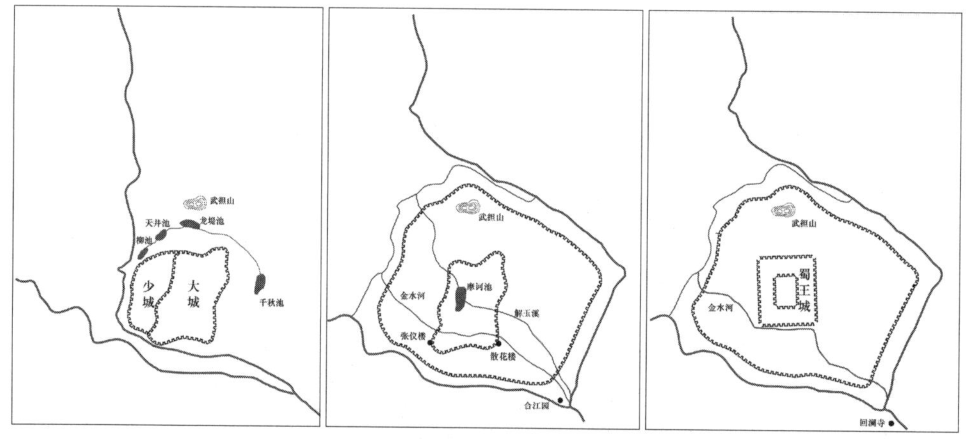

图6-16　秦、唐、明成都城市及山水要素的变迁

资料来源：袁琳．中国传统城市山水秩序构建的历史经验——以古代成都城为例[J]. 城市与区域规划研究，2013，6（1）：241-256.

❶ 袁琳．中国传统城市山水秩序构建的历史经验——以古代成都城为例[J]. 城市与区域规划研究，2013，6（1）：241-256.

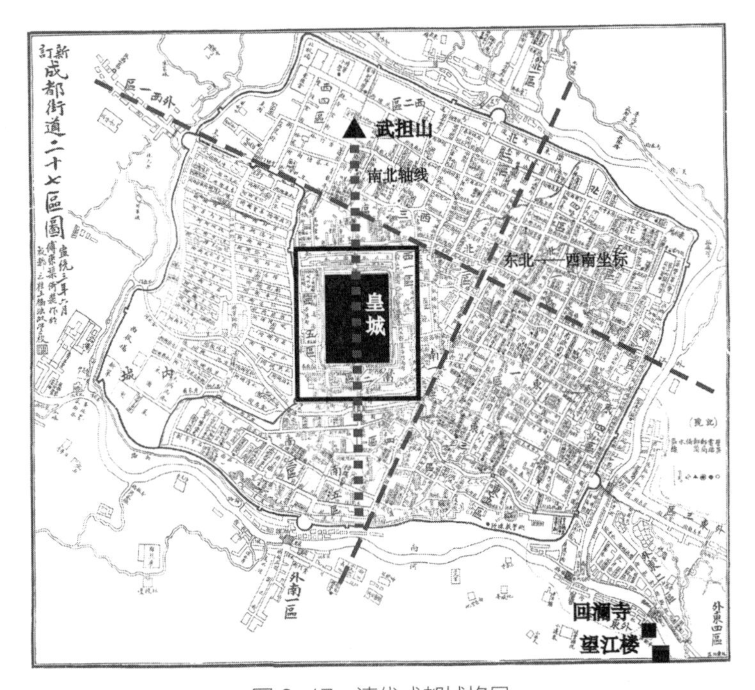

图 6-17 清代成都城格局

资料来源：（清）傅崇矩 绘 . 成都街道二十七区图 [M]. 1911（清宣统三年）.

昆明

昆明位于云贵高原中部，三面环山，南临滇池，六河纵横，中间一马平川，形成了膏腴沃壤的昆明坝子。其地理位置险要，“东接黔、蜀，南控交趾，西拥诸甸，北距吐蕃”[1]，是控制西南的战略要地。历史上昆明的城市规划建设始终与周围的自然山川紧密结合在一起，一方面，利用自然，依凭山川形胜，营建人工城市；另一方面，不断改造自然，兴修水利，调适人与自然的关系。

秦汉时期云南普设郡县，唐宋时，昆明先后为云南地方政权南诏、大理的两京之一。唐宝应二年（763 年），南诏王阁罗凤“次昆川，审形势，言山河可以作藩屏，川陆可以养人民”[2]，并于永泰元年（765 年）正式建城名拓东城，位置大约在今昆明市区南部。宋代又重筑土城，“城际滇池，三面皆水，既险且坚。”[3] 宋宝祐二年（1254 年），元灭大理，至元十三年（1276 年），正式建立云南行中书省，把行政中心由大理迁到中庆（今昆明），昆明正式成为云南的首府，在原有城池基础上，向西北拓展，修建中庆城，此后明清两代基本沿用此城，续有修造。元人王昇有《滇池赋》，描绘了中庆城为周边自然山川和人文景观环绕、拱卫，交相生辉的胜景：“探华亭之幽趣，登太华之层峰；觅黔南之胜概，指八景之陈踪。碧鸡峭拔而岌嶪，金马逶迤而玲珑，

[1] （清）顾祖禹 . 读史方舆纪要 [M]. 北京：中华书局，2005.

[2] 南诏《德化碑》碑文。该碑位于大理市城南 7 公里太和村。

[3] （明）宋濂 . 元史 [M]. 北京：中华书局，1976：卷 121 速不台传（附兀良合台）.

图 6-18 云南府地图

资料来源：（明）邹应龙 修，李元阳 纂 .（万历）云南通志 [M]. 北京：中国文联出版社，2013.

玉案峨峨而耸翠，商山隐隐而攒穹，五华钟造化之秀，三市当阊闫之冲，双塔挺擎天之势，一桥横贯日之虹。”《读史方舆纪要》引《滇记》云：“郡城，金马、碧鸡二山东西夹护，商山北来而环列于前，中开一大都会。”可以看到，以府城为中心，半径约 25 里的范围内，滇池、金马山、碧鸡山、西湖、盘龙江等环绕其周，形成了人工与自然交相辉映的“山水城”。（图 6-18）

在利用自然固有的山川形胜之外，昆明的城市发展还与对自然环境的改造息息相关，其中以滇池水系为核心的水利建设至关重要，不断拓展和改善了人类的生存空间。《史记 · 西南夷传》载，战国晚期（公元前三世纪初）楚将庄蹻率兵至滇池，说：“池方三百里，旁平地，肥饶数十里”。居民以滇池水产供食，后在池旁开辟农田，形成“耕田有邑聚”的格局。汉代以来在滇池旁改进农业生产条件，引水开田，没有变动滇池水位。《后汉书 · 西南夷滇王传》：“王莽时以广汉文齐为益州太守，造起陂池，开通灌溉，垦田二千余顷。”《华阳国志 · 文齐传》：“迁益州太守，造开稻田，民咸赖之。”益州郡城在滇池县。自元朝以来，中央设行省，为发展农业经济，不断扩大降低滇池出湖口，疏浚盘龙江和海口螳螂川河，不断降低滇池的水位，水面不断缩小，使昆明盆地成为云南省第二大盆地，成为云南农业经济条件最好的地区。滇池水域缩小后，人们在滇池区域最重要的北岸六河地区兴修水利用于灌溉或防洪，最终在清代形成一个庞大的水利网络。（图 6-19）昆明城在这个水利系统的供养和支撑下，得以持续蓬勃发展。

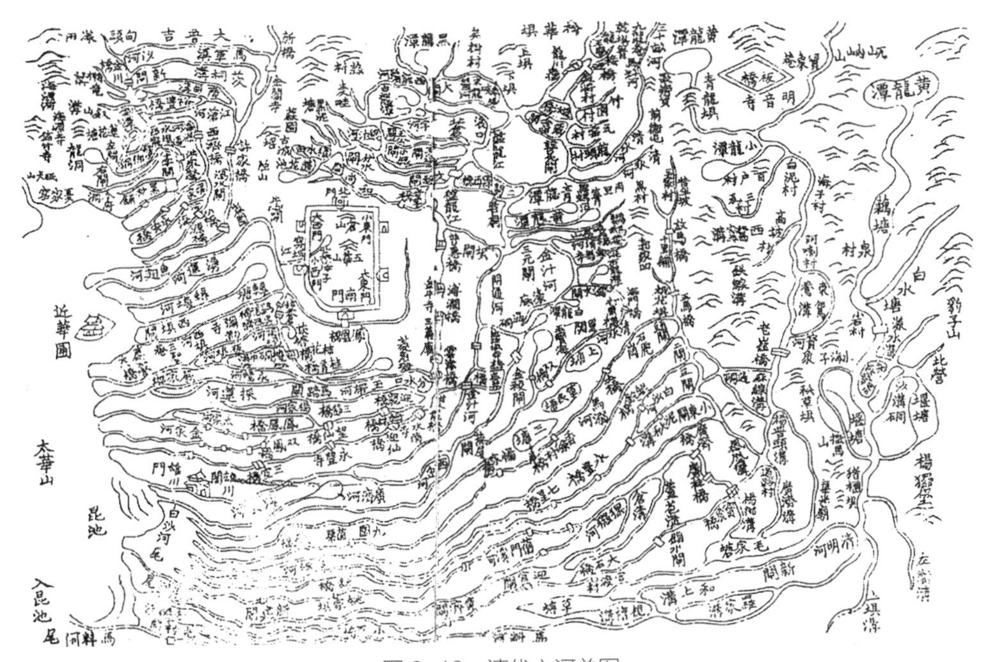

图 6-19　清代六河总图

资料来源：黄士杰 . 云南省城六河图说 [M]. 台北：成文出版社有限公司，1974.

保定

保定为清代直隶省会。其地处直隶中部，西枕太行山脉，东控大清河，是整个海河流域的中心。北魏太和元年（478 年）始置清苑县。宋建隆（960~963 年）初以清苑县置保塞军，太平兴国六年（981 年）置保州[1]。清苑故城位于今保定市东北 7 里马庄村西，历北齐、隋、唐、五代诸朝至北宋淳化三年始废[2]。宋淳化三年（992 年），李继宣知保州，废马庄西故城，始于今址一带新建保州城[3]。金代以清苑为顺天军节度使治，但贞祐元年（1213 年）保州城毁于火，故移州治于西北三十多里的满城。金正大四年即元太祖二十二年（1227 年），蒙古河北东西路都元帅张柔自满城移驻今址，重新规划建设保州城，设为保定路治。自北魏设县，至宋代升州迁建，再到金元迁治、还治、重建，其城址变动历经七百余年而最终定于今址。而该城的发生、发展直至成为省会，则相当程度上由其西倚太行、南带府河、东控津海的独特山水形势所决定。

张柔在保定的选址规划中尤其关注其水形条件。古城选址于府河北岸，西有鸡距、一亩二泉，东汇为白洋淀，又东入渤海。这一水系形势为城市提供了便利的水路交通条件，进而形成对整个区域的控制力。正所谓“重山西峙，群川东汇。

[1]（清）李培祜，朱靖旬 修，张豫垲 等纂 .（光绪）保定府志 [M]. 刻本 . 1886（清光绪十二年）：卷 17 舆地略 .

[2] 保定市地方志编纂委员会 . 保定市志：第四册 [M]. 北京：方志出版社，1999：341.

[3] 保定市地方志编纂委员会 . 保定市志：第二册 [M]. 北京：方志出版社，1999：3.

联络表里，翊卫京师，诚为重地”[1]。城市规划布局中，张柔亦着重梳理水系，引泉水入城，使水渠贯穿全城，并根据水道布局城中商业、居住。据《(嘉靖)清苑县志》载：“元张柔作新渠，凿西城以入水。水循市东行，转北，别为东流，垂及东城。又折而西，双流交贯，由北水门而出。夏秋之交，芰荷如绣，水禽上下，游人共乐焉”[2]。又据《(光绪)保定府志》载：“(府城)南、西、北水门三，引泉水穿城，西入，南、北出”；“西水门在西门南，外有小闸，引河水入城，灌古莲花池。由南大街地沟通府学泮池，出南水门达城濠入河”[3]。这一规划不仅解决了城市的水用、交通等问题，也造就了保定府城北方水乡的景观特色，传说城中有 72 桥，曾是北方著名水城。

府城“周十二里三百三十步，高三丈五尺，上广一丈五尺。门四，东曰望瀛，南曰迎薰，西曰瞻岳，北曰拱极。水门四。池深一丈，阔三丈。引一亩泉水注之”[4]（图 6–20、图 6–21）。

（二）府城：永州，静江

永州

永州地处湖南省最南端，与粤、桂两省接壤。其地南承五岭山系余脉，覆盖潇湘流域上游，而永州古城正位于潇、湘二水合流处。这一区位决定了永州自古就是中原通往岭南的交通要道之一，具有重要的交通及战略价值。

永州古城的历史可上溯至西汉武帝元朔五年（公元前 124 年）置县级泉陵侯国。自潇湘合流处东南 5、6 公里一带，南来的潇水忽然逆转向南，折西，再转北形成一大回弯；其东岸丘陵中恰有东山、万石山、千秋岭三座小山与潇水形成一天然环合之势，最初的城市就建在这一环合之中。东汉建武元年（25 年），泉陵升为零陵郡治，此后它一直作为统县政区治所，长达近两千年之久。这一政区范围在两汉时期曾包括今永州、桂林、邵阳三市的大部分地区，唐宋时期缩小为仅包含今永州市北半部分，明初以后基本确定了今天地级永州市的范围。隋开皇九年（589 年），零陵郡改永州府，此后“永州”“零陵”二名皆有沿用。唐代永州已建立起较为完整的城—郭制度：在潇水—三山环合之间建有子城，以山水的天然限定作为外郭，所谓“不墉而高，不池而深，不关而固”[5]也。南宋景定年间（1260~1264 年）开始依山川之形修筑外城，倚东山为东城，沿潇水筑西城，南北两端收束，最大限度利用自然条件而节省人工。明洪武六年（公元 1373 年）更新城池，“周围九里二十七步”[6]，面积约

---

[1]（清）顾祖禹 . 读史方舆纪要 [M]. 北京：中华书局，2005.

[2]（明）李廷宝 撰 .（嘉靖）清苑县志 [M]. 刻本 . 1538（明嘉靖十七年）：卷 1 建置沿革 / 山川 .

[3]（清）李培祜，朱靖旬 修，张豫垲 等纂 .（光绪）保定府志 [M]. 刻本 . 1886（清光绪十二年）：卷 35 工政略 .

[4] 同上 .

[5]（宋）吴之道 . 永州内谯外城记 //（清）刘道著 修，钱邦芑 纂 .（康熙）永州府志 [M]. 日本藏中国罕见地方志丛刊 . 北京：书目文献出版社，1992：卷 19 艺文志 539.

[6]（清）刘道著 修，钱邦芑 纂 .（康熙）永州府志 [M]. 日本藏中国罕见地方志丛刊 . 北京：书目文献出版社，1992：66.

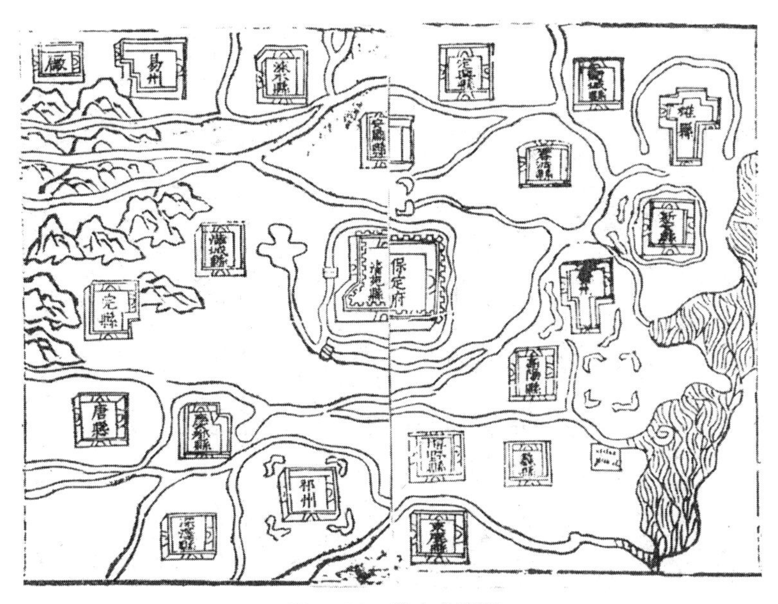

图 6-20 保定府境图

资料来源：（明）冯惟敏 纂修，王国桢 续修，王政熙 续纂.（万历）保定府志 [M]. 日本藏中国罕见地方志丛刊. 北京：书目文献出版社，1990：卷 2 地理图志.

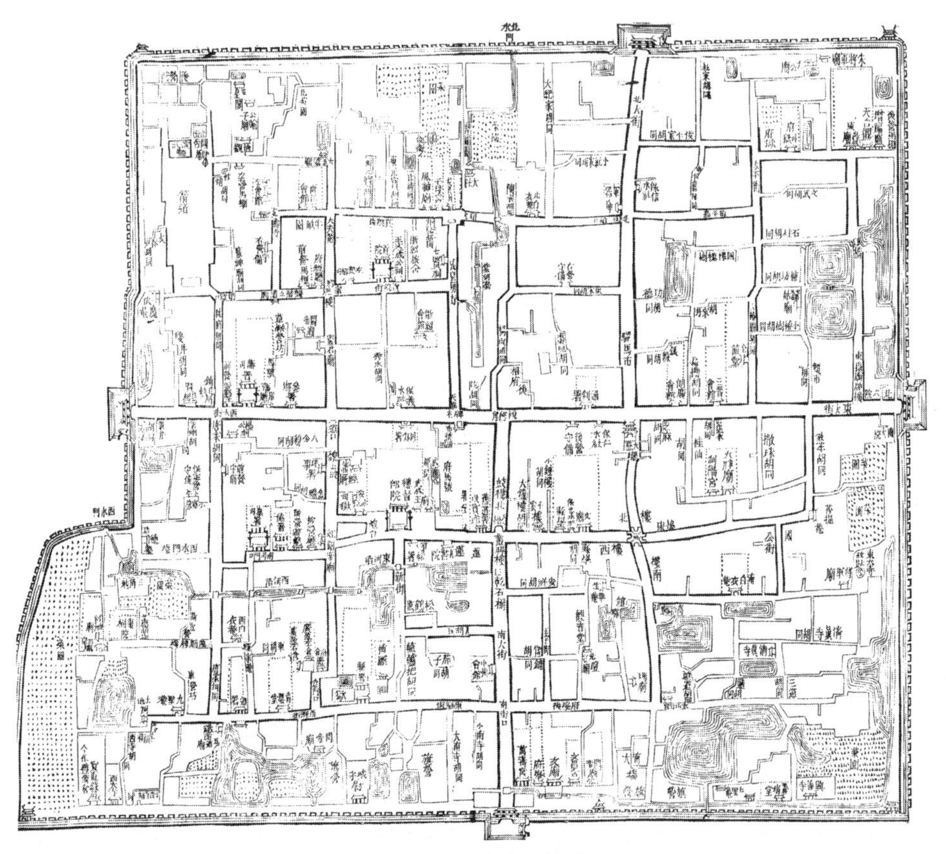

图 6-21 保定府城图

资料来源：（清）李培祜，朱靖旬 修，张豫垲 等纂.（光绪）保定府志 [M]. 刻本. 1886（清光绪十二年）：卷 35 工政略.

1.37 平方公里。此后五百余年间，城市在此格局上增补修葺，街巷、建筑逐渐充实。

历史形成的永州山水城市特色，表现在人工营建与自然山水多层次、多维度的交融上。城市营建层面，无论选址、筑城、功能分区、街巷格局或主要公共建筑建设，都充分利用自然山水条件，“因其地，逸其人”❶，形成典型的古代州府级中等规模山水城市。建筑营造层面，柳宗元、汪藻等一批唐宋士人通过“山水营居”实践提出契合永州山水的规划设计原则与方法，在当地建立起范式。风景经营层面，由士人主导的城市近郊风景发掘活动自唐代开始，尤以文学、书法、摩崖石刻与永州山水的巧妙结合为特色，在古城周边形成兼具自然与人文价值的风景名胜区。具体来说，永州古城营建中表现出强烈的“山水逻辑”：①各时期的整体布局均完全依托潇水回弯与其东岸丘陵所提供的天然地利与限制；②街巷格局顺应基地东高西低、潇水西抱之势，形成东疏西密、向潇水放射的形态；③城市功能分区依托山水条件而形成占据三山及山麓地带的行政文教区（衙署、学校、祠庙、寺观等）和占据滨水狭长地带的商业居住区；④城内外标志性建筑在选址上皆追求山水形胜之地，设计上依托基地自然特色而构思，塑造出人工与自然浑融一体的佳作，如廻龙塔“磴踞危石，高凌碧汉，足增全郡胜观”❷，镇永楼“楼当最高处，郡城形胜四望俱见”❸，香零山观音阁“秋高水落，亭亭孤寺”等；⑤城内外风景名胜多沿潇水及其支流分布，如永州八景中就有六景位于潇水沿线，使潇水成为永州名副其实的“风景线”❹。

欧阳修诗云“画图曾识零陵郡，今日方知画不如，城郭恰临潇水上，山川犹是柳侯余”❺，可谓对永州山水城市特色的绝佳概括。此特色一方面得益于永州优越的山水基底条件：水清，山奇，石绝，洞幽。永州是公认的“佳山水郡”❻，其异于中原的自然风光曾获得唐宋士人的高度评价：“北之晋，西适豳，东极吴，南至楚越之交，其间名山水而州者以百数，永最善”❼。另一方面则得益于士人群体的创造。由于偏远荒僻，唐宋时期永州仍是朝廷安置贬官之地。但贬永士人中亦不乏贤能者，他们在永州山水间或发掘风景，命名品题，使自然融入人文气息；或择地营居，亲力设计，甚至提出规划设计理论；或创办学校，倡建祠庙，开启了永州崇文重教的悠久传统。可以说，士人群体使原本朴素的、功利性的山水城市营建实现了文化与精神层面的提升（图 6-22）❽。

---

❶（唐）柳宗元．永州韦使君新堂记 [M]//（唐）柳宗元．柳宗元集．北京：中华书局，1979：732.

❷（清）嵇有庆 修，刘沛 纂．（光绪）零陵县志 [M]. 台北：成文出版社有限公司，1975：151.

❸（清）刘道著 修，钱邦芑 纂．（康熙）永州府志 [M]. 日本藏中国罕见地方志丛刊．北京：书目文献出版社，1992：74.

❹ 孙诗萌，蒂姆・希恩．永州历史山水城市复兴的空间策略 [J]. 城市设计，2016（2）：64-75.

❺（宋）欧阳修．咏零陵 [M].

❻（宋）吴之道．永州内谯外城记 //（清）刘道著 修，钱邦芑 纂．（康熙）永州府志 [M]. 日本藏中国罕见地方志丛刊．北京：书目文献出版社，1992：卷 19　艺文志 539.

❼（唐）柳宗元．游黄溪记 [M]//（唐）柳宗元．柳宗元集．北京：中华书局，1979.

❽ 孙诗萌．唐宋士人在永州的“山水营居”实践及其对地方人居环境开发的作用 [J]. 建筑史（第 33 辑）. 2014：95-108.

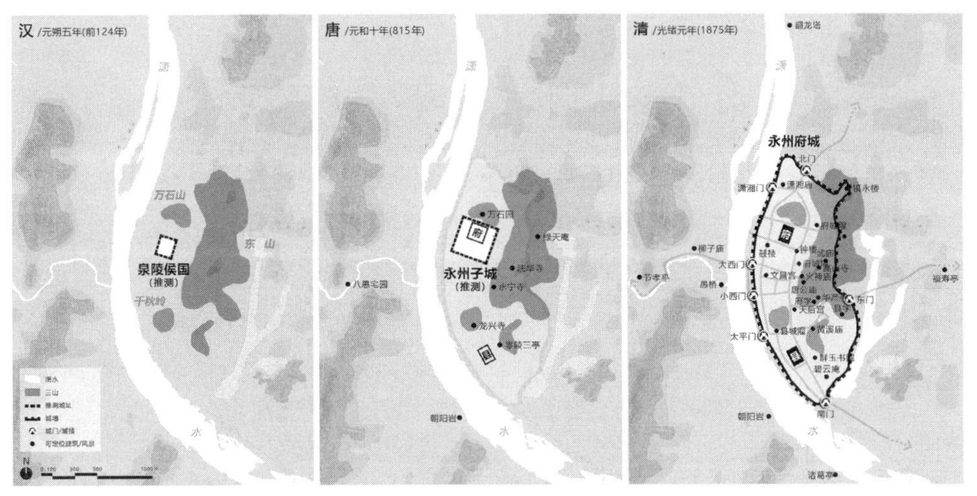

图 6-22　古代永州城市营建历程

资料来源：孙诗萌 . 自然与道德：古代永州地区城市规划设计研究 [M]. 北京：中国建筑工业出版社，2019：78.

静江

南宋静江府城在今桂林老城一带，最初为唐代李靖创筑的桂州城，北宋至和二年（1055 年）在唐城之外筑桂州府城。南宋桂州府改称静江府，为了加强军事防卫，于南宋宝祐六年（1258 年）在北部叠彩山一线建新北城，于景定元年（1260 年）至咸淳元年（1265 年）建西部新外城，于咸淳初年（1266~1268 年）在东南两侧临漓江和南阳江部分增建泊岸石城，于咸淳五年至八年（1269~1272 年）增筑第二重北城，并在鹑鸠山（今鹦鹉山）崖壁刻图题文以记载四次筑城的简况，这就是著名的《静江府修筑城池图》❶。静江府城总体上采用了“子城—罗城”的空间布局模式。子城沿用唐代桂州城，大约占四坊之地，东墙、西墙和南墙各有一门，城内形成丁字路。衙署等公共机构主要集中在子城中，但也有少数的公共机构位于外城中，如府学位于外城西城墙外，这表明经过 200 年的发展，已将有些建筑外移了。南宋末年的静江府城体现出军事防卫城市的特点：一方面，多重城池构成了城市的多重防线；另一方面，城门内外和城墙上有护门墙、羊马墙、月城、拖板桥、敌楼、团楼、白露屋等系统的防御设施，与宋代官方颁布的《武经总要》和《守城机要》的要求基本一致。此外，静江府城也是我国古代山水城市的典型代表。古城依河兴建，位于漓江的一级台地，绕以漓江、阳江、西湖等水系，周围山形秀丽多姿，“若龙蟠虎踞之形”❷。桂林城池因借附近山峰、河流构筑，成为山水长卷中的一颗明珠。“城”既作为一个风景要素融合到周围山水之中，又将风景要素纳入城中，和城外的山水景观

❶ 傅熹年 . 中国古代建筑十论 [M]. 上海：复旦大学出版社，2004.

❷（清）蔡呈韶 修，胡虔 纂 .（嘉庆）临桂县志 [M]. 台北：成文出版社有限公司，1967.

遥相呼应，形成“山水在城中，城在山水中”的“山—水—城”人居格局❶（图 6-23）。

（三）县城：旬阳，黄陵（中部县），临城

旬阳

陕西旬阳县城位于汉水与旬水交汇处曲折河道环抱中的半岛上，是一座典型的山水城市。

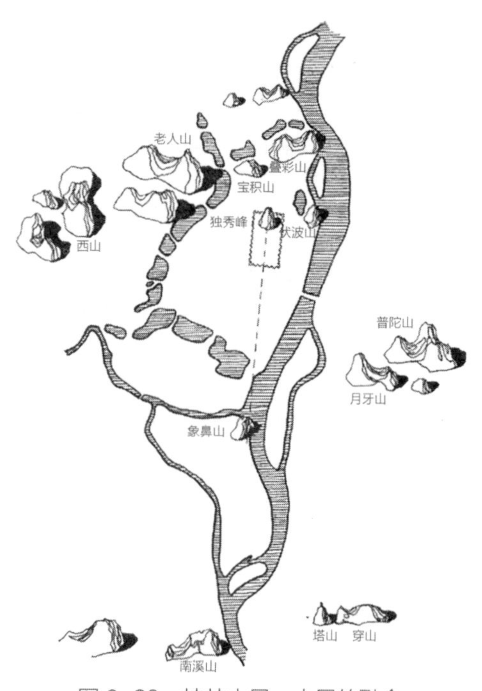

图 6-23　桂林山景、水景的融合

资料来源：吴良镛 . 桂林的建筑文化、城市模式和保护对策 [M]// 吴良镛 . 吴良镛城市研究论文集（1986—1995）：迎接新世纪的来临 . 北京：中国建筑工业出版社，1996：332.

旬阳的历史可上溯至秦代于旬水河口设置“旬关”。由于其特殊的地理区位和山水形势，在此设关以扼控秦岭山脉中沟通渭水流域与汉江流域的一条天然通道库谷道❷。汉代始设旬阳县，择址于今老城所在阴鱼岛上。关于这一带的特异形势，古人早有总结：“峰峦千里，蜿蜒绵亘，若龙翔凤舞而来，蘸诸江流者，形势之奇，古设邑焉。自汉以来，沿革历几千年矣。周遭不三里许。维石巉岩，淤沙为麓，洵水萦回，与汉水合。驼岭如蠮螉腰，一缕悬隔。夏秋水涨，洵与汉涛相望也。灵崖千尺，如嶂如扃，仰嵯峨，頫天堑。古之人岂尽惮劳废哉？所赖四围环水，屹然百雉也”❸。正是凭借此山环水抱、易守难攻的天然形势，旬阳县不仅是汉水流域最早建置的城市之一，也是该地区历史上城址最为稳定的城市之一。

明清时期旬阳县城的规划建设，更突出地表现出随形就势、因地制宜的规划特点。明崇祯八年（1635 年）知县姚世雍相地筑城，“城垣因山为城，阻水为池，周围三里有奇”❹。规划过程中，规划者“直登山麓旧治之墟，迟回注目者久之，谓博士弟子员吉茅等曰：是层然峭者何形耶，是苞然巩者何基耶，是累累然相望者何所耶。因势之险，凭基之厚，取物之便，而筑斯城焉”❺。阴鱼岛地势略呈三级，城市规划遂依托三级台地而差别布置功能：顶层为官署、学宫、书院等公共建筑；中层为仕宦

---

❶ 吴良镛 . 桂林的建筑文化、城市模式和保护对策 [M]// 吴良镛 . 吴良镛城市研究论文集（1986—1995）：迎接新世纪的来临 . 北京：中国建筑工业出版社，1996.

❷ 库谷道自长安东出，大致沿库峪河、乾佑河（柞水）、旬水一线抵汉江。旬阳正位于河口位置，扼控库谷道南端。

❸（明）刘文翰 . 创修洵阳城碑记 [M]//（清）刘德全 等纂修 .（光绪）洵阳县志 . 台北：成文出版社有限公司，1969：卷 13　艺文志 485.

❹（清）刘德全 等纂修 .（光绪）洵阳县志 [M]. 台北：成文出版社有限公司，1969：卷 4　建置 / 城池 91-92.

❺ 同注释❷.

商贾住宅；下层则为市肆、码头及平民住宅。为适应层级台地，城中道路也形成平行于等高线的水平横街、垂直于等高线的台阶纵巷的立体街巷体系。横街宽阔，可通车马，纵巷狭窄，仅通行人。《(光绪)旬阳县志》中概括其城市特色："烟火万家，鳞次江隈；援岩附壁，结宇裁甍；层檐飞槛，磴石攀路；入望参差，居然图画"❶。今天，明清旬阳县城因应山水形势的空间格局仍然较完整地保留下来（图6-24、图6-25）。

黄陵（中部县）

陕西黄帝陵所在的黄陵县拥有1600余年的行政建制史，黄陵县城则拥有近1400年的建城史。东晋时期（317~420年）始于今县城范围内置中部县。唐武德二年（619年）置坊州。元、明、清时期，该地区仍隶中部县。明成化（1465~1487年）年间始移今址，隆庆六年（1572年）先筑下城，崇祯四年（1631年）始筑上城。清顺治十二年（1655年）复旧城制，乾隆三十年（1865年）重修县城，逐渐形成今黄陵老城格局。

两千多年来逐步形成的"陵—庙—城"一体格局，是黄帝陵与黄陵县的重要空间特色之一。"陵"与陵轴形成最早，自公元前110年汉武帝"还祭黄帝冢桥山"并筑祈仙台而确定了陵轴，后世不断增修强化。"庙"与庙轴形成于宋代。轩辕庙原在桥山之西，"宋开宝中移建于此（今址）"❷，由此确定了庙轴，后世屡有增修。"城"与城轴的始建时间不详，今日可见之上、下城空间格局及残垣形成于明代。

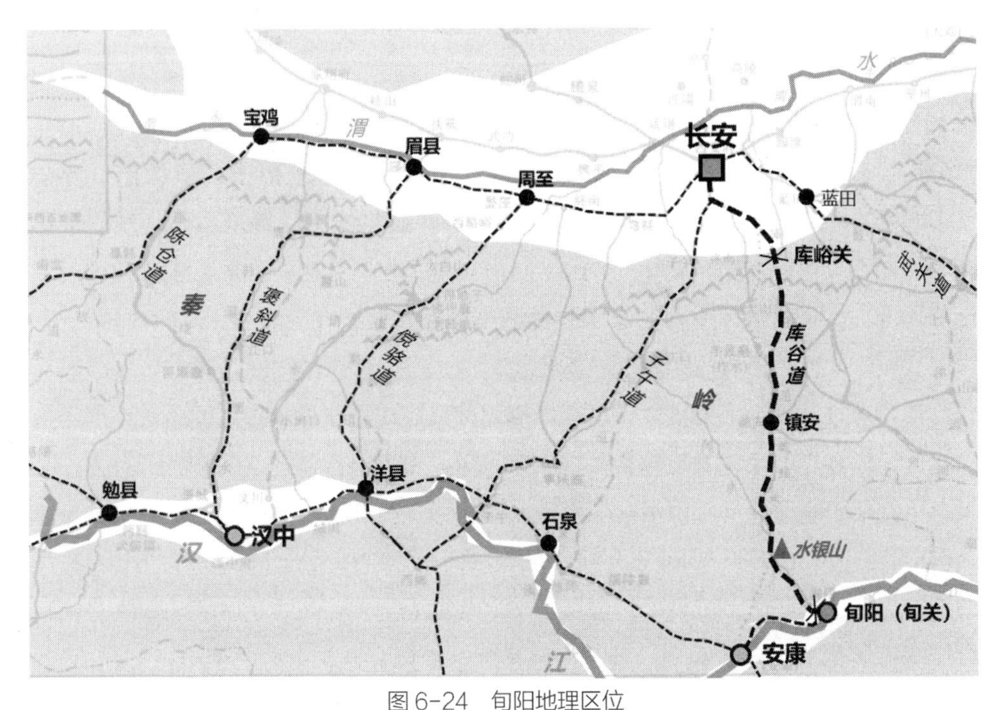

图6-24 旬阳地理区位

资料来源：根据《南山谷口考校注》（2006）图改绘.

❶（清）刘德全 等纂修.（光绪）洵阳县志[M].台北：成文出版社有限公司，1969：卷4 建置/城池93.

❷（清）丁瀚 修，张永清 纂.（嘉庆）中部县志[M].台北：成文出版社有限公司，1970：卷2 祀典.

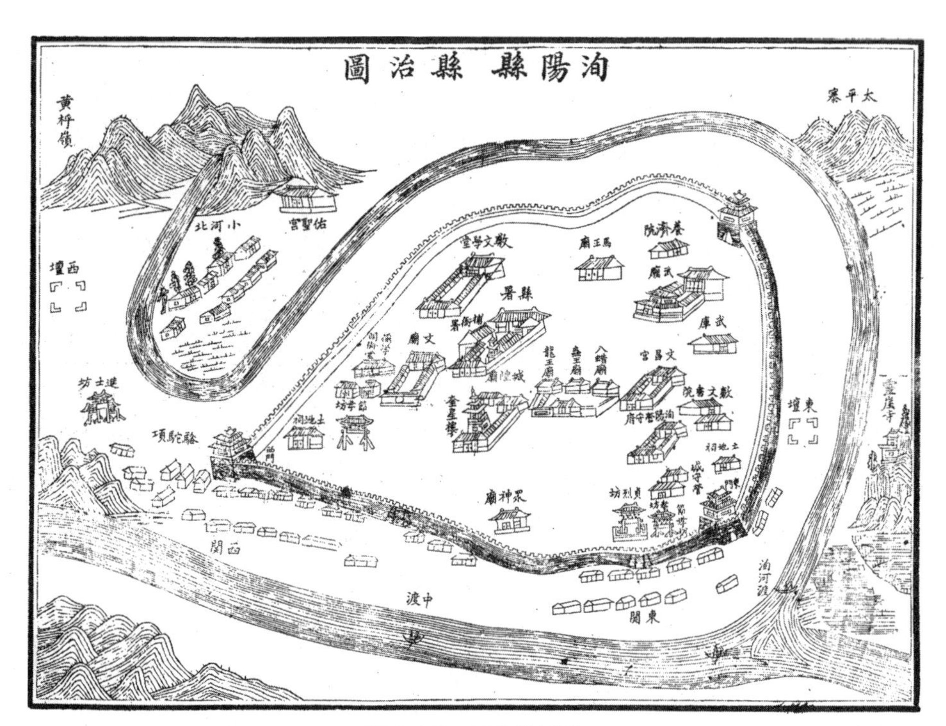

图 6-25　旬阳县城图

资料来源：（清）刘德全 等纂修 .（光绪）洵阳县志 [M]. 台北：成文出版社有限公司，1969.

明成化年间始移县治于今址，隆庆六年（1572 年）筑城，周 310 丈；崇祯四年（1631 年）始筑上城，后又以地高多风，仍复旧城。清顺治十二年（1655 年），复旧城制。乾隆三十年（1865 年）重修县城，“其势依山，参差不整，城垣周围 864 丈 7 尺”。“陵—庙—城”一体的空间格局至迟在明代已经形成，宋代建庙时或已有此考虑。清嘉庆《中部县志》中除县境图外，还绘有县城图、轩辕庙图二图，说明“城庙并置”格局的存在。

明清时期建设形成的黄陵古城，具有“前案后镇，格局庄正”，“鱼骨路网，依山抬升”，“城尽山现，风景入城”，“城垣民居，遗存丰富”的空间特色。首先，县城总体上位于桥山南部向西南延伸至沮水畔的分支落脉上，北高南低。县城以正街（轩辕街）为南北主轴；向北正对桥山之巅，向南正对一凸起于台塬之“案山”；可谓前案后镇、格局庄正。第二，古城主干道基本垂直于等高线呈南北向，支路则平行于等高线呈东西向布置。全城道路整体上形如鱼骨，自南而北依山抬升。第三，由于古城整体上以桥山支脉为基，东、西城垣皆建于陡峭崖壁之上。自东、西城垣向外远眺，地势高爽，视野开阔，群山、沮水环抱之势，尽收眼底。第四，城内正街两侧尚存有部分明清时期的古民居，有夯土窑洞建筑，亦有砖木结构建筑，具有陕北特色，是古城内宝贵的建筑遗产（图 6-26~ 图 6-28）。

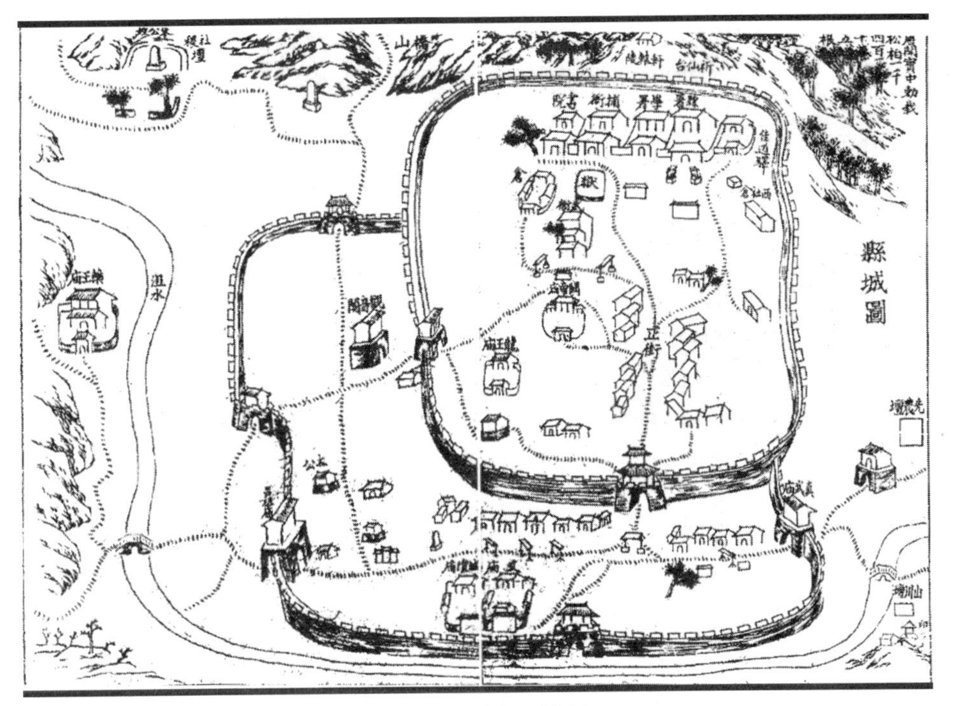

图 6-26　中部县城图

资料来源：（清）丁瀚 修，张永清 纂 .（嘉庆）中部县志 [M]. 台北：成文出版社有限公司，1970.

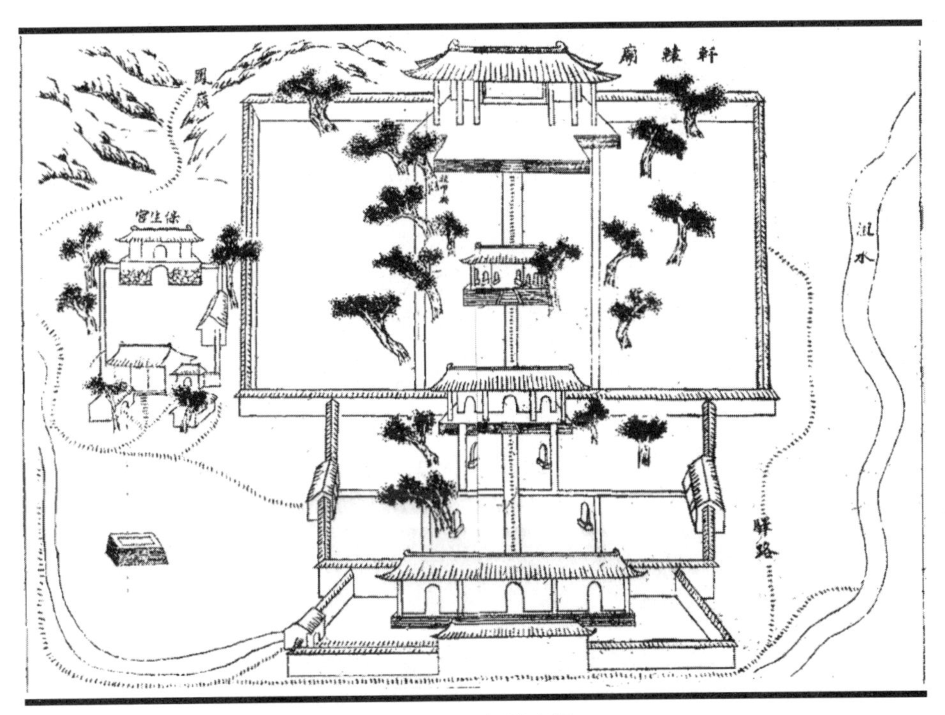

图 6-27　轩辕庙图

资料来源：（清）丁瀚 修，张永清 纂 .（嘉庆）中部县志 [M]. 台北：成文出版社有限公司，1970.

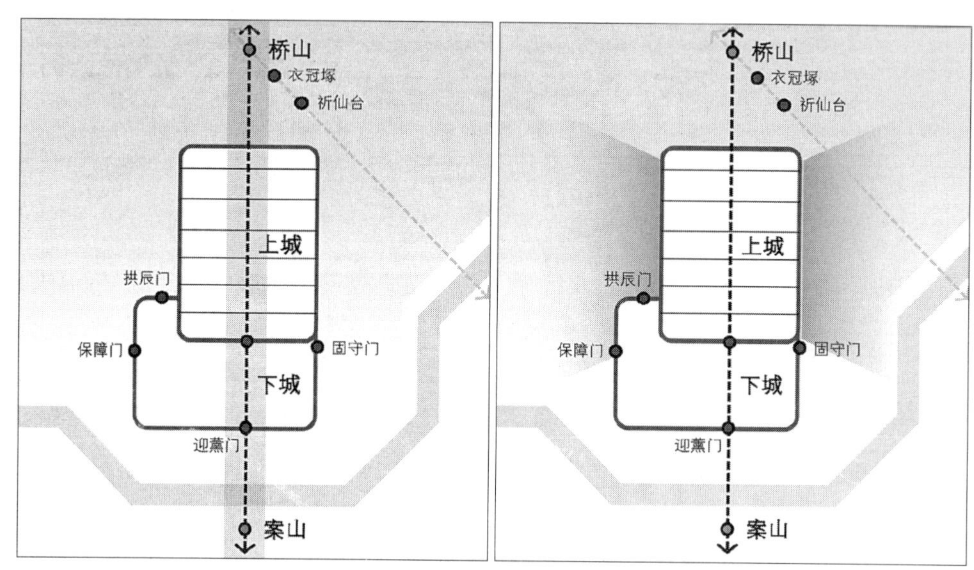

图 6-28　黄陵古城空间特色分析
资料来源：清华大学建筑与城市研究所“黄帝陵国家文化公园规划设计研究”项目组 .

临城

临城县位于今河北省邢台市，自唐至清为赵州辖县。唐天宝年间县城搬迁至此，北望凤凰冈，南濒泜水，历经唐宋元明清，是名副其实的千年古城。唐宋时期的临城县城方 1 里，为一坊之地，城内有十字街，连通四门。明代弘治年间，泜河突发大水，冲毁县城西半部，遂将西墙东移，修葺后的城墙周 2 里 226 步，西侧不再开门。洪水过后泜河北移，逼近城墙，并于明隆庆年间再发洪水，冲毁西南角的城墙和南门。为了防止再遭洪水，将东南角城墙内收，并将南门东移 81 步，与北门不再相对，体现了中国古代尊重自然、顺应自然的人居理念。万历年间，知县在城西南通筑石堤，有效阻挡了洪水的奔冲（图 6-29）。根据县志记载，明清时期城内主要为公共机构用地，包括县衙、察院、文庙、县学、义学和预备仓等，演武场、养济院、漏泽园、山川坛、社稷坛、厉坛等公共机构则位于城外，共同构成了官方的治理系统。城外还有三义庙、玄帝庙、东岳庙、普利寺、马神庙等众多庙宇，形塑民众的精神世界（图 6-30）。

（四）其他城市：运城、淮安、泉州、临海、扬州宋三城、钓鱼城

盐运城市：运城

元明清时期的地方城市中，不仅有府、州、县、厅等各级行政中心城市，还出现一些功能特殊、建制特异的城市类型。在城市规划方面，它们既遵循着一定的等级规制，又依其功能要求而有所创新。元末兴建、明清发展的运城就是这样一座特殊的地方城市。

晋陕豫交界一带，黄河以北是东西狭长的中条山脉，再北则是中国最早被利

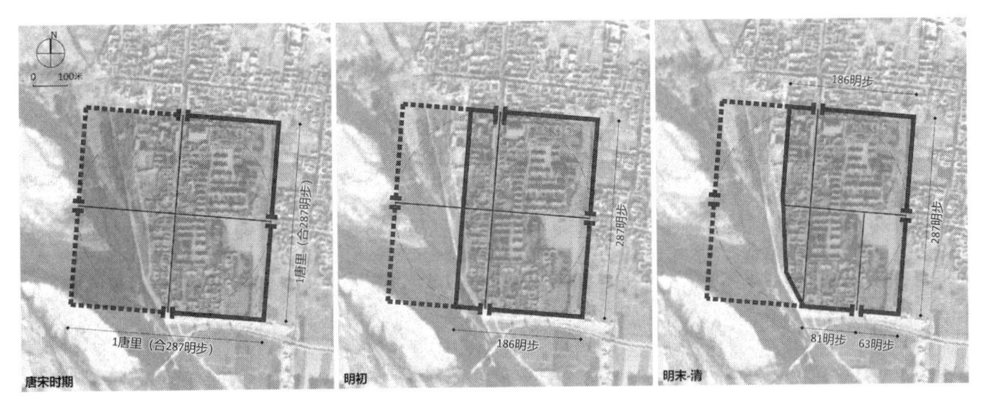

图 6-29　唐朝至清朝期间临城城廓变迁

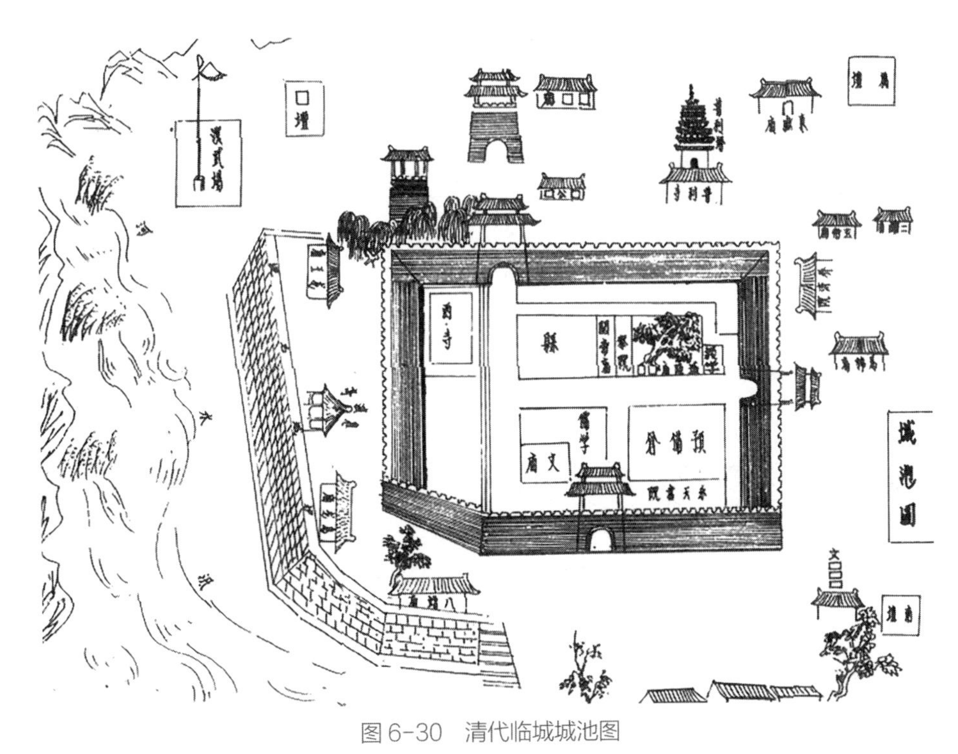

图 6-30　清代临城城池图

资料来源：临城县文物保管所 . 临城县文物志 [M]. 临城：临城县文物保管所，1983.

用的天然盐池，又称河东盐池、解州盐池或运城盐池。先秦时期，这座天然盐池就是部落争夺、国家控制的重要资源。秦汉至五代，该地区设为河东郡，是以长安—洛阳为中心的畿辅要郡。这一时期，河东盐池支撑着京畿地区和国家军队等大宗盐用，在国家盐务体系中占据特殊地位。宋元以降，随着国家首都的东移和北移，盐池不再隶属畿辅，但仍然是全国重要盐产区之一，支撑着周围 3 省 20 府州之官民盐用。元代为加强盐务控制，开始在行政治城之外另设运司，筑运城（图 6-31）。

图 6-31　河东盐池、渠堰及禁墙图

资料来源：（清）觉罗石麟 纂修.（雍正）敕修河东盐法志 [M]. 台北：台湾学生书局，1966：卷 1.

元宪宗 1233 年，丞相耶律楚材推荐姚行简为解盐使，始于盐池北路村创建解盐司[1]。“汾州人姚行简绘盐池之图，献于太祖皇帝。上可之，乃芟芥夷榛，立解盐司于池之北浒曰潞村”[2]。运司择址“爽垲之地”，又“募亭户千，为之商度区画。自是保聚益繁，商贾益阜”[3]。运司设立后商民渐聚，人口渐繁，“行用库、谯楼、钟楼、馆传、场敖、隶属之所靡不具；万商辐辏，为货泉之渊薮，室庐联骈，楼阁辉映”，只可惜“散漫纵横，无山谷城隍之固”[4]。于是至正十六年（1356 年），河东陕西都转运盐使那海德俊开始规划建设新城。“规材僦工，徒步经度，奠厥方面，以为制度。凡民田民庐所碍者，倍其直以市之。于是丁夫星布，畚锸云集，筑墉构门，治各有人”[5]。该城初建土城，周 9 里 13 步。城开五门，正南二门“便通盐车”，其余三门“以通士庶商贾”[6]，正北门封闭，改渠绕行城外以为池。城内布局以运司居西街以北，运学居东街以南；运司以东建谯楼。明正德十四年（1519 年）改谯楼为“钟楼”；万历年间又以盐政察院署为中心于东侧增建“鼓楼”[7]，总体上形成“察院署”居中，“钟楼”“鼓楼”分列两侧，“运司”居西北，“运学”居东南的整体格局。明清时期，城内划分九坊，名曰厚德、和睦、宝泉、货殖、荣恩、贤良、甘泉、永丰、里仁，秩序井然。坛庙则内有城隍庙、旗纛庙、文庙（学宫）、武庙（关帝庙）等祠庙，外有社稷坛、先农坛、风云雷雨山川坛、厉坛等四坛[8]。城中还设有养济

[1] （元）陈元忠 . 新建解盐司历年增课记 [M]// 南风化工集团股份有限公司 . 河东盐池碑汇 . 太原：山西古籍出版社，2000：40–42.

[2] （元）黄觉 . 运使那海嘉议筑圣惠镇新城记 [M]// 南风化工集团股份有限公司 . 河东盐池碑汇 . 太原：山西古籍出版社，2000：61–64.

[3] （元）王玮 . 大元敕赐重修盐池神庙之碑 [M]// 南风化工集团股份有限公司 . 河东盐池碑汇 . 太原：山西古籍出版社，2000：50–55.

[4] 同注释[2].

[5] 同上 .

[6] 同上 .

[7] （清）言如泗 修，熊名相 纂 .（乾隆）解州安邑县运城志 [M]. 刻本 . 1764（清乾隆二十九年）：卷 3　学校 29.

[8] （清）言如泗 修，熊名相 纂 .（乾隆）解州安邑县运城志 [M]. 刻本 . 1764（清乾隆二十九年）：卷 3　坛庙 19，21–25.

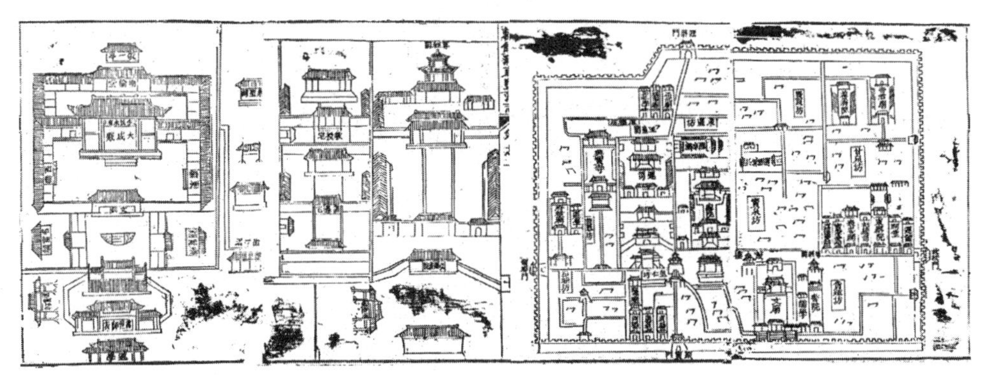

图 6-32 清初运学图、运城图

资料来源：（清）觉罗石麟 纂修 .（雍正）敕修河东盐法志 [M]. 台北：台湾学生书局，1966：卷 1.

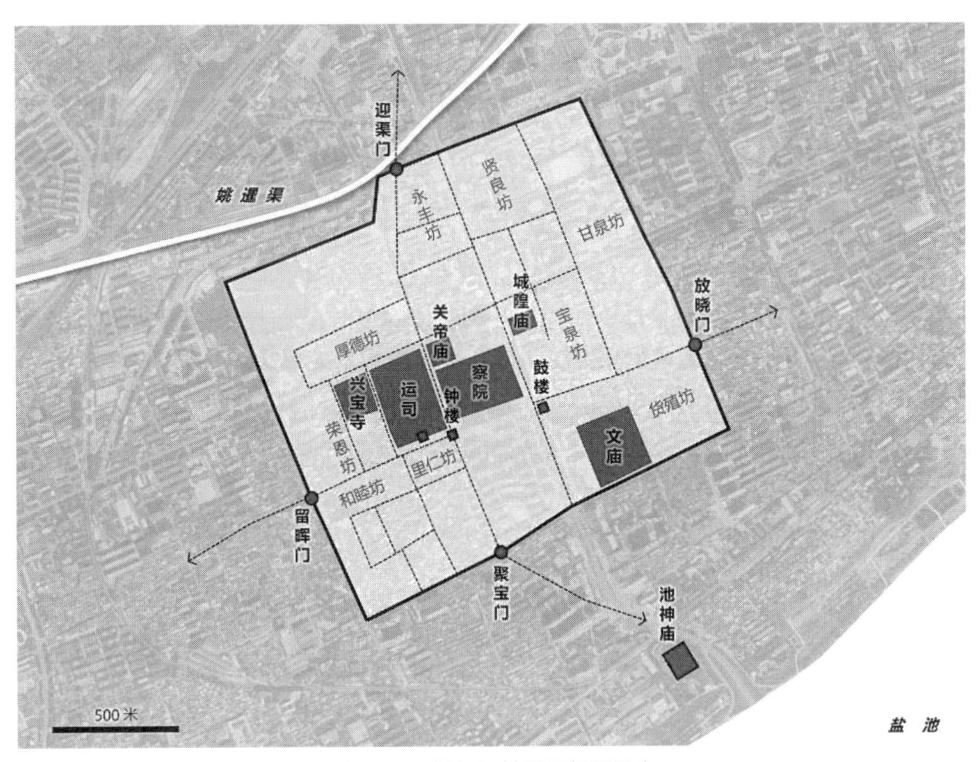

图 6-33 清初运城平面复原示意

资料来源：孙诗萌，吴唯佳，于涛方 . 千年盐运城：运城地区营建历史与名城价值研究 [J]. 城市发展研究 . 2019（8）：53-61.

院、漏泽园等官方慈善救济设施[1]。“街坊基布，衙署星罗，仓库坛庙，无不备具”[2]，皆照府州级治城制度规划建设。清乾隆五十七年（1792 年），河东道移驻运城（图 6-32、图 6-33）。

[1]（清）觉罗石麟 纂修 .（雍正）敕修河东盐法志 [M]. 台北：台湾学生书局，1966：679.

[2]（清）觉罗石麟 纂修 .（雍正）敕修河东盐法志 [M]. 台北：台湾学生书局，1966：666.

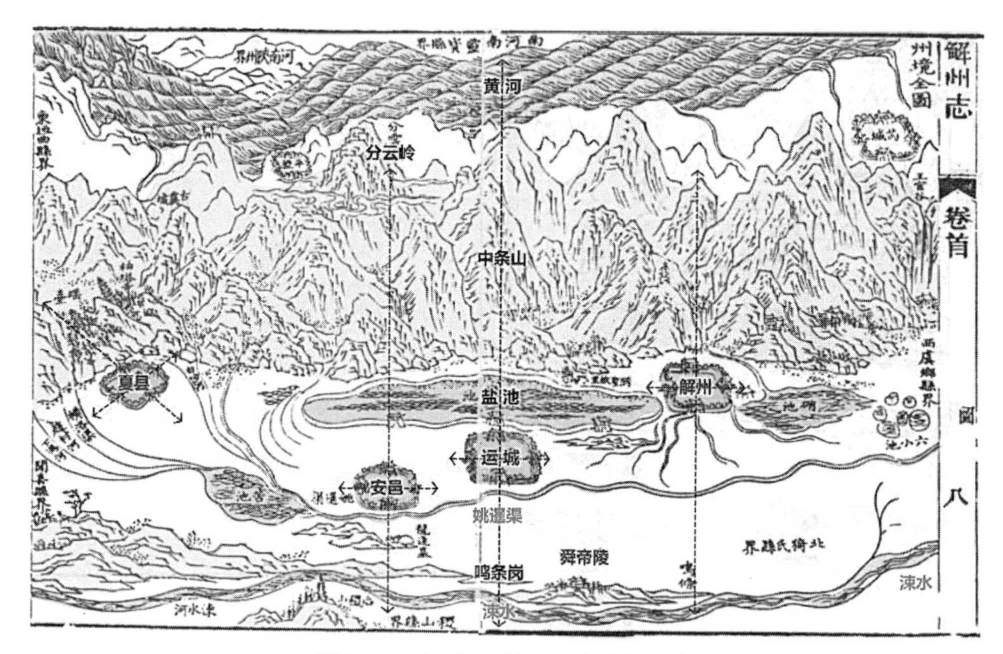

图 6-34　解州《州境全图》中的运城

资料来源：孙诗萌，吴唯佳，于涛方．千年盐运城：运城地区营建历史与名城价值研究 [J]. 城市发展研究．2019（8）：53-61.

运城并非府县治所城市，但其城市规划建设的规格配置均遵照地方府级城市开展。这种特殊状况反而更突显出府城规制的原则与要求。作为古代官方城市中唯一专为盐运司而规划建设的专城，运城对理解我国古代官方城市的丰富性与特殊性有独特价值。

从大尺度山水格局来看，在盐池北侧，从西到东分布着解州、运城、安邑、夏县 4 座城市，它们都曾经是该地区的行政中心，在不同时期的重要性此消彼长。但在空间格局上，它们的规划布局都受到中条山、盐池、孤峰山等山水要素的影响，存在着“背倚中条，前指孤峰”的山水轴线（图 6-34、图 6-35）。

运河城市：淮安

作为典型的运河城市，江苏淮安古城的兴衰起落与京杭大运河以及影响运河航道变化的黄淮水系等水路交通系统的变迁呈现出高度相关之态势。具体来说，在宋元明清等漕粮盐运的繁盛时期，位于京杭大运河与淮河交汇处的淮安古城可谓绾毂南北水陆交通，有“七省[1]咽喉”或“南北襟喉”之称，“南北有事，辄倚为重镇”[2]；等到清末民初黄河北归、运河淤断、海运兴起，沪宁、津浦与陇海铁路也相继建成通车，以上种种交通形势的剧变使得淮安古城丧失了往昔的地理优势，

❶ 即苏、浙、皖、赣、鲁、豫、冀七省。

❷（清）顾祖禹．读史方舆纪要 [M]. 北京：中华书局，2005：1072.

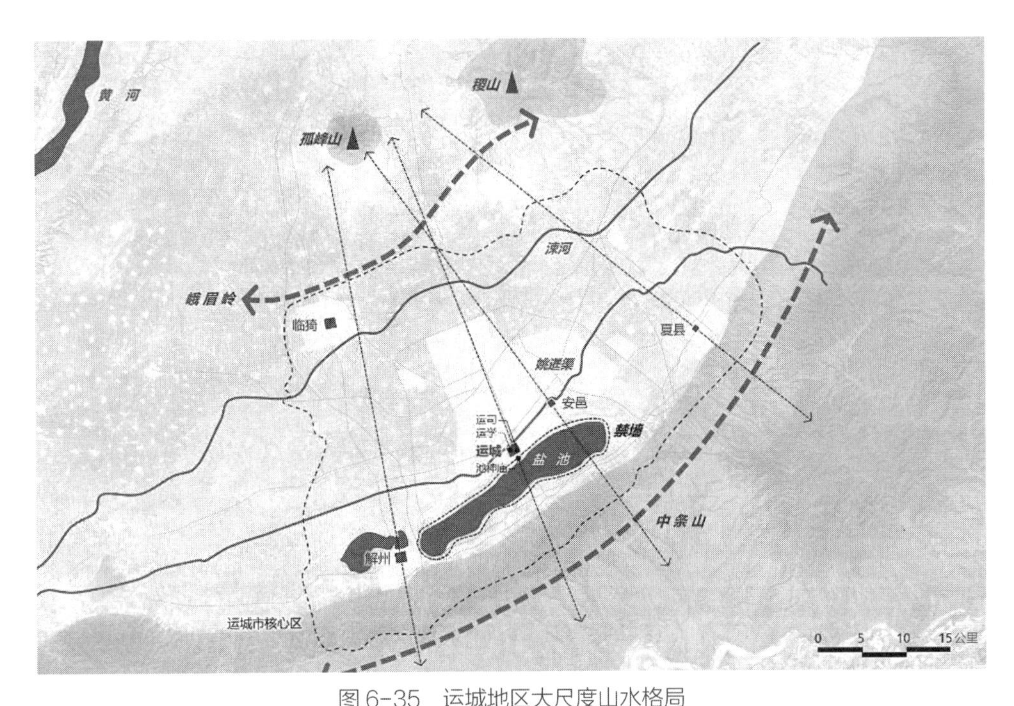

图 6-35 运城地区大尺度山水格局

资料来源：孙诗萌，吴唯佳，于涛方 . 千年盐运城：运城地区营建历史与名城价值研究 [J]. 城市发展研究 . 2019（8）：53-61.

不免陷入衰落；直到中华人民共和国成立后，随着两淮地区的工农业生产日渐恢复，京杭大运河里运河段也得到疏浚通航，淮安城方得到复苏。

古邗沟（即京杭大运河里运河段之前身）自春秋战国时期开凿后，便在淮安古末口处渡堰入淮❶，因此古末口可谓扼江、淮交通之咽喉，具有相当重要的经济与政治意义，故随漕粮盐运的兴起而逐渐发展为北辰镇❷，并于元末明初并入淮安，得名新城。新城与淮安旧城（即始建于东晋初年的山阳城）南北相距约一里许，两城间本设有粮道，后为防倭寇侵扰而修建夹城作为连接。❸因此，淮安古城的显著特征即表现为由旧城、新城以及夹城共同构成的“三联城”结构，其中旧城规模最大，周长约十一里，设城门四，水门三；以北辰镇为基础的新城修筑于明洪武年间，周长约七里零七丈，设城门五，水门三；夹城则修筑于明嘉靖年间，东、西墙均长二百余丈，设城门四，城内多为供漕粮运输的水道（图 6-36）。出于防卫需求，旧、新、夹三城的城防设施均十分完备，且城墙彼此并列，称得上是“城外有城”。❹

同样作为运河沿线城市，淮安古城位于南北往来漕船渡堰入淮处，每天均有大

❶ 在明万历十七年（1589 年）黄河徙草湾新河以前，淮安古末口始终是古邗沟 / 南北大运河 / 京杭大运河入淮的交通口岸。

❷（清）顾祖禹 . 读史方舆纪要 [M]. 北京：中华书局，2005：1073-1074.

❸（清）孙云锦 修，吴昆田，高延第 纂 .（光绪）淮安府志 [M]. 刻本 . 1884（清光绪十年）. 南京：江苏古籍出版社 .

❹ 阮仪三 . 古城笔记 [M]. 上海：同济大学出版社，2013.

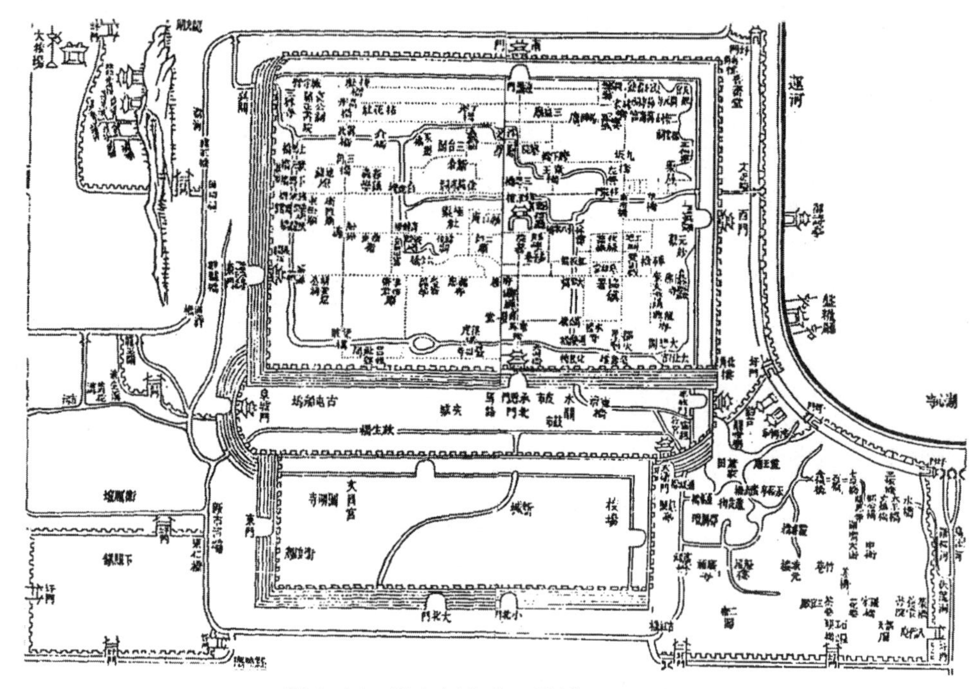

图 6-36　淮安古城“三联城”平面示意图

资料来源：（清）张兆栋，孙云 修，何绍基，丁晏 等纂 .（同治）重修山阳县志 [M]. 刻本 .1873（清同治十二年）. 台北：成文出版社，1983.

量物资与人员在此换乘与修整，故而地位尤其重要；相比之下，建城历史更为悠久且相距不远的淮阴古城则仅为南北往来漕船行经之地，在运河航道几经变迁后，交通量更是大幅下降，因此其地位远在淮安古城之下（图 6-37）。黄河长期夺淮以后，清河县于南宋咸淳九年（1273 年）取代淮阴古城，镇守作为黄、淮交通咽喉的大清口，然而受到黄河的长期泛滥与淤塞影响，清河县的交通地位依旧不及淮安、淮阴二城（图 6-38）。因此在元明清时期，淮安古城仍是控制京杭大运河南北物资往来的绝对枢纽，城内长期设有漕运总督府与盐运分司署，负责粮盐运销工作。[1]

值得注意的是，明清时期，京杭大运河与淮河交汇处的局部运道变迁还在客观上带动了淮安古城周边一批集镇的繁荣兴盛。举例来说，清江浦镇即在清江闸与清江船厂的基础上发展而来，并在明万历十七年（1589 年）的黄河改道后取代古末口，成为南北往来漕船盘坝入淮的主要口岸，交通地位得到了提升，淮安古城则就此远离黄淮河道；与清江浦镇隔河相望的王家营镇同样是“南船北马”的舟车换乘之所，杨庄镇则是淮盐外销的重要转运地，彼此分工明确，是在回顾作为运河城市的淮安古城的发展历程时所不容忽视的区域城镇格局。[2][3]

[1] 南京师范学院地理系江苏地理研究室 . 江苏城市历史地理 [M]. 南京：江苏科学技术出版社，1982.

[2] 邹逸麟，张修桂 . 中国历史自然地理 [M]. 北京：科学出版社，2013.

[3] 邹逸麟 . 淮河下游南北运口变迁和城镇兴衰 [J]. 历史地理，1988，6：57-72.

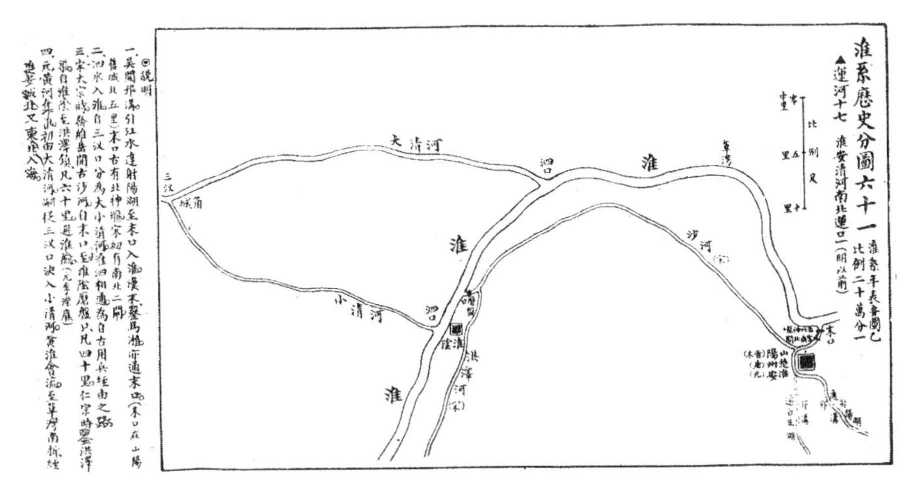

图 6-37 淮安古城与淮阴古城位置示意图（明朝以前）

资料来源：武同举 . 淮系年表全编 [M]. 全两册 . 台北： 文海出版社，1969：93.

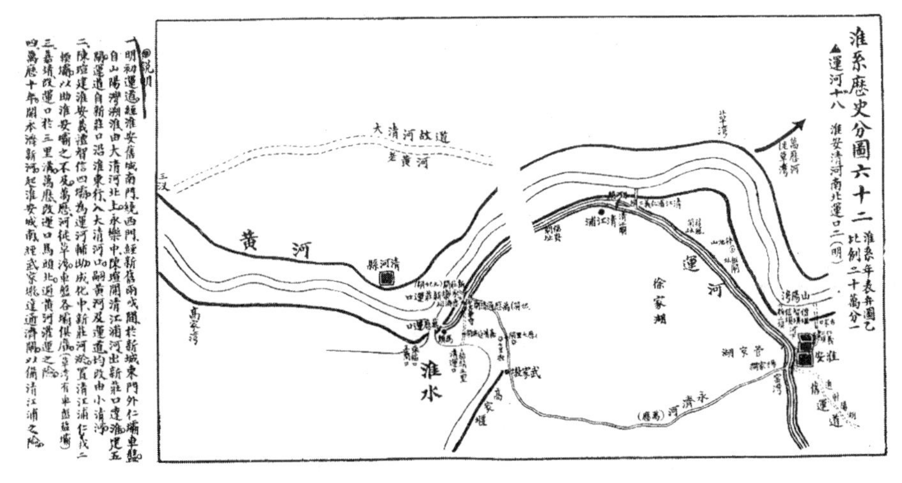

图 6-38 淮安古城与清河古城位置示意图（明朝）

资料来源：武同举 . 淮系年表全编 [M]. 全两册 . 台北： 文海出版社，1969：94.

港口城市：泉州

泉州位于今福建晋江下游北岸，面海临山，城西北为戴云山脉的大面积山地丘陵，城西有晋江，东有洛阳江，两水汇于泉州湾，而泉州湾水深浪平，是优良海湾，至唐末，泉州已成为重要的对外贸易的港口城市。两宋时期，泉州港步入最为繁荣的阶段，北宋时泉州与广州并列为全国最大的贸易港口，南宋时则超越广州，成为举世闻名的东方大港。泉州的城市规划建设也随着经济社会的需求不断发展、变化。

泉州城始于唐代时筑的子城，作为晋江地区的首府，城按规制作四方形，设有四门，城内十字街相交，以今“钟楼”为中心，建立“街坊”制度。子城外随地形变化建有不规则的多边形城墙一周，谓之衙城。随着海上贸易和商业的繁荣，城区逐渐扩大，城市朝向江海方向扩展，南唐时将唐代“衙城”向外扩展，建罗城。此后城市多次扩建，受沿江地形的限制，泉州城由最早方正的子城发展为很不规则的城市，因外形似鲤鱼而获“鲤城”之雅号。乾隆《晋江县志》卷二载：“陈洪进于宋乾德初，领清源军节度使，以城东松湾地，建崇福寺，后拓其地包之，今城北东隅、西隅地稍长者由此。俗号葫芦城，又号鲤鱼城，皆以其形似也。”南宋时伴随着泉州港的日益繁荣，泉州城的规划建设也进入高潮，曾六次重修五代时期的罗城，并有一次大规模的扩建。城市向南扩大，建立新的南城门南薰门，这一片区也是泉州对外贸易最为繁荣的地区（图 6–39）。

总体而言，宋代泉州的城市形态受到了既有建设基础、自然地形、城市经济发展方向等的综合作用。城市从西北到西南，紧靠晋江，形成大弯曲的形状，而城东、北因山势而为直线短折边形。[1]城南及城东南主要是沿晋江形成，城西及城西北则主要顺着原城门外的出城干道发展。城内道路系统为不甚规则的方格网系统，沿原子城内的十字街及其延长线而形成，东南向的道路则是沿河道走向而形成。

与此同时，泉州的城市文化也在与外来文化的交流与融合中展现出新的面貌。宋元时期因海外贸易与文化传播，多有外国贡使、旅行者、传教士、商户在泉州城居住，他们的居住地集中在城东南一带，靠近繁华的商业区，形成别有特色的“藩坊”，乾隆《泉州府志》卷十一引庄弥邵《罗城外壕记》云：“一城要地莫盛于南关，四海藩舶，诸藩琛贡皆于是乎集”。外国居民也带来了丰富多彩的城市文化，各种类型的宗教建筑便是例证，如北宋时城东南有清净寺（是我国现存最早的伊斯兰教建筑），西南有印度教寺，元朝时有回教寺、婆罗门教寺，南门外有摩尼教寺，等等。此外，还有中国传统的宗教建筑，如佛教的开元寺、道教的玄妙观等。

海防城市：临海

浙江临海古城是唐以后台州府治所在地，至今仍留存有较为完整的城墙、街道与部分历史建筑，其规划与建设无不与临海作为沿海军事重镇的地位相匹配：位于浙东丘陵地区的临海古城在选址时充分考虑到当地的自然条件与地理环境，整体沿灵江而筑，城墙依诸山而建，可谓“城中有山，山中有城”，在经历多次改扩建后既提高了城市自身的军事防御能力，也可作为日常的防洪设施发挥作用，是一座极具特色的海防城市。

临海古城选址在灵江左岸、大固山以南的地势平坦之处筑城，意在充分借助此地独特的山川条件与地理优势进行军事防御，同时也有利于物资人员集聚与城市经

---

[1] 郭黛姮．中国古代建筑史：第 3 卷　宋、辽、金、西夏建筑 [M]. 北京：中国建筑工业出版社，2003：84.

图 6-39 泉州城的自然山水格局

资料来源：吴良镛 . 中国人居史 [M]. 北京： 中国建筑工业出版社，2014：318.

济发展，在很大程度上为临海古城成为历史时期台州府的中心奠定了基础。从“山—水—城”关系来看，临海古城整体坐北朝南，北面有连绵不绝的群山作为倚靠，西面与南面有灵江环绕，东面则有人工开挖的东湖作为护城湖；近处有巾子山与小固山作为“案山”，远处有荷叶山与花言山作为“朝山”，呈现出山水环抱之态势，共同构成了一条清晰而完美的城市轴线（图6-40）。[1]

临海古城的城市平面大致呈方形，周长约十八里，其中东、南、西三面城墙均修筑于平地之上，北面城墙则沿大固山山脊而建，同时南、西、北三面城墙又都能灵活地根据地形来调整自身走向。如此蜿蜒曲折的临海古城墙在历史时期主要经历了以下三个阶段：①自东晋古城始建至隋朝，子城城墙基本修筑完成；②隋唐时期，外城与瓮城相继建成，古城城墙逐渐向东南方向扩展；③宋朝初年，部分城墙曾短暂被拆除，其后又得以原址复建并局部东移至东湖西侧。虽然明清时期仍然例行对城墙进行修缮与加固，但临海古城的基本格局自宋朝后已基本保持稳定。值得注意

图6-40　临海古城城市轴线分析图

资料来源：改绘自郭建．明清城墙研究——临海城墙的历史与构成特点分析[J].华中建筑，2013，31（8）：176.

[1] 郭建．明清城墙研究——临海城墙的历史与构成特点分析[J].华中建筑，2013，31（8）：174-177.

的是，出于军事防御与防洪需求，子城实际位于地势相对较高的古城西北角（导致城市南北中轴线也发生了偏移），并设城门三；外城共设城门七，其中有六门均集中于西侧与南侧城墙（图 6–41、图 6–42）。[1]

在保持防御能力的基础上，临海古城又根据地方自然条件而尝试改变城墙与城门的常规设计，如沿江侧的城墙以圆弧面朝向灵江上游，如此可尽量减少江水对城墙的冲击；沿江侧的城门则另设有防洪闸槽，随江流变化而及时启闭，等等。总体而言，作为海防城市的临海古城在遵循传统营建思想的基础上，根据实际需要而对城市形态做出调整，体现出鲜明的地域特色。

军事防卫城市：扬州宋三城

南宋王朝偏居秦岭—淮河以南，而金、蒙军队进犯不断，江淮地区成为宋金、宋元军事对抗的主要地区，长江天险被南宋朝廷作为保障政治安全的重要屏障。而扬州城雄踞江北，扼守运河，控制津渡，是江淮地区的军事据点，也是长江防线上

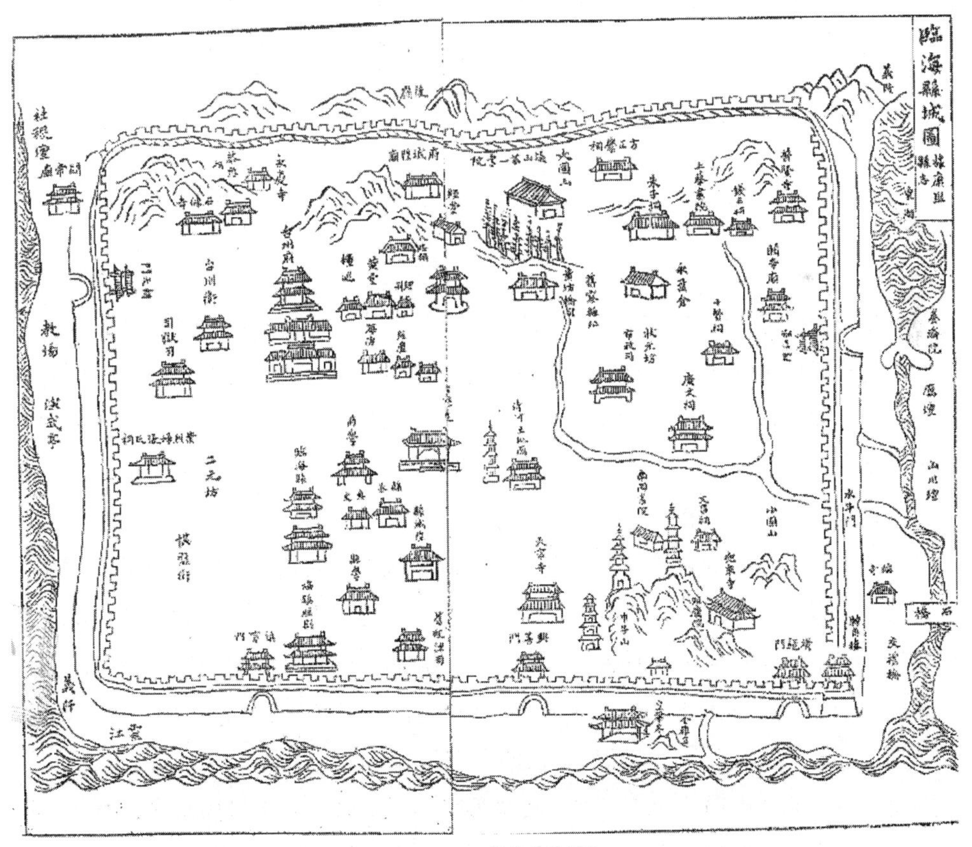

图 6–41　临海县城图

资料来源：喻长霖，柯骅威 . 民国台州府志 [M]. 上海：上海书店 . 2011.

[1] 喻长霖，等 . 台州府志 [M]. 民国二十五年排印本 . 台北：成文出版社，1970.

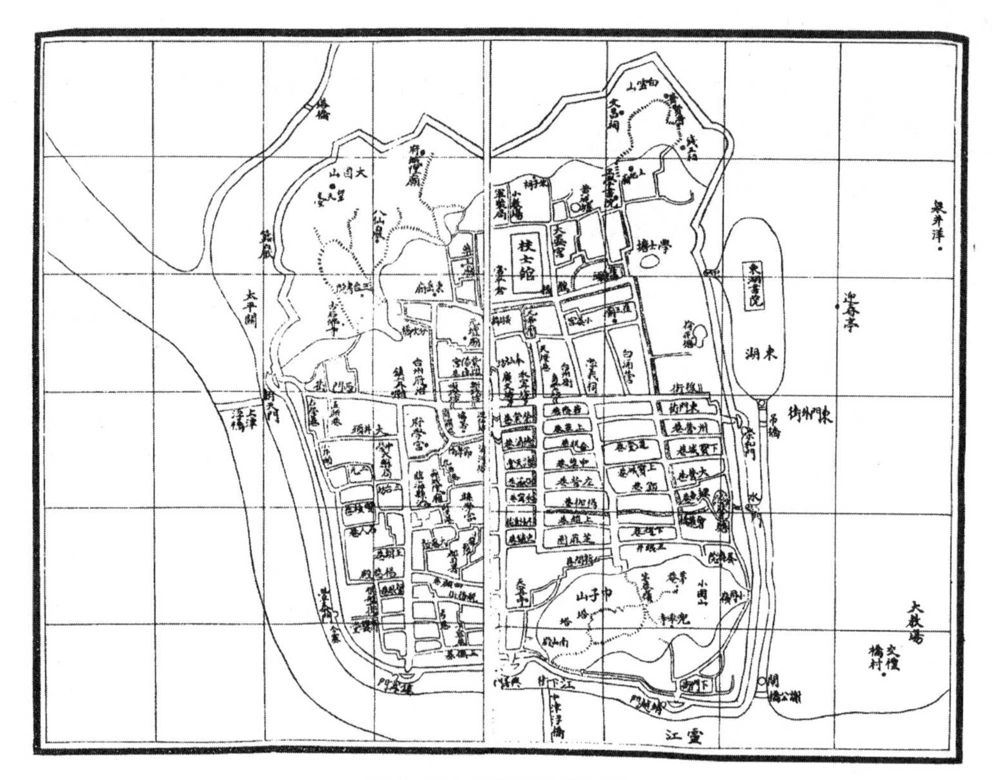

图 6-42　临海县治附郭图

资料来源：何奏簧 . 临海县志 [M]. 民国二十三年重修铅印本 . 台北：成文出版社，1975：97–98.

的战略要地，堪称“国之北门”[1]；扬州城屡次成为金、蒙军队的优先作战目标，面临重大的军事防卫压力。因此，南宋期间扬州城经过多次大规模的修建，军事防御职能得到大大强化，形成三城相连的格局，历史上被称为“宋三城”。宋三城抵御了金、元军队的多次进攻，在南宋朝廷投降时仍未被元军攻陷，实现了南宋朝廷所赋予的战略意图，堪称军事防卫城市的典范。

南宋期间扬州城规划建设的重点之一是调整城市空间结构。唐代扬州城的规模很大，冈上有子城，冈下有罗城；子城居高临下，易守难攻，为帅府所在；罗城包纳运河，便于运输，为民众所居，其中远离子城的东南部区域尤为繁华。然而，经过五代时期的动荡和战火，后周军队占领扬州时，扬州城已繁华不在，城广人稀。为了便于防守，周世宗命令截取唐罗城的东南部区域建设小城，史称“周小城”，这一决策与当时北强南弱、北攻南守的战争形势不无关系。北宋时扬州处于内地，战争风险大大降低，沿用周小城作为州城。到了南宋，扬州城的核心职能从以经济职能为主，转变为以军事职能为主。南宋初期对州城进行了 5 次加固修缮，然而军事

[1]（元）脱脱 等撰 . 宋史 [M]. 北京：中华书局，1977：12508.

对抗的结果表明，远离蜀冈、地势低下的州城无法满足军事防卫的要求。淳熙二年（1175年），郭棣在唐—五代子城旧址上，建设堡寨城，并建设连通堡寨城与宋大城的甬道，开挖或挑深、加宽两侧的城壕，形成了“大城—甬道—堡寨”相连的格局。嘉定八年（1224年），崔与之将之前的甬道建设成为独立的城池——宋夹城，宋三城体系正式形成。宝祐三年（1255年），贾似道主持建设宝祐城，利用了堡寨城的西半部，并在西城墙外修筑一道新墙，将平山堂包络在内。至此，扬州城成为《宋三城图》中的形态（图6-43），宋三城体系得到强化。在宋三城中，冈上的宝祐城居高临下，保障军事防卫；冈下的大城靠近运河，保障经济民生和社会治理；夹城将二者相连成为“组合城市”，在较少的人口规模下，使扬州城的军事防卫职能得到大大加强，其他方面的职能也得以平稳运行。

南宋期间扬州城规划建设的重点之二是强化城市防御设施。首先，南宋期间多次加厚城墙，为其包砖，并拓宽、加深护城河。其次，建设楼台以观察敌情。《舆地胜纪》卷二十七记载郭棣在扬州“建楼为筹边”，明代《万历江都县志》引宋《宝佑志》记载崔与之建设“四望亭在州治南”。此外，宋三城的城墙上和城门内外设有多重防御设施。《宋会要辑稿》等文献中有“添筑炮台”“卓立楼橹”“修治女墙”等相关记载；相应地，《宋三城图》中城门外和城墙上有很多用特殊符号表达的设施。参考《武经总要前集》和《守城机要》两部宋代的官修兵书可知，宋三城的城墙上有敌台、敌楼、团楼等，城门外有护门墙、羊马墙、瓮城、月河、月城等（图6-44），与城墙、城濠、城门构成复杂的城市防御设施体系[1]。

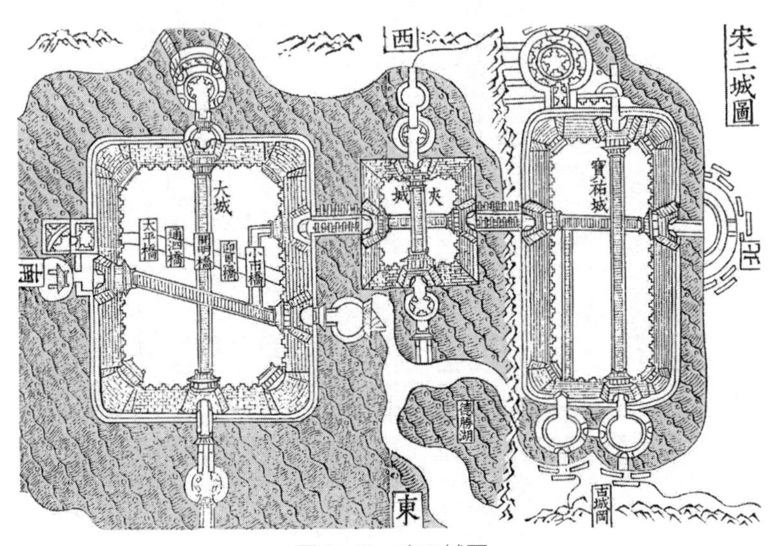

图6-43 宋三城图

资料来源：（明）朱怀干 修，盛仪 纂.（嘉靖）惟扬志[M].济南：齐鲁书社，1996.

[1] 叶亚乐，王学荣，武廷海.扬州宋三城平面形态复原研究[J].城市规划学刊，2018（6）：103-110.

军事防卫城市：钓鱼城

南宋后期，蒙古国军队挥戈南下，四川成为宋蒙战争初期的主要战场。宋淳祐三年（1243年），时任四川安抚制置使兼知重庆府的余玠采纳冉琎、冉璞“蜀口形胜之地莫若钓鱼山，请徙诸此，若任得其人，积粟以守，闲于十万师远矣，巴蜀不足守也”[1]的建议，迁合州（今合川）于钓鱼山，设险守卫全蜀。宝祐二年（1254年），王坚征十七万民众，再次修缮钓鱼城。[2]至此，钓鱼城得以修筑完成。

自余玠上任以后，四川军民在东起夔门、西至嘉定的长江上游沿岸，以长江和五条北南走向的岷江、沱江、涪江、嘉陵江、渠江为池，建山地城池二十余座，改变了以往单一城池防守策略，转而采用点线分布、防线严密的多个城池组成的区域

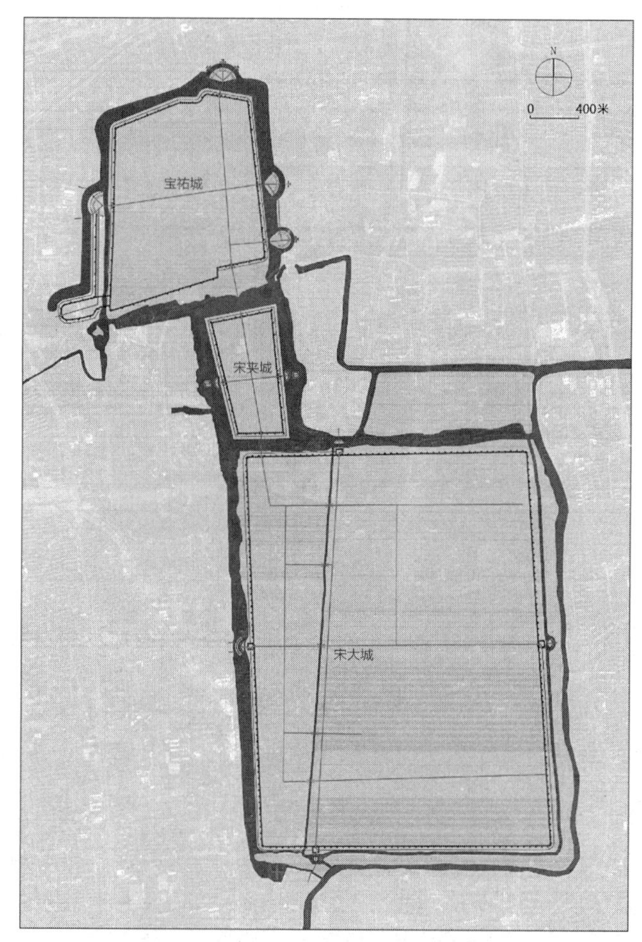

图6-44　宋三城平面形态复原意向图

资料来源：叶亚乐，王学荣，武廷海．扬州宋三城平面形态复原研究[J]．城市规划学刊，2018（6）：103-110.

❶ 唐唯目 编．钓鱼城志[M]．重庆：重庆出版社，1983：55-56.

❷（明）刘芳声 修，田九垓 纂．（万历）合州志八卷[M]．日本藏中国罕见地方志丛刊．北京：书目文献出版社，1992：274.

性山城防御体系（图 6-45）。[1][2] 钓鱼城选址依托合州的特殊区位，在水路上扼“三江之口”，在陆路上位于川西、川北到达夔门的必经孔道，又兼有重庆北面屏障的效能，从而在区域性体系中占据支柱地位，“云顶、运山、大获、得汉、白帝、钓鱼、青居、苦竹筑垒，号为川中八柱，不战而自守矣”[3]。

以择险筑城和迁城徙治相结合的钓鱼城，在布局时主要考虑城池军事需要。城池内部形成了以防守为主的布局。城内有占据制高点可观战场形势的军事指挥台、宽阔的练兵校场、具有象征意义的皇城、处于城池中央便于四处出击的营房等，并在城池内部留出足够的空间作为饮水、排水、泄洪通道和可耕地，为军民的长久固守构建了生活补给系统。

钓鱼城利用山地优势构筑城池（图 6-46）。一方面，利用陡峭的山崖峭壁修筑环山城墙，在局部地形平缓地带修筑内外两层城墙。另一方面，选择地势险要且利于把守的地方修筑城门，以防御蒙古军队的火器攻击，利用山形以及植被的掩护设置两处暗门，以便袭击敌军。此外，钓鱼城军民还在近水地带修建山地城池特有的一字城墙，将环形山城与嘉陵江、渠江连接起来。

钓鱼城城池外围形成了多层防御体系。咸淳七年（1271 年），忽必烈即汗位，开始采取以青居城、母德章山城与武胜城控扼钓鱼城的战略，“立寨诸山，以扼宋兵”[4]。为应对这种局面，继守钓鱼城的张珏修筑宜胜山城，以合州旧治、纯阳山宜胜

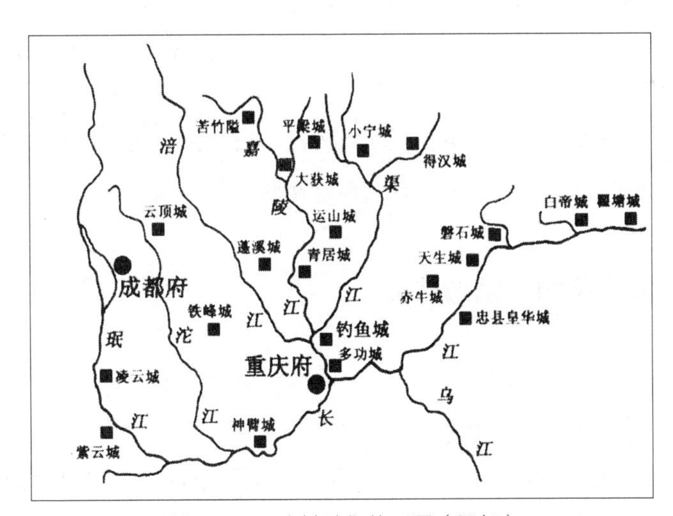

图 6-45 山城防御体系图（局部）

资料来源：谢璇. 初探南宋后期以重庆为中心的山地城池防御体系 [J]. 重庆：建筑大学学报，2007（2）：31-33.

---

[1] （宋）阳枋 撰 . 字溪集 [M] //（清）永瑢，纪昀 等纂 . 文渊阁四库全书：第 1183 册 . 台北：台湾商务印书馆，1986：361，260.

[2] （元）脱脱 等撰 . 宋史 [M]. 北京：中华书局，1977：12470，12477.

[3] （元）姚燧 . 中书左丞李忠宣公行状 [M]// 苏天爵 . 元文类 . 上海：上海古籍出版社，1993：635.

[4] （明）宋濂 撰 . 元史 [M]. 北京：中华书局，1976：3786.

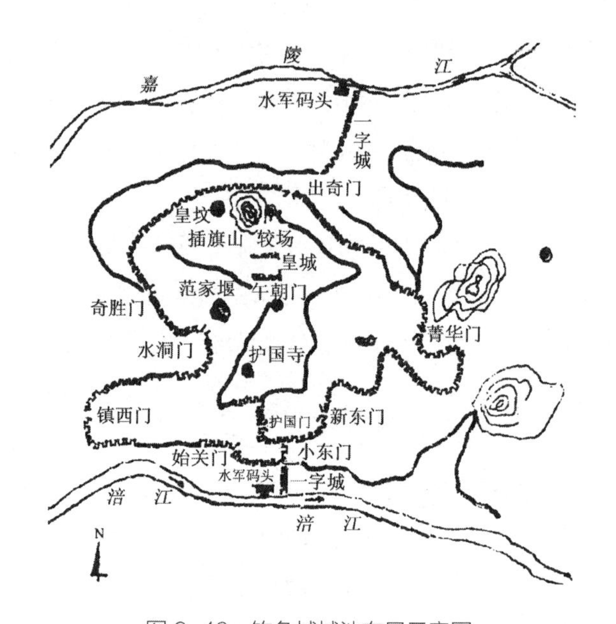

图 6-46 钓鱼城城池布局示意图

资料来源：合川市人民政府 . 合川钓鱼城 [M]. 重庆：西南师范大学出版社，2003.

山城、钓鱼城之间的掎角关系为重心，陆路上扼制武胜城来犯之敌，水路上防止蒙古军队顺涪江而下，且能有效地阻止蒙古军队沿学士山而进攻钓鱼城。此外，钓鱼城外围修筑了屯集军队的营寨与跑马场等，并于马鬃、虎头二山重兵立戍，为钓鱼城提供了战时前沿缓冲。钓鱼城的军事活动空间虽然在蒙古军队的城寨扼制下收缩，但其军事防御体系不断得以完善。

钓鱼城得天独厚的地理条件以及合理的城池构筑，陆防、水防、城防三者有效结合，成功抵御蒙古军队 36 年的进攻，堪称我国古代山地军事防卫城池的典范。

第四节 人居营建的制度与风俗

人居选址布局与建设实践是中国古代城乡规划知识积累的重要领域，宋元明清时期中国传统人居营建完成了制度化与风俗化。

北宋时，特别是北宋中晚期，建筑业弊端丛生，出现了工程修缮前虚报工料、施工过程中偷工减料、工程结束后谎报结余的腐败现象，工程质量因此大受影响，房屋多不坚固。[1] 为此，宋神宗熙宁年间（1068~1077 年）诏将作监编修《营造法式》，哲宗元祐六年（1091 年）成书，并下诏颁行。绍圣四年（1097 年），徽宗以元祐《营造法式》“只是料状，别无变造用材制度，其间工料太宽，关防无术”，诏将作监

---

[1] 潘谷西 . 关于《营造法式》的性质、特点、研究方法——《营造法式》初探之四 [J]. 东南大学学报（自然科学版），1990，20（5）：1-7.

李诫重新编修，元符三年（1100年）成书，经有关部门审核认为“别无未尽未便”后进呈，得到皇帝认可，即今见《营造法式》五十四卷本。

《营造法式》是中国古籍中最完善的一部建筑技术专书，全书纲举目张，条理井然，它的科学性是古籍中罕见的。[1]《营造法式》卷一“总释上”，包括宫、阙、殿、楼、亭、台榭、城、墙等城市建筑，提出营造中的“定平”与“取正”等测量技术；卷三“壕寨制度”，详细介绍取正，定平，立基，筑基、城、墙，筑临水基之制，这些内容都与中国古代城市选址营建有着直接的关系。

《营造法式》还是政府制订的对城市工程实际工作的管理制度，类似今天的设计手册加上建设规范。《营造法式》对营造活动的组织方式多有规定，例如劳动报酬“比类增减”，在一定程度上提高了工匠的劳动积极性，也利于生产的合理安排，通过工程技术管理来体现国家的统治秩序。此外，书中对于各个工种材料使用、各种构件的造作与安装，已形成一套十分系统精确的体系，实现了施工的标准化与模数化，有利于城市营建中建筑同一性和群体和谐性。

作为北宋官订建筑设计和施工的法律专书，《营造法式》记载着宋代乃至中国古代建筑生产制度与技术，它的完成可以说是对此前古代建筑制度与技术长期积累的一次总结，标志着中国古代城市营建的制度化和规范化，对研究中国城市建筑、理解其理念和精神有着深远的意义。

总之，随着手工业技术的进步、贸易的发达、纸币的使用、文官制度的成熟、教育的普及等，帝国后期的城市规划存在下列显著的时代特征：

第一，规划作为国家空间治理的工具，在基本模式上出现大的转型，并集中表现在作为征服型王朝的都城区域选址与规划布局上。南方地区人口大大增加，江南城镇逐步繁荣，成为支撑国家发展的“基本经济区”，直接影响到历代都城选址和国家性设施建设。随着北方少数民族入主中原，将东北和北方的辽阔版图纳入一统王国之中，各民族之间的交往日益频繁而深入，北方城市在汉文化的影响下也逐渐发展起来，这在都城规划上表现得尤为明显，从此中国都城规划从“西安—洛阳时代”进入“北京时代”。

第二，与居民联系紧密的农业、手工业走向全面发展，商品经济空前繁荣，城市也随之发展繁荣起来。唐宋以后，随着农业和农村副业的发展，交通要道沿线常出现流转商品的定期集市，称为“草市”“墟”“场”等，有些集市逐渐发展为市镇。北宋《清明上河图》以市井经商为题材，是都城汴京经济繁荣的写照。元代以后京杭大运河成为最主要的交通干线，承担了聚集各类货品开展贸易的重要途径，对沿岸城市及沿岸经济型城市带的形成发挥了极其重要的作用，据统计，

[1] 梁思成. 营造法式注释[M]. 北京：中国建筑工业出版社，1983.

明代较著名的工商业城市有30余个，其中属大运河城市者即占将近一半。明中叶以来，江南地区商品经济的繁荣打破了全国范围的商品供求格局，远距离贩运活跃引发或纵贯南北，或横穿东西的商路不断兴起，直接带动了中国东北、中部甚至西部的沿江、沿海港口城市的显著发展。[1]明清船舶制造业空前发展，促进了海外贸易的再一次繁荣，中国沿海地区很快兴起了大小港口，乃至于初步形成了一条沿海城市发展的轴线。这些大量涌现的以商贸业为主的经济型城市，说明一种有别于行政中心城市体系的经济型城市体系已经呼之欲出，正昭示着古代中国城市体系发生的新变化。

第三，由于商品经济的发展，生产关系出现某些松弛，农村人口和工商业服务业人口向城市集中和流动，推动着城市社会结构变化，促使城市从士人社会向市民社会转型。城市中的社会交往愈来愈多，市民阶层的资料和生活逐渐丰富，城市中各类商业服务业涌现，出现了各类大型铺店及酒楼、瓦子等。城市精神风貌也大有变化，最显著的就是园林艺术的普及。宋代园林由京都巨邑、豪门富绅向着地方城市和社会深层延伸辐射，《东京梦华录》记载“都城左近，皆是园圃，百里之内，并无闲地”。

第四，从唐代末期到北宋前期（公元10世纪），受商品经济发展的影响，市坊规划制度发生变革，封闭式里坊制逐渐为开放式街巷制所代替，城市空间结构从封闭走向开放。北宋末年汴梁的城市景观已经是临街设店、夜市达旦，与唐长安城的城市景观截然不同，标志着中国城市历史已迈入另一个新阶段。开封北宋汴梁、杭州南宋临安都是在唐代州城旧址上改建的，其城市规划受旧城之约束，只能因旧改建。元大都城是唯一一座完全按照规划蓝图平地而起的新城市，它彻底废除了中古时期封闭式里坊制的城市规划，转变为近古时期开放式街巷制的城市规划。都城尚且如此，受到较少行政约束的地方城市开展了大规模的街巷制建设，或用十字街，或用丁字街，更加促进了城市商品经济的活跃。

第五，在国家城市布局与城市建设强化的同时，非行政中心市镇兴起。镇市作为联系县城与广大农村的节点，其置废兴衰既照应于一县之行政要求，又与商品流通状况息息相关。

第六，在中国传统人居营建制度化、风俗化的同时，在西学东渐、中学西渐这个文化交流的大潮中，人居营建开阔了视野，融入了新的要素和风格，形成了别具一格的特点与成就。

这一时期的城市规划面貌和隋唐时期大不相同，是从空前分裂走向新层次统一的融合期，是在礼乐文化、士人文化中浮现商业文化、市民文化的变革期。如

---

[1] 鲍成志．古代中国交通网络变迁对城市体系发展的影响[J]. 中华文化论坛，2019（1）：24-34+155-156.

果说隋唐是对秦汉的大发扬时代，那么唐宋变革的剧烈程度在中国古代历史中是前所未有的，整体呈现出“分水岭”的局面，自此以后中国的传统城市越来越接近近代了。

阅读材料

[1] 贺业钜．唐宋市坊规划制度演变探讨 [M]// 贺业钜．中国古代城市规划史论丛．北京：中国建筑工业出版社，1986：200–217.

[2] 吴良镛．变革与涌现：宋元人居建设 [M]// 吴良镛．中国人居史．北京：中国建筑工业出版社，2014：253–268.

[3] 姚大力．中国历史上的族群和国家观念 [N]. 文汇报，2015–10–09（T02）.

[4] 赵正之．元大都平面规划复原的研究 [M]//《建筑史专辑》编辑委员会．科技史文集：第 2 辑　建筑史专辑．上海：上海科学技术出版社，1979.

[5] 侯仁之．北京都市发展过程中的水源问题 [M]// 侯仁之．北京城的生命印记．生活．读书．新知三联书店，2009：53–84.

[6] 武廷海，王学荣，叶亚乐．元大都城市中轴线研究——兼论中心台与独树将军的位置 [J]. 城市规划，2018，42（10）：63–76+85.

[7] 吴良镛．寻找失去的东方城市设计传统——从一幅古地图所展示的中国城市设计艺术谈起 [J]. 建筑史论文集，2000，12（1）：1–6+228.

[8] 吴良镛．从绍兴城的发展看历史上环境的创造与传统的环境观念 [J]. 城市规划，1985（2）：6–17.

[9] 王贵祥．明代城池的规模与等级制度探讨 [J]. 建筑史，2009（1）：86–104.

[10] 孙诗萌．“道德之境”的规划设计：人工秩序建构 [M]// 孙诗萌．自然与道德：古代永州地区城市规划设计研究．北京：中国建筑工业出版社，2019：159–226.

第七章

现代城市规划之形成

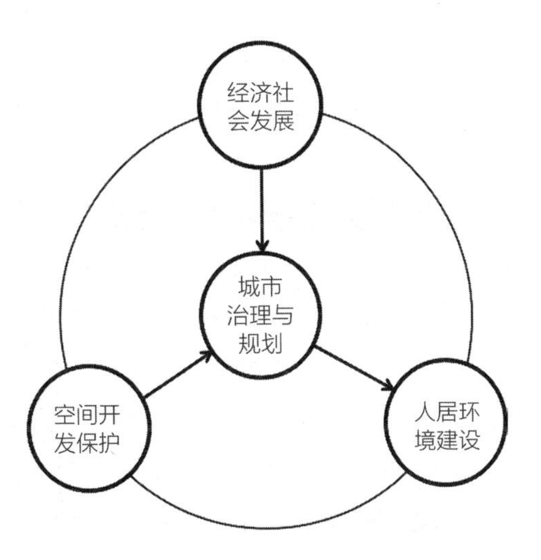

第七章
现代城市规划之形成

从19世纪中叶开始，中国进入了大变革时代。随着中国从封闭走向开放，中国历史越来越融入世界历史进程，近现代社会发展明显受到世界影响。既有城市开始向半殖民地半封建城市转化，中国传统的城市规划形态与制度开始分化瓦解；同时，随着开埠城市出现与西方城市建设技术传入，西方现代城市规划从最初的直接引入，到不断认识与理解，在反思中探求延续自身文化，传统的规划被重构，并形成新的规划概念。中国现代城市规划的形成是一个从对外来事物的接受到自主融合并有所发展，探索有中国特色的城市规划的过程。[1]

第一节 “数千年未有之变局”

自清朝初期到鸦片战争前夕，清朝仍然是一个独立的国家，但是国势从乾隆末年就呈现出江河日下之势。西方资本主义国家携工业革命的雄风，蒸蒸日上，欧美列强为了扩大商品市场，争夺原料产地，加紧了征服殖民地的活动，致使中国周边国家和邻近地区陆续成为其殖民地或势力范围。1840年（道光二十年）鸦片战争爆发，1842年中英双方签订了中国历史上第一个不平等条约《南京条约》，中国开始向外国割地、赔款、商定关税，由独立自主的国家逐渐沦为半殖民地半封建社会，时人称之为“三千年未有之大变局”[2]，自然经济逐渐走向解体。在西方工业文明的冲击下，中国被迫改变一贯“改朝换代”的轨迹，原有社会制度和价值解体与转变，“救

---

❶ 李百浩. 中国近现代城市规划概念演变 [C]. 首届国际规划历史与理论论坛. 南京：2019年11月9日.

❷（清）李鸿章. 筹议海防折 [M]// 国家清史编纂委员会. 李鸿章全集：奏议 6. 合肥：安徽教育出版社，2008：159.

亡图存”成为时代的主题，民族独立、国家富强与民族复兴成为时代精神关注的焦点，从两千年来对“一统江山、万世太平”的社会追求，转向以富强为目标的动力式文明，并且一直延续到现在。

国家命运的变化在城市规划层面得到充分表现，甚至可以说集中表现在城市及其规划上。如果说欧美现代城市规划的形成路径是“工业革命→工业化→城市化→工业城市→城市问题→近代城市规划”，那么自19世纪中叶以来中国近代城市规划的成因则可归纳为“外国列强倾销工业产品→商业化→城市化→殖民地城市或商业城市→殖民主义城市规划”，在此基础上进一步形成“马路规划”等城市规划认识。[1]

第二节 中国近代城市规划

1840年鸦片战争以后，中国则沦为西方资本主义国家掌控下的半殖民地，被迫开启了由农业社会向工业社会的艰难转型。由此带来的最直观的变化，就是租界、“通商”、“进城”以及相应的农村破败。从鸦片战争、太平天国运动、洋务运动再到中日甲午战争，长期饱受屈辱的中国人被迫割地赔款，逐渐认识到主权、治权和领土完整的意义，中国近代城市规划实践也紧紧围绕着实业救国、经济建设的主线而展开。近代城市规划因鸦片战争而孕育萌芽，抗日战争以来制度化，最终又因解放战争而遗憾中断，其发展阶段的划分实际上具有鲜明的时代特征。

一、口岸城市租界设立与城乡社会解构

鸦片战争以后，西方列强强迫清政府开放沿江沿海等城市作为口岸。从1842年广州、厦门、福州、宁波、上海五地率先被辟为通商口岸，到1930年代开放广东中山港，在近一个世纪的时间内，中国政府通过签订条约的形式被迫开放或自行开放的口岸达到104个；再加上胶州湾、旅顺口和大连湾、威海卫、广州湾等4个租借地和受殖民统治的香港、澳门，可供外国人通商贸易的口岸达到110个。在一些沿海、沿河等通商口岸或便于贸易活动的城市中，出现以中国政府名义租予外国商民居住与贸易的居留地。1845年11月15日，英国在中国上海设立了近代史上的第一块租界。自1845年至1905年的60年间，外国在我国共有27处租界，另有北京使馆界一处。租界是西方列强殖民中国和国人接触到西方城市规划与市政技术的主要场所。

口岸城市和租界，在相当程度上是资本主义生产方式的“飞地”，也是中国广袤

[1] 李百浩．中国近代城市规划史概说及《首都计划》和《天津市特别市物质建设方案》[M]// 赖德霖，伍江，徐苏斌．中国近代建筑史：第三卷 民族国家——中国城市建筑的现代化与历史遗产．北京：中国建筑工业出版社，2016.

乡土社会中的“孤岛”。中国历史上曾有发达的城市体系，但这通常是官僚政治体系的体现，在“官本位”的中国社会中，城市首先作为政治中心而非经济中心存在；中国古代也有“市镇”，但是它们根植于农耕文明，是乡土中国农产品的贸易中心，“村—镇”建立在难以分割的朴素关系之上。费孝通敏锐地认识到，口岸城市——他称之为“都会”——完全不同于传统意义上的“市镇”，而是一种脱离了农村与城镇有机联系的独特现象：“自从和西洋发生了密切的经济联系以来，在我们国土上又发生了一种和市镇不同的工商业社区，我们可以称它作都会，以通商口岸作主体，包括其他以推销和生产现代商品为主的通都大邑。”[1]

中国近代通商口岸与租界并非本土社会经济增长和城镇化发展的产物，它将一种陌生的城乡对立关系植入中国传统文明之内。这种脱离本土语境的、局部的开放化、资本化与工业化，是迫使传统乡土中国解构、衰落的重要外部因素。梁漱溟称：“原来中国社会是以乡村为基础，并以乡村为主体的；所有文化，多半是从乡村而来，又为乡村而设，法制、礼俗、工商业等莫不如是……所以中国近百年史，也可以说是部乡村破坏史。”[2]

二、中国近代城市规划学孕育

口岸城市发展特别是租界的设立，催生了中国近代城市规划萌芽。鸦片战争后半个多世纪在通商口岸城市局部地区开展殖民主义式规划，中日甲午战争后在中国领土上开展了大规模的城市规划与建设活动，并且出现完整的西方古典式城市规划，如沙皇俄国（1917 年为沙皇俄国，1917 年后为苏联）掌控下的哈尔滨（1896~1920 年）、大连（1896~1905 年）以及德国掌控下的青岛（1897~1914 年），并与欧美近代城市规划形成鲜明对照。与此同时，中国传统城市开始模仿外国租界的形式，进行以马路及其相关设施建设为中心的城市改造与新区开发活动，史称“马路主义”[3]；与晚清政府推行的新政改革相匹配，天津、济南、北京等城市开始相继设立新商埠或新市区，凡此都是中国近代史上最早带有“新”概念的城市规划建设实践，视西方城市形态与规划技术为建设范式，对后世影响深远。

1895 年后，伴随着各批留学生的归国和外国专业人员来华，中国本土知识阶层逐渐形成；而西方城市规划思想的丰富成果，亦主要经由这批留学生、外国专家与

---

[1] 费孝通 . 乡村 · 市镇 · 都会 [M]// 费孝通 . 乡土重建 . 上海：上海书店，1948：19.

[2] 梁漱溟 . 乡村建设运动由何而起？[M]// 梁漱溟 . 乡村建设理论：一名中国民族之前途 .[出版地不详]：乡村书店，1937：5-6.

[3] 如拓宽并拉直旧有街道，改造城门、拆除城墙、填埋护城河以修筑环城马路；将官方或私人园邸改造为城市公园并向公众开放，以“马路”为新建道路命名，等等。1897 年，上海马路工程局主持修筑南市外马路，即创中国市政工程建设之先河。见：李百浩 . 中国近代城市规划史概说及《首都计划》和《天津市特别市物质建设方案》[M]// 赖德霖，伍江，徐苏斌 . 中国近代建筑史：第三卷　民族国家——中国城市建筑的现代化与历史遗产 . 北京：中国建筑工业出版社，2016.

翻译书籍等逐渐传入国内。由专业知识分子组织建立的各类学校和学术团体，为规划知识的传播和学科的构建奠定了坚实的基础。当时活跃的学术机构以工程类为主，如中华工程师学会、中华全国道路建设协会等；也有与社会变革相适应的团体，如积极开展乡村建设实验的中华平民教育学会；此外，中华全国道路建设协会主办的《道路月刊》和中华工程师学会主办的《中华工程师学报》均为当时的重要刊物，对规划相关工程知识的传播起到了重要作用。虽然规划学术团体尚未形成，但是规划专业人员分布于土木、道路、市政等学术机构，大大增强了知识阶层能够利用的资源和知识群体的社会地位，是作为"工程—市政—管理"的规划学科形成的重要助力。1919 年孙科在《都市规画论》中将"都市计画"（city planning）列为"市政学之最理想的而最重要之一部"，其后各地的规划实践工作纷纷在市制改革的指导下开展，再结合城市美化运动、田园城市运动等成果及租界建设经验，对引入的规划知识加以整理、归类、系统化与再阐释，为中国近代城市规划的下一发展阶段做好了准备。1921 年广州引入市建制，建立首个市政府，设立工务局，划出"不入县的市"，尤其是南京国民政府建立后，社会经济发展较稳定，国家设立规划管理机构，开始关注什么是"城市规划"，全面导入以美国为主的城市制度和规划知识，形成了"建国须先建市，建市须先建制"的城市思想。[1]

在近代中国，传统文化对规划的影响仍在延续。以一理想国家或社会为寄托，实践现实世界所不能实践的憧憬或梦想，如 1851 年太平天国的农业社会主义空想、1882 年陈虬在浙江瑞安所建之"求志社"组织、1884 年康有为所著《大同书》中"全地大同"之寄望[2]、1895 年张謇在南通所设想的"模范社会"模式、1919 年及其后毛泽东的"新村"与"新社会"构想[3]等，对规划近代本土规划实践影响深远。受到张謇深远影响的近代南通城市规划建设实践以发展地方、改善民生为目的，在儒家传统思想的基础上结合当时先进的科学技术与城市规划理念，堪称"中国近代第一城"[4]。

中国近代规模最为宏大、影响也最为深远的规划方案当属孙中山所构想的《建国方略》。《建国方略》中的规划思想集中体现于"实业计划"部分，面临着重建中国的

---

[1] 李百浩 . 城市规划科学的形成与实践 [M]// 赖德霖，伍江，徐苏斌 . 中国近代建筑史：第四卷　摩登时代——世界现代建筑影响下的中国城市与建筑 . 北京：中国建筑工业出版社，2016.

[2] 康有为 . 大同书 [M]. 上海古籍出版社，2014：203. 此书在 1980 年代即已在小范围中流传，却直至 1913 年才首度以印刷形式得以部分发表。文中依照康有为在《大同书题辞》（1919 年）中的自述，将《大同书》的写作年份定为 1884 年。

[3] 毛泽东在完成于 1919 年 12 月的《学生之工作》一文中便提出，要以新学校创造新家庭，以新家庭创造新社会，新社会彼此联结，则国家可逐渐转为一个理想的"新村"。见：毛泽东 . 学生之工作 [M]// 中共中央文献研究室，中共湖南省委《毛泽东早期文稿》编辑组 . 毛泽东早期文稿 . 长沙：湖南出版社，1995.

[4] 吴良镛 . 关于"南通——中国近代第一城"的探索与随想 [J]. 南通大学学报（哲学社会科学版），2005，21（1）：51–55.

时代任务，孙中山“实业计划”希望在物质建设上使分裂割据的地方与区域联结成为一个完整国家。“实业计划”所涉及的敷设铁路、开发矿山、建设工厂等举措，自清末洋务运动起便有所开展，作为单项建设本身并无新奇之处，“实业计划”的特别重要性在于它尝试将交通、通信等基础建设与矿、工、农业开发有机结合起来，为实现国家繁荣富强而绘制宏大的蓝图，针对全局物质建设进行全面而系统的规划。“实业计划”中对城市建设提出了一系列建议与指导，如振兴教育事业、发展农工商业、兴建市政公共设施、开展详细分区规划以满足国民物质需要等，在某种程度上推动了中国城市的近代化进程，并直接影响了后来上海、南京、天津及广州等地的城市规划建设实践。

三、上海、南京、天津、广州等城市规划实践

自1920年代末期起，上海、南京、天津、广州等城市相继开展以政府为主导的规划实务工作。1927年的上海新市区及中心区规划、1928年的南京“首都计划”、1930年的天津特别市物质建设方案，以及1932年的广州市城市设计概要草案，是中国近代史上最早一批科学而系统的城市规划实践，对于推动经济发展与构建国家自信具有重大意义。

孙中山在《建国方略》之“实业计划”中将上海定义为坐拥“东方大港”的国际商港城市，同时为对抗现有租界之过度繁荣而欲另辟新地建设市中心，“取租界而代之”。酝酿并成形于1927至1930年间的“大上海计划”即为《建国方略》中上海定位的规划实践，以新市区规划为重要内容，因此是一部“避开了已经现代化了的、人口稠密且高度繁荣的城市中心区（即租界）”的总体规划。“大上海计划”的主体部分包含中心区规划、交通运输规划、建筑规划、园林规划、公共事业规划、卫生设备规划与市政规划，且在编制阶段同样采取了外国专家指导、有留学经验的国内技术人员辅助的工作模式，因而在内容上体现出较强的西方规划思想影响：以道路系统为例，新市区规划在重要地区布置十字形广场并有多条干道向四周放射，形成具有强烈视觉冲击的“巴洛克式”城市景观；其余地区大量运用方格网与放射路结合的方式来组织道路、划分地块，并将上海划分为职能不同的若干片区，则是西方早期功能主义与分区思想的体现（图7-1）。总体而言，“大上海计划”的规划流程完整，在采用新兴规划理论的同时，兼能顾及中国传统城市规划思想的延续与转化，可被视作国人在国家层面开展近代城市建设的开始标志。

立南京为首都是孙中山生前的愿望，1927年国民政府定都南京后，首都的现代化建设工作随即被提上日程。1928年1月，首都建设委员会成立，聘请美国建筑师墨菲（Murphy H. Killam）及其工程师助手古力治（Ernest P. Goodrich）担任顾问，原

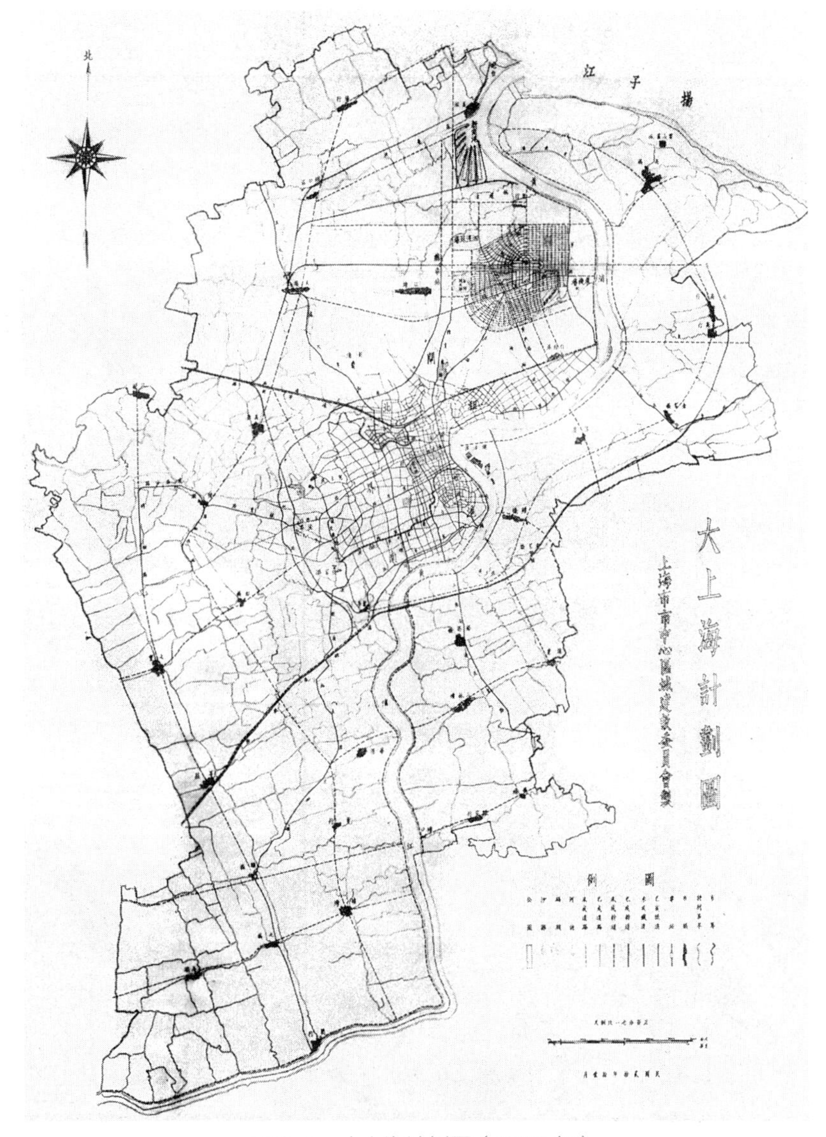

图 7-1 大上海计划图（1931 年）

资料来源：赖德霖，伍江，徐苏斌．中国近代建筑史：第三卷 民族国家——中国城市建筑的现代化与历史遗产．北京：中国建筑工业出版社，2016：247.

广州市工务局局长林逸民担任国都设计技术专员办事处处长[1]，又有留学美国康奈尔大学归来的吕彦直为助手，专门负责规划编制工作。1929 年 12 月 31 日，国民政府正式颁布“首都计划”，意图将南京建设成为“全国城市之模范，并足比伦欧美名城”的首善之区。在规划范围的划定上，“首都计划”借鉴国际经验，将现状城市及其间的未开发土地一并纳入规划范围之中，既利用天然界线易于防守，又使规划边界适度齐整避免纠纷。将城市规划范围拓展至周边地区并在该区域范围内进行综合性规划

[1] 以上三人都是孙科主政下广州市政建设运动的原班人马。

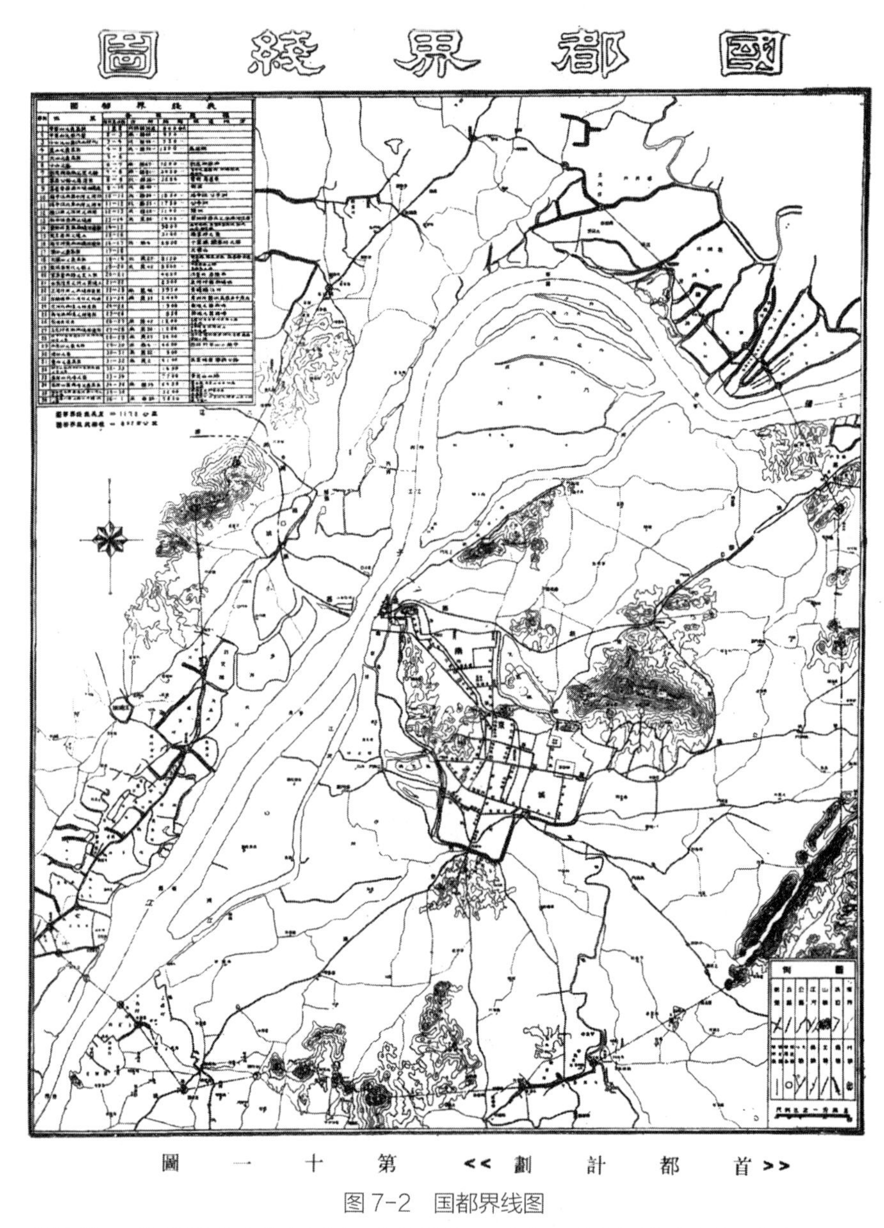

图 7-2　国都界线图

资料来源：国都设计技术专员办事处 . 首都计画 [M]. 南京：国都设计技术专员办事处，1929.

（图 7-2、图 7-3）。这正是当时美国流行的“大都市传统”规划手法，尤其以纽约区域规划协会（Regional Planning Association of New York，RPA）在 1921~1929 年间开展的《纽约及其邻近地区规划》（The Regional Plan of New York and its Environs）最为典型。规划人员在“首都计划”中自觉或不自觉地运用并传播西方规划思想与技术模式，但其指导思想仍然强调“发扬光大固有之民族文化”和“中学为体，西学为用”。基于对城市现状的调查与国民政府对首都“应有之义”的想象，被赋予重大政治意义的“首都计划”构建了一种兼具民族主义、科学理性与中西融合的城市空间规划理念，

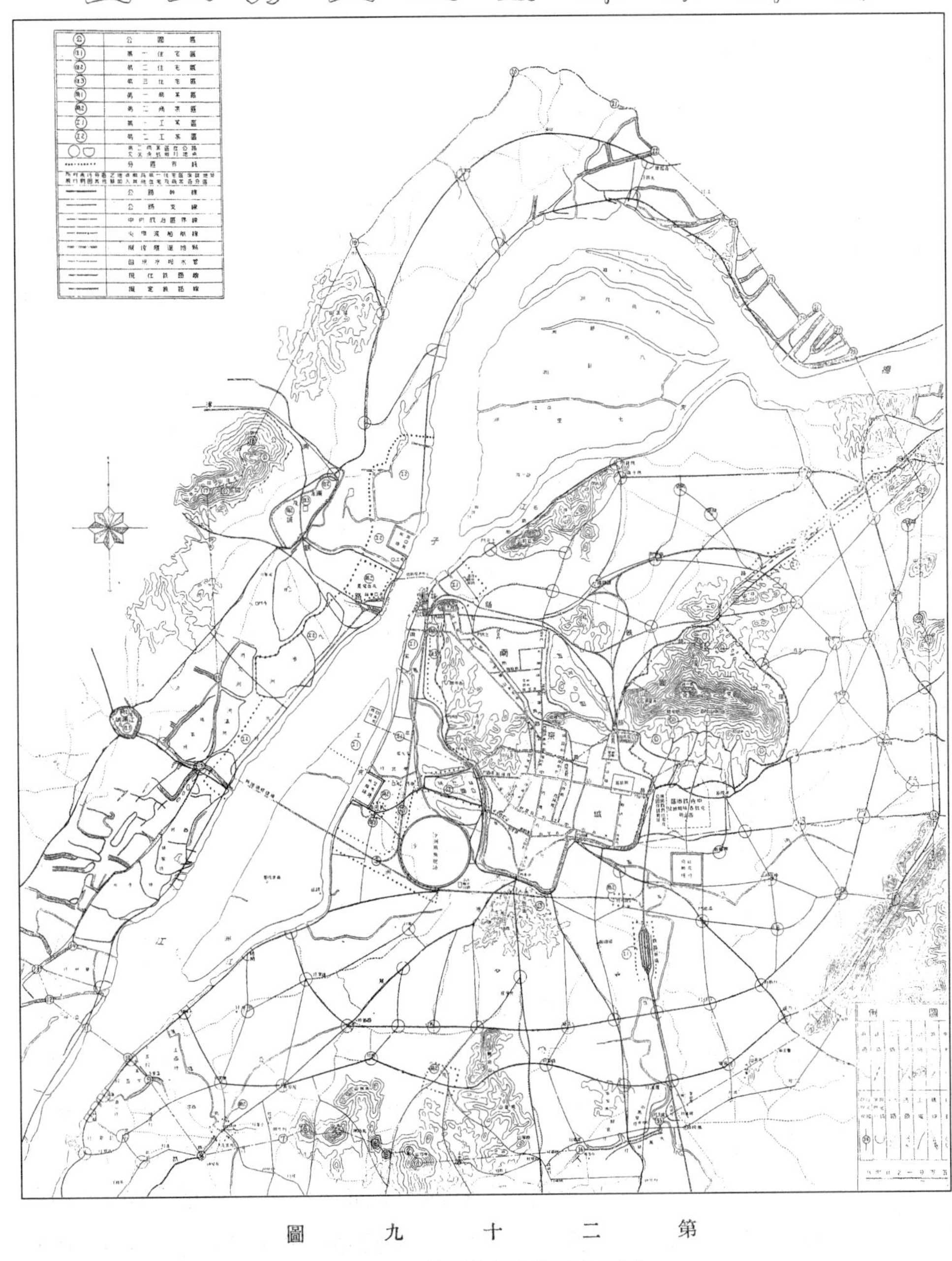

图 7-3　首都市郊公路暨分区图

资料来源：国都设计技术专员办事处．首都计画 [M]. 南京：国都设计技术专员办事处，1929.

在中国近代城市与区域规划的探索中起着承上启下的作用。

“首都计划”与“大上海计划”颁布后，天津特别市亦于 1930 年登报征选“天津特别市物质建设方案”，其中梁思成与张锐共同拟定的方案拔得头筹，成为近代天津首部全面而系统的城市总体规划方案。梁张方案同样采用分区规划并注重道路交通规划，明显受"首都计划"影响颇深，其中部分内容甚至直接转载自"首都计划"[1]，足见当时城市总体规划的技术手段已经达到相对成熟的状态。与此同时，梁张方案又在公共政策与市政管理等方面提出颇具前瞻性的建议，认为"佥谓本文虽只限于天津，而原则却未尝不可施用于他处"，体现出城市总体规划模式推广的可能性，对其后天津乃至全国的城市规划建设方法产生深远影响。

1928年10月，隶属于广州市政厅的城市设计委员会成立。1932年8月"广州市城市设计概要草案"颁布，这是广州市城市设计委员会编制的首部完整的城市规划方案。规划就城市自然地形开展设计，而不是生搬硬套方格网或放射状等国际设计手法，这既是中国传统思想的涵化与回归，又是中国近代城市总体规划编制的技术进步。"广州市城市设计概要草案"的一个突出之处是确立城市设计委员会制度，政府开始公开向社会招募规划专业人员，极大推动了中国近代城市规划的职业化历程。

纵观上海、南京、天津、广州等四大规划实践，城市规划俨然已成为推动经济发展和构建国家自信的空间技术手段。城市规划学科内部的各大知识分支已经初具规模，城市总体规划也已经形成固定编制模式并得到广泛应用。政府治理与社会发展需求正是中国近代城市规划职业群体产生并壮大的最主要契机。

四、抗日战争以来城市规划制度建设

1937年"七七"事变爆发后，建设项目大量停滞而理论研究有所发展。其中，西方城市规划思想中的区域规划、防灾规划、防空规划等被广泛引用，分散主义更因有利于分散空袭目标、最大限度降低损失的防空适应性而成为当时城市规划建设的首选原则。国父实业计划研究会增设专门的都市建设小组，于1943~1945年间相继发表《全国城市建设问题研究大纲》《全国城市建设方案》等专题报告。《全国城市建设方案》提出城市分级的概念，小城市人口规模为一千至一万，中型城市为一万至十万，大城市为十万至一百万，而百万以上为庞大城市；各级城市有着不同的规划目标、建设方式与指标体系。受分散主义规划模式指导的十年内总体建设方针主张鼓励中小城市发展而限制大城市与庞大城市，具有浓厚的战争色彩。

抗日战争期间，1938年颁布《建筑法》、1939年颁布《都市计划法》，1943年颁布《县乡镇营建实施纲要》就"市—县—乡—镇"各级规划做出详细规定，中国近代城市规划体制成形。作为城市规划编制机构的委员会制度在战时也逐渐得到推广，战后正式颁布《都市计划委员会组织通则》，并在重庆、广东等地得到实施，负责城市总体发展规划及战略布局的制定；战后不久颁布《公共工程委员会组织规程》，规定由公共工程委员会负责城市基础设施规划及建设活动，专业分工由此进一步细化。

[1] 包括《本市设计及分区授权法草案》及《本市分区条例草案》中的部分内容。

五、战后上海、武汉、重庆城市与区域规划实践

战后诸城百废待兴，无论是新城建设还是旧城改造，都是在全国范围内推广并发展城市规划的好时机。1945 年国民政府颁布《收复区城镇营建规则》，各大城市也纷纷将西方的卫星城、有机疏散等新城建设的理论和实践有选择地吸收并应用于战后城市规划之中。武汉区域规划、陪都十年建设计划草案与大上海都市计划等，都是其中的典型代表。可惜由于国内战争形势的不断升级，此番规划尝试不得不再度被迫中断，直至中华人民共和国成立后才有所恢复。

抗日战争胜利后，国民政府全面收复上海，开始以未竟的“大上海计划”为基础，于 1946 至 1949 年间马不停蹄地开展了“大上海都市计划”的研究、规划与建设工作。主持规划编制的上海都市计划委员会意识到国家政策与区域规划的重要性，认为二者均为都市计划之先决条件：“都市计划，应以国策为皈依……然而国策与都市计划之间，应有区域计划为之联系，方得一气呵成，完成整个国家发展之程序，是以欧美各国，莫不先有国家计划，及区域规划，然后以都市计划为国家计划发展之单位，意在此也。”“以国策为归依”，实质上体现了规划对国家发展宏观趋势所应有的判断；而“以区域计划为之联系”，则体现了其中的区域规划思想，“大上海都市计划”并未囿于行政区划的限制，由于国民政府已在战后正式收回租界主权，此次规划无需再局限于华界，而是将完整的上海市区及其邻近地区纳入规划区域。“大上海都市计划”的规划范围包括“江苏之南，浙江之东”在内的面积约 6538 平方公里，大小与今日的上海市域（6833 平方公里）大致相当（图 7–4）。广阔区域的发展建立在“各城市单位”共同制定的交通建设、土地利用等政策之上，其中人口、道路与港口是争论最为激烈的三大区域发展问题。规划最终确定上海总人口为 700 万人并采用 10000 人 / 平方公里的密度标准；配合区域内交通流动的趋势，建设现代完整的道路系统并将铁路作为中心城区和卫星城间的主要客运联系通道，另有多条通向昆山、苏州、南京、杭州等地的高速公路作为区域空间结构的交通支撑；同时围绕内河港吴淞、海港乍浦规划铁路线网与车站，无不体现了以区域视角推动城市发展的战略思想（图 7–5）。最后，“大上海都市计划”以法规、专项规划、重点地区与土地政策保障并落实总体规划，与其说是规划阶段工作的完成，毋宁说是上海战后重建之路的开始。“大上海都市计划”的规划编制工作先后历经三稿，三稿一脉相承又逐步完善深化，综合运用田园城市、区域规划、卫星城市、雅典宪章、有机疏散、邻里单位等规划思想与理论。

武汉区域规划是中国近代历史上首部以“区域规划”（regional planning）命名的现代规划实践，将武昌、汉口与汉阳三镇进行规划统筹。规划酝酿并编制于 1944 至 1947 年间，相继由朱皆平、鲍鼎主持，梁思成、茅以升、陆谦受、卢毓骏等人参与，先后发布《大武汉建设规划之轮廓》《武汉区域规划实施纲要》《武汉区域规划初步

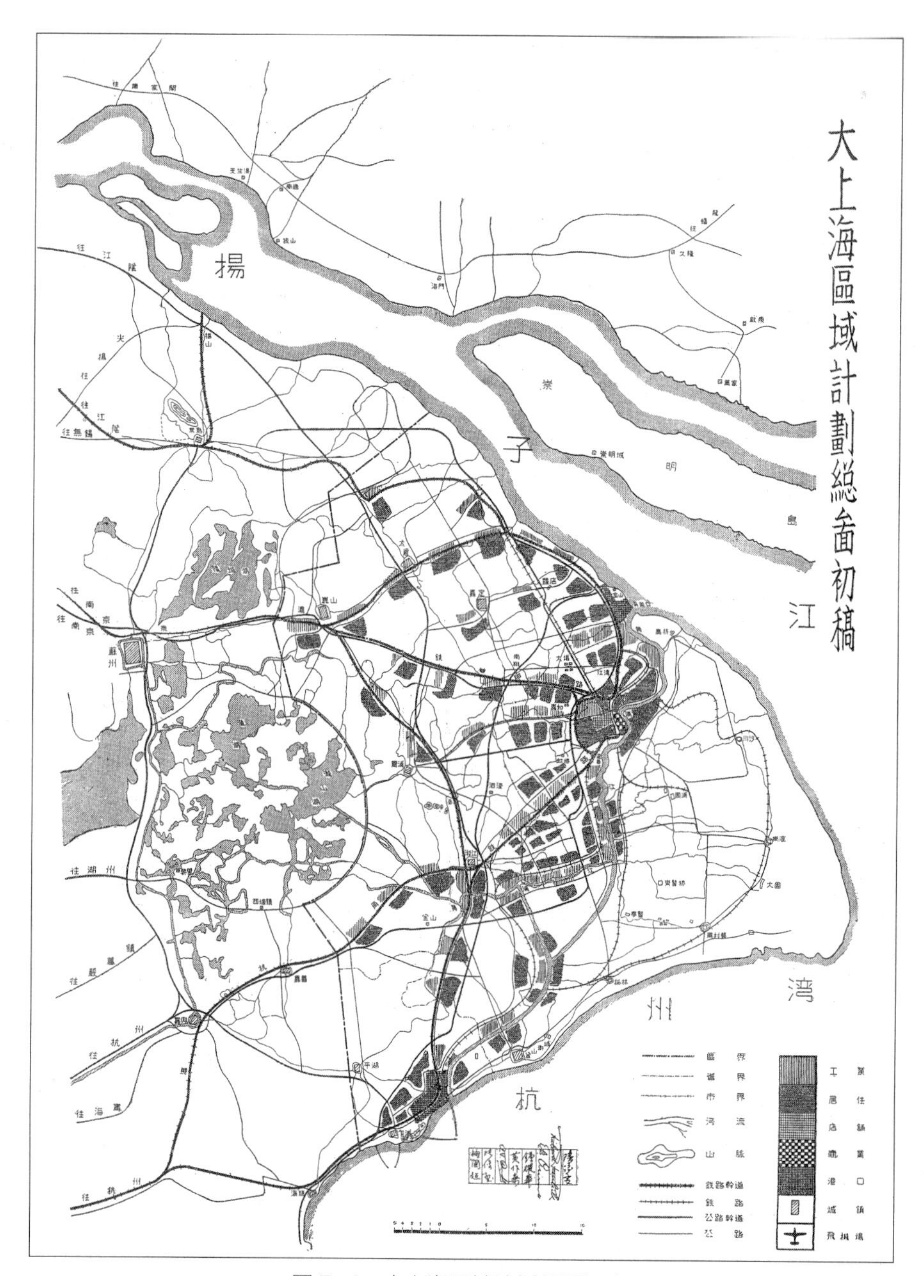

图 7-4 大上海区域计划总图初稿

计划中的大上海区域在全国经济地理上具有重要地位，在地域上属于长江三角洲的一部分，包括江苏之南、浙江之东，其界线为北面及东面均沿长江口，南达滨海，西面从横泾向南行经昆山及滨湖地带而至乍浦，面积总计 6538 平方公里。

资料来源：上海市都市计划委员会 . 大上海都市计划总图草案报告书 [R]. 1946-12.

研究报告》和《武汉三镇土地使用与交通系统计划纲要》等文件。朱皆平主笔的《大武汉建设规划之轮廓》将武汉区域划分为如下三级层次：①“武汉区域”，包括武昌、汉阳、黄陂、黄冈、鄂城、大冶、嘉鱼、沔阳八县境内的沿江沿湖地带约 15000 平方公里的土地与约 500 万人口，规划重点为防洪抗涝以及水陆交通联运系统建设；

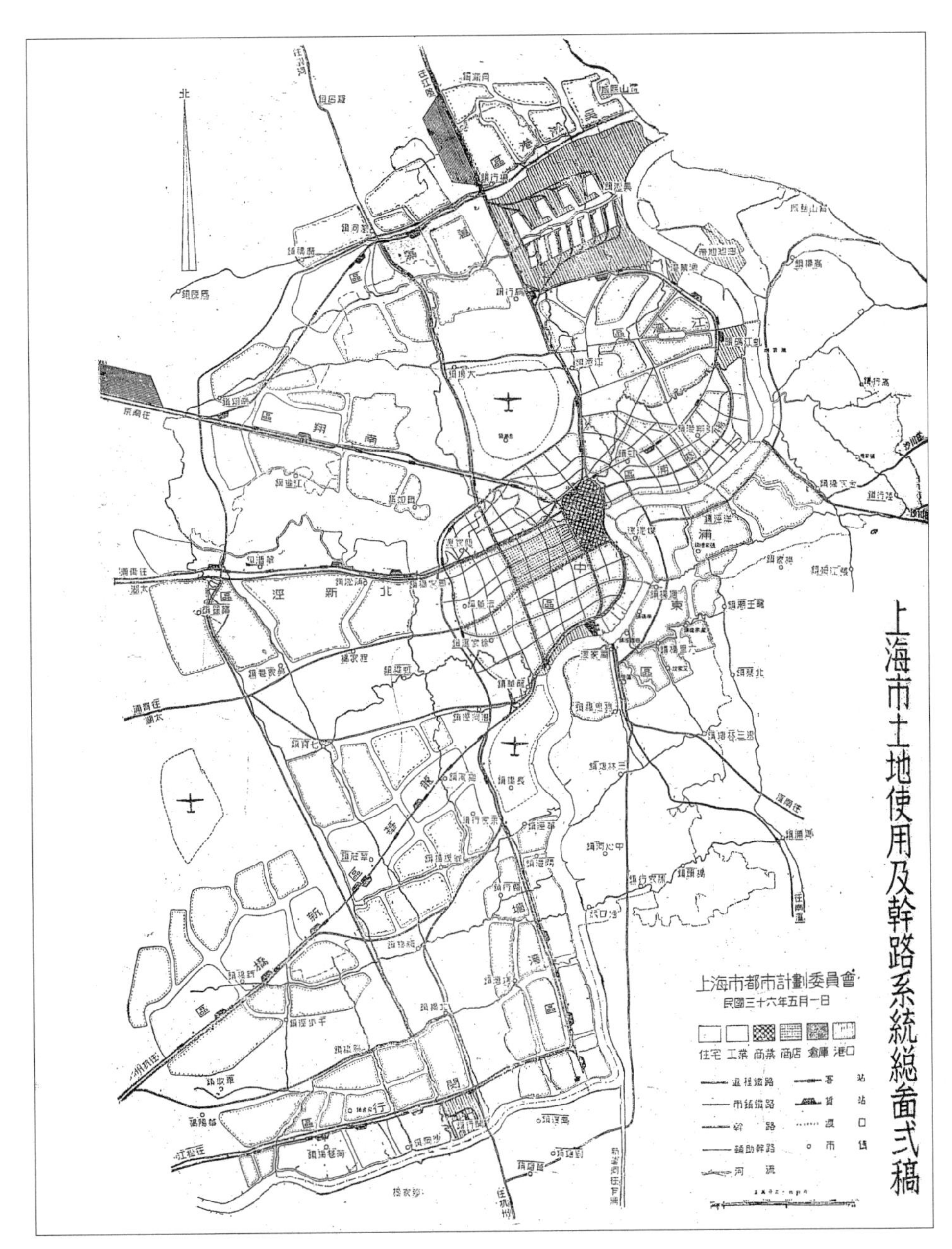

图 7-5 上海市土地使用及干路系统总图二稿

资料来源：上海市都市计划委员会．大上海都市计划总图草案报告书（二稿）[R]. 1948-02.

②“大武汉市区”，包括约 3600 平方公里的土地与 250 万人口，规划重点为作为卫星城的市政建设，避免集中主义的弊病；③“武汉中心区”，包括武昌、汉阳、汉口三镇的建成区约 75 平方公里的土地与 120 万人口，规划重点为令三镇一体化的交通建设，同时在外围又设置 2~5 公里纵深的“绿色地带”以防止城市的无限制蔓延（图 7-6）。受到国内形势的影响，武汉区域规划在 1947 年即被迫宣告终止，是一次未完成的区域规划实验，但是对中华人民共和国成立后的武汉城市规划有着深远影

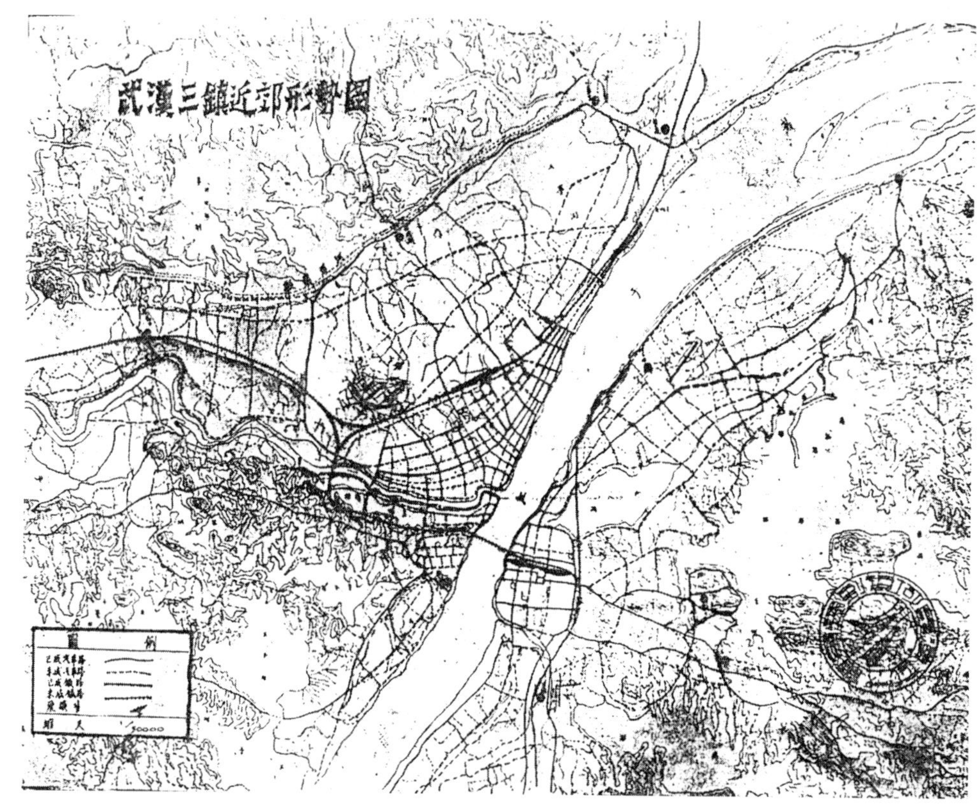

图 7-6 武汉三镇近郊形势图（1945 年）

虽然当时所谓的武汉区域规划与现在的武汉总体规划差不多，但是在三镇分治的行政体制下，首先进行武汉区域的整体规划，在当时确属创举，是当时中国重要的城市区域规划实践，对以后武汉的规划活动有重要的影响。

资料来源：李百浩，郭建，陈维哲 . 近代中国人城市规划范型的历史研究（1860—1949）[M]// 贾珺 . 建筑史：第 22 辑，北京：清华大学出版社，2006：234.

响，如此次区域规划的三级层次划分和“1+8”的城市群范围，与今日武汉区域的层次划分与城市群范围“不谋而合”。

抗日战争结束后，国民政府在还都南京的同时着手准备陪都重庆规划建设方案的编制工作。经过多年后方经营与人才培养，彼时的陪都重庆几乎可集全国规划、建筑与市政专家之力，再加上美国顾问毛理儿（Arthur B. Morrill）和都市计划专家戈登（Normon J. Gorden）参与筹划，规划在短短几个月内便经历了筹备、编制与审批完善阶段，最终于 1946 年 4 月拟就《陪都十年建设计划草案》。与战前编制完成的“首都计划”“大上海计划”等相比，在战时逐步成形的以《都市计划法》为代表的规划法规框架指导下，《陪都十年建设计划草案》的起草程序、组织机构、参与人员等都进一步得到制度化；与此同时，《草案》以解决城市发展的现实问题和改善人民生活为主要目的，陪都重庆在战时作为“现代化”样板的政治意义逐渐淡化，在内容上显得更为“平民化”也更具现实性：规划实施过程中将有限的力量投入区域交通系统与城市卫生环境的改善等民生方面，以更小代价换取更大收益，在战后三

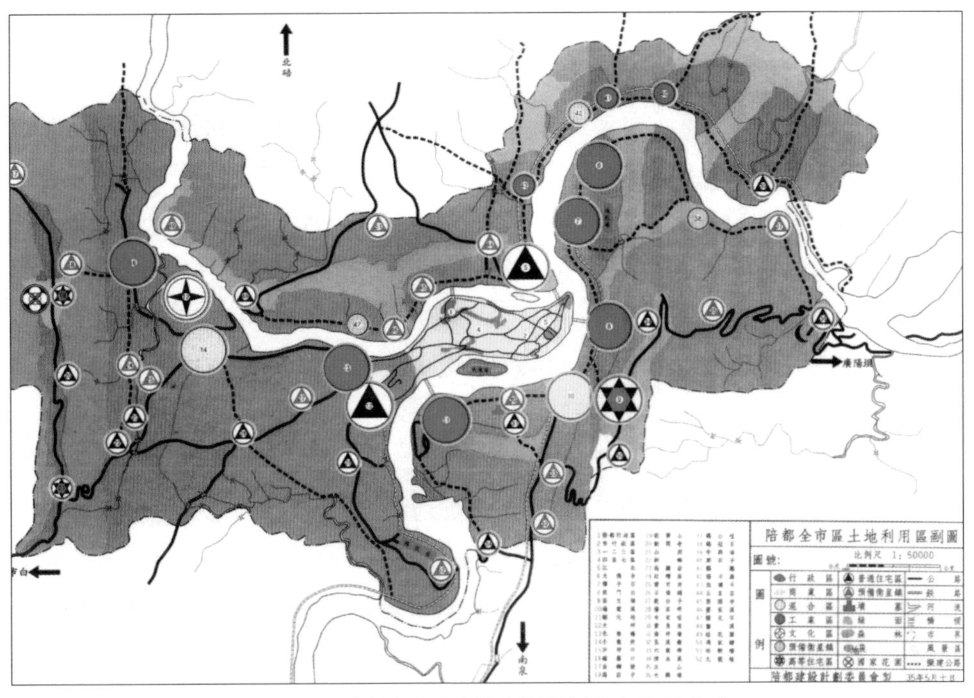

图 7-7　陪都全市区土地利用区划图（1946 年）

资料来源：龙彬，赵耀.《陪都十年建设计划草案》的制订及规划评述 [J]. 西部人居环境学刊，2015，30（5）：100-106.

年内便完成北区公路修建、和平隧道开通和市区下水管网建设等项目（图 7-7）。如果说战前的“首都计划”与“大上海计划”是构建“国家—民族”规划模式的典型代表，那么战后的《陪都十年建设计划草案》便是强调“城市—大众”规划模式的先声；相较前者对城市图案化、理想化的追求，后者更加关注城市功能、长远发展与居民生活，体现出规划方案自身的实用性、动态性和灵活性。

第三节　1949 年以后的城市规划

一、中华人民共和国城市工作的先声

在抗日战争与解放战争时期，中国共产党人对于城市——尤其是战争结束后城市的作用以及可能会出现的城市发展——一直有着较为明确的认识。1945 年 4 月，毛泽东在中共“七大”会议上指出了中华人民共和国成立后的工业发展与农村人口转化问题：“将来还要有几千万农民进入城市，进入工厂。如果中国需要建设强大的民族工业，建设很多的近代的大城市，就要有一个变农村人口为城市人口的长过程。”[1] 其中所提到的农村人口向城市迁移之现象，已经十分接近“人口城镇化”的概

[1] 毛泽东 . 毛泽东选集：第 3 卷 [M]. 北京：人民出版社，1991：1077.

念。当然，受到战争条件与社会发展水平的制约，关于如何看待城市发展、是否鼓励以及如何推进城镇化等问题，这次会议尚未给出明确说法。

随着战争形势的明朗，如何妥善接管城市成为关系革命全局的重大问题。1949年3月，中共七届二中全会召开，确定将党的工作重心由乡村转移到城市。毛泽东在会上提出了“我们不但善于破坏一个旧世界，我们还将善于建设一个新世界”的宏伟目标，并认为这个“新世界”应当是“城乡兼顾”的：“必须使城市工作和乡村工作，使工人和农民，使工业和农业，紧密地联系起来。决不可以丢掉乡村，仅顾城市。”[1]该论述集中体现出中华人民共和国成立前夕，中国共产党对城乡关系与城乡建设的总体认识和设想，可谓其后开展“社会主义”城乡建设的先声。

二、计划经济时期服务于工业化的城市规划

1949年中华人民共和国成立以后，中国社会经历了剧烈的制度变革，成功建立起社会主义制度并推行计划经济。该阶段的城市规划与建设活动高度从属于国民经济计划与国家工业化战略，城乡空间俨然成为国家调节城乡关系以及工农关系的规划工具。人民公社运动、建立户籍制度等具有强烈计划经济特征的空间实践，均在试图维持一个均等化的空间图景，以期最终消除城乡差别。这种带有社会主义计划经济色彩的空间“乌托邦”,可以说同中国传统的“乡村关系”和西方资本主义的“城市关系”都存在显著差异。

1949至1955年间，百废待兴的中华人民共和国迅速恢复国民经济，建立起以公有制为基础的社会主义制度，并通过内部积累，推行优先发展重工业的高速工业化战略，变消费城市为生产城市。1954年8月28日《人民日报》发表题为《迅速做好城市规划》的社论，计划经济时期城市规划就是计划的延续和深化。在苏联专家的直接指导下，中国城市规划全面仿照苏联模式，将前期建立的知识储备、既有实践与技术人才纳入统一的框架体系之中，实现了学科建制的初步完备。在苏联专家的援助下，国家集中主要力量开展以156项重点工业项目为中心的“联合选厂”与重点城市规划工作，以保障国家大规模工业化建设的顺利进行，现代城市规划由此在全国范围内得到推行。“一五”计划拟建的重点项目，其地址最初由各主管部门选定，但是此举引发了项目间在用地、用水、用电、交通等方面的诸多矛盾，故而国家统一组织选厂工作组，吸收相关工业部门和铁道、卫生、水利、电力、城建等部门参加，以便及时解决各方矛盾，综合全面考虑问题，使得选厂进度有所加快，规划工作亦能顺利进行[2]。

---

[1] 毛泽东．毛泽东选集：第4卷[M].北京：人民出版社，1991：1427.

[2] 万里．在城市建设工作会议上的报告[M]// 万里．万里论城市建设．北京：中国城市出版社，1995：50.

“一五”计划期间，包头钢铁公司、六一七厂、四四七厂以及包头第一、第二热电厂等五项全国重点工业项目计划在内蒙古自治区包头市建设。主体厂址（主要指包头钢铁公司）布局确定后，建筑工程部和城建总局即“以钢为纲”，直接领导编制新建市区的城市规划方案。1955 年 8 月，中华人民共和国国家计划委员会孔祥桢副主任和国务院城市建设总局万里局长率工作组到包头，组织国家计委、国家建委、重工业部、公安部、卫生部、水利部以及苏联专家，协同当地相关部门进行实地勘查与论证，将包头新市区的位置确定为距离旧市区 15 公里的昆都仑河以东、包宁公路以南地区，并于同年获得中共中央批准。一城三点式的分散式布局为未来城市发展留出充分空间，半个多世纪来始终在包头的城市建设方面发挥着重要指导作用（图 7–8）。

中华人民共和国成立以来，中国各项社会主义建设工作基本参照苏联模式，在短时间内收到了积极效果，但是苏联经验并非完全适用。因此，完成社会主义改造后，中国开始探索适合国情的社会主义建设道路。以 1956 年《城市规划编制暂行办法》颁布为标志，城乡规划开始本土化探索。1956 至 1957 年间，为迎接“二五”和“三五”期间大规模的城镇与生产力合理布局，国家要求“迅速开展区域规划”，并开展第一批区域规划工作试点；1958 年，“大跃进”的客观形势要求广泛开展区域规划工作，第二批区域规划试点应运而生，规划从过去较小范围内以工业与城镇居民点为主要内容，扩大到以省内经济区（或地区）为区域范围的整个经济建设的总体规划。此外，“大地园林化”、人民公社规划与城市地区规划等思想在“大跃进”时期北京、上海等地的编制规划中清晰可见，江河流域规划与自然区划研究工作亦全面开展。

随着国民经济出现困难，1960 年中央提出“调整、巩固、充实、提高”八字方针，要求“适当缩小基本建设规模、调整发展速度”；1962 年和 1963 年相继召开的第一次、第二次全国城市工作会议，要求控制城市人口，调整市镇建制，1961 至 1963 年间的全国城镇人口减少了 2600 万，城市数量由 208 座降至 174 座，城乡规划发展陷入低潮。1960 年代中后期，为加强备战并调整当时生产力的不合理布局，国家集中资源开展以国防工业为中心的“三线建设”，加之“文化大革命”的严重干扰与破坏，在发展全局上背离现代化方向，城乡规划工作几乎完全陷于停顿状态。1970 年代以来，随着国际局势的缓和，城乡规划及其相关机构终于逐步得到恢复。唐山的震后重建规划整合了全国重要的规划力量，采用“有机分散”规划思想，在城市重建过程中对工业布局进行区域范围内的适当调整，将新唐山规划为南、北、东三片区，是典型的组团式布局结构[1]，对后来京津唐地区综合规划思想的形成也有一定影响。

---

[1] 胡序威．中国工业布局与区域规划的经济地理研究 [M]// 胡序威．区域与城市研究．北京：科学出版社，1998：329.

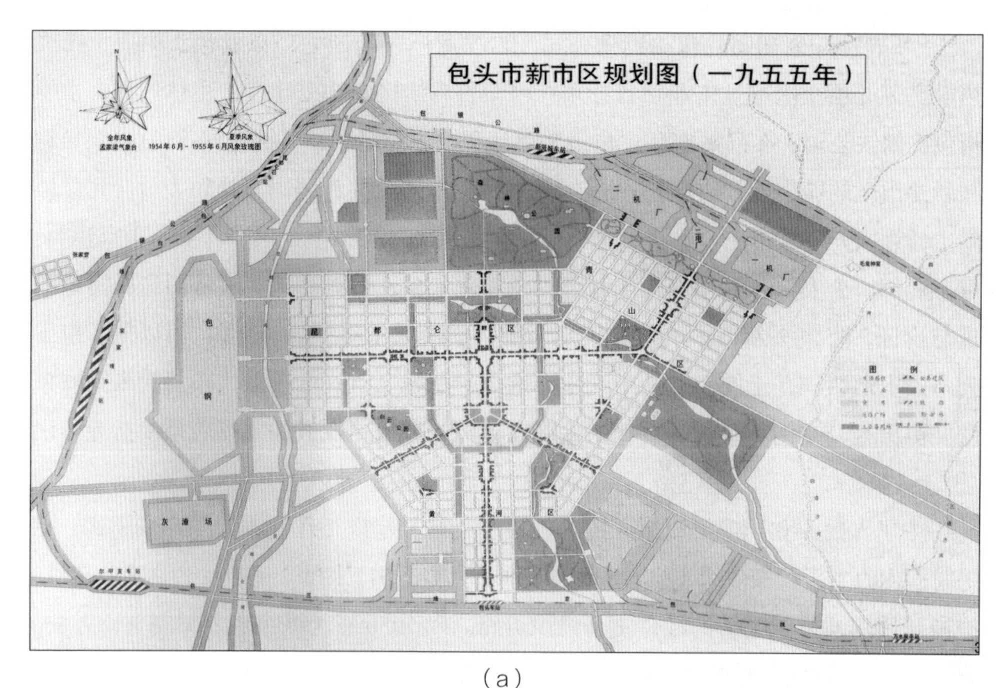

（a）

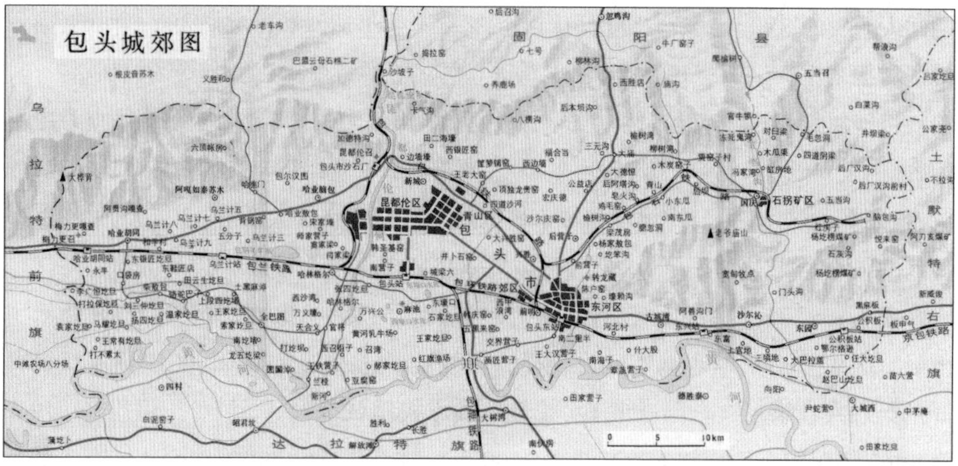

（b）

图 7-8　包头新市区规划及其影响

（a）包头市新市区规划图（1955 年）；（b）包头城市空间形态（1990 年代）

资料来源：中国城市规划设计研究院，包头市城市规划局 . 包头市城市总体规划（2005—2020 年）[R]. 2006；中国城市地图集编辑委员会 . 中国城市地图集 [M]. 北京：中国地图出版社，1994.

三、改革开放与服务于增长的城市规划

中共十一届三中全会以后，中国实行“对内改革、对外开放”政策，社会主义现代化道路重新起步。随着社会主义市场经济体制的逐步建立与完善，经济发展与现代社会建设方面取得了举世瞩目的成就，特别是城镇化大规模快速发展，城市规划成为国家推进和控制城镇化的有效工具。

1978年3月，第三次全国城市工作会议召开，强调城市在国民经济发展中的重要地位和作用，并提出针对城市建设的系列方针与政策。1980年10月，全国城市规划工作会议召开，将“控制大城市规模、合理发展中等城市、积极发展小城市”确立为城市发展总方针，并正式恢复了城市规划的地位。1989年12月，随着《城市规划法》的审议通过，城市规划工作更是步入法制化轨道，规划建设领域无需再面临无法可依的尴尬境况。综合来看，作为学科发展外部支撑的规划法规与规范体系逐步建立，学术组织亦蓬勃发展，城乡规划学科由此进入恢复与重建阶段。

改革开放初期，国内各经济特区、沿海以及沿江地区的城市规划与建设实践为中国特色社会主义建设的道路探索作出了重要贡献。以深圳为例，深圳特区的快速崛起不仅表现在经济建设和制度建设层面，也表现在城市规划的示范作用上。针对城市未来发展的不确定性，编制并修订于1982至1986年的《深圳经济特区总体规划》有效指导了城市的起步期建设，其中所包含的人口规模弹性预测方法、带状组团空间结构模式、超前布局大型基础设施的理念，实践中对福田中心区的土地预控与分期建设安排，以及对深圳机场选址的坚持态度等，均已成为中国城市规划学科史上的经典案例（图7-9）。这一时期，城市规划成为城市各项建设的综合部署，城市政府的主要职责是规划建设管理好城市。

进入市场经济时期，中国城市规划成为宏观调控的有效工具。在建立社会主义市场经济体制过程中，中国城乡空间逐渐参与到全球性的资本进程中，主要表现为城乡空间参与市场交换的领域逐步扩大，与资本融合的深度与广度也不断增强。在中国城市空间的剧烈变迁中，开发区、工业园、新区/城、大学城、生态城、低碳示范区、文化创意产业园区等新型城市空间不断涌现，引发中外学者的广泛关注与讨论。上述中国“新城”不仅具有特定的地理内涵，更具有特定的制度设计与运行机制，因此也

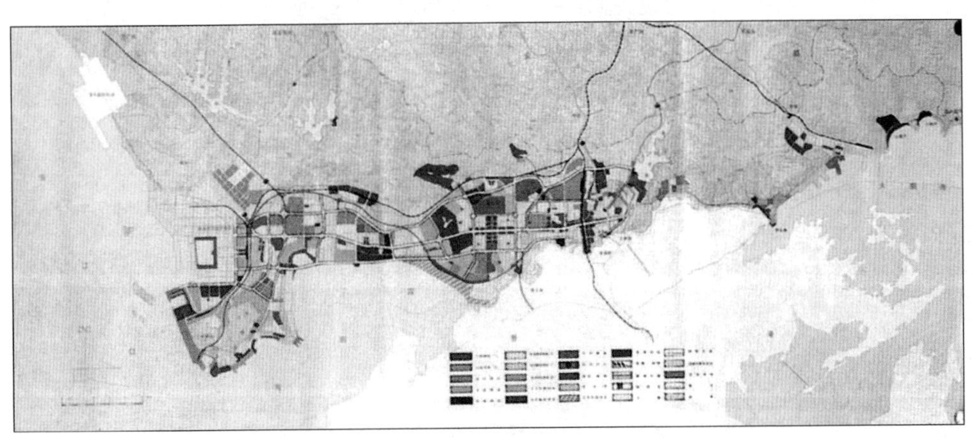

图7-9 深圳经济特区总体规划图（1986—2000）

资料来源：中国城市设计规划研究院深圳分院.深圳经济特区总体规划（1986—2000）[EB/OL].[2019-11-26]. http://www.szcaupd.com/project-ztgh-i_12639.htm.

与霍华德的田园城市及其后的西方“新城”有着截然不同的建设思想。在中国“新城”内，城市空间的整体生产与内部（再）生产同时进行，且呈现出从东部沿海地区的据点式发展逐渐向中西部延伸的趋势，可以说是中国现代“城市革命”的见证者。与此同时，城市规划中关于发展战略规划与框架、区域规划与治理、空间设计与管控、城市支撑系统等知识领域，均得到发展完善，整体上实现了与国际规划话语体系的对接。以深圳为例，《深圳市城市总体规划（1996—2010）》顺应了城市高速增长时期的空间拓展需求，首次将规划范围拓展到全市域，确立轴带结合、梯度推进的网状组团结构，统一规划建设用地和生态用地，为后来特区一体化的全面推进打下了基础（图 7–10）。

此外，城镇群 / 都市圈规划、跨省区域城镇体系规划等也取得长足进步，清华大学组织开展《京津冀城乡空间发展规划研究》，以人居环境理论为指导，研究范围涵盖整个“京津冀”地区，希望以京津城市走廊为枢轴，以环渤海湾的大滨海地区为新兴发展带，以山前城镇密集地区为传统发展带，以环京津的生态屏障与文化廊道为山区生态文化带，共同构筑京津冀地区“一轴三带”的空间发展骨架，以便提高首都地区的区域竞争力，推动京津冀地区的均衡发展（图 7–11）。

城市规划学科的建制完善离不开相应法律法规的体系化。基于《村庄和集镇规划建设管理条例》（1993 年）、《城镇体系规划编制审批办法》（1994 年）、《城市规划编制办法实施细则》（1995 年）、《城市规划编制办法》（2006 年）长期实践，2007 年 10 月《城乡规划法》获得通过，明确了依法获批规划的法定地位，以及各级政府

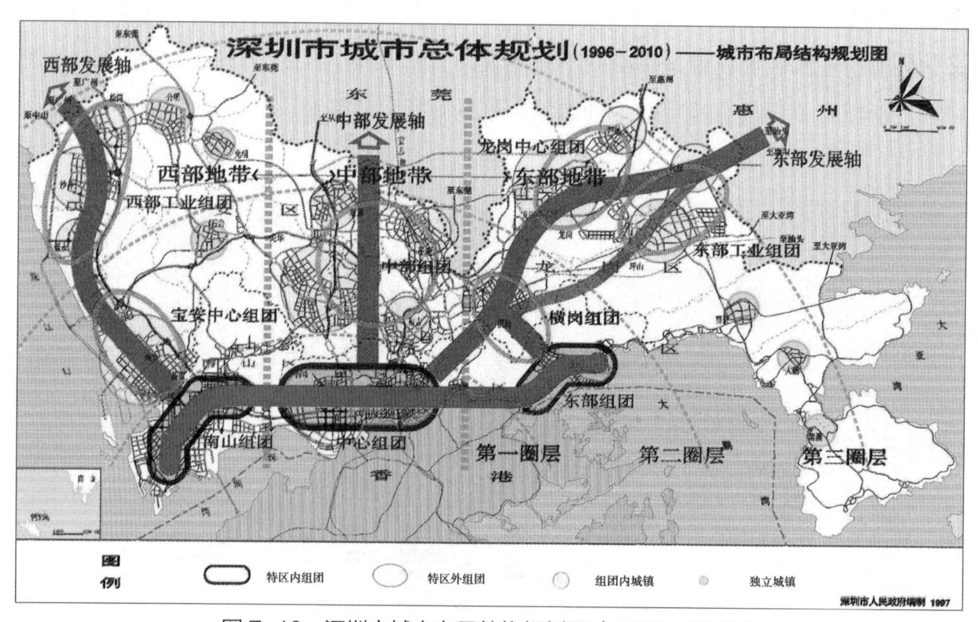

图 7–10　深圳市城市布局结构规划图（1996—2010）

资料来源：深圳市城市总体规划（1996—2010）[EB/OL].[2019-11-26]. http：//pnr.sz.gov.cn/ywzy/ghzs/ztgh/image/new05/new05.htm.

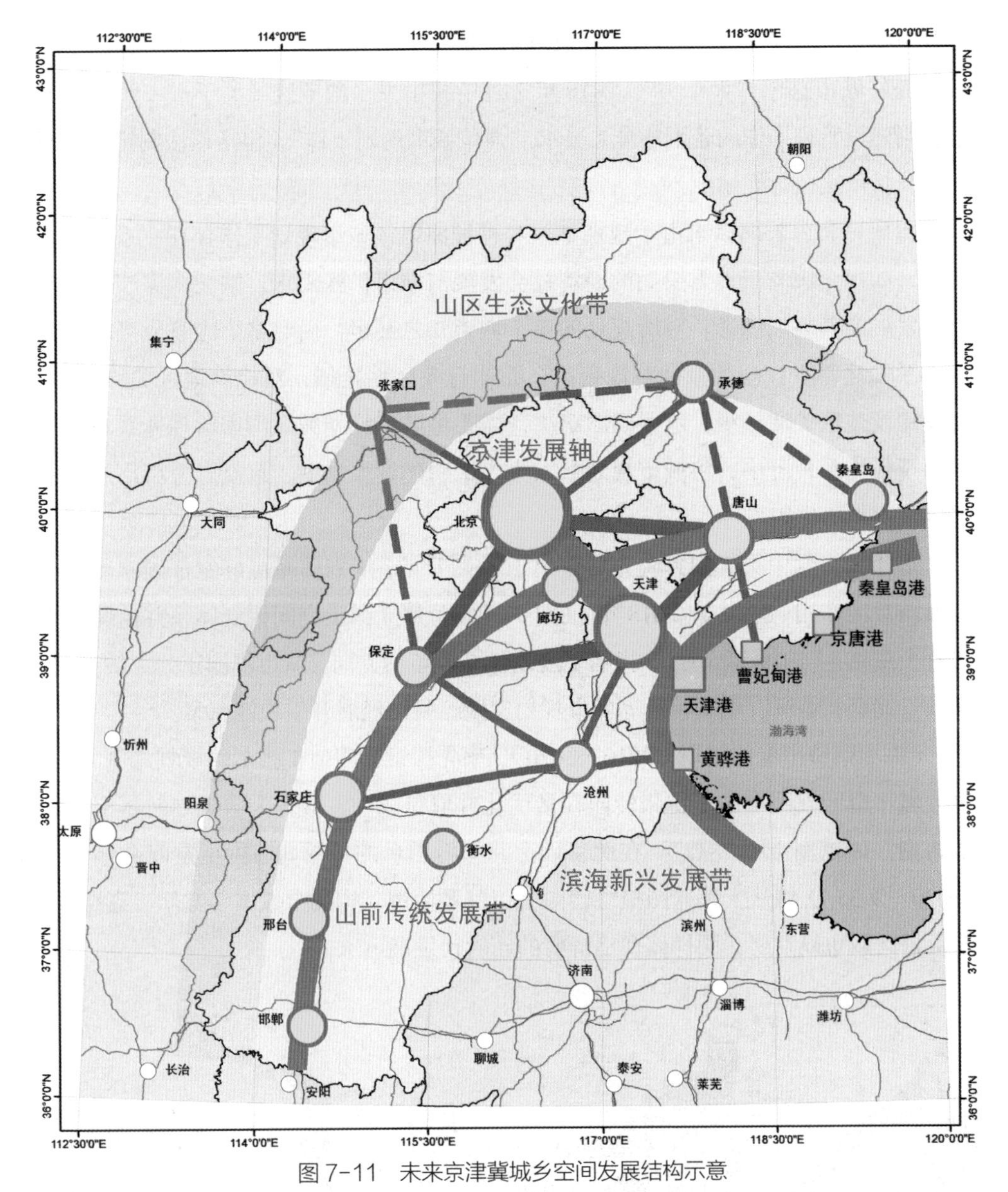

图 7-11 未来京津冀城乡空间发展结构示意

资料来源：吴良镛，等．京津冀地区城乡空间发展规划研究二期报告 [M]. 北京：清华大学出版社，2006.

组织编制并实施城乡规划的职责，标志着城乡规划由单纯的技术工具转向公共政策。2011 年 3 月，经国务院学位委员会第二十八次会议审议批准，城乡规划学正式被升格为一级学科，与建筑学、土木工程学等并列于工学门类下。

四、城市规划进入转型期

改革开放以来，中国经历了大规模快速城镇化进程，全国常住人口城镇化率由 1980 年的 19.39% 提高到 2018 年的 59.58%（在 2010 至 2011 年间跨过 50%），目前正处于城镇化进程的分水岭之上。2015 年 12 月中央城市工作会议指出，城市是我国各类要素资源和经济社会活动最集中的地方，全面建成小康社会、加快实现现代化，必须抓好城市这个“火车头”。2016 年 2 月中共中央、国务院《关于进一步加强城市规划建设管理工作的若干意见》要求“强化城市规划工作”，包括依法制定城市规划、严格依法执行规划。

毋庸讳言，长期以来由于规划事权等种种原因，城市规划工作存在一系列薄弱环节，如规划服务于地方层面的经济社会发展与城市扩张需求，缺乏国家层面城市全面发展及其规划思考；对所规划的单个城市知之甚多，而对整个国家或当前的城市体系知之甚少；规划只针对规划区，而非行政区划全域；对建设地区关注较多，对非建设地区关注较少。这些问题解决，需要将城市规划纳入国家治理体系与治理能力现代化的视野中，将城市规划融入生态文明建设大局中，重新思考城市规划的时代定位与历史担当。

近年来，党中央、国务院先后作出了《关于统一规划体系更好发挥国家发展规划战略导向作用的意见》（2018 年 11 月）、《关于建立国土空间规划体系并监督实施的若干意见》（2019 年 5 月），指明了规划体系改革的方向，城市规划正处于转型期，深圳、北京、上海、雄安新区等城市规划实践经验已经展开引领性探索。

《深圳市城市总体规划（2010—2020）》率先探索非用地扩张型的规划编制方法，引导城市空间发展由增量扩张转向存量优化并取得成功，被誉为“规划转型引导城市转型”的范例（图 7-12）。在此基础上，即将出台的《深圳市国土空间总体规划（2020—2035）》将从宏伟蓝图描绘转向城市问题治理，构建全域国土空间生态格局，并促进区域协同发展，同样体现出鲜明的新时代发展诉求。

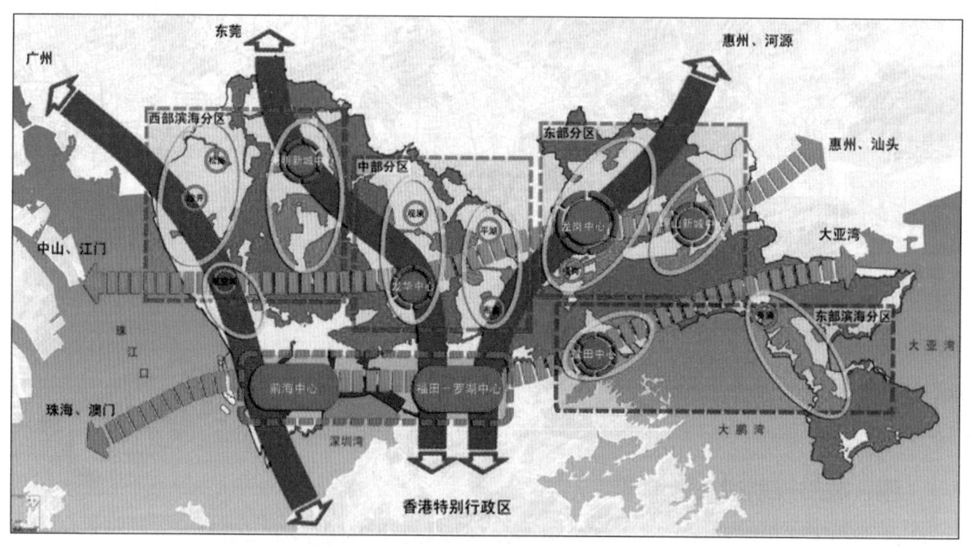

图 7-12　深圳市城市布局结构规划图（2010—2020）

资料来源：深圳市城市规划设计研究院 . 深圳市城市总体规划（2010—2020）[EB/OL]. [2019-11-26]. https：//www.upr.cn/product-available-product-i_13657.htm.

2017 年 9 月，中共中央、国务院批复《北京城市总体规划（2016 年—2035 年）》，要求要在《总体规划》的指导下，明确首都发展要义，坚持首善标准，着力优化提升首都功能，有序疏解非首都功能，做到服务保障能力与城市战略定位相适应，人口资源环境与城市战略定位相协调，城市布局与城市战略定位相一致，建设伟大社会主义祖国的首都、迈向中华民族伟大复兴的大国首都、国际一流的和谐宜居之都（图 7-13）。严格控制城市规模，要求以资源环境承载能力为硬约束，切实减重、减负、减量发展，实施人口规模、建设规模双控，倒逼发展方式转变、产业结构转型升级、

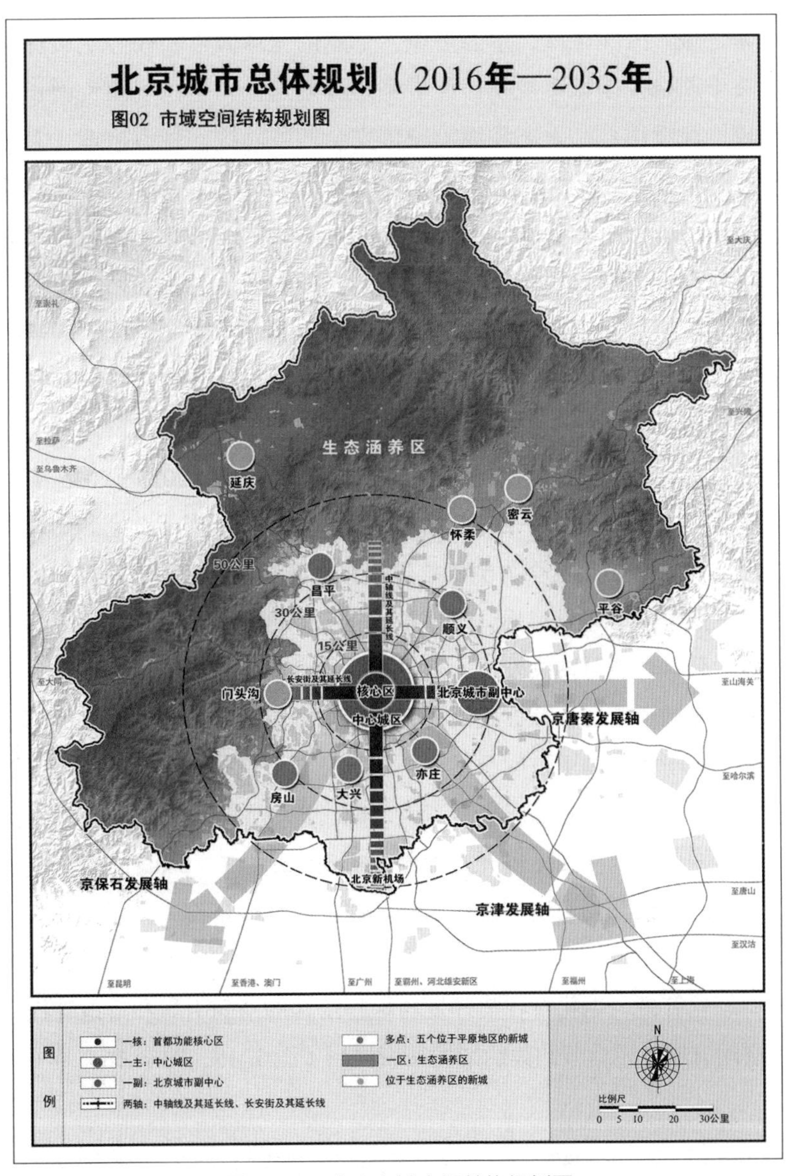

图 7-13 北京市域空间结构规划图

资料来源：北京市规划和自然资料委员会 . 北京城市总体规划（2016 年—2035 年）[EB/OL]. [2019-11-26]. http：//ghzrzyw.beijing.gov.cn/picture/-1/180110163840005323.jpg.

城市功能优化调整。到2020年，常住人口规模控制在2300万人以内，2020年以后长期稳定在这一水平；城乡建设用地规模减少到2860平方公里左右，2035年减少到2760平方公里左右。要严守人口总量上限、生态控制线、城市开发边界三条红线，划定并严守永久基本农田和生态保护红线，切实保护好生态涵养区。加强首都水资源保障，落实最严格水资源管理制度，强化节水和水资源保护，确保首都水安全。[1]

2017年12月国务院批复《上海市城市总体规划（2017—2035年）》，要求着力提升城市功能，塑造特色风貌，改善环境质量，优化管理服务，努力把上海建设成为创新之城、人文之城、生态之城，卓越的全球城市和社会主义现代化国际大都市。关于严格控制城市规模，要求坚持规划建设用地总规模负增长，牢牢守住人口规模、建设用地、生态环境、城市安全四条底线，着力治理"大城市病"，积极探索超大城市发展模式的转型途径。到2035年，上海市常住人口控制在2500万左右，建设用地总规模不超过3200平方公里。要严守城镇开发边界，完善管控办法。坚持节约和集约利用土地，严格控制新增建设用地，加大存量用地挖潜力度，合理开发利用城市地下空间资源，提高土地利用效率。继续坚持最严格的耕地保护制度，保护好永久基本农田。构建空间留白机制和动态调整机制，提高规划的适应性（图7-14）。[2]

2018年12月国务院批复《河北雄安新区总体规划（2018—2035年）》，要求按照高质量发展的要求，推动雄安新区与北京城市副中心形成北京新的两翼，与以2022年北京冬奥会和冬残奥会为契机推进张北地区建设形成河北两翼，促进京津冀协同发展。按照分阶段建设目标，有序推进雄安新区开发建设，实现更高水平、更有效率、更加公平、更可持续发展，建设成为绿色生态宜居新城区、创新驱动发展引领区、协调发展示范区、开放发展先行区，努力打造贯彻落实新发展理念的创新发展示范区。关于优化国土空间开发保护格局，要求坚持以资源环境承载能力为刚性约束条件，统筹生产、生活、生态三大空间，严守生态保护红线，严格保护永久基本农田，严控城镇规模和城镇开发边界，实现多规合一，将雄安新区蓝绿空间占比稳定在70%，远景开发强度控制在30%。将淀水林田草作为一个生命共同体，形成"一淀、三带、九片、多廊"的生态空间结构。实施全域分区空间管控，通过网格化、信息化和精细化管理，强化对各类开发与保护活动的空间引导和落地管控，构建规模适度、空间有序、用地节约集约的发展新格局（图7-15、图7-16）。[3]

---

[1] 中共中央 国务院关于对《北京城市总体规划（2016年—2035年）》的批复[EB/OL].（2017-09-27）[2019-11-26]. http://www.gov.cn/zhengce/2017-09/27/content_5227992.htm.

[2] 国务院关于上海市城市总体规划的批复，国函〔2017〕147号.

[3] 国务院关于河北雄安新区总体规划（2018—2035年）的批复，国函〔2018〕159号.

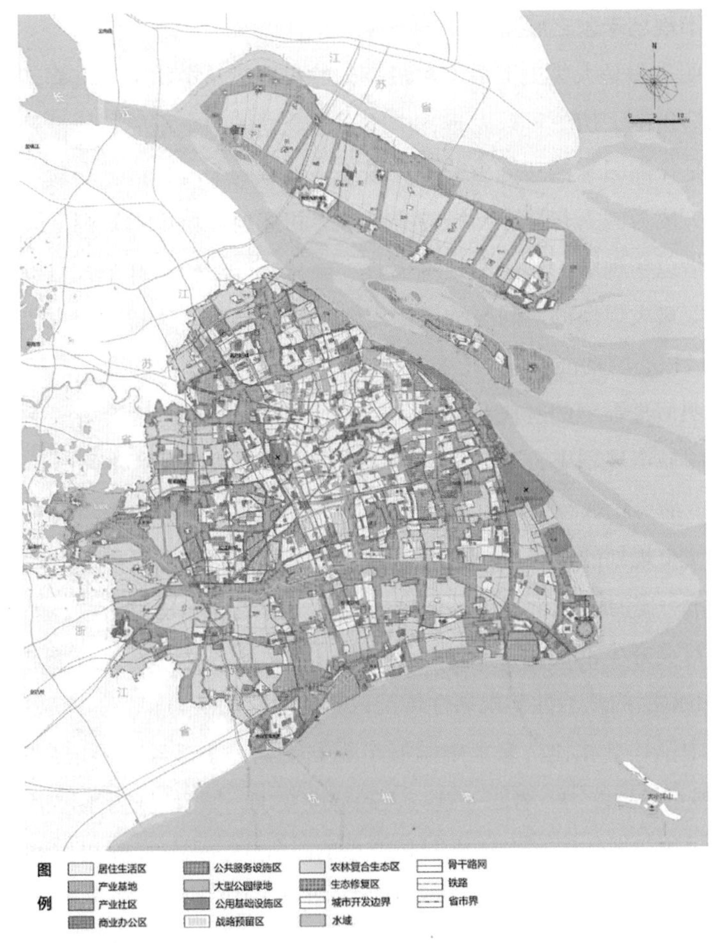

图 7-14　上海市域用地布局规划图

资料来源：上海市人民政府 . 上海市城市总体规划（2017—2035 年）图集 [R]. 2018-01.

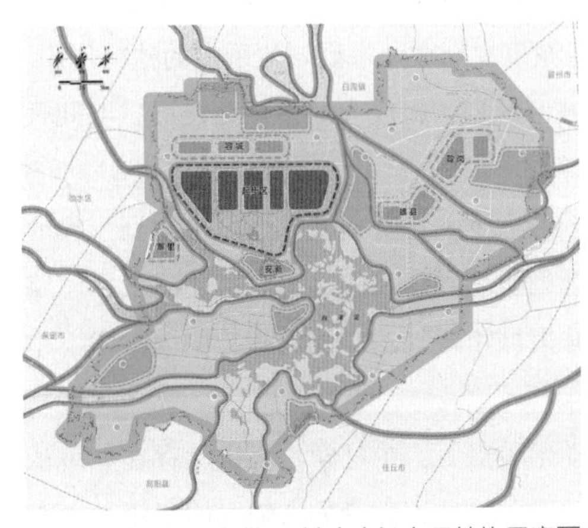

图 7-15　河北雄安新区城乡空间布局结构示意图（2018—2035 年）

资料来源：雄安新区定位及发展理念 [EB/OL].（2017-12-18）[2019-11-26]. http：//www.xiongan.gov.cn/2018-04/21/c_129855813-11.htm.

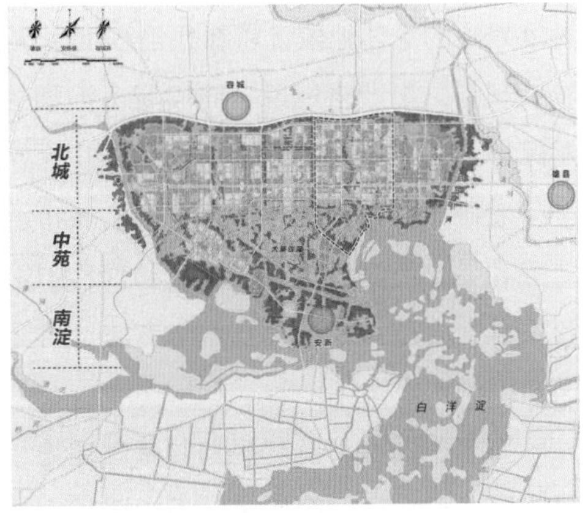

图 7-16　河北雄安新区起步区空间布局示意图（2018—2035 年）

资料来源：雄安新区定位及发展理念 [EB/OL].（2017-12-18）[2019-11-26]. http：//www.xiongan.gov.cn/2018-04/21/c_129855813-11.htm.

五、城市规划未来之展望

中华文明进程是人类史上最宏大最持久的实践，从中华文明进程宏阔背景上考察城市规划演进的大历史可以发现，中国城市规划的一个重要特征就是从属于国家治理体系，是保障国家治理能力关键。城市是地域的中心，区域交流之枢纽，特别是都城地区，成为国家与城市网络的心脏区。相应地，城市规划则是统治者建立空间秩序进而借以实现统治国家的技术工具，服从于“治国”这个大目标，规划活动必须满足国家对大规模的空间与社会的组织与管理需要，这是中国古代城市规划最基本的也是最核心的功能。

中华文明演进强烈的时代节奏感，在中国城市及其规划上有着显著的反映。一部完整的中国城市规划史，不仅是中华文明演进、兴起和复兴的重要组成部分，而且成为世界上最为壮观、一脉相承的文明的集中体现。要实现中华民族的伟大复兴，离不开中国城市规划的复兴，一方面，参照中国传统城市和近代城市规划发展的辉煌成就，传承一定时代在世界范围内堪称高水平的规划和建设成就；另一方面，结合当下人民对美好生活的向往实际，面向未来城市社会发展，创造新时代的辉煌，赋予中国城市鲜明的政治性与规划性传统以新的时代的活力。

与此前中国社会相比，未来中国城市规划受到三个基础性界定，即都市社会、未来城市、城市治理能力，着眼于这三大趋势或要求，城市规划工作要因势利导，与时俱进，在深化和细化国家规划机制和体系的过程中，明确工作思路和重点，改进规划观念技术与方法，自觉开展城市规划的中国话语、中国学术、中国知识体系建设。[1]

城市规划，顾名思义，是对城市的规划。总体上，中国古代城市规划形成了从国土规划到城邑规划的技术保障体系和知识体系。可以预见，在当前及未来一定时期内，城市特别是中心城市在国家治理体系中的突出地位，以及城市在中华民族伟大复兴中的主体地位，将在相当程度上决定城市规划在国家规划体系中的独特作用。城市规划，更严格地说，面向城市治理的城市规划，将成为经济社会发展、空间开发保护、人居环境建设的共同需求（图 7-17）。

着眼于都市社会、未来城市、城市治理能力三大趋势或要求，城市规划工作要因势利导，与时俱进，在深化和细化国家规划机制和体系的过程中，明确工作思路和重点，改进规划观念技术与方法，自觉开展城市规划的中国话语、中国学术、中国知识体系建设。

对于中国城市及其规划的基础理论、学术重点等，中外学术界仍然存在显著认知差异乃至冲突。例如，对于中国城市，现代西方主流学者如韦伯、施坚雅、哈森普鲁格等普遍认为，中国并没有“自治共同体”意义上的城市，中国传统城市与西

---

[1] 武廷海．中国城市规划的历史与未来 [J]. 人民论坛．学术前沿，2020（4）：65-72.

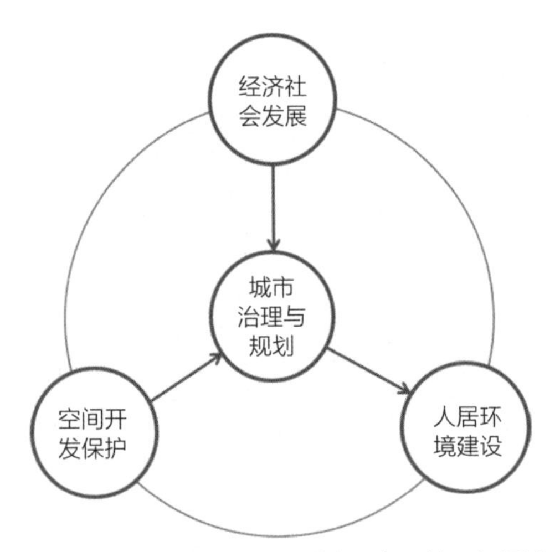

图7-17 中国城市规划的时代需求及其服务领域

方城市明显不同。对于城市空间研究，西方学者多从“空间正义”角度探讨空间的生产问题；对于中国特色社会主义制度下城市空间研究，中国学者不仅关注空间正义角度的空间生产问题，更关注空间共享角度的空间占有、使用、消费角度问题。

强烈实践性是城市规划学不同于其他学科的重要特征，中国城市规划建设基于人类史上最宏大最持久的中国文明伟大实践，具有鲜明的中国特色。未来中国城市规划的健康发展，需要进一步从人类文明的宏阔视野中，加强对中国城市规划与发展规律的认知，用中国城市实践升华中国城市规划理论，逐步建立中国城市规划的中国话语、中国学术、中国知识体系。总结并发扬符合中国地理、中国历史、中华文明特性的规划理论，不仅是阐释中国城市实践的需要，而且可以在理论上为未来中国城市规划指明方向。

阅读材料

[1] 李百浩．中国近代城市规划史概说 [M]// 赖德霖，伍江，徐苏斌．中国近代建筑史：第三卷 民族国家——中国城市建筑的现代化与历史遗产，北京：中国建筑工业出版社，2016：186-192.

[2] 李百浩．城市规划科学的形成与实践 [M]// 赖德霖，伍江，徐苏斌．中国近代建筑史：第四卷 摩登时代——世界现代建筑影响下的中国城市，北京：中国建筑工业出版社，2016：500-518.

[3] 罗荣渠．现代化理论与历史研究 [M]// 罗荣渠．现代化新论：世界与中国的现代化进程．北京：商务印书馆，2009：3-26.

[4] 吴良镛．关于“南通——中国近代第一城”的探索与随想 [J]. 南通大学学报(哲学社会科学版)，2005，21（1）：51-55.